第十五届
馆校结合科学教育论坛
论文集

■

钟琦　李正伟　主编

国际文化出版公司
·北京·

图书在版编目（CIP）数据

第十五届馆校结合科学教育论坛论文集 / 钟琦，李
正伟主编 . -- 北京：国际文化出版公司，2024.1
ISBN 978-7-5125-1558-1

Ⅰ．①第… Ⅱ．①钟… ②李… Ⅲ．①科学馆-科学
教育学-中国-文集 Ⅳ．① N282-53

中国国家版本馆 CIP 数据核字 (2023) 第 231463 号

第十五届馆校结合科学教育论坛论文集

主　　编	钟　琦　李正伟
责任编辑	戴　婕
责任校对	于慧晶
出版发行	国际文化出版公司
经　　销	全国新华书店
印　　刷	北京虎彩文化传播有限公司
开　　本	710 毫米 × 1000 毫米　　16 开
	29.75 印张　　560 千字
版　　次	2024 年 1 月第 1 版
	2024 年 1 月第 1 次印刷
书　　号	ISBN 978-7-5125-1558-1
定　　价	88.00 元

国际文化出版公司
北京市朝阳区东土城路乙 9 号　　　　邮编：100013
总编室：（010）64270995　　　　传真：（010）64270995
销售热线：（010）64271187
传真：（010）64271187-800
E-mail：icpc@95777.sina.net

前　言

　　党的二十大报告中把教育、科技、人才进行了"三位一体"统筹安排。2023年5月，教育部等十八部门联合印发了《关于加强新时代中小学科学教育工作的意见》（以下简称《意见》）指出，"着力在教育'双减'中做好科学教育加法，一体化推进教育、科技、人才高质量发展"。结合党和国家部署，教育部、科技部、科学技术协会系统如何联动，协同社会各界通过丰富理论基础与实践活动提升科学教育活动效能，是新形势下科学教育工作的共同课题。

　　2023年，第十五届"馆校结合科学教育"论坛主题为"做好'双减'背景下的科学教育加法"，本届论坛首次进入中国国际服务贸易交易会，成为教育高峰论坛的重点活动之一。论坛于2023年9月4日成功举办，包括主论坛和4个圆桌对话活动，以服务科学教育的研究者、实践者、管理者和政策制定者为目标，希望通过搭建学术交流平台，促进各类场馆和学校互动合作，落实国家科学教育最新政策，推动我国青少年科学教育的发展。本届论坛同时伴有征文活动，征文设置5个分议题：

　　1. 馆校结合科学教育中的主要问题和短板

　　（1）将科学教育课程融入校内其他课程体系之中的难点；

　　（2）将场馆资源与学校科学课深度融合所面临的难点；

　　（3）如何高效利用科普场馆资源对在校学生开展科学教育？

　　2. 馆校结合科学教育中的相关工作机制探索

　　（1）馆校结合的科普教育活动、展览、展教具的设计开发；

　　（2）如何在馆校合作科学教育中共享科普资源；

　　（3）人工智能等前沿技术在馆校结合科学教育中的应用。

　　3. 馆校结合科学教育相关议题研究

　　（1）如何通过馆校结合提升科学教育水平？

　　（2）馆校结合中的人才（科技教师、展教人员）评价、奖励、激励机制研究；

（3）馆校结合科学教育活动效果评估评价体系研究。

4. 国内外科学教育案例研究

（1）国内外优秀科学教育案例研究；

（2）国内外优秀科学课程教案案例研究；

（3）国内外馆校结合科学教育活动案例研究。

5. 企业等其他社会力量开展科学教育

（1）利用企业生产线等科技资源开展科学教育；

（2）研学活动中的科学教育；

（3）中国科学院等科学实验室开放中的科学教育。

本次征文活动共收到论文 115 篇，其中来自中小学校和地市级场馆的投稿数量较多，其次就是高校和省级场馆投稿数量居第二方阵。通过业内专家初审、复审和终审，甄选出 53 篇论文，以 5 个议题集结成本论文集，其中包括评选出的 5 篇最佳论文和 10 篇优秀论文。

在此感谢积极参与本次征文活动的老师和专家，特别感谢北京科学教育促进会任福君理事长及各位同人的大力支持。"馆校结合科学教育"论坛自 2009年创办，始终得到各科普场馆、中小学科学教师和各高校相关研究机构的关注，并已相伴走过 15 年，为我国科学教育事业的发展贡献了自己的微薄之力，也迎来了科学教育事业的大发展。未来期待各界共同携手，为我国的教育强国、科技强国、人才强国建设，为创新型国家建设、社会主义现代化强国建设发挥更加积极的作用。

钟　琦

2023 年 10 月

目　录

馆校结合视野下博物馆教育资源的
利用路径探索

王鑫雨　鲍贤清*

（上海师范大学教育技术系，上海，200234）

摘　要　博物馆拥有丰富、优质的教育资源，可作为学校教育的延伸与拓展。教师作为馆校结合的主要参与者与引导者，在构建校内外教育共同体中发挥着至关重要的作用。本文通过分析中小学教师使用博物馆资源的现状，随机访谈了 8 位一线教师，归纳教师在实践中面临的挑战，并选取国外较为成熟的博物馆教师项目进行案例分析，提出学校教师应充分挖掘博物馆资源、多方联合参与研讨培训、转变角色发挥主观能动性等建议，以希望帮助教师提升利用博物馆教育资源的主动性与能力。

关键词　馆校合作　博物馆教育资源　中小学教师

1　引言

党的二十大报告中把教育、科技、人才进行了"三位一体"统筹安排，教育部等十八部门联合印发《关于加强新时代中小学科学教育工作的意见》[1]中指出："着力在教育'双减'中做好科学教育加法，支撑服务一体化推进教育、科技、人才高质量发展。"教育办公厅、中国科学技术协会办公厅联合下发通知，提出充分利用科普资源助推"双减"工作。通知提到，指导支持科技馆、科普教育基地优先保障学校开展课后服务需要，开发精品科普课程，安排专职人员进行讲解指导，切实增强科普课程的科学性、系统性、适宜性和趣味性等。博物馆资源是国家公共文化体系、国民教育体系的重要组成部分。[2]陈静[3]将博物馆资源分为 6 类，分别是：（1）文物资源：包括馆藏资源，例如文物等；复制资源，如文物复制等；馆外资源，如物件租借等。（2）教育资源：与教育课程密切相关的博物馆实物、模型、标本等物品等；博物馆符合教育规律的展览语言及各类互动装置等。（3）信息资源：博物馆文物档案记录及影视资料等。（4）物质资源：除文物以外的不动产，如土地、馆舍及其他设备、

---

* 王鑫雨，上海师范大学教育技术系硕士研究生，研究方向为博物馆教育、STEM 教育；鲍贤清，上海师范大学教育技术系副教授，研究方向为博物馆教育、STEM 教育。

设施等。（5）人才资源：修复人员、科研人员、博物馆教育服务人员、登记保管员、计算机专家、安全服务管理员等。（6）环境资源：自然环境、人文环境及社会心理环境等。本文研究的博物馆教育资源指场馆中可用作研究、教育的文物资源、教育资源、信息资源等。

2006 年，中央文明办、教育部、中国科学技术协会联合印发《关于开展"科技馆活动进校园"工作的通知》（科协发青字〔2006〕35 号），提出要加强"馆校结合"。[4]政策执行 10 余年来，各省市场馆在"馆校结合"工作中取得了不少成绩与经验，馆校结合的目的在于充分利用场馆科普资源，场馆与各个学校建立高度融合、相互合作的一种教育关系。但在馆校结合的实践中，有一个问题威胁着馆校结合的有效性：学校教师角色边缘化，主要体现在：一是教师主动性不足，馆校合作项目中教师参与度低；二是能力有所欠缺，不愿意开发新型课程，囿于固定、传统的教育观念。学校教师作为馆校结合活动的主要参与者和引导者，不应该囿于只传授学科知识的习惯中，更不应该被排除在学生参观活动的策划之外。场馆结合的第一步是"让教师做好使用和探索这种资源的准备，使学生的科学学习受益"，因此，本文试图从教师的角度思考如何使用和探索博物馆教育资源，回答以下两个研究问题：（1）中小学教师在利用博物馆资源的实践中遇到哪些问题与挑战？（2）为解决当前学校教师实践中遇到的问题，在馆校结合本文背景下，从教师视角出发该如何提升其利用博物馆教育资源的主动性与能力？通过分析中小学教师使用博物馆教育资源的现状，结合访谈一线教师，归纳教师在实践中面临的挑战，并选取国外较为成熟的博物馆教师项目进行案例分析，期望对我国开展馆校合作视野下的科学教育有所参考。

2 教师是学校教育与博物馆教育之间的纽带

教师作为博物馆和学校合作的重要主体，在构建校内外教育共同体中发挥着至关重要的作用。近年来，国家相继出台了各项政策，2020 年教育部和国家文物局联合发布的《意见》[5]中指出"建立馆校合作长效机制，离不开师资的联合培养"。2021 年"双减"政策的实施为馆校合作科学教育创造了良好的契机。"一个教师等于一万个学生"，这是国际博物馆界对于教师作用的一种形象比喻。一名热爱博物馆、了解博物馆的教师，在心中埋下"博物馆的种子"，播种给学生与身边的老师。因此只有当教师能够得心应手地将博物馆文化资源转化为教育资源时，学生才能从中受益。教师是最了解学生学习能力与兴趣的人，在学生开展博物馆学习、探索博物馆资源时，教师一方面能精准地把握学生的兴趣点和课堂教学需求，在博物馆参观时充当引导者，强化学生的学习效果，促进博物馆与学校之间的互动联系；另一方面，教师在课堂教学时，创造性地利用博物馆资源，能够激发学生的好奇心，拓宽学习视野。

3 教师利用博物馆资源的困境与挑战

博物馆、科技馆等公共科学机构中的非正式科学教育可以成为学校正式教育外的一种重要科学学习形式。在教育环境中使用博物馆标本、资源有利于扩展课堂教学，促进学生对科学方法过程的理解，但博物馆等非正式学习环境中的资源往往被学校忽视，一线教师与博物馆之间存在着明显的脱节。研究者随机访谈了8位来自语文、数学、科学等学科的一线中小学教师，目的是了解教师日常课程教学中对博物馆资源的利用情况，对待博物馆与课程的态度及价值观，以及在实践中出现的困难、影响因素等。结合他们的反馈和研究表明，教师想运用博物馆资源进行教学时，往往会受限于以下3点：（1）教师本身对博物馆资源的认知程度；（2）教师的时间、空间等因素；（3）教师利用博物馆资源所受的培训和指导程度。

3.1 对博物馆资源认识程度不足

在很多西方国家，博物馆以其巨大的实物教育资源为依托，发展成为学校之外的第二教育系统。很多博物馆设置了专门的教育部门，并配备了一定数量的博物馆教育工作者，力争更好地发挥博物馆教育作用。博物馆与学校教育相比，学生能够在更广阔的空间中积极主动地去认识和探究学习内容，它能够针对不同人的兴趣进行潜移默化的知识积累和态度培养。博物馆巨大的教育资源和特殊的教育方式是其他教育机构所不能替代，其研究价值也与日俱增。但是，一般来说，很少有一线教师会认识到博物馆藏品固有的教育价值。在访谈的8位教师中，1位教师表示没有使用过博物馆的资源，其余7位老师表示在课堂中会使用博物馆的资源，但是频率很低。其中一位教师反馈"不清楚为什么要用博物馆资源，平时学校的课都来不及"，可见教师并没有正确认识到博物馆资源的教育意义。为了使用博物馆教育资源，学校教师和博物馆教育工作者必须知道资源的存在，并能熟练地访问和使用资源。

3.2 时间、空间等限制

教育工作者的时间往往有限，没有充足的时间去深入挖掘博物馆中与学校课程或学生学习联结和经验储备的功能，并且博物馆资源数量丰富，教师即使想要充分利用博物馆资源，考虑到经费、安全等因素，也只会选择在学校附近范围内的场馆或者一些大型的博物馆进行实地考察。高校也会设立博物馆，藏有不少标本，但是公众往往无法进入，大部分教育工作者也根本不清楚这些资源可用于教育目的。在询问教师博物馆资源使用现状的相关问题时，例如教师是否经常利用博物馆资源？学校是否支持博物馆参观这样的活动？教师都认为自己缺乏利用博物馆资源的经验，而跟同事们也很少讨论这样的话题，这反映了博物馆在学校教育课后实践中被忽视、冷落。

3.3 缺乏相关方法的指导

部分教师尽管认识到博物馆中的资源可以极大开阔学生视野，与学生的课程学习可以产生紧密的联系，但大部分教育工作者由于在自己受教育成长过程中缺乏相关经历，所以他们很少选择使用既有资源，而且即使面对资源紧缺的情况，他们也不会寻求帮助或与博物馆教育工作者合作。仍有教育工作者指出，以往课程标准中并未明确提及博物馆资源在课堂教学中的使用，因此他们也不会主动利用博物馆资源。访谈的一线教师大多表示由于受到课时影响及升学压力，并且缺乏相应的培训和指导，所以很少在课堂上使用博物馆的教育资源。

综上所述，中小学教师还未能够深入思考博物馆资源与课程实施，以及学生学习的关系，还未能够有效利用博物馆资源支持自己教育教学活动。馆校合作背景下，国内外的博物馆越发重视与学校的合作，博物馆教师项目越发流行。本研究中所指的博物馆教师项目是，博物馆面向中小学教师群体而开设的促进教师利用博物馆资源进行教育教学的项目。本研究选取国外较为成熟的博物馆教师项目进行案例分析，探索如何提升中小学教师利用博物馆资源的能力。

4 博物馆在开展科学教育中的努力路径

利用博物馆自身的资源为教师提供教学上的辅助，在国外博物馆领域十分流行。美国博物馆联盟调查显示，博物馆将近3/4的教育预算用于学校和教师的项目。[6]

4.1 为教师提供教辅资源

国外大部分博物馆都非常乐意为教师提供用于课堂教学和校外活动的指南。一项针对475家非正式科学教育机构的调查显示，57%的机构表示为教师提供特别活动、研讨会、课程。[7]以大都会艺术博物馆（The Met）为例[8]，他们特地为教师提供了近百个适用于中小学的教学指南，并根据学生年级分为小学生课程计划、中学生课程计划、高中生课程计划，以帮助教师将有关艺术作品的学习整合在课堂中。例如，面向小学阶段的《工作中的古代动物》这一主题，课程计划中包含展品基本信息、课程学习目标、满足的国家课程学习标准、课程需回答的问题、课程活动安排、课堂辅助资源、与该课程主题相关的博物馆藏品。首先，展品信息部分介绍了展品名称、存在时间及地点、兵马俑的大小等。其次，该课程计划中指出学生通过该课程的学习后能够：（1）通过仔细观察展品和阅读相关文本，了解古代社会的贸易；（2）确定艺术家如何表达骆驼在这个群体中的作用；（3）自己动手制作一个工作中的泥塑。课程计划中也标出了符合英语语言艺术、科学、视觉艺术、世界历史等学科的课程标准。然后，为教师提供了一系列指导学生的问题，分别是：（1）描述这幅作品中的动物，你认为它在群体中扮演什么角色？（2）动物在你所处的群体中扮演什么角色？是什么让每种动物都适合扮演这种角色？（3）阅读这篇关于骆驼的短文，你认为文章中最有趣或最令人吃惊的是什么？（4）由于恶劣的气候和地形，古代亚洲与欧洲之间的长途贸易相当具有挑战性。请描述骆驼能够成为古代伟大贸易工具的特征。（5）这件艺术品强调了动物的什么特性？除了非常细致的课堂活动指南，教师还能在大都会艺术博物馆的官网上看到可供课堂使用的艺术视频资源，分别为素描、油画、印刷画。因此，教师可以借助许多博物馆的官网来探索其教育项目，充分利用现有的教学辅助，满足学生的个性化需求，为他们的科学学习搭建支架。

4.2 组织教师参与教研培训

由于教师自身专业限制，他们尽管可能会了解学生需求、学科知识，但不一定懂得如何利用博物馆组织教学。因此有教师有必要参与培训，吸收博物馆教育的相关理念、知识、技巧等，使得一线教师学会在博物馆中寻找到合适的主题，从而利用博物馆资源组织学生进行课外学习。

在美国，教师能够通过多种途径获得职业拓展机会，提高自身科学素养。博物馆、美术馆、动植物园、地方历史协会等肩负教育使命的组织利用自身丰富资源，为学校教师提供优质的培训服务。例如，波士顿美术馆（Museum of Fine Arts，Boston）提出了教师职业发展项目[9]，在 2012 年 11 月至 2013 年 5 月之间定期举办免费的专题研讨会，这些研讨会与波士顿美术馆中的展览相对应。免费研讨会的典型特征为：由馆长或演讲嘉宾播放幻灯片；专家在展厅进行现场指导，一切活动都按照课程表实行；实习考核制，参与研讨会的教师达到项目要求后才能获得项目学分。参与研讨会的教师与其他教师或美术馆教育工作者一同探讨如何利用博物馆资源活跃课堂教学气氛，如何为即将到波士顿美术馆参观的学生团体做准备等。2012 年 12 月 12 日，围绕《美索不达米亚到地中海》主题展览进行的研讨会，充分利用了波士顿美术馆中收藏的古代世界的艺术品。在这次研讨会上，教师能够了解波士顿美术馆举办的 4 个新专题，并探讨如何将这些展览与世界历史、英语语言艺术、外国语等课程结构

（Curriculum Frameworks）相联系。项目中还提供了波士顿所在的马萨诸塞州的课程标准链接[10]，教师能够根据该州统一的课程标准有针对性地参加研讨会。最后，接受培训的教师要参与所有开设研讨会场次的半数后，在学年结束时上交相关材料便能获得该项目的学分，材料包括后续教学工作摘要、带领学生参观的证明材料、今后发展计划等。这样的项目模式不仅促进了教师自身发展，同时也提高了教师的科学素养与技能。

4.3　与教师合作共创教育资源

在馆校合作中，教师是博物馆资源的整合利用者和课堂教学实施者，起着不可替代的作用。教师可与博物馆教育工作者、研究人员、开发团队等合作共同创造教育资源。在美国，博物馆在规划教育项目时，都会与学校教师保持密切合作，教师充当顾问的角色。美国史密森学会[11]早在 20 年前就开始把数以千计的教师邀集在一起，举行每年一度的"教师之夜"（Smithsonian Teachers' Night）活动。在活动期间，受邀请的教师在现场观看展出并就博物馆为当地学校的制定的教育活动规划进行讨论。史密森学会允许教师们在现场使用各类辅助教学的资源，提出自己的意见和建议。通过这些途径，史密森学会能促成旗下的博物馆与学校之间的长期合作。

2015 年，耶鲁大学皮博迪博物馆举办了一个线上教师专业发展（Professional Development）研讨会[12]，旨在了解教师使用博物馆网站资源的情况，包括哪些功能和工具可以在课堂上使用。研讨会上的博物馆研究人员介绍了馆藏展品的知识，博物馆教育工作者则与一线教师就"如何在课堂中有效使用博物馆资源"进行探讨，提出对教师专业发展最有效的形式、评估和选择等方面的建议。此外，研讨会上的一线教师也提出建议，希望开发团队可以更加支持网站建设，包括但不限于背景资料的补充、考古挖掘现场工作视频、展览策划，以及一些课程开展计划。教师作为最了解教学课程和最了解学生需求的人，要主动参与到博物馆教育活动的策划中，增加教师、学校和博物馆之间的交流。

5　经验与启示

通过探索国外学校教师利用博物馆资源的案例可以发现，国外博物馆积累了丰富的科学教育资源与教学指南供教师使用，并且开展了许多馆校合作教育项目，鼓励教师参与教育资源的策划与开发。这为我国教师利用博物馆资源开展科学教育提供了有益的经验参考。

5.1　充分挖掘博物馆科学教育资源，促进专业成长

国外博物馆开发积累了丰富的科学教育资源为学校教育提供服务，其资源

优势已成为馆校合作的重要保障。例如，展品与藏品资源作为学校教师的教学用具；实验、讲座、培训、课程等教育项目成为教师、学生学习技能的重要手段；博物馆的工作人员成为学校科学老师的重要合作伙伴；丰富的网络资源成为学校师生自主探究学习的知识宝库。

在我国，考虑到文物的安全性与保护性，博物馆为教师提供的藏品式教育资源比较罕见，博物馆官方网站一般会有丰富的线上教育资源。以上海自然博物馆[13]的馆校合作项目为例，旗下开发了"校本课程""馆本课程"等项目，其中"校本课程"开发项目邀请上海中小学一线教师合作开发、基于场馆的校本课程，以支持学生在博物馆内开展深度的探究学习，项目产出的优秀案例可供教师下载学习。"馆本课程"项目是上海自然博物馆依托展览资源，对接课程标准和目前学校教学的薄弱环节，自主开发的模块化、探究性课程方案，为学校教师提供一份场馆利用指南，以便教师能够独立入馆完成开课。上海自然博物馆鼓励学校老师结合教学需求直接使用或二次研发，教师可以按照所教授学段、科目等在官网直接下载教师手册与学生学习单。此外，上海博物馆通过教育手册、文化包的形式为学校教师提供教学资源。教育手册是 2013 年上海市校外联办拟与上海博物馆联手编辑《校外教育教师手册》（博物馆分册），这是一本面向中小学教师、旨在帮助其学会利用博物馆的教学指南。该手册为教师提供了一把打开博物馆大门的钥匙。文化包是博物馆走出围墙、拓展教育的一种手段。上海博物馆的文化包分为"文化主题"和"特别展览"两个系列，包的内容包括书籍读本、视频资料、课程幻灯片、课程教案、辅助资料、参考文献书目、手工实践活动教学方案、参观作业等。教师可根据教学需要，利用文化包进行个性化教学设计。另外，博物馆微信公众号对教师拓展课程资源、帮助中小学教师专业发展大有裨益[14]，中小学教师可以通过多种途径挖掘博物馆的科学教育资源，以促进自身专业成长。

5.2 联合多方参与培训研讨，提高科学素养

在我国，博物馆的教师培训项目通常是由地方教育部门和大型博物馆的教育部门联合组织。培训的起因是发现中小学教师不了解博物馆的资源，不会利用博物馆的资源组织教学活动，更缺乏深度讨论的能力。因此，应加强在职教师的培训，提高中小学教师对校外教育机构的价值认识，培养其熟练地掌握利用博物馆的能力，以利其将博物馆资源应用于学校的教学之中。比如，博物馆可以举办沙龙、教师野外采集和考察活动等，为教师群体提供丰富的社交与交流机会等。除了以博物馆资源服务学校课程外，未来还应该将教师合作和培训提高到教师职业教育与终身学习的高度之上，从而让教师自觉自愿地、积极地

与场馆加强往来。上海自然博物馆的"博老师研习会"项目通过组织教师场馆观摩、活动体验、专家讲座、课程设计等形式，帮助教师熟悉自博馆展览教育资源，共同研讨在非正式教育环境中组织学生开展学习的策略。2012年，上海市校外联办公室联合上海博物馆，面向中小学教师和少年宫、少科站教师，开办了首期"在博物馆寻找主题"的主题参观培训活动，为倡导主题参观、深度利用博物馆资源进行了有益的尝试，取得良好效果。当然，培训研讨的对象可以不局限于学校教师和场馆工作人员等教育者，应该最大限度地扩充合作的主体，联合专家、企业家、教育机构等就某一主题分享他们的创新理念、课程项目等，给教育者一定的启示，让他们充分了解各领域各层次教育工作者的灵感、教育理念倾向等。

5.3 立足角色转变，主动策划教育项目，发挥主观能动性

"大多数的教师是材料的适应者、实施者，而不是创造者。"很多时候，学校教师习惯于丰富的博物馆教育资源"引进"课堂教学，但其实学校教师也需要"走出去"，尝试转变教师角色，主动成为博物馆教育的学习者、合作者。[15]只有具备充足的理论知识与技能后，方能适应博物馆教育的需求，更好地利用与组织博物馆资源。作为学习者，从教育的共性来说，教师要学习的内容包括但不限于博物馆展品及教育资源、博物馆学习方法、现代教育技术等，对展品有基本了解才能适宜地指导学生，并采用恰当的方法引导学生进行科学学习。旧金山科学探索馆让教师以学习者的身份体验探索馆的科学理念，要求教师策划为学生创造类似的体验。[16]其次，教师作为合作者，要与学生建立博物馆学习共同体，要走到学生中间，与学生一同了解博物馆，利用博物馆资源进行学习；不仅如此，教师要与博物馆教育工作者之间架起合作的桥梁，相互交流沟通信息，教师要主动参与教育活动的策划与开展，相互探讨博物馆教育的理论与实践问题。学校要发挥教师的主观能动性，安排教师规划教学策略、设计参观脚本等，让教师真正参与到合作项目中，在涉及学校和科普场馆的合作行动中发挥作用，避免教师角色的边缘化和学校教育内容的缺失。

在科学教育逐步发展的背景下，中小学对校外教育资源的需求与日俱增，博物馆必然成为学校教师寻求校外教育资源的首选。博物馆主动与校方合作，及时推送教育服务项目，这对博物馆、学校和教师来说都是一项双赢的政策。对于博物馆而言，这是将博物馆教育纳入国民教育体系的有效途径，对于学校、教师而言，既能够促进教师专业成长，也能更好、更广泛地服务学生。我们期望不断增强馆际合作，共同构建校内外育人共同体。

参考文献

［1］教育部等十八部门关于加强新时代中小学科学教育工作的意见——中华人民共和国教育部政府门户网站 [EB/OL].[2023-08-26].http://www.moe.gov.cn/srcsite/A29/202305/t20230529_1061838.html.

［2］张诗怡.博物馆资源在初中历史教学中的应用 [D/OL].陕西师范大学，2019[2023-08-27].https：//kns.cnki.net/kcms2/article/abstract?v=3uoqIhG8C475KOm_zrgu4lQARvep2SAkEcTGK3Qt5VuzQzk0e7M1z7Hra74jHCa2bj5ZbkHAAlkJSbKq_wwgDoST9oqVD7YQ&uniplatform=NZKPT.

［3］陈静.博物馆资源与初中历史教学 [D/OL].南京师范大学，2016[2023-08-27].https://kns.cnki.net/kcms2/article/abstract?v=3uoqIhG8C475KOm_zrgu4lQARvep2SAkkyu7xrzFWukWIylgpWWcEh6TqZ3-0-Tvdv-2tXI798l_gH-TUMrajqrpD9QV01er&uniplatform=NZKPT.

［4］中央文明办、教育部、中国科学技术协会关于开展"科技馆活动进校园"工作的通知——百度文库 [EB/OL].[2023-08-29].https://wenku.baidu.com/view/86608a5d24d3240c844769eae009581b6bd9bd1f.html?_wkts_=1693285479101.

［5］教育部、国家文物局联合印发关于利用博物馆资源开展中小学教育教学的意见——中华人民共和国教育部政府门户网站 [EB/OL].[2023-08-26].http://www.moe.gov.cn/jyb_xwfb/gzdt_gzdt/s5987/202010/t20201020_495770.html.

［6］LAU M,SIKORSKI T R.Dimensions of Science Promoted in Museum Experiences for Teachers[J/OL].Journal of Science Teacher Education,2018,29(7):578-599.DOI:10.1080/1046560X.2018.1483688.

［7］PHILLIPS M,FINKELSTEIN D,WEVER-FRERICHS S.School Site to Museum Floor：How informal science institutions work with schools[J/OL].International Journal of Science Education,2007,29(12):1489-1507.DOI:10.1080/09500690701494084.

［8］The MET-Learning resources[EB/OL]//The Metropolitan Museum of Art.[2023-08-26].https://www.metmuseum.org/learn/learning-resources.

［9］Educator Professional Development丨Museum of Fine Arts Boston[EB/OL].[2023-08-26].https://www.mfa.org/programs/school-programs/educator-professional-development.

［10］The Massachusetts Curriculum Frameworks for PreK-12丨Mass.gov[EB/OL].[2023-08-26].https://www.mass.gov/info-details/the-massachusetts-curriculum-frameworks-for-prek-12.

［11］For Educators丨Smithsonian Institution[EB/OL].[2023-08-26].https://www.si.edu/educators.

［12］FLEMMING A,PHILLIPS M,SHEA E K,et al.Using Digital Natural History Collections in K-12 STEM Education[J/OL].Journal of Museum Education,2020,45(4):450-461.DOI:10.1080/10598650.2020.1833296.

［13］上海自然博物馆馆校合作 [EB/OL].[2023-08-26].http://www.snhm.org.cn/jyhhd/gxhz.htm.

［14］陈颖倡.中学历史教师专业发展中微信公众号的作用研究 [D/OL].广西民族大

学,2019[2023-08-26].https://kns.cnki.net/kcms2/article/abstract?v=3uoqIhG8C475 KOm_zrgu4lQARvep2SAkEcTGK3Qt5VuzQzk0e7M1zxr6ZkYUaVpjdQCQ6bp bjniRRuX_VoqmRzio9zAbwEJV&uniplatform=NZKPT.DOI:10.27035/d.cnki. ggxmc.2019.000446.

[15] 常娟.呼唤教师在科技馆教育中新的角色定位[J].中国校外教育（理论），2008（S1）:905+862.

[16] The Exploration of Museum Resources in Middle School History Teaching—Take the China Tea Museum as an Example[J/OL].Academic Journal of Humanities & Social Sciences,2022,5(13)[2023-08-19].https://francis-press.com/papers/7802. DOI:10.25236/AJHSS.2022.051319.

公共图书馆与中小学图书馆融合发展典型问题与对策研究

——以深圳市坪山区为例

陆其美[*]

（深圳市坪山区图书馆，深圳，518118）

摘 要 公共图书馆在资源、技术、社会教育等公共文化服务方面具有天然优势，中小学图书馆根植基层、贴近民众，是青少年阅读学习及获取信息的重要场所。公共图书馆与中小学图书馆融合发展，优势互补，可以提升资源利用率与服务质量，从而更大程度地惠及民众、促进教育高质量发展，进而推动新时代中国特色社会主义先进文化的发展。本文立足于坪山区充分利用深圳"图书馆之城"统一服务平台的技术和资源优势，推进公共图书馆与中小学图书馆共建共享融合发展的实践探索，以实际工作中的问题为出发点，从技术实现、政策、机制、行政和运营5个层面对馆校融合发展存在的典型问题进行分析，寻找解决思路与方法，研究切实可行的对策，并适时总结提炼相关做法经验，以期为深圳市乃至全国范围内的公共图书馆与中小学图书馆融合发展提供具有参考价值和借鉴意义的经验和范例。

关键词 公共图书馆 馆校合作 共建共享 融合发展

1 引言

2022年1月，国家发展改革委等21部门对外发布《"十四五"公共服务规划》（发改社会〔2021〕1946号），围绕"七有两保障"，提出了主要目标和任务，明确指出"到2025年，我国公共服务制度体系更加完善，政府保障基本、社会多元参与、全民共建共享的公共服务供给格局基本形成，民生福祉达到新水平"。[1]文化和旅游部等三部委联合印发的《关于推动公共文化服务高质量发展的意见》文旅公共发〔2021〕21号将"坚持共建共享，推动融合发展"作为主要原则之一。[2]2021年12月，深圳市成立了学校规划与建设专家咨询

---

* 陆其美，深圳市坪山区图书馆执行副馆长、副研究馆员，研究方向为图书馆建设与管理、阅读推广。

委员会，市政府主要领导出席会议，并提出具体要求：要努力在学校建设标准上先行示范，并突出功能需求，把体教融合、卫教融合、科教融合、艺教融合等理念融入学校规划建设当中，统筹推进文化、体育、交通等配套设施建设和开放共享，更好满足学校教学需要和社会公众需求。[3]深圳市"图书馆之城"建设规划（2021—2025）将坚持融合发展定为基本原则，明确提出要坚持开放共享，积极统筹各领域资源，推动图书馆事业与青少年教育、城市空间建设等领域的创新融合，实现资源共享、优势互补、协同并进。坪山区是深圳最年轻的行政区之一，一直举全区之力在推动公共文化服务高品质供给上持续发力，打造深圳东部文化高地，在这一过程中，坪山图书馆在全区范围内发挥了品质阅读的标杆引领作用。

2018年起，坪山区推进全区的公共图书馆总分馆体系建设，作为一个全新的行政区，街道、社区新建公共文化服务中心（含图书馆）存在极大的困难。投入大、耗时长、选址难，很多都是为了完成考核任务而勉强建立起来的过渡馆，使用效益极低，产生很大的浪费，其中一个街道级过渡馆年接待入馆读者仅700多人，按照年开放时间计算，每天接待入馆还不足3人次，出现这种情况的主要原因在于图书馆选址偏僻、馆舍条件差、面积小，且在3楼而没有电梯等。而在这个街道过渡馆的社区辖区内就有一个面积1000平方米左右、装修精美、设施先进的小学图书馆，但小学图书馆大量的时间都处于闲置状态。这个学校图书馆如果可以用作社区图书馆，不仅可以节省大笔建设经费，而且可以在极短时间内完成共建，并且十分方便市民使用，使用效益会远高于现在的过渡馆。由于是新建行政区，坪山区土地整备非常频繁，在坪山图书馆开馆短短4年多时间里，就有多个街道、社区图书馆因土地整备而要撤除，这不仅造成了极大的浪费，也给当地一些养成到图书馆借阅习惯的居民带来了诸多不便，引起他们的不满。作为新设立的行政区，一切起步较晚，反而具备后发的优势，十分值得开展全区性的公共图书馆与中小学共建共享的尝试，为坪山区文化和教育事业的融合协同发展打下一个良好的基础。2022年，坪山区提出要多措并举持续增进民生福祉，打造高质量教育高地，推动文化繁荣发展，加快建设深圳东部文化新高地。将"积极探索推进文教融合，构建坪山图书馆与中小学图书馆共建共享新模式"明确写入年度全区宣传思想文化工作要点。

2 坪山区开展公共图书馆与中小学融合发展的主要思路

坪山区"推动公共图书馆与中小学融合发展"的工作思路主要基于宣传文化部门和教育部门各自资源优势与实际需求开展。一方面，发挥坪山图书馆垂直型总分馆制管理体系优势，提供藏书、人员、技术、资源、活动等，特别是坪山图书馆在人文、自然博物、科普等方面优质丰富的资源是中小学所迫切需要的；另一方面，发挥中小学分布广、根植基层、辐射人口集中等优势，提供馆舍、水电、物业管理等服务，通过双向开放实现纸质图书通借通还、数字资源共享共建、品牌活动互补互利，最大化有效盘活、整合利用公共资源，推动城区融合协同发展。

3 坪山区开展公共图书馆与中小学图书馆融合发展的主要做法与成效

3.1 主要做法

3.1.1 构建协同化的党政部门联动机制

公共图书馆与中小学图书馆分属宣传文化系统和教育系统，承担职责、经费来源各有不同。为强化协同、合作共融，坪山通过组织召开协商座谈会、市区两级政协联合提案督办等形式，推动多部门多次深入一线开展联合调研，为馆校融合发展奠定坚实的基础。宣传文化主管部门带领坪山图书馆，与区教育局及试点学校（5 所）多次会商，就场地双向开放、纸质图书通借通还、数字资源共享共建、品牌活动互补互利等重点事项达成合作意向，明确馆校融合发展的实施路径和具体步骤。

3.1.2 打造全域化的公共文化服务体系

（1）空间场地共用共享。试点学校图书馆"一门两开、早晚两进"，实行分区分时开放，教学期间关闭社会通道，仅对校内师生开放，保障正常教学秩序；闲置时段如早晚、周末、寒暑假、法定节假日等，履行社区图书馆功能，免费为社区居民服务。学校的空间、物业、水电等资源在非教学时段充分利用，服务于公共文化。

（2）馆藏资源优势互补。多数学校图书馆存在馆藏资源少、图书品种单一、管理模式落后等问题。鉴于此，坪山图书馆聚焦学校图书馆贴近社区、亲子阅读需求大等特点，以提高青少年综合素质为核心，以激发好奇心、培养探究精神、提升创新与实践能力为目标，专门配送特色人文及科技普及读物；同时，按照"图书馆之城"统一规范，协调馆校双方馆藏资源的统一分编、加工和调配，对学校馆藏资源进行标准化处理，指导学校图书馆文献资源的科学布局和采购，推动学校馆藏资源纳入全市通借通还体系，最大限度提高馆藏资源流转率。

（3）服务平台一体搭建。试点学校图书馆成为坪山社区图书馆，加入深圳"图书馆之城"统一服务平台，并依托平台系统的管理服务、图书借阅等技术支撑，实现一体化阅读服务全覆盖，最大化地简化程序、节省时间，发挥资源的集聚及使用效率，满足周边居民的文化需求。

13

3.1.3 形成网络化的全民阅读联盟矩阵

坪山图书馆自 2019 年 3 月开馆以来，将"在全区范围内引领公共阅读"作为主要职责，坚守品牌品质，先后打造"与周国平共读一本书"、"书话坪山"主题沙龙、"大家书房"会客厅、"坪山自然博物"系列讲座等品牌活动。试行馆校融合发展后，坪山图书馆将品牌活动的主阵地从图书馆拓展转移到校区、社区，邀请不同领域的名家学者走进基层一线，与市民群众、青年师生等面对面沟通交流，提升高品质文化资源的辐射力、影响力、渗透力。同时，发挥中小学校教育资源优质、教师队伍专业、推广阵地成熟等优势，培育吸纳有阅读兴趣和特长的师生、家长，加入图书馆"全民阅读推广人"队伍，志愿服务各类阅读推广公益活动，为扩大活动范围和举办频次提供助力。

3.2 主要成效

3.2.1 "零成本"扩充分馆服务面积近 4 倍，大幅节约财政资金

馆校融合发展可减少新建社区图书馆数量，极大节约建设资金和土地，有效降低财政负担。5 所试点学校图书馆纳入公共图书馆体系后，坪山区可供市民开放使用的公共文化服务空间，在没有额外增加投入的情况下，累计新增近 2 万平方米（并新增藏书 21 余万册），相较于社区选址新建，有效节省了财政建设和运营资金投入，还额外节省了城市国土资源，如果将共建范围拓展到全区，节省的资金和土地更为可观。以汤坑社区分馆（科源实验学校）为例，图书馆建筑面积达 5450 平方米，仅建设及家具、图书等投入经费超过 5000 万元（建设投入约为 1 万元 / 平方米，不含土地费用），特别是该馆开放后运营仅增加了少量的水电、保安和保洁服务等开支。

3.2.2 到馆人数、图书流通率等指标倍增，服务效能有效提升

坪山区科源实验学校、坪山外国语学校、坪山外国语学校文源校区、东纵小学、深圳高级中学（集团）东校区小学初中部 5 所学校的图书馆作为第一批试点，于 2023 年"4·23 读书日"集中开放。开放以来短短数月，到馆人数、图书流通率等指标已实现倍增。再以汤坑社区分馆为例，截至 2023 年 7 月 17 日，开放 79 天，累计接待进馆读者 30109 人次，日均进馆 382 人，超过原已建成的街道、社区各单体图书馆的 2021 年全年接待总量（2021 年度全区街道社区图书馆最高年接待总量为坑梓街道图书馆，全年开放 309 天，累计接待 27406 人次，日均进馆 88 人），远超过原有学校图书馆服务效能。

3.2.3 品牌品质活动实现"全域流动"，文教活动供给有效覆盖

自试点馆校融合发展以来，坪山区推动馆校共享高品质文化，先后邀请中国古动物馆馆长王原、书籍设计师朱赢椿、著名学者周国平、著名作家叶兆言

等专家学者，走进南方科技大学、深圳高级中学（东校区、南校区）、坪山外国语学校、科源实验学校等举办专题讲座、沙龙，联动开展线上线下阅读推广、科普教育活动 10 余场，为中小学校开展青少年科学教育发展提供强大助力；同时，学校组织优秀骨干教师、阅读推广人，在坪山图书馆开展少儿阅读推广活动，扩大了文化惠民受众范围以及社会覆盖面，提高了品牌影响力。

3.2.4　变"学校图书馆"为"家门口的图书馆"，社会认同感明显增强

5 所试点学校图书馆贴近社区，能够填补现有图书馆未能辐射的空白区域，市民群众的阅读需求得到充分满足。再如，汤坑社区图书馆正式对外开放后，得到了学校、学生、家长、社区居民、街道社区的一致好评，同时获得了新华社客户端、新华每日电讯、人民日报客户端、央视网、学习强国、南方 PLUS、《深圳特区报》等中央及省市媒体的集中关注和报道，相关工作经验和做法还在中国图书馆学会第二届阅读推广标准与评价学术研讨会上做了主旨汇报。

4　坪山公共图书馆与中小学图书馆融合发展的典型问题

公共图书馆与中小学图书馆共建共享融合发展，国内外很多城市和地区都在开展，为本文提供了丰富的研究素材。深圳市坪山区属于新建行政区，自 2018 年起开始展开公共图书馆与中小学融合发展的实践探索，主要历经了工作酝酿、推动立项、试点建设、全面铺开、机制建设等过程，为本文研究融合发展提供了第一手的样本资料和实践经验参考。通过相关的文献研究与分析，结合坪山区已开展的实践情况，可以看出在公共图书馆与中小学融合发展过程中存在以下几个方面的典型问题需要去解决。

4.1　平台功能待升级，融通作用不彻底

深圳市文体旅游局发布的《深圳市"图书馆之城"建设规划（2021—2025）》提出了全力推进全市公共图书馆一体化建设，推进图书馆事业与各领域融合发展，建设开放、智慧、包容、共享的现代"图书馆之城"的总体目标。深圳图书馆在"图书馆之城"的网络数据、联合采编等工作中起中心作用，并搭建全市图书馆统一技术和服务平台，由各区馆统筹各区总分馆业务，实现全域互联互通，资源共建共享。[4] 按照这一建设理念和业务模式，除了各级公共图书馆外，学校图书馆也可以很容易地加入深圳"图书馆之城"统一服务平台，但实际情况是，加入"图书馆之城"统一服务平台的学校图书馆数量极少，学校图书馆大多使用手工管理或者单机版管理系统管理，很少想到利用市图书馆搭建的可用于各层级各类型图书馆的图书馆统一服务平台，"图书馆之城"

统一服务平台的融通作用没有得到充分发挥。除了学校不知道可以使用这个统一服务平台的作用之外，也与各区公共图书馆在统筹各区总分馆建设中大大忽略了与学校共建可以面向社区开放的图书馆这一可能性相关。

4.2　行业壁垒待打通，合作意愿不强烈

一直以来，公共图书馆与中小学的合作都是在自发自愿的基础上进行的，学校的主要任务是教学，并没有太多的公共文化服务的职责，因此中小学及其主管部门教育局对此表现出的意愿并不强烈，在合作中以公共图书馆主动居多，但这也无形中会增加公共图书馆的工作量，如果没有更多的经费、人力等方面的支持，公共图书馆及其主管文化部门也并非非做不可。坪山推动公共图书馆与中小学共建共享融合发展的过程中也呈现出同样的问题，虽然双方都积极地推动，文化和教育两大不同行业之间的壁垒影响还是处处可见。

4.3　实施范围不够广，长效保障待加强

公共图书馆与中小学的融合发展在目前来说仍然是个别的、局部的、浅层次的合作，如苏州图书馆胥江实验中学分馆的建立虽得到了业界高度认可，但只属于单一的典型案例，尚未有在更大范围内广泛推广的迹象。同样在坪山，目前仅有 5 所学校加入了共建共享的试点，教育部门和大多数学校甚至文化主管部门仍处于观察之中，因此如何进一步扩大共建共享的实施范围，吸引更多的社会主体参与这项工作的推进，并且让已经完成试点建设的共建共享图书馆能够保持正常、稳定运转，融合更多的中小学加入共建共享的队伍中来，是需要深入思考和积极解决的问题。

4.4　主体内容不明确，实施路径不清晰

公共图书馆与中小学的共建共享，涉及的内容在形式上和数量上都比较多，如学校图书馆的类型就包括已建成的和在建中的，也包括规划中的，每个共建点合作方的需求侧重点也不同，如有的学校对坪山图书馆的活动感兴趣，希望可以走进校园，有的学校希望与坪山图书馆共建活动品牌等，需要对这些内容进行梳理，以便研究制定相应的对策。明确职责和任务分工是做好一件工作的前提条件，特别是公共图书馆与中小学的共建共享属于跨系统的合作，更加需要对合作各方各自的工作职责和任务进一步明确明晰，大家各负其责，按照商定的工作任务分工和流程开展工作，需逐步建立起带有可普遍适用于各方参照执行的实施路径。

5 公共图书馆与中小学图书馆融合发展的对策研究

馆校共建共享融合发展是图书馆事业发展的必然趋势，这在图书馆界已取得了共识，并且正在更广泛的社会界别中扩大影响。坪山区推进公共图书馆与中小学图书馆融合发展的实践探索过程，包括项目立项、试点建设、推进长效机制保障等全过程。这一过程中，有充分发挥政协平台的作用突破固有的不同系统之间的行政壁垒，有通过调研、访谈、商讨等方式确立共建共享的内容，也有围绕某项具体工作内容进行深入探讨、查摆问题、探索可行的实施路径等做法。在对坪山具体实践过程进行观察、分析、研究的基础上，本文开展对公共图书馆与中小学图书馆未来融合发展的对策研究，并尝试提炼出坪山可以打造特色之处，树立坪山理念，进而构建出一种可用于未来发展的模式，虽不能解决融合发展在未来图书馆事业发展中的所有问题，但可通过坪山经验提供一些有益的借鉴。

5.1 对策一：积极实践并借助多方力量打通行政壁垒

公共图书馆与中小学图书馆融合发展是一项实践课题，只有积极进行实践，才有可能把事业向前推进，也才能从中发现问题、解决问题。坪山区与大多数地区一样，同样存在较大的行政壁垒难以打通，以及教育部门和学校乃至公共图书馆及其主管部门合作意愿不足等问题。

针对行业壁垒待打通、合作意愿不强烈这一典型问题，坪山区的主要解决思路是结合坪山区要建立深圳东部文化高地，促进文化事业大繁荣和教育高质量发展等城市发展定位和目标任务，借助多方力量打通相关行政壁垒，主要做法有：一是积极主动争取在区委区政府层面推动，促使在更高行政层级形成共识，自上而下进行推动，对打通行政壁垒起到更加积极有效的作用；二是借助并充分发挥了市、区政协平台在决策建议、协调融通等方面的积极作用。而对于教育部门和学校合作意愿不足的问题，坪山区主要做了以下尝试：一是找准学校的需求点，学校虽没有太多在公共文化服务提供上的职责，却有在本校学生中开展阅读服务及更高层次人文、科学教育活动的需求，在藏书上也有数量和专业上的需求，在服务手段上存在明显的短板，特别是一些办学规模小、经费不足的学校，还有些新建学校图书馆，在专业管理、创新服务、活动组织等方面都有希望可以和公共图书馆合作共建的意愿，特别是"图书馆之城"统一服务平台具备巨大的技术和资源优势，既可让学校图书馆共享全市图书馆之城体系的海量数字资源，又可给学校图书馆的专业化、自动化、数字化、智慧化管理带来系统性的升级，最终整体大幅提升学校图书馆的使用效益和管理服务水平，这是学校图书馆非常需要的；二是对于公共文化服务主管部门，在公共文化服务标准中的新增公共文化设施面积、社区图书馆建成覆盖率等方面，通过共建共享融合发展凸显实效；三是强化合作的行政基础，坪山区通过政协平台的建议发声，开展市区联动推进共建，争取到区主要领导的肯定和支持，这是让坪山图书馆与部分学校愿意去做、放心去做，并且按最好效果去做的底气。

以上坪山的具体实践与做法，虽有明显的坪山本地特色，但其本质仍体现了多元主体共同参与、平等协商、合作共治的共建共治、共享社会治理理论特点。在推进坪山实践的过程中，公共图书馆与中小学校平等协商，政协发挥积极作用，宣传文化主管部门、教育局、街道社区的支持和参与，各界政协委员的建言献策和主动参与等均体现共建共治、共享社会治理格局的特点，即政治民主、公众参与，在格局构建上涉及政府、市场和社会组织、个体等多元主体。坪山图书馆与中小学校的合作共建，体现了双方为了完成全区文化事业繁荣发展和教育高质量发展的更高目标，双方寻找到促进融合共建的各自需求点，使得跨系统的合作自然而然达成。

5.2　对策二：凝练具有地方特色的共建共享发展理念

坪山的实践目前仍处于自发自愿的试点合作阶段，合作的范围是有限的，并且对长期的合作运作也是处于探索的层面，还不能清晰描绘出其以后的场景，需要在实践的基础上，结合相关理论的指引，在发展理念和机制上凝聚共识，这样才能有更多的合作案例产生，才能长久地运营下去，同时通过实践的深入推进，不断积攒经验，丰富相关具有普遍指导意义的理论。

理念、机制和实施路径是推进一项事业发展、开展一项工作、打造优秀实践案例必不可少的因素，坪山区推动公共图书馆与中小学共建共享融合发展要创新出彩，甚至构建出一种新型模式，在深入分析共建内容、探讨实施路径的基础上，需要围绕"什么是坪山的创新""坪山可以做出什么特色""如何与坪山城市发展的规划相融合"等问题提炼出坪山开展这项工作的理念，并形成共识。结合坪山的实践，可提炼出公共图书馆与中小学图书馆融合发展树立未来化、全域化、平台化、长效化的科学发展理念。

5.2.1　未来化

坪山区推进公共图书馆与中小学图书馆融合发展，是在对城市未来发展形态和趋势上进行了分析和预判的基础上，开展了面向未来的实践探索。比如，提出的一种思路是介入学校的新建工作，在设计规划和建设阶段，就考虑将图书馆、体育场等设施场所面向社区开放，或可设计出一种未来校园布局的新形式和校园设计工作流程的新模式。

面向未来化的理念，我们可以用一种超越当前体制和循例的眼光去看待事业的发展问题,这也是深圳市得以高速发展,从而建设中国特色社会主义先行示范区的原因。未来化的理念,还可以使我们在政策发展、事业规划、资源配置等方面获得创新的思维,并推动有关制度的创新,实现现实障碍的突破。

5.2.2 全域化

坪山区推进公共图书馆与中小学图书馆融合发展,是推动全区范围内所有中小学图书馆与公共图书馆开展共建共享,是既包括馆舍空间共建,又包括阅读推广活动、人才队伍建设等方面的全面共建共享,而不是零星的典型个例发展模式,也不是单一的服务内容共建共享。

面向全域化的理念,是坚持以人民为中心的发展思想的体现,是实现全体人民共同富裕、促进基本公共服务均等化的前提。坪山区图书馆充分依托体制优势和人财物优势,因地制宜地探索全区范围内普遍实施公共图书馆与中小学图书馆共建共享的有效途径,是一种先行先试的示范。

5.2.3 平台化

坪山区推进公共图书馆与中小学图书馆融合发展,是在大数据时代、信息化时代着力打造文教融合、体教融合、艺教融合,同时结合新时代文明实践、党群服务等多种服务功能和资源服务集于一体的新型社区文化活动中心,构建多元参与的公共设施与服务提供新模式。除了公共图书馆、中小学校及相关的机关单位,还包括企业、公益组织等社会力量,开展平台化的建设和服务。

面向平台化的理念,是促进政府数据信息开放共享,打破政府部门之间的信息阻隔,促进部门数据信息的流动与协同。平台化要求我们在开展公共图书馆与中小学图书馆融合发展的实践过程中,充分考虑并响应各类主体的情况和诉求,充分整合各方面的资源和力量,构建基于统一服务平台的多元主体参与的公共文化服务运行机制。

5.2.4 长效化

坪山区推进公共图书馆与中小学图书馆融合发展,不是要打造一项政绩工程,而是要真正地推进图书馆服务的普遍均等和青少年科学普及教育保障与提升的长期事业。因此,坪山区要建立区级政府层面的政策制度保障,来促进共建共享的多元参与和可持续发展,而不是依靠自发自愿的合作模式,是要打造一种长效发展的模式。

面向长效化的理念,目的是解决事业发展中短视、无序、因人而异的问题。长效化要求事业发展要有长期规划,要求建立制度保障,要求重视规范和标准的建设。长效化的追求虽然在一定程度上会导致项目实施的迟滞,却是馆校融合发展工作得以日积月累、不断成长的保障。

5.3 对策三：明确共建共享的主体内容及实施路径

5.3.1 明确共建共享的主体内容

（1）与已建中小学图书馆的共建共享

与已建成的中小学开展共建共享的主要内容包括馆舍及校园的动线再设计、标识系统的设计与制作、图书馆集成管理系统的共享使用、馆藏的构成、中小学图书馆的已有馆藏图书的系统入藏、专业设备的统筹使用、人员的安排、服务对象及范围、开放时间的商定等，以及在新冠疫情环境下的防疫措施等[5]。

（2）与规划中新建中小学图书馆的共建共享

对于规划中建设或正在新建的中小学图书馆的共建共享的内容，在与已建成的中小学的共建共享内容的基础上会有所增加，包括校园总体布局设计阶段的参与，设计出更符合既满足教学需求又满足社会需求的校园布局新形式；还可参与中小学图书馆的概念设计、功能布局设计、内装设计、智能化设计等[6]；也可以参与中小学图书馆的特色打造，围绕学校的特色教育、周边社区的特色资源和需求，打造特色主题图书馆。

（3）特色品牌读书活动的共建共享

自 2019 年 3 月开馆以来，坪山图书馆先后创立了"书话坪山"主题沙龙、"大家书房"会客厅、"与周国平共读一本书"、"坪山自然博物"系列讲座、"明新大课堂"等品牌活动，先后邀请全国人文、自然博物、科技等各领域的专家学者举办了约 200 场的活动，这些活动先后获得了全国、广东省、深圳市阅读推广活动的多个奖项。在开展融合发展过程中，调研各学校校长均表示对坪山图书馆的高品质文化活动十分认可，希望可以将这些品牌活动引入学校来举办，同时也很希望学校的一些特色活动可以登上坪山图书馆的阅读空间进行展示，如学校排练的绘本剧等。

（4）特色阅读推广项目的共建共享

在开展和推进坪山区馆校融合发展实践过程中，有的学校校长和金融系统、科技界的政协委员提出，可以借助坪山推进公共图书馆与中小学共建共享这个契机，共同打造坪山区新的阅读推广项目，如打造坪山区儿童阅读推广人培训项目，由坪山图书馆组织培训资源，学校组织有阅读方面兴趣和特长的老师和家长参与相关专业知识和技能的培训，为坪山培育出一批具备阅读推广专业技能的阅读推广人，为坪山区图书馆阅读服务体系开展各类读书活动，增加活动的覆盖范围和举办的频次，而金融系统的政协委员愿意为这个项目提供资金上的支持等。再如，有的科技界政协委员提出愿意为共建的中小学图书馆组织科技领域的专家资源，为学生策划系列科普讲座，为他们打下良好的科学基础。

（5）服务标准与业务规范建设

在具体推动公共图书馆与中小学图书馆融合发展的试点建设实施中，参与的各方会不断发现问题、研究问题、解决问题，完善工作细节，整理出可以用于指导实际操作，方便更多学校图书馆加入共建共享并复制推广的操作指南，最终将从全面整合宣传文化、教育、图书馆、学校、街道社区等各方的公共资源和力量的角度，去探索一种科学合理的多方参与机制和长效保障机制，尝试制定可以促进和保障文教融合高质量可持续发展的建设及服务标准。[7]

5.3.2 梳理共建共享的实施路径

（1）以发展规划为纲领

公共图书馆与中小学图书馆融合发展，要重视发展规划的编制。只有制定发展规划，并且被纳入总体的事业发展规划之中，公共图书馆与中小学图书馆融合发展的建设工作才有纲领性的指导，从而确保了相关工作稳定、有序、长效地开展。

坪山区公共图书馆与中小学图书馆共建共享建设，历经多年的摸索，正是在被纳入地方文化发展的规划之后，才得以迅速发展。坪山的实践经验表明，制定发展规划，是融合发展实践路径的第一步。

（2）以项目管理为抓手

在发展规划的指导下，项目立项、项目实施、项目评价等项目管理形式，可以使公共图书馆与中小学图书馆融合发展的建设工作变得科学化、规范化和专业化，从而有效地降低成本、提高效率、提高工作质量，并实现上级部门对相关工作的宏观指导。

坪山区公共图书馆与中小学图书馆共建共享建设，通过设立总项目及各个子项目的方式，有效地推动了相关工作的实质性开展，并通过项目实施过程中的试点建设、规范建设等管理手段，取得了较好的项目建设成效。

（3）以平台建设为主体

公共图书馆与中小学图书馆的融合发展，必须因地制宜，根据现实需求建立以内容建设为主体的具体工作方案。要充分考虑主要共建共享形式、支撑平台建设与制度建设等方面的内容。

从坪山区的经验来看，在内容方面，坪山图书馆为各中小学提供了高品质阅读和科学教育活动，丰富了在校师生和社区民众精神文化生活，引领全区的公共阅读，中小学广泛组织在校师生和家长积极参与坪山图书馆组织的各类阅读活动。在支撑平台方面，坪山图书馆利用深圳市图书馆之城统一服务平台建立全区统一的图书馆管理平台，协助各中小学图书馆接入系统，将馆藏纳入系统统一管理，按统一借书证面向社会公民提供图书借阅服务。在制度建设方面，各中小学建立完善校园图书馆规章制度，在学生不在校期间，调配好相应资源，面向社会公民提供校园图书馆免费开放服务。

（4）以制度建设为目标

公共图书馆与中小学图书馆融合发展是一项长期的工作，也是不断推进公共文化服务普遍均等和推动教育高质量发展深入实施的实践工具之一，因此必须重视长效机制问题。项目实施完成之后，要让建设成果持续不断地发挥效用，就必须加强制度建设予以政策、人员、经费等各个方面的保障。

坪山区的相关制度建设表明，正是因为积极推动相关办法、相关规范的设计与实施，才使坪山区的公共图书馆与中小学图书馆融合发展成为一项从上到下都普遍重视的工作，并且得以长期支持和开展。

坪山开展馆校融合发展的一大优势是深圳图书馆之城集成管理系统的支持，使学校图书馆加入公共图书馆体系更加便捷，成本更低，使公共图书馆在共建共享上更具有主动性，实施路径更加清晰，各自承担的责任更趋于平衡，这对其他城市来说具备较大的借鉴作用。

5.4 对策四：构建符合地方发展需求的馆校融合发展模式

公共图书馆与中小学图书馆融合发展在国内外并非个案，也不是近期才出现的。合作的方式多样，合作的内容也丰富多彩，有些地区的馆校合作已有较长时间的实践探索，有较为可观的数量，覆盖的区域大，也产生了较大的社会影响，甚至形成了一定的合作模式。坪山区自2018年开始推动公共图书馆与中小学图书馆融合发展以来，历经了深入调研、推动立项、建设试点、推进印发行政办法、促进全面铺开等过程。在此期间，坪山区充分利用深圳建设中国特色社会主义先行示范区的政策优势及自身作为新建行政区的行政优势，充分发挥全市"图书馆之城"统一技术和服务平台的巨大优势作用，积极探索一条具有坪山特色的公共图书馆与中小学图书馆共建共享、融合发展之路。

坪山区的实践，可以进一步总结为，是基于推进全市图书馆一体化建设的"图书馆之城"统一服务平台的"全域总分馆＋新型社区文化活动中心"模式，这是一种全新的可以体现信息资源共建共享和共建共治共享社会治理理论的模式（该模式结构如图1所示），是一种立足实际情况、解决实际问题、推动文化和教育事业创新发展的模式，在这种模式下推动将全区内已建成的中小学图书馆利用"图书馆之城"统一服务平台，普遍建成为公共图书馆总分馆服务体系的社区分馆，而不是建立单一典型案例，所有公共图书馆与中小学共建的图书馆主要运营方均为公共图书馆，同时兼顾校园的教学需求，双方根据条件和约定的方式进行分工协作，后期再通过建立区级层面的政策制度予以保障的模式,同时又在新建校园中探索设计、建设与社区有机联系的,可以实现文教融合、艺教融合、体教融合乃至医教融合、新时代文明实践等多种功能于一体的校园新布局,打造一种面向未来城市发展和治理的新型社区文化活动中心。其特点在于"面向城市未来布局、全面纳入共建共享、统一平台打破壁垒、建立长效机制保障"。

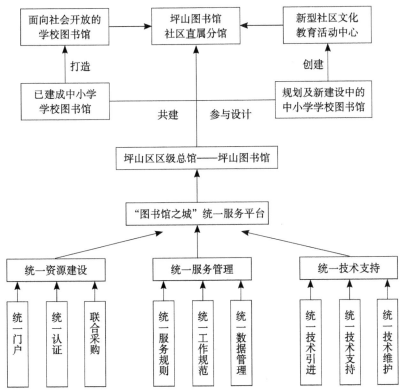

图1 坪山区基于统一服务平台的公共图书馆与中小学图书馆共建共享模式

5.4.1 面向城市未来布局

坪山为新建行政区,城市建设与发展推进十分迅速,既有后发优势,又有科学规划合理发展的需求,在"十四五"规划中,确立了"创新坪山,未来之城"的建设目标,以高标准制定适宜全区发展的战略规划,包含从精细管理到精细治理等方面的探索,牢固树立高标准建设、高质量发展、高品质生活等理念来开启城市未来的新想象,打造城市未来的新支撑,建设城市未来的幸福新愿景。

从未来城市发展与校园、文体场馆建设布局层面思考,推进公共图书馆与中小学图书馆融合发展工作,既可有效帮助解决在公共文化服务空间建设方面在成熟社区寻找空间增量难,以及重复投入、财政经费使用效益不高的问题,又能探索集约化、有温度、与社区有机联系的新型校园布局，推动形成未来校园布局设计新形式；探索新型社区文化活动中心，打造公共图书馆与中小学图书馆强强联合，联手社区、企业、公益组织等共同参与区域文化事业治理，符合未来城市发展、治理等需要的集文教融合、体教融合、艺教融合，乃至医教融合、新时代文明实践等多种功能于一体的新型社区文化活动中心，推动城市建设高质量发展，构建社会治理共建共治共享格局下公共文化服务提供、教育高质量发展、城市治理新模式。

5.4.2　全面纳入共建共享

坪山图书馆新馆自 2019 年开馆以来，以引领全域阅读推广为使命，2020年以区委宣传部名义印发《坪山区全域阅读推广实施方案》，首次将全域阅读的概念以文件的形式固化，在该方案中明确将坪山区公共图书馆、基层公共文化服务中心、城市书房等阅读空间等融为一体，调动全民积极参与城市精神文明建设。在全区推广全域阅读工作，统筹资源，融合发展，孵化品牌阅读活动，实现全区共建共享。

文教融合、公共图书馆服务学校、学校面向社会公众开放并非全新事物，在国内屡有典型案例出现。坪山区推进的是以共建全区阅读服务体系、实现服务实施全覆盖、发挥坪山图书馆标杆引领作用、促进品质阅读全域共生、优化阅读资源配置、推进全域服务均衡发展为主要任务的新模式。它从整个城区规划出发，推动公共文化资源与教育资源全面融合与深度发展，较为罕见。

5.4.3　统一平台打破壁垒

公共图书馆与中小学图书馆融合发展过程中，功能定位、资源归属、权责义务、运营事务等，由于我国现行体制中行政、财政的条块分割问题，都是十分棘手甚至是无解的难题。坪山区的实践，提出了基于区级政府层面建立行政与财政资源协调机制，以及公共图书馆与中小学层面建立、技术支持与数字资源、馆舍资源、文献资源、人力资源的统一平台配置办法。

在技术支持和数字资源方面，坪山图书馆协助各中小学图书馆接入深圳"图书馆之城"统一服务平台，并负责提供相关技术支持，充分发挥"图书馆之城"统一技术平台利用 5G 网络、Wi-Fi 6、物联网、VR 等技术应用体系，帮助学校图书馆开展智慧化建设，大力发展数字服务类型，拓宽数字阅读服务应用场景，提升读者服务体验；充分发挥"图书馆之城"综合运用互联网、大数据、云计算等新技术，构建的标准统一、数据共享、全面覆盖、泛在互联的"图书馆之城"云平台，帮助参与共建共享的学校图书馆引入国家优质数字资源、开展丰富多彩的智慧化服务，充分利用全市图书馆系统的资源、活动和服务，提升学校图书馆开展优质、多样、专业化的图书馆服务和资源提供能力。馆员工作站、自助借还机、自助办证机、图书防盗仪、图书杀菌机、标识系统设计和物料制作等专业设备及物料由坪山图书馆负责提供，技术支持与维护由坪山图书馆负责进行协调，装修、家具、监控、网络等软硬件基础设施由各中小学图书馆负责解决。

馆舍资源是坪山区开展公共图书馆与中小学融合发展的主要内容之一，将中小学图书馆馆舍空间加入区公共图书馆总分馆服务体系，成为坪山图书馆在社区或街道的直属分馆，并且要面向社会开放。

在信息资源方面，坪山区公共图书馆与中小学图书馆信息资源共建共享的内容与方式为，公共图书馆将现有藏书提供给中小学图书馆，中小学图书馆将自身馆藏图书按照公共图书馆的数据加工要求进行编目入库，所有纳入统一服务平台管理的图书，纳入全市通借通还；新进图书资源由坪山图书馆统一申请经费对中小学图书馆进行按需配置，按对学校相应考核评估标准要求的册数进行配置，按共建共享图书馆周边的读者实际需求进行配置，按学校特色图书馆的建设思路进行配置等；双方各自拥有的数字资源打通使用通道，原则上多利用全市可共享的数字资源，对可共享的数字资源不进行同质化采购。

在人力及人才资源方面，原则上每个共建共享的图书馆由坪山图书馆负责编制部门预算向财政申请专项经费配置专职工作人员，学校原有图书馆工作人员及校内相关教辅人员可以作为补充，坪山图书馆、各中小学校、街道社区还可在开放时间内招募义工开展志愿服务进行人员补充，具体的人员数量分配，可以视每个共建馆的实际情况进行协商配置。坪山图书馆负责所有人员的专业培训，同时以街道为单位，配置专业人才为共建图书馆策划品质活动、开展品质化服务提供人才保障。

在运营方面，公共图书馆与中小学共建共享的图书馆以社区或街道图书馆的定位开展日常运营管理，开放时间以不打扰学校的正常教学秩序、满足学校教学的基本需求为原则，主要在放学、放假的时间段内开放，物业、水电、日常小修等纳入学校统一的管理与支出，坪山图书馆负责提供品牌活动及常规阅读活动的组织策划与执行等，双方可共同开展活动的宣传。

5.4.4 建立长效机制保障

事业要可持续发展，必须建立长期保障和长效机制。《"图书馆之城"建设规划（2021—2025）》由深圳市文化广电旅游体育局制订并发布、以坚持政府主导、完善法治保障、健全服务标准、保障经费投入、坚持专业运营、推动各级各类图书馆实现文献资源共建共享、技术管理为一体，坚持创新驱动，全面打造智慧服务新优势，坚持融合发展、推动图书馆事业与多领域创新融合、资源共享、优势互补等为基本原则，在这样的基本原则指导下建立的"图书馆之城"统一服务平台,为推动坪山图书馆与中小学图书馆融合发展在市级层面提供了规划保障。坪山区建立分管区委、区政府领导牵头,以各政府部门、单位的相关负责人为成员的工作领导小组,制定并推动以区政府办名义正式印发《坪山区推进公共图书馆与中小学图书馆共建共享实施方案》,对开展共建共享的工作要求、目标任务、步骤计划时间安排、经费保障等予以明确;持续利用市、区政协平台联合推动,监督执行,将试点建设的成果、经验覆盖坪山区全区,并在深圳市乃至全国范围内推广。

同时,坪山图书馆组建专门团队,着重培养和锻炼馆员在阅读空间建设、阅读推广、读者服务等方面的能力和水平,并将中小学图书馆馆员纳入人才培训和培养体系,打造一支可以提供高品质服务的人才队伍,建立保障人才供给的长效机制。主动将坪山区推动公共图书馆与中小学图书馆共建共享的新鲜实践经验提供给有关部门,结合深圳市公共图书馆条例、深圳经济特区全民阅读促进条例等相关政策法规的落实和修订工作,努力促进在相关立法中加入共建共享的相关内容,为建立共建共享长效保障机制打下坚实的基础。

6 结论及下一步研究展望

馆校融合发展是未来社会深化全民阅读、构建现代化公共文化服务体系和推动教育高质量发展的必然趋势,但由于公共图书馆与中小学校分属不同行政部门,承担社会主要职责并不完全一致,因此,要深入推进馆校融合发展仍然要面对很多的问题,随着坪山区乃至全国范围内公共图书馆与中小学融合发展实践的广泛开展和深化,以下方面的内容值得进一步研究。一是充分挖掘并发挥深圳"图书馆之城"统一服务平台对各级各类图书馆互联互通、资源共建共享等方面的融通作用,促进各类公共文化资源的高效整合利用;二是研究制订系统性较强的公共图书馆与中小学融合发展的操作指南,研究具有普遍指导作用的共建共享图书馆的建设及服务标准;三是参与新建校园的布局规划设计,研究未来校园布局新形式;四是推动街道、企业、公益组织等更多方加入共建共享,将学校体育、报告厅、黑匣子剧场、公共广场、创客空间等更多空间纳入共建共享的范围,研究打造集阅读、文艺活动、体育锻炼、科普教育等多种功能于一体的全新社区文化活动中心新形态。四是理论联系实际,以科学的理论为指导,推动实践的深入开展,再以翔实的实践经验充实理论基础,使得研究不断深入和完善。

参考文献

[1] 中华人民共和国中央人民政府 国家发展改革委等部门联合印发《"十四五"

公共服务规划》[EB/OL].[2022-01-10].http://www.gov.cn/xinwen/2022-01/10/
content_5667490.htm.

［2］中华人民共和国中央人民政府 文化和旅游部 国家发展改革委 财政部关于推
动公共文化服务高质量发展的意见 [EB/OL].[2021-03-08].http://www.gov.cn/
zhengce/zhengceku/2021-03/23/content_5595153.htm.

［3］深圳政府在线.深圳市学校规划与建设专家咨询委员会成立 [EB/OL].[2021-
12-27].http://www.sz.gov.cn/cn/xxgk/zfxxgj/zwdt/content/post_9479198.html.

［4］深圳市文化广电旅游体育局.深圳"图书馆之城"建设规划（2021—2025）[EB/
OL].[2022-09-19].http://wtl.sz.gov.cn/gkmlpt/content/10/10123/post_10123556.
html#3446.

［5］何璐璐.浅论中小学图书馆与公共图书馆的合作 [J].农业网络信息,2015（5）:
107-109.

［6］王琰,任路阳,芮荣.面向社区开放的中小学校图书馆空间模式研究 [J].室内
设计与装修,2021（11）:114-115.

［7］傅曦.试论公共图书馆与中小学图书馆之合作 [J].图书馆论坛,2009（1）:
23-25.

馆校合作视角下科学教育的
数字化发展模式与路径研究

尤丽娜　王适文　顾　斐*

（中国科学技术大学科技传播系，科学教育与传播安徽省
哲学社会科学重点实验室，合肥，230026）

摘　要　近年来，馆校结合成为科学教育研究的一个基本轴心。目前，学校与场馆一直保持密切的合作关系，与场馆内容结合构建的教育模式，不仅增加学生的学习兴趣，还进一步促进科学教育的发展。但是当前数字化技术发展速度较快，馆校合作视角下科学教育模式存在与数字化技术衔接不够密切等问题。本研究运用内容分析、文献计量学和可视化等方法，采用了不同的技术和工具：R-package、Bibliometrix 和 VOSviewer，分析了 Web of Science（WOS）上 2000—2023 年间馆校结合在科学教育领域发展的结果，对国外馆校结合的科学教育模式进行了系统梳理和研究。对此，从馆校合作的视角出发，基于国际视野下科学教育理论的研究与分析，将"体验""情境""身份""参与""探究"等教育理论融入其中，构建科学教育的数字化发展模式，并基于此，从技术集成、组织协同、具身认知和身份认同等方面提出发展路径，以期推动科学教育的数字化发展进程。

关键词　馆校合作　科学教育　内容分析　可视化　数字化

馆校结合是促进科学教育的重要手段，它作为一项以博物馆、科技馆等场馆及学校为主要载体，发挥各自的理念、文化、资源优势，从而提供一种参与实践与学习体验相结合的教育模式，在全球范围内日益获得关注与应用。早在18世纪的欧洲，博物馆就已经开始通过展品、文字说明等方式进行公众教育，而在美国，博物馆教育更是与公民教育深度融合，形成了一系列的研究路径及实践模式。纵观我国，2007年开始试点"科技馆进校园"，此后在这个领域开展了广泛的探索，取得了较多教育领域的成果，随后逐渐拓展场馆领域，包括

* 尤丽娜，中国科学技术大学科技传播系，科学教育与传播安徽省哲学社会科学重点实验室，硕士研究生；王适文，中国科学技术大学科技传播系，计算社会科学与融媒体研究所，硕士研究生；顾斐，中国科学技术大学科技传播系，科学教育与传播安徽省哲学社会科学重点实验室，博士研究生。中国科学技术大学科技传播系执行主任、科学教育与传播安徽省哲学社会科学重点实验室执行主任周荣庭对此文亦有贡献，在此一并感谢。

博物馆与艺术馆等。科技馆与学校结合能够提高学生的科技素养，博物馆与学校结合能够拓宽学生的学术视野，艺术馆与学校结合能够增强学生的艺术审美，它们与 STEM 教育理念深度契合，有利于促进学生的全面发展。

经过多年实践，各场馆尽管充分重视与学校的合作，但我国馆校结合领域，还存在科学教育活动水平不高、馆校结合不够深入、数字化呈现手段尚需进一步优化等问题。对相关文献的调研表明，各地的科技博物馆针对展品开展的教育活动，大多是讲解，以灌输式的说教性科普为主，虽然注重科学知识的传播，但在科学方法和对待科学的情感、态度、价值观的培养方面有所缺失。而借助馆校结合来对科学教育课程资源进行开发，可以将丰富的场馆展览项目和教学活动资源作为现有科学教育体系的有益补充，满足学生校外教育的教育需求。除了丰富馆校合作的活动形式，数字化技术的发展推进了科学教育活动空间的拓展。例如，北京自然博物馆开发了一套三维虚拟互动课件，通过现代化手段将实物展品转变为数字化的虚拟制式，极大地丰富了学生的感官体验。[1] 在新发展格局的背景下，科技馆体系应从包括实体博物馆、流动科技馆、科普大篷车、农村中学科技馆、数字科技馆在内的“五位一体”体系架构拓展，在场馆类型上进行创新，丰富载体类型。近年来，基于信息技术的飞速发展和实体科技馆的进步，出现了“共享科技馆”“虚拟科技馆”和“智慧科技馆”等，丰富了科技馆的创新发展理念和思维，也使拓展科技馆体系内涵成为可能。[2] 此外，数字科普资源的日益丰富，催生了优秀科普资源的共建和共享。由中国科学技术协会、中国科学院、教育部等相关单位共同打造的国家科技基础平台“中国数字科技馆”项目已经得到全面推进。“中国数字科技馆”整合了 15.5 太字节的数字资源，并向集网站、移动终端、网络和线下运营活动及科普大篷车和流动科技馆等远程管理平台功能于一体的综合性网络科普服务系统逐步升级，促进了各地科学促进机构之间的交流和联系。此外，在国际交流与场馆合作方面，科普场馆的国际交流范围进一步扩大。在我国“一带一路”倡议下，流动科技馆走出国门是“一带一路”国家发展的实际需求和合作的目标模式。依此成立的“一带一路科技馆联盟”是一种现代化科技馆集成交流的方式，结合了虚（虚拟、数字）、实（体）、流（流动科技馆、巡展、大篷车等），打造了较为完善的基础信息系统、资源共享系统和人才培养系统，并启动了AR、VR、MR 科技资源研发和建设合作。[3] 回顾发展，我们发现博物馆等场馆和学校都是当今社会公认的教育机构，为了使在校学生的科学素养得到全面提升、老师的学科教学得到丰富，我国也在日益重视各场馆教育资源的建设与发展，馆校结合已然是教育资源融合的大趋势。

综上可知，数字化技术在文化教育领域日益成熟，国内外学者纷纷将馆校合作与新技术时代背景相结合以提高公众的体验感作为主要研究方向。与此同时，不断创新发展的数字化技术，使如今的博物馆、科技馆等场馆变得更具交互性，在社会中的作用也越来越多元化。现阶段应更加确保馆校结合视角下科学教育的发展模式能够与时俱进，顺应数字化发展进程，进行更加深入和优化。鉴于此，本文尝试对国外科学教育领域馆校合作相关研究的进展进行回顾与分析，以期对我国馆校合作视角下科学教育数字化发展的研究与实践有所裨益。

1 研究现状及趋势

本文以内容和文献计量映射分析为中心，基于 R-package 和 Bibliometrix 等工具分析了关键词战略图及词云图，以确定过去 23 年在科学教育中的馆校结合探索了哪些主题和方法方面的研究热点。我们选取的数据来源于被广泛认可的 Web of Science（WOS）核心数据库，该数据库提供了与本研究相关的科学产出的海量数据。

在收集数据过程中，我们将搜索关键字设定为 "museum and school education"，并使用了一些在数据库中通用的搜索协议，如二元运算符 "OR" 和 "AND" 等组合使用的搜索关键字。在此过程中，限定的研究时间跨度为 2000—2023 年，所选文献语种为英语，最后，共检索到了 1392 篇相关的学术论文。详细的文献收集和数据获取过程见表 1。在完成数据下载之后，我们将数据输入 biblioshiny 中进行处理，对国外馆校结合在科学教育中未来前景的文献研究进行文献计量映射分析。

表 1 数据搜索过程和获取的数据量

Database	Description of the Protocol	Combination of Search String Based on Database Algorithm	Search Outcome
WOS	Applying the search keywords in quotation to the WOS TOPIC field with binary operators	TOPIC:("museum and school education")	771
	Additional conditions were applied by limiting the results to only articles and proceedings papers,with time span set to 2000–2023	TOPIC:("museum and school education"); Refined by:DOCUMENT TYPES:(ARTICLE OR PROCEEDINGS PAPER) AND PUBLICATION YEARS:(2023 OR 2022 OR 2021 OR 2020 OR 2019 OR 2018 OR 2017 OR 2016 OR 2015 OR 2014 OR 2013 OR 2012 OR 2011 OR 2009 OR 2008 OR 2007 OR 2006 OR 2005 OR 2004 OR 2003 OR 2002 OR 2001 OR 2000);Indexes:SCI-EXPANDED,SSCI,A&HCI,ESCI	621

图 1 显示了一个专题战略图，它基于密度和中心性表示地图中概念的相对位置。横坐标表示中心度，纵坐标表示密度，共分为 4 个象限，其中第一

象限（右上角）：motor-themes，代表该领域比较重要且良好发展的研究主题，根据图可以确定出该领域中最热门和最稳定的主题，如博物馆、共情及校外教育；第二象限（左上角）：very specialized/niche themes，表示不属于主流的研究主题，如艺术、设计、医学教育及教育的历史等；第三象限（左下角）：emerging or disappearing themes，该象限出现的主题属于即将消失的研究主题或者新兴研究主题，如对于教师科学素养的专业培训方面可能是新兴的研究主题；第四象限（右下角）：basic themes，指该领域最基础的研究方法、研究主题等，如参与、博物馆教育、遗产教育、非正式学习和与教育、科学教育等。

在发展良好的研究主题与最基础的研究主题中有 "校外学习"和"科学教育"，它通常与科学博物馆的学习和体验过程、遗产教育的展览等相关[4, 5]，在文献分析中也发现有很多参考文献涉及非正式教育的活动及博物馆等场馆展览的数字化教育发展[6, 7]等主题。同时，"参与"也处于最基础的研究主题之中，这类文献主要包括学生、教师、博物馆的专业人员，以及博物馆的导游或者志愿者参与到教学中。此外，"设计""艺术"和"医疗"等主题的相关研究与馆校结合教育相关度不高，因为它们仅与博物馆电子资源的设计有关，或关于艺术博物馆的展览带来的视觉艺术体验[8]以及艺术敏感性和表现力在博物馆教育中的发展[9]，或关于通过在博物馆的游览促进身体健康的活动[10]。

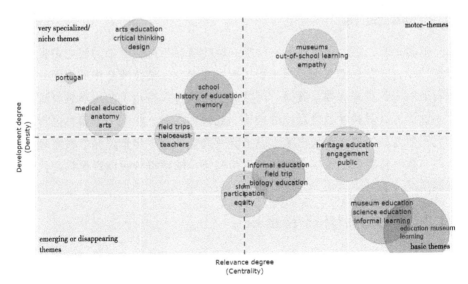

图 1 馆校结合教育领域专题战略图

图 2 描绘了 2000—2023 年间热门话题的词云图，非正式教育、户外教育、环境教育、博物馆教育成为 2000—2012 年间的热门话题，而在 2012—2023 年期间，非正规科学教育、遗产教育、教师培训、虚拟、虚拟现实、交互式学习环境、户外交流等新关键词被添加到热门话题中。因此，近年来历史遗产博物馆的户外教育及非正式科学教育等主题的研究逐渐与新兴技术相结合，如哈勒尔等学者研究的"翻转博物馆"，利用技术深化学习。[11]并且这一发现还表明，学校和博物馆之间存在一定的合作关系，在促进艺术和遗产的学习方面，学校和博物馆通过创造力、对话、合作建立一种教育环境来培养学生的批判性思维的方法是目前正在探索和发展的教学方法之一，如察科纳斯等学者研究的艺术项目与虚拟现实博物馆的体验研究。[12]此外，虚拟博物馆的相关论文在 2019—2022 年 COVID-19 大流行期间占据比重最大，埃尔贝等认为在远程教育中使用虚拟博物馆参观有助于学生们能够反思过去、现在的问题和未来的全球挑战[13]，提高学生的课堂参与并促进他们的多方面学术发展[14]。

图 2　词云图：左为 2000—2012 年热门话题的词云图，右为展示了 2012—2023 年热门话题的词云图

由此看来，馆校合作在学生科学兴趣的培养与科学思维的建立中发挥了重要作用，并在科学教育领域中积极探索实践，这使馆校合作成为国外科学教育研究中的重要议题。其间，国外关于馆校合作视角下的科学教育研究也在不断深入，对科学教育理论的构建、完善、测量、实践等方面都进行了多元化的研究。为此，本文将基于以上研究趋势，进一步聚焦科学教育理论、实践与数字化结合在馆校合作中的应用趋势，构建符合我国科学教育数字化发展模式。

2　理论基础与模型构建

为进一步了解国外科学教育数字化发展的研究概况，基于上述文献计量的关键词数据，本文通过 VOSviewer 可视化的形式，构建了表示关键词网络（见图 3）。在该图中，节点的直径与每个关键字出现的文章数量成正比。该图显示了 5 个集群的存在：集群 1 包含 13 个项目，围绕中心节点"教育"和"博物馆"

展开。它涉及的问题包括"学生""身份"和"专业发展"。集群2围绕"博物馆教育"的中心节点组织，汇集了8个项目（自然历史博物馆、文化遗产、非正式科学和校外教育等）。集群3围绕"学校"的中心节点，与"非正式学习""非正式科学教育"和"体验"等关键词相关。集群4围绕"科学教育"的中心节点组织，与"参与"和"知识""非正式教育""遗产教育"等主题有关。最后，第5组围绕关键词"博物馆"和"科学"构成，涉及的主题包含："模型""框架""共情"和"课程"等。

综上所述，国外的这些现有研究中，通过可视化分析确定出5个主题集群，主要研究热点集中在"博物馆与学校""博物馆教育""科学教育"。对此，3位研究人员通过阅读每篇论文的摘要来筛选整个数据，最终，筛选出了与主题词相关且具有数字化发展趋势的49篇论文，并进行了内容分析，发现近年来的研究前沿集中在出体验、情境、身份、参与和探究等教育理论方面。

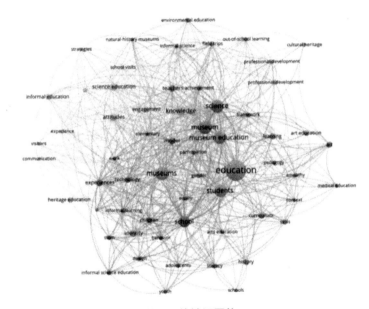

图3 关键词网络

2.1 体验

基于福克在"互动体验模型"提出观众的体验受到个人情境、环境情境和社会情境的共同作用与交互影响。在不同情况下，某一情境均有可能是影响观众体验的主要因素，因此，观众体验持续在3种情境的互动中产生。对于学生"体验"的研究多出现在态度调查中，想通过学生对于一些课程学习后的体验与态度来提出馆校结合方式的优化建议，如库什切维奇等学者通过问卷调查的方式展现了学生对于视觉艺术课程体验的缺失，从而引申出与博物馆视觉艺术展览合作的需求。而在非学生的"经验"中，我们可以看到一些馆校结合的项目借鉴或联系了真实环境、参与式学习等经验，从而达到更好的教学效果。[15]如塞拉诺－帕斯特等学者在其研究中提到，馆校结合要基于"真实"情境中的经验，进行可持续的资源改革。此外，利用周围环境中的资源来促进学习，有助于发展优质教育和更可持续地利用教育资源。在这方面，博物馆被视为历史教学和学习过程的启蒙资源，不仅可以通过学校参观来使用，还可以使博物馆为正规教育提供的广泛教育用途多样化。[16]如哈里森－巴克等学者的研究中介绍道，博物馆和文化遗产中心是博物馆教育中教师培训和学生学习的宝贵空间，体现了博物馆的体验式学习的重要性，当地教育工作者们将博物馆展览和课程设计融入学生课堂中，鼓励以学生为中心的教学和实践。[17]

2.2 情境

福克有关博物馆学习的观点受到建构主义学习理论等主流学习理论的影响，进一步提出"情境学习模型"。该模型虽然是在"互动体验模型"上的更新，但引入的时间维度仍然将"学习"与"体验"区别开，使"学习"包含在一次次"体验"中，属于自由选择学习。佩西纳等学者在研究中提出了一项Reconceptualising Rocks 项目，旨在确定如何通过沉浸在博物馆的情境学习中来增强职前教师对地球科学的认知和理解，探索了如何将科学思想和实践转化为教育目的。该研究证明了博物馆和菲利普岛的环境对情境科学学习的沉浸式体验的价值，并有助于大学与博物馆合作进行教师培训的后续研究。[18]此外，一些学者的研究表明，尽管大部分学生对于数字博物馆的虚拟沉浸式体验式学习方式十分满意，但是数字博物馆作为中小学生学习的第二课堂，它依旧无法替代学生在传统博物馆中进行深度学习的真实性。[19]另外，瓦兰等学者的研究概念化并验证了 Alma-Löv-Programme（ALP）项目，它是一种基于艺术教育策略的博物馆资源，利用 VTS 理论框架弥合博物馆和学校的环境，模糊学科之间的界限，从而建构出博物馆和学校之间的第三空间的教育设计，并且可以通过基于情境、跨学科和以价值为中心的教学策略提供体验，最终，旨在支持学生在第三空间进行跨学科和以价值为中心的学习，从而鼓励学生团体解决当代艺术所描绘的科学问题。[20]阿尔泰等学者的研究表明，职前教师将博物馆展品与许多数学概念联系起来，并在他们的课程计划中使用博物馆资源来提供一个背景或问题情境，这样基于互动体验模式的情境化学习，能够使学生以程序的方式学习数学，进一步提高他们学习数学的兴趣与能力。[21]

2.3 身份

福克认为"身份（Identity）"除了促成参观动机的形成，也将进一步引导参观轨迹和长期记忆的生成。何塞卢 - 戈麦斯等学者认为在学校—博物馆合作的实践中进行的教育过程中最重要的目的之一是建立身份连接。而在这方面卓有成效的包含：博洛尼亚工业遗产博物馆通过历史遗产将过去与现在联系起来，从而建立一种身份联系；拉文纳国家博物馆强调通过对其遗产的了解在学生和博物馆参观者之间建立身份纽带；博洛尼亚国际音乐博物馆和图书馆则强调优先建立学生与现有藏品的身份联系。[22] 而目前大部分的馆校合作方式主要是通过项目的全面合作和活动的部分合作来建构身份联系，如针对教师培训的馆校结合项目中，博物馆参观只是其中的一项活动。因此，有效进行身份连接还需要加强学校与博物馆的密切配合，开展动态活动，如体验式工作坊等，这对学生的教育和教师的发展都发挥积极作用，如伦德等学者通过博物馆体验项目，促进了青年志愿者科学认同、科学能力和科学绩效的发展和科学身份的发展，并对个人在科学传播和教学领域职业兴趣的发展产生了影响。[23]

2.4 参与

学生是"参与"的重要主体之一。塞拉诺 - 帕斯特等学者的研究将学校参观考古博物馆作为教学单元或学习项目，鼓励使用 ICT 资源（信息、通信、技术），让学生参与到与遗产元素的互动中。博物馆等场馆不仅要作为一种展品的陈列地或资源与活动的提供者，还应作为配置协作学习的一种手段。因此，在馆校结合中博物馆也需要"参与"到学校参观的全程活动中。除此之外，教师和博物馆员工对学生的学习和参与也发挥重要的作用。劳伦斯等学者的研究发现 NHM（自然历史博物馆）可以通过对教师和博物馆员工的专业培训，以及展示人工制品和使用数字技术的方式为学生提供新知识和新观点，以此来支持学生的科学学习和参与。同时，他们发现利用 NHM 资源丰富科学教学和学习的一种有效方法是 NHM 与学校的合作，如结合与科学家会面、探索整个主题展览现场并支持在学校科学课堂上的学习等方式，对学生的学习会有比较持久的影响。[24]

2.5 探究

在数字化时代背景下，学校与博物馆都更加重视学生在自主学习与探究中对于新技术的使用。在沙普尔斯等学者的研究中介绍了一项名叫 Myartspace 的移动电话服务，用于学生以探究为主导的学习中，学生可以在学校进行原本需要去往博物馆的参观与学习；他们可以通过 Myartspace 在博物馆中收集信息、收藏数字藏品，甚至创作文物。这为学生在课堂上进行有效构建和反思知识提供了资源，成为良好的馆校结合桥梁。并且，研究的结果也是积极正向的，学生与教师都对现代技术的使用表示赞赏，缩小了博物馆与课堂之间的时空距离，同时提高了学生学习与探究的积极性与主动性。[25]

综上所述，我们基于上述理论构建出了馆校结合视角下科学教育的数字化发展模式（见图4）。此外，对于该模式的实现路径我们将从路径依赖的视角展开思考。

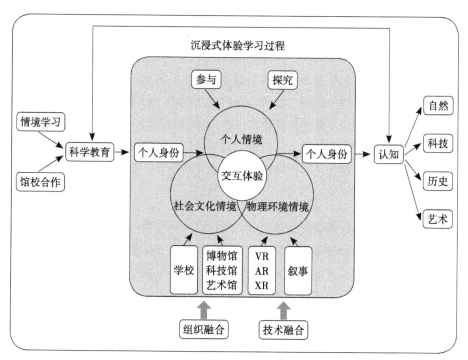

图4　馆校结合视角下科学教育的数字化发展模式

3　数字化发展路径

路径依赖是1985年保罗·大卫提出的，后来形成了技术演进中的路径依赖，其特定含义是指人类社会中的技术演进，与物理学中的惯性原理如出一辙，即一旦进入某一路径，无论好坏，都可能对这种路径产生依赖。而如需打破现存的路径依赖，则是一个系统性的工程，涉及整个行为主体和相关部门的行动，包括技术体系、组织体系、生产体系、观念体系的综合配合，因此，需要多条路径联动、并行、交互与匹配。为了有效地实现——基于上述国外文献内容分析而构建出的馆校合作视角下科学教育的数字化发展模式，我们从路径依赖的视角切入，从技术、组织、环境和文化4个方面构建了数字化路径驱动模型（见图5），具体阐述了该模式的数字化发展路径：

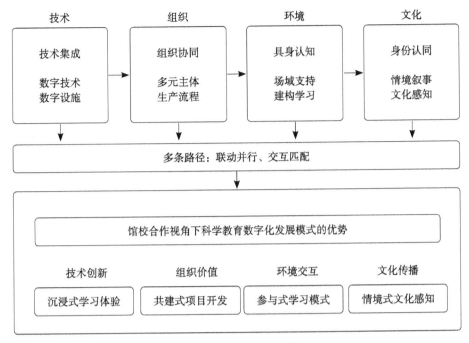

图5 数字化路径驱动模型

3.1 技术集成：构建沉浸式学习体验

技术集成是将多个单项技术通过组合而形成具有统一整体功能的新技术方法，虚拟现实和增强现实等多项技术的发展恰是集成的基础，为馆校结合教育模式的构建提供了技术支持。从路径依赖的技术视角出发，随着新技术不断涌现，沉浸式学习也应运而生，但是运用单一的技术模式无法构建出沉浸式学习体验，需要超越路径依赖发生转变，而技术集成是馆校合作模式的发展过程中构建沉浸式学习体验的重要措施。因此，馆校结合的科学教育模式需要以技术为导向，采用技术集成的渐进式实现形式，增强技术与组织、资源、文化、环境之间的融合和匹配性。我们在文献分析中发现国外馆校结合的教育体验模式，更多是基于多种技术与平台、资源叠加的路径，构建沉浸式的场馆空间，这种模式产生了良好的效果。

3.1.1 技术与组织和资源的融合和匹配

当前我国馆校结合的教育模式大多依托展品资源开展教育活动为学生灌输科学知识，而忽略了学生对科学方法和科学的情感、态度及价值观的培养。因此，将数字化技术与各场馆丰富的展项和教育活动资源结合，为学生建立虚拟沉浸式体验式学习方式，能够提高他们的学习兴趣、丰富他们的感官体验。[26]但馆校合作的教育模式却不能完全追崇技术为主导，完全以沉浸式场馆的虚拟体验学习来替代，也应该协调组织内部现有资源，适当组织和开展真实环境的体验活动，利用好实体场馆的现场效应和虚拟现实的时空拓展能力，通过数字化、互动性、沉浸式的科普内容展示，改变学生与展品之间的交流方式，以达到展览教育的终极目标。[27]

3.1.2 技术与文化和环境的融合和匹配

博物馆、科技馆和艺术馆等场馆可将技术与叙事结合构建媒介叙事情境，便于学生在具有真实、沉浸和交互特性的场馆中学习、了解和掌握跨学科知识。具体而言，将计算机技术、投影技术、虚拟现实技术、3D建模与渲染技术和叙事结合，形成一个完全沉浸式的虚拟现实环境，再通过媒介叙事展开、推演历史设定的情境表达，进而使受众可以在叙事情境的引导下自发地对同一文化在不同历史情景的表达进行比对、思考，探寻两者的文化相关性。例如，有的历史遗址博物馆选用虚拟现实媒介叙事的形式进行情境表达，它利用虚幻引擎技术搭建VR平台，以Fuse、3Dmax建模软件塑造人物及相关建筑、生活用品等，运用Maya进行相关生产活动的动画制作，最后以虚幻引擎的蓝图功能将叙事内容进行连接，从而为受众构建出情境氛围体验。总体上，以故事促进受众与历史情感和科技文化的联结，使其浸入特定的文化情境中，进而展开对虚拟现实媒介叙事背后价值表达的探索。

3.2 组织协同：促进共建式项目开发

组织协同是指组织在发展过程中，充分整合其内外部资源协调各职能以达到目标、利益和价值最大化，这种形式的多方协同参与有利于促进当下馆校合作的教育项目的开发，为馆校结合教育模式的构建提供了组织支持。从路径依赖的组织视角来看，在事物不断发展过程中，组织会被"锁定"在历史发展的特定路径中，从而丧失对教育项目开发的选择性和创造性，而组织协同是馆校合作模式的发展过程进行项目开发的重要手段。因此，馆校结合的科学教育模式持续地进行技术利用或创新项目的开发，需要一个基于内部组织机制和外部环境机制共同作用的整合性框架。我们在文献分析中发现国外馆校结合的教育项目，不局限于单一主体的合作开发，而是面向多主体、更加多元化的项目开发模式，在自身的项目模式上对其他场馆的项目模式加以思考，从而促进对当地中小学教育项目的开发。

3.2.1 内部组织机制的协同

多馆联合、多元主体共同开发，通过平台依托与成果共享，实现资源优化配置是促进共建式教育项目开发的一条有效途径，这对我国馆校结合中科学教育项目的开发具有重要的借鉴意义。例如，英国小学为应对不断下降的艺术专业教师培训率而创建的Inspire教育项目，是基于莱夫和温格在1991年提出的一种开发多元主体结合的教育项目，他们认为有效的实践社区的出发点是"学习是一个发生在参与框架中的过程，而不是建立于单独的个人思想之上"，通过创建一个可以分享想法的安全社区空间，对教师、教育工作者与艺术家进行培训，旨在通过艺术博物馆的藏品与教育项目结合，将大量学校、教师和艺术家聚集在一起，培养教师在艺术和设计方面的知识和技能，以此来帮助和鼓励学生们与博物馆藏品建立有意义的联系，进而达到科学教育的目的。[28]当前，中国科学院基于其丰厚的科研资源形成了内部组织协同模式，依托中国科学院科学传播中心与《科学教育与科学传播》期刊平台，将中国科学院所属科研院所、所属高校的科研成果与其所属科普场馆的实践资源结合，通过科教融合的形式，加大对教师科学素质的培养力度，促进科学系统内部各个要素的流动与转化。

3.2.2 外部环境机制的协同

单一的内部组织条件对数字化发展的驱动效果并不明显，需要内外部环境协同驱动才能有效实现，对此，馆校合作下的科学教育模式的数字化发展不仅需要考虑技术的关联度，还需要考虑环境的适应度。而通过技术、文化与社会环境融合，并与内部组织机制协同发展，有利于构成一个共同作用的整合性框架，这为馆校合作视域下科学教育数字化发展模式的共建式项目开发营造一个良好的组织环境。一方面，进行数字化转型和结合的过程中，应避免只引进数字化技术或只搭建数字化平台等典型的单因素主导倾向，需要采用数字设施建设、生产流程再造等方式提高场馆内容的技术关联度，因地制宜地根据不同场馆和学校的科学教育模式选定最合适的数字化发展路径。例如，"一馆 X 校"的项目，要根据场馆及各个学校的现有资源进行合理的匹配，再进行数字化的呈现，使学生主体不仅能在学校和合作单位场馆内使用这些资源，也可以通过线上数字场馆等使用相应的数字资源，以减少学生往返的时间成本、交通成本、安全成本等。另一方面，由于当前科学教育在人才培养上存在与社会实践脱节的现象，促进多元社会力量融入，有利于科学教育发展满足社会发展的需求。例如，中国丝绸博物馆逐渐转向注重内外部组织的协同，不断地引入社会力量，进行品牌社教活动——科普养蚕活动，在坚持公益性和科普性的前提下，联手企业，将活动推广到全国 16 个省份的 80 多所学校。这种社会力量的参与，让利用博物馆资源进行中小学教育有了新的思路与途径，有助于形成可复制的、便于推广的、产品化的馆校结合教育项目。

3.3 具身认知：创建参与式学习模式

具身认知是指学习者在物理场所和虚拟场所的集合环境之中而产生的具身行为，为使参与主体产生具身认知需要建立具身情境，这为馆校结合教育模式的构建提供了场域支持。从路径依赖的环境视角而言，创建参与式学习模式需要打破传统学习环境的规制，而具身认知是馆校合作模式过程中创建参与式学习的重要基础。因此，馆校合作模式中的具身认知环境需要从技术支持、内容支持与空间支持等多方面综合考量。我们在文献分析中发现，国外馆校结合的教育环境中，博物馆等场馆不仅要作为一种展品的陈列地或资源与活动的提供者，还应作为配置协作学习的一种手段，博物馆需要"参与"到学校参观的全程活动中，而教师和学生作为"参与"的重要主体，更应该参与其中。

3.3.1 技术支持

具身认知需要具身环境为其提供互动和学习的基础。具身环境则是通过在场馆的技术支持、内容载体与人际互动等方面的融合中，促进学生主体参与其中并获取知识。这种通过技术打造的具身环境事实上是一种推进学生主体进行自我学习建构的过程，在激发他们的观察、认知、模拟和对话的同时，推动了参与式学习的建构，最终促进具身认知的形成。例如，中国科学技术大学新媒体研究院研发的"墨子号"量子科学实验卫星研学基地，其中的实验装置演示主要利用了增强现实与体感互动技术，教师和学生可亲身体验该卫星装置的互动拆解，引发他们主动进行科学探究，从而了解其中的科学原理，加强他们对于前沿科技成果的理解。

3.3.2 内容支持

各场馆环境中各种资源及教育平台相关资源的充分利用，不仅可以促进、协助学习，而且有助于发展优质教育和促进教育资源可持续利用。[29]馆校合作的科学教育中，不仅需要将场馆的各类资源进行系统梳理和展示，还需要将展品内容与教师的教学课件内容结合起来，开发更多的场馆资源，充分利用场馆的学习材料、实验工具及探究资源，以最大化地利用场馆环境和其中的内容资源。此外，各场馆还需将线上资源平台与线下科研机构、高校的资源进行整合和共享，并与高新技术企业的技术资源联通，开辟创新且多元的内容渠道，为具身认知情境的场域构建提供内容支持。

3.3.3 场馆的空间支持

场馆空间与具身认知理论结合，建立一个将认知嵌入身体、身体嵌入环境的多元内嵌性学习环境，有利于辅助学习者在"真实"情境中通过具身交互与沉浸式体验进行有效学习。例如，在博物馆中开展虚实结合的实验和艺术工作坊、专家讲座、学生辩论赛或分享会等活动，可以有效将场馆空间的物理场域和知识构建的虚拟场域结合，学习者则可以通过观察、模拟等参与角色扮演，执行角色叙事，利用角色所需要的隐性知识、体验概念、知识、原理等所代表的含义，从而实现学习目标。同时，教师也需要积极地投入其中，充分利用新媒体技术将科学展演内容与实践进行视频处理和传播，便于学生参观场馆后进一步巩固和吸收学习内容。圣塔尼等学者的研究表明，通过博物馆展品的内在激励设计，能够使学生对互动式讲座的体验具有积极的看法。其中体验博物馆的互动式讲座就是一种重要的战略工具，研究人员可以利用它向大学环境范围之外的人们传播科学及其科学研究，扩大了科学教育与传播的人群。[30]

3.4 身份认同：增强情境式文化感知

身份认同是借助情境叙事激发参与主体的情境感知而产生的身份连接，有利于发挥馆校结合文化育人的社会功能，为馆校结合教育模式的构建提供文化支持。从路径依赖的文化视角来说，增强情境式文化感知需要打破文化感知建设中的路径依赖束缚，而身份认同是馆校合作模式的发展过程中促进文化感知的重要途径。因此，需要将参与主体与数字技术的沉浸性、组织内部的思想性、情境叙事的交互性进行全方位深度融合。我们在文献分析中发现国外馆校结合的教育实践表明，在学校—博物馆合作的教育过程中最重要的是建立身份连接。

3.4.1 数字技术的沉浸性

馆校结合的教育过程应该注重场馆展教品资源的数字化开发和呈现，将技术手段与感官深度融合，从多角度唤醒学生的情境感知，激发他们对馆内展品背景、内容及人物的认同感，增强他们对于馆藏信息与物件的理解与体验。例如，虚拟现实就是利用特定的技术复原场馆的物质环境，将参与主体与情境叙事中的文化和记忆融合在一起，使其通过互动媒介与场馆展教资源产生互动。而通过数字技术创造的一系列沉浸式共情体验，可以使参与主体将物质环境中所嵌入的作品背后的关系，以及与社会历史的联系建立起身份连接，最终达到文化育人的目的。

3.4.2 组织内部的思想性

馆校结合的科学教育过程可以通过研学实践的形式，以馆校为组织依托，结合技术融合，打造具有沉浸感的情境，开展多形式、多层次的馆校结合教育活动，能够增强学生们的情境式文化感知，以促进其身份认同的形成。例如，将典型的数字化交互展陈——中国故宫博物院数字馆中的《兰亭序》与馆校结合教育结合，开展多形式、多层次的馆校结合教育活动，线上线下场馆共同打造沉浸式的情境，使学生产生多感官的沉地效应，从而充分发挥各场馆的文化育人社会功能。

3.4.3 情境叙事的交互性

情境叙事为活化身份认同、促进身份连接提供了理论基础。[31]情境叙事是基于叙事和数字技术的融合，它通过重建场馆展教之后的事件，打造沉浸性，拓展全感官体验，进一步增强叙事情境的真实感，从而形成一种身份认同。此外，情境叙事还需要互动媒介作为支撑，促使学生主体在场馆学习的过程中，既是参与学习的主体，又是叙事生成的主体，在场馆通过技术和媒介平台融合而营造的情境之中，将自己直接在叙事情境中的学习感知通过媒介互动的形式进行内容反馈，进一步增强他们对叙事内容的学习、感知和传播。当前，科学工程实践方面会集中较多的男学生参与其中，女生参与积极性较低，为此，纽约科学博物馆（New York Hall of Science）为开发和测试工程活动提供了环境，将叙事设计元素融入活动中，即通过引导性叙事和访客生成叙事，支持学生创造具有个人有意义的物体，以培养7—14岁女同学的同理心，引起她们的共鸣，进而激励她们参与到更多的工程学医与实践中。[32]

参考文献

［1］金荣莹.馆校合作课程资源开发策略研究——以北京自然博物馆为例[J].科普研究,2021,16（3）:91-98+111-112.

［2］马宇罡,莫小丹,苑楠,等.中国特色现代科技馆体系建设:历史、现状、未来[J].科技导报,2021,39（10）:34-47.

［3］郑念,王唯滢.建设高质量科普体系 服务构建新发展格局——中国科学技术协会九大以来我国科普事业发展成就巡礼[J].科技导报,2021,39（10）:25-33.

［4］MUZI A.Museums and inclusion:Involving teenagers in science museums through "alternanza scuola-lavoro".Some good practices.Museol.Sci.2019,13,22-27.

［5］VENTURINI C,MARIOTTO F P.Geoheritage Promotion Through an Interactive Exhibition:A Case Study from the Carnic Alps,NE Italy.Geoheritage 2019,11,459-469.

［6］ASCENZI A,BRUNELLI M,MEDA J.School museums as dynamic areas for widening the heuristic potential and the socio-cultural impact of the history of education.A case study from Italy.Paedagog.Hist.2019.

［7］ZHENG Y,Yang Y H,CHAI H F,CHEN M,et al.The Development and Performance Evaluation of Digital Museums towards Second Classroom of Primary and Secondary School—Taking Zhejiang Education Technology Digital Museum as an Example.Int.J.Emerg.Technol.Learn.2019,14,69-84.

［8］DICINDIO C,STEINMANN C.The Influence of Progressivism and the Works Progress Administration on Museum Education.J.Mus.Educ.2019,44,354-367.

［9］BRENNAN G.Art education and the visual arts in Botswana[J].International Journal of Art & Design Education,2006,25(3):318-328.

［10］MYGIND L,KRYGER T,SIDENIUS G,et al.school excursion to a museum can promote physical activity in children by integrating movement into curricular activities.Eur.Phys.Educ.Rev.2019,25,35–47.

［11］HARRELL M H,KOTECKI E.The Flipped Museum:Leveraging Technology to Deepen Learning.J.Mus.Educ.2015,40,119–130.

［12］VOSINAKIS S,TSAKONAS Y.Visitor experience in Google Art project and in Second Life-Based virtual museums:A comparative study.Mediter.Archaeol. Archaeom.2016,16,19–27.

［13］ABRIL-LÓPEZ D,LÓPEZ CARRILLO D,Gonz á lez-Moreno P M,et al.How to Use Challenge—Based Learning for the Acquisition of Learning to Learn Competence in Early Childhood Preservice Teachers:A Virtual Archaeological Museum Tour in Spain[C]//Frontiers in Education.Frontiers Media SA,2021,6: 714684.

［14］ELBAY S.Distance education experiences of middle school 7th grade students in the Turkey during covid-19 pandemic:Virtual museum example[J].Turkish Online Journal of Distance Education,2022,23(1):237–256.

［15］KUŠČEVIĆ D,BRAJČIĆ M,JURIŠIĆ M.Student experiences and attitudes towards the school subject Visual Arts[J].Economic Research-Ekonomska Istraživanja,2021:1–15.

［16］ESCRIBANO-MIRALLES A,SERRANO-PASTOR F J,MIRALLES-MARTÍNEZ P.The Use of Activities and Resources in Archaeological Museums for the Teaching of History in Formal Education[J].Sustainability,2021,13(8):4095.

［17］HARRISON-BUCK E,CLARKE-VIVIER S.Making Space for Heritage: Collaboration,Sustainability,and Education in a Creole Community Archaeology Museum in Northern Belize[J].Heritage,2020,3(2):412–435.

［18］DAWBORN-GUNDLACH L M,PESINA J,ROCHETTE E,et al.Enhancing pre-service teachers' concept of Earth Science through an immersive,conceptual museum learning program (Reconceptualising Rocks)[J].Teaching and Teacher Education,2017,67:214–226.

［19］YING Z,Yuhui Y,Huifang C,et al.The Development and Performance Evaluation of Digital Museums towards Second Classroom of Primary and Secondary School— Taking Zhejiang Education Technology Digital Museum as an Example[J]. International Journal of Emerging Technologies in Learning,2019,14(2).

［20］RAAIJMAKERS H,MC EWEN B,WALAN S,et al.Developing museum-school partnerships:art-based exploration of science issues in a third space[J]. International Journal of Science Education,2021,43(17):2746–2768.

［21］KAYHAN ALTAY M,YETKIN ÖZDEMIR E.The use of museum resources in mathematics education:a study with preservice middle-school mathematics teachers[J].Journal of Education for Teaching,2022:1–14.

［22］GÓMEZ-HURTADO I,CUENCA-LÓPEZ J M,BORGHI B.Good educational practices for the development of inclusive heritage education at school through the museum:A multi-case study in Bologna[J].Sustainability,2020,12(20):8736.

［23］REFVEM E,JONES M G,RENDE K,et al.The next generation of science educators：Museum volunteers[J].Journal of Science Teacher Education，2022，33(3)：326–343.

［24］MUJTABA T，LAWRENCE M，OLIVER M，et al.Learning and engagement through natural history museums[J].Studies in Science Education，2018，54(1)：41–67.

［25］VAVOULA G，SHARPLES M，RUDMAN P，et al.Myartspace：Design and evaluation of support for learning with multimedia phones between classrooms and museums[J].Computers & Education，2009，53(2)：286–299.

［26］金荣莹.馆校合作课程资源开发策略研究——以北京自然博物馆为例[J].科普研究，2021，16（3）：91–98+111–112.DOI：10.19293/j.cnki.1673–8357.2021.03.011.

［27］周荣庭，魏啸天.虚实融合的科技馆创新发展路径研究[J].科学教育与博物馆，2021，7（6）：540–545.

［28］NOBLE K."Getting Hands On with Other Creative Minds"：Establishing a Community of Practice around Primary Art and Design at the Art Museum[J].International Journal of Art & Design Education，2021，40(3)：615–629.

［29］宋耀武，崔佳.具身认知与具身学习设计[J].教育发展研究，2021，41（24）：74–81.

［30］SENTANIN F C，DOS SANTOS BARBOSA DA SILVA M，MARTINHÃO R F，et al.Exploring how high school students experience intrinsically motivating elements in a science communication lecture on research in chemistry[J].International Journal of Science Education，Part B，2022，12(3)：271–288.

［31］刘志森，耿志杰.情感仪式视域下档案与身份认同：理论阐释、作用机理及提升路径[J].档案学研究，2022（3）：13–20.

［32］PEPPLER K，KEUNE A，DAHN M，et al.Designing for others：the roles of narrative and empathy in supporting girls'engineering engagement[J].Information and Learning Sciences，2022，123(3/4)：129–153.

馆校结合中校内科普课程的开发与实践

——以长春中国光学科学技术馆"弘扬科学家精神"为例

姚 爽 赵 智 王 磊*

（长春中国光学科学技术馆，长春，130000）

摘 要 在馆校结合的各种合作形式和内容中，科普课程占据着重要位置。科普课程因为教学场地的不同，在馆内和校内的授课对象、内容、时间、方法上都有着很大差异。本文以长春中国光学科学技术馆（以下简称"光科馆"）"弘扬科学家精神"课程为例，分析和讨论校内科普课程开发的目的、内容、教学安排、教学方式和手段等，希望通过具体实践案例的分析和讨论，为科技馆的校内科普课程开发和实践提供参考。

关键词 馆校结合 科普课程 科技馆 科学家精神

2006 年，教育部、中国科学技术协会等单位联合下发了《关于开展"科技馆活动进校园"工作的通知》（以下简称"通知"）。通知明确，创新科普教育活动的内容和形式，促进校内、校外科普教育资源的有效衔接及优质教育资源的开发共享，让学校、科技馆、企业等社会力量共建科学教育平台成为共同的目标。历经 10 多年的馆校结合实践探索，发现馆校结合的两个主体：科普场馆与学校，两者对科普课程的态度、意愿和合作方向影响馆校结合的效果。此外，馆校结合形式中的"走出去"强调的是"科技馆进校园"，突破地理局限，将优质的科普资源带到学校，在教育"双减"中做好科学教育的加法。

1 "弘扬科学家精神"科普课程开发背景

1.1 落实"科学家精神进校园"，培育学生科学精神

2023 年 5 月，教育部等十八部门联合发布的《关于加强新时代中小学科学教育工作的意见》（以下简称《意见》）[1]指出，调动社会力量推动中小学科学教育与社会大课堂有效衔接，激发中小学生的科学兴趣，引导学生参与探

---

* 姚爽，长春中国光学科学技术馆馆员，研究方向为科普理论研究；赵智，长春中国光学科学技术馆馆员，研究方向为科普理论研究；王磊，长春中国光学科学技术馆馆员，研究方向为科普理论研究。长春中国光学科学技术馆的吕霁航对本文亦有贡献，在此一并致谢。

究性实践，培育学生自觉获取知识的意识，培养科学精神，种下科学的种子，编织当科学家的梦想。意见在改进教学服务中还提到，在"请进来"方面开展"科学家（精神）进校园"的体验活动。此外，《关于进一步弘扬科学家精神加强作风和学风建设的意见》《新时代公民道德建设实施纲要》《全民科学素质行动规划纲要（2021—2035年）》等相关文件及新修订的《科学技术进步法》，都对弘扬科学家精神、加强作风学风做出规定。在此背景下，大力弘扬以"爱国、创新、求实、奉献、协同、育人"为核心内涵的科学家精神，推出"弘扬科学家精神"科普课程对于提升学生科学素质、培育科学家潜质和培养科学家精神具有重要的现实意义。

1.2　用好社会大课堂，为科学教育做加法

"弘扬科学家精神"科普课程是对学校现有课程体系的补充完善。学校现有课程体系是以学科为方向进行课程设置的，科学家散落于物理、化学、生物、计算机等学科中，教师在课堂教学中主要以科学知识为主要授课目标，对于科学家精神的弘扬尚处于简略的陈述状态，很难看到对科学家精神的内容进行整合并以独立的教学单元进行课程安排。用好社会大课堂，由科技馆牵头、学校参与共同推出的"弘扬科学家精神"科普课程对散落于各科课程中的科学家精神进行归纳、提炼，将这些科学家在科学探究中所体现的科学家精神进行系统化、针对性的讲授，发挥科学家精神在中小学生心目中的影响力，对激发他们的学习兴趣、树立科技报国的远大志向有着重要意义。

2　光科馆"弘扬科学家精神"科普课程开发路径

2.1　完善内容体系，夯实课程内容

构建一套完整的科普课程体系，完善课程内容是馆校结合校内课程开发的核心和关键。[2] 内容体系建设需要注意的是：一方面，科普课程内容要求与学生所学的课程内容能够有效衔接，是对学生现有学习内容的补充和完善；另一方面，课程内容要具有系统性，推出一系列科普课程，并且科普课程内容要紧紧围绕学校课程主题展开。例如，光科馆的"弘扬科学家精神"科普课程在课程体系构想上以中小学生接触的光为内容出发点，结合光科馆的光学主题传播内容，提炼了"王大珩""王淦昌""蒋筑英"等在光学事业上做出过突出贡献的科学家，重点是传播这些科学家在科学探究过程中所体现的"爱国、创新、求实、奉献、协同、育人"精神。此外，结合时事热点推出相关科普课程，比如，我们结合时事热点推出了"两弹一星"精神的科普课程，对研制两弹一星的功勋科学家进行科普传播，激发中小学生的爱国热情。

2.2 明确馆内教学与校内教学的差异

馆校结合中的科普课程开展场地可以通过"引进来"的形式邀请学生来到科技场馆内进行，也可以"走出去"进入校园，开展科普课程的讲授。与馆内教学不同的是，走进校园后，科普教师的教学环境发生了改变，教学手段也随之发生变化。在科技场馆内，科普教师可以利用场馆内的展品、展项、4D 影院资源、科学教室资源等展开科普课程教学，学生的体验性更强。走进校园，校园内的教育手段多以学校内的电脑、教具为主，手段相对单一，对科普教师的考验更大。优点在于，校内教学的组织性强，学生参与兴趣高涨，对科技馆科普课程充满好奇心。而在科技馆场馆内，各种展教资源抢占学生的注意力，学生很难长时间专注于科普课堂，精力比较分散，不能进行课时较长的课程教学。教学对象具有数量多、跨年级、跨年龄等特征，无法预测教学对象特征进行相应课程内容调整。相对而言，校内组织管理规范，教学对象具有很强的针对性，可以事先了解教学对象的年龄、学习情况，根据教学对象调整课程内容（见表 1）。

表 1　馆内教学与校内教学的优缺点

教学场地	优点	缺点
科技馆场地	①教学手段丰富，丰富的展品、展项、展览、4D 影院、科学教室等资源 ②互动性体验更强 ③组织策划成熟，具有可控性	①科技馆内资源丰富，抢占学生注意力 ②不能进行长课时教学 ③教学对象多、杂、乱
学校场地	①学生参与兴趣较高 ②教学对象具有针对性 ③学校组织管理规范	①教学手段单一 ②根据教学对象随时更改教学内容

2.3 根据授课对象层次调整授课重点

校内教学的课程内容不是一成不变的，需要根据授课对象的情况进行课程内容的调整。授课对象的年龄、年级、家庭环境熏陶等会对学生的接受理解能力造成影响，例如，在"弘扬科学家精神"科普课程进行中，我们在长春市宽城区宋家小学进行"干惊天动地事 做隐姓埋名人——'两弹一星'精神"的科普课程讲授时，由于学生多为小学四五年级的学生，教师在课程开始时向大家抛出了"'两弹一星'指的是什么？"问题时，没有学生能够回答，教师据此推断这些学生的认知结构中缺少对"两弹一星"的认识，因此，在课程进行过程中，科普教师用大量篇幅向大家解释，什么是"两弹一星"？为什么要研制"两弹一星"？对"两弹一星"的重要性进行详细论述。在此基础上，对研制"两弹一星"的科学家所体现的"热爱祖国、无私奉献、自力更生、艰苦奋斗、大力协同、勇于登攀"的科学家精神进行解读和阐释，学生不仅通过课程学习了解了"两弹一星"知识，更从中领悟到科学家精神的内涵和真谛（见图1、图2）。

图1　长春市宋家小学"弘扬科学家精神"
　　　课程现场（1）

图2　长春市宋家小学"弘扬科学家精神"
　　　课程现场（2）

2.4　实施探究式教学、互动式参与体验

《关于加强新时代中小学科学教育工作的意见》中的"改进学校教学与服务"部分特别强调了深化学校教学改革、提升科学教育质量的重要性，强调实施启发式、探究式教学，提升学生解决问题的能力。所谓探究式教学指的是在教学过程中，教师给出事例、问题，让学生自己通过观察、实验、思考、讨论等方式主动去探究，最后得出问题答案的教学方法。[3] 例如讲解"两弹一星"功勋科学家的爱国精神时，给学生播放时长2分钟的视频，视频记录了23位科学家的海外留学背景。视频播放前提出问题："视频中有多少人是从海外留学归来的？"通过问题引导，学生的注意力十分集中，认真观看视频并详细记录。通过学生的自主参与，主动探寻问题的答案，教师最后对科学家的海外留学经历进行总结，并指出他们回国的原因，最后得出爱国精神的结论。在"一生追逐光芒的人——蒋筑英"课程中，教师在讲述蒋筑英从北京大学毕业后，选择来到长春光学精密机械研究所就读王大珩研究生时，提出了这样的问题："他原本可以回老家照顾年迈的母亲，也可以远走他乡出国留学，抑或是在未名湖畔继续他的学业，然而，他却选择了偏僻而贫穷的东北，是什么原因让他选择来到了东北长春？"带着这样的问题，学生积极从讲座学习中获得答案，主动探寻科学家的理想和志向。

在探究式教学中，除了提问等常规方式外，还利用教学用具调动学生的参与性（见图3、图4）。在前往朝阳实验学校讲述"两弹元勋——王淦昌"的故事时，教师将"两弹一星"模型搬上了讲台，在讲座开始时，学生便被讲台上的模型吸引了注意力，教师引导学生上台观察，并根据观察讲述自己的感受，提出问题进行交流讨论。在讲座的结尾，教师插入了一首纪念蒋筑英的诗歌，让学生进行声情并茂的朗诵，通过诗歌朗诵的形式体验和感受科学家无私奉献、热爱祖国的精神。

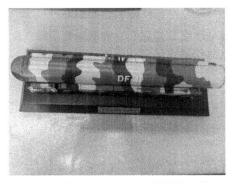

图 3　讲授"两弹一星"精神使用的教具（1）

图 4　讲授"两弹一星"精神使用的教具（2）

3　光科馆"弘扬科学家精神"科普课程的实践思考

3.1　科普课程融入校内课程体系中的难点

3.1.1　课程内容与校内课程衔接困难

馆校结合中存在的重要难题是，科普教师如何准备课程内容，才能使课程内容与校内课程内容既不能重合，还要有效衔接。课程内容应该是校内课程内容的延伸，而不是重复与完全割裂。光科馆"弘扬科学家精神"科普课程的实践发现，课程内容是基于光科馆的展览教育体系来展开的，与学校授课内容是完全分割的，没有建立"对接课标又区别课堂"的科学课程。存在问题的根源在于科学家的研究领域、研究方向和研究内容适应于高中、大学生群体，对初中、小学生而言，其科学内容太过深奥，现有知识体系不能有效吸收。

3.1.2　授课对象跨度较大，课程内容更新慢

馆校结合面向的主要群体是中小学生，每个学龄阶段的学生知识储备、理解能力、对科普课程的兴趣、动机和意愿都有很大差距。由于目标对象跨度较大，同一节科普课程面向不同群体的效果千差万别。比如，"两弹一星"精神、王大珩、王淦昌等课程面向高中生、初中生效果较好，参与兴趣较高，因其知识储备充分，课程既能激发他们的接受意愿，又对现有知识体系进行了补充和完善。然而，针对小学生群体授课效果较差，因为小学生对这些知识处于盲区状态，"不了解、听不懂、从未了解"，甚至有些学生认识这些科学家的名字都比较困难。因此，对于科普教师而言，每次讲授前都要根据授课对象的特征去调整授课内容，课程内容更新无法跟上授课对象的不断变化。

3.1.3 学校硬件设施无法满足教学需求

对于科技馆馆内教学而言，科普教师可以充分利用场馆内的展品、展项、4D 影院资源展开教学，比如，王大珩讲座可以利用光科馆 2 楼展厅的"院士墙"切入和展开，蒋筑英课程可以通过 4D 影院播放《蒋筑英》电影影像资料辅助教学，科技馆场馆内的丰富资源能够提升学生的参与兴趣。教学场地发生变化后，科普教师由熟悉的场馆转移到了学校，教学手段发生变化，学校能够提供的教学手段主要以电脑为主，教师除了可以自带相应教具外，其他硬件设施处于空白状态，很多科普教师无法适应教学场地改变带来的教学方式改变。

3.2 科普课程融入校内课程体系的优化方向

3.2.1 对接课程标准，有效连接学校课程

馆校结合的核心产品是课程，提供什么样的科学课程是吸引学校参加馆校结合活动的关键。搭建"对接课标又区别课堂"的科普课程是馆校结合的核心任务。科技馆的科普教育目标应当是针对学校教育空白开展的基于现有展览教育体系的探究式、互动式学习。科技馆应该走在学校前面，想在学校前面，不能脱离课程标准，与学校课程体系脱钩。所以，校内课程的开发要明确"学校教了什么，学校不教什么，我们能教什么？"[4]据此进行课程内容的开发，这样既弥补了学校课程内容的不足，又与校内课程做有效衔接。

3.2.2 突出以人为本，量体裁衣的课程设计

馆校结合中的课程设计需要转变设计理念，从"以我为主"转变为"以学生为主"，从"我能教什么"转变为"学生需要什么"，更新课程设计理念，将学生的需求、兴趣、动机放置于首要地位，真正发挥馆校结合的价值和作用。在课程开发上，馆校结合双方可以成立课程资源开发小组，科普教师与学校领导、教师共同参与，共同制定培养目标，优化课程内容。课程开始前，学校需要提供授课对象的年龄、年纪、学习情况等基础内容，科普教师提前了解学生的学习情况，有利于科普教师学生特点调整和优化课程内容，对授课对象情况的掌握和了解有利于提升教学效果。此外，课程设计应注重互动性、科学性、探究性、知识性、趣味性，充分调动学生的参与积极性。[5]

3.2.3 分阶段、分层次推进课程实施

馆校结合课程的实施不能一蹴而就，要分阶段、分层次实施。所谓分阶段是指科普课程可以分阶段展开，从馆内逐步走向校内，如光科馆的"弘扬科学家精神"课程历经一年多的馆内授课打磨后，将课程内容搬进了学校。分阶段的意义在于通过场馆内课程的实时开展，反馈教学效果，对课程内容进行修正、完善，将其搬进课堂后能够有效规避课程实施中遇到的很多问题。[6]分层次

指的是将授课对象进行年龄或年级细分，根据授课对象的知识结构特征进行课程内容建设，依据结构特征制定不同的教学目标、教学内容和教学方法。

4 结论

目前，我国馆校结合从最初的起步和探索逐步走向了深度合作阶段，合作形式越来越丰富，参与的科普场馆、学校也越来越多，各方力量能够充分认识到馆校结合的重要意义。通过馆校结合活动，科普场馆可以充分发挥科普效能，充分利用科普教育资源，实现从展览到教育功能的转变。对学校而言，它弥补了学校教育资源局限，解决了学校课堂教育无法解决的问题，为学生提供了广阔的课外学习天地，有利于促进学生全面健康发展，培养学生的动手实践能力，影响学生的科学态度，提升学生的科学素养。

参考文献

[1] 教育部等十八部门关于加强新时代中小学科学教育工作的意见 [EB/OL].http：//www.moe.gov.cn/srcsite/A29/202305/t20230529_1061838.html.
[2] 陶思敏 . 馆校结合中弘扬科学家精神的探索和实践 [J]. 科技通报,2022,38（6）:115-120.DOI:10.13774/j.cnki.kjtb.2022.06.021.
[3] 刘妍静 . 科技馆教育领域馆校结合实践研究 [J]. 科技风,2022（12）:145-147.DOI:10.19392/j.cnki.1671-7341.202212049.
[4] 付蕾 . 从课内到校外:对馆校合作模式的探索 [J]. 科学教育与博物馆,2020,6（3）:227-230.DOI:10.16703/j.cnki.31-2111/n.2020.03.013.
[5] 馆校结合研究新探索 [J]. 自然科学博物馆研究,2020,5（3）:4.
[6] 馆校结合再探索、再出发 [J]. 自然科学博物馆研究,2019,4（5）:4.

教育强国背景下江苏场馆资源与小学科学课深度融合的难点

葛璟璐*

（江苏省科学传播中心，南京，210008）

摘　要　将场馆资源与小学科学课程深度融合是社会力量积极探索校内外科学教学和科普教育的融合发展过程，是通过创新青少年科技活动提升青少年科学素质的有益延伸，是加强新时代中小学科学教育工作、用好实践场所的具体要求。本文结合江苏地区场馆资源与小学科学课程融合的现状与困难展开讨论，采用实地访谈、问卷调查、文献收集等多种方式，从政策背景、工作机制、实践探索、新技术变革等方面提出建议，为推动小学科学教育学校主阵地与社会大课堂有机衔接贡献力量。

关键词　场馆资源　科学课程　馆校结合　教育强国

　　科学素质是国民素质的重要组成部分，是社会文明进步的基础。公民具备基本科学素质是指崇尚科学精神，树立科学思想，掌握基本科学方法，了解必要科技知识，并具有应用其分析判断事物和解决实际问题的能力。[1]青少年是国家的未来、民族的希望，培养青少年的科学素质已纳入公民科学素质建设的核心目标，需坚持以习近平新时代中国特色社会主义思想为指导，厚植创新发展沃土。《国家中长期教育改革与发展规划纲要（2010—2020年）》指出"强国必先强教"，党的十九大报告明确提到"建设教育强国是中华民族伟大复兴的基础工程"[2]。馆校结合是拓展科学实践活动的一种良好举措，通过馆所、基地、园区、企业等具有科普功能的机构与学校科学课程实践深度融合，有机结合社会大课堂资源，为推进社会主义现代化教育强国助力。

1　江苏场馆资源与小学科学课深度融合现状

1.1　政策背景

1.1.1　指导文件应运而生

2016年5月30日，科技三会"科技创新与科学普及'两翼理论'"产生，

---

* 葛璟璐，副编审，江苏省科学传播中心部室主任，江苏省期刊协会副秘书长，长期服务于全民科学素质提升工作，策划、组织多项省级科普活动，编辑出版系列科普读物多次荣获江苏科技奖、入选国家出版基金，并获"十三五"全国科普工作先进个人。

拉开了新时代科普工作繁荣发展的序幕。经过 5 年的实践沉淀，迎来了 2021 年这个重要年份，国务院出台了《全民科学素质行动规划纲要（2021—2035 年）》，首次提出"构建国家、省、市、县四级组织实施体系，探索出'党的领导、政府推动、全民参与、社会协同、开放合作'的建设模式"，要求"坚持协同推进"，对各级政府强化组织领导、政策支持、投入保障，激发科研院所、科学共同体等多元主体活力，充分利用科技馆、博物馆、科普教育基地等科普场所广泛开展各类学习实践活动，推进社会化科普大格局形成提出要求。同时对"加强对科普基地实施建设的统筹规划与宏观指导、创新现代科技馆体系、大力加强科普基地建设"做了明确规定。同年，《关于进一步减轻义务教育阶段学生作业负担和校外培训负担的意见》《关于利用科普资源助推"双减"工作的通知》相继出台，影响至今。江苏省也在同年发布了《江苏省全民科学素质行动规划（2021—2035 年）》，在"实施青少年科学素质提升行动"中，明确要求"完善校内外科学教育联动机制"，加强青少年科普体验阵地建设。在实施"科技资源科普化工程、科普基地设施建设工程"过程中，提出"普惠共享、分类施策、精准泛在、协同增效"的要求。在国家创新现代科技馆体系建设中，提出省域规划具体布局：以综合性科技场馆为龙头，各类专业馆、网上科普馆、流动科技馆为骨干，科技基地为支撑，基层科普设施为补充。构建馆校结合长效机制，推动科技闯关和科普基地的优质科普资源、活动、项目与学校科学教育双向融通。[3] 文件强调了普惠开放与公益性引导，对组织保障、条件保障、机制保障落实牵头单位。2022 年，国家层面《关于加强小学科学教师培养的通知》《"十四五"国家科学技术普及发展规划》《关于新时代进一步加强科学教育普及工作的意见》陆续发布，明确 2025 年公民具备科学素质的比例超过 15% 的目标，在全社会共同推动科普氛围形成，科技创新与科学普及同频共振表现了强烈的决心。党的二十大的胜利召开如同一剂强心针，提出"教育、科技、人才是全面建设社会主义现代化国家的基础性、战略性支撑"，为新时代科普工作再一次指明方向，加强国家科普能力建设、深入实施全民科学素质提升行动进一步落实。2023 年，教育部等十八部门联合发布了《关于加强新时代中小学科学教育工作的意见》，首次在文件中正式提出"用好社会大课堂"具体要求，并对学校"结对 1 所具有一定科普功能的机构""组织中小学生前往科学教育场所，进行场景式、体验式科学实践活动"做了明确规定，强调加强师资队伍建设，发挥教师主导作用。同年，江苏出台了《关于新时代进一步加强科学技术普及工作的实施意见》，强化科普场馆和基地围绕科技资源科普化、科普资源共享等开展工作，并首次提出"推进江苏省自然科学技术馆建设"，对科普教育基地的建设、管理及运维明确了绩效评估。

1.1.2 "科学"课标与时俱进

21世纪以来，小学科学教育发生了3次重大变革。第一次是2001年《基础教育课程改革纲要（试行）》颁布，小学科学课程跨越强调学科知识时代，提出以探究为核心的目标设置。第二次是2017年《义务教育小学科学课程标准》颁布，提出小学科学课程的重要目标是培养青少年科学素养。在课程内容方面，《义务教育科学课程标准（2001年版）》将科学课程内容划分为"科学探究""情感态度与价值观""生命世界""物质世界""地球与宇宙"。《义务教育科学课程标准（2017年版）》对《义务教育科学课程标准（2001年版）》进行修订，从"物质世界""生命科学""地球与宇宙""技术与工程"4个领域描述小学科学课程内容，删除了作为课程目标的"科学探究""情感态度与价值观"，增设"技术和工程"，凸显了STEM（科学、技术、工程与数学）教育的地位，并且把科学探究明确为主要的学习方式。同时还要求将科学课程的起始年级回归到小学一年级，实现了基础教育阶段的学科全覆盖。[4]第三次重要变革是《义务教育科学课程标准（2022年版）》（以下简称《标准（2022年版）》）方案出台，以核心素养的方式更加凸显学科的育人价值，强化实践、规范评价、加强指导。《标准（2022年版）》指出义务教育科学课程是一门体现科学本质的综合性基础课程，具有实践性。确定了科学课程对学生的核心素养发展要求，从科学观念、科学思维、探究实践、态度责任4个方面提出课程要求。这4个方面既能反映科学课程独特育人价值，又能反映批判性思维、创造性思维、合作能力、交流能力、自主学习能力、社会责任感等共通性素养，它们相互依存，共同构成一个完整的体系，体现了科学课程的育人价值。[5]历经20多年的科学课程发展，在落实立德树人的育人目标过程中，从强调科学探究逐步转变为强调探究实践，因此"科学教育不仅是学校内部的工程，更是需要社会方方面面共同参与的工程，是科学家、科学共同体的责任，也是科学实践的社会基础"。[6]江苏版"科学"课程严格按照课标要求深入实践，在2012年、2017年、2020年全国义务教育阶段学业质量检测的科学学科监测中，江苏的成绩高于全国平均分。

1.1.3 "四科两能力"内涵变化

对比《全民科学素质行动计划纲要（2016—2020年）》（以下简称旧《纲要》）与《全民科学素质行动计划纲要（2021—2035年）》（以下简称新《纲要》），对公民科学素质的内涵定义侧重点发生了变化。通常意义上的公民科学素质包括科学知识、科学方法、科学思想、科学精神，以及处理个人事务的能力和参与公共事务的能力，新《纲要》将"四科"顺序调整为科学精神、科学思想、科学方法和科学知识。将科学精神作为第一排序呈现在公众眼前，一方面说明科学知识和科学方法在当今社会得到了极大程度的普及，另一方面也说明对科学精神领域的重视将是未来一段时期的关注重点。"两能力"也发生了变化，判断能力及分析处理、解决问题的能力得到了新的阐述。科学精神指尊重事实、追求真理的态度，以及应遵循科学的行为规范和价值准则；科学思想指对待客观世界、科学事业和社会生活的基本科学观念；科学方法指在探究自然、解决科学相关问题中应具备的技能方法和采用的正确行为与思维方式；科学知识主要指基本科学事实、概念与原理。"四科"是科学素质的内隐要素，"两能力"是内隐素质的外在表现，即掌握科学知识、科学方法，具有科学精神与科学思想是一个人的内在素质结构，而这一内在素质结构，只有在应用其分析判断事物和解决实际问题的过程中显现出来，才真正称得上具备科学素质。提高青少年科学素质，不仅对实现全民科学素质目标具有重要意义，也将为我国建设世界科技强国、实现中华民族伟大复兴提供人才基础。[7]公民科学素质的提升关键在于青少年科学素质的培养，良好的科学教育环境和多样化的科学传播方式为青少年科学素质的稳定提高奠定了基础。

综上所述，将场馆资源与小学科学课深度融合，一是要顺应国家、省份相关政策的引导发展，紧紧围绕目标实施开展实践工作；二是要体现"科学"的领域属性，深度挖掘场馆自然科学及与之相关的社会科学，而非人文学科；三是体现"素质"的领域特质，将内化的"科学精神""科学思想""科学方法""科学知识"与外显的"分析判断事物"和"解决实际问题的能力"与学科的核心素养相结合，体现了江苏省作为科技强省、创新强省对人才培养的时代需求，体现了科学普及工作全国先进省份的高标准。

1.2 江苏科普场馆资源情况

1.2.1 科普教育基地与社科基地

科普教育基地是开展社会性、群众性、经常性科普活动的重要阵地，是科普事业的重要组成部分。全国科普教育基地是指由科技、教育、文化、卫生、农业、安全、自然资源、旅游等领域机构兴办，面向社会和公众开放，具有科普和教育功能的示范性场所，每5年评审1次。根据中国科学技术协会2022年4月、2022年11月两次发布《2021—2025年第一批全国科普教育基地的决定》《2021—2025年第一批全国科普教育基地的补充认定决定》，南京理工大学兵器博物馆等63家单位入选首批全国科普教育基地。"十四五"以来，江苏省科学技术协会深入实施《全民科学素质行动规划》，充分发掘利用社会科普资源，鼓励、支持、引导社会各界提供高质量科普公共服务，推动江苏省全民科学素质不断提高。2022年6月，省科学技术协会、省社会科学界联合会、省科技厅和省教育厅联合开展"江苏省科普教育基地"的认定工作，不断加强科普教育基地建设，共认定江苏省科普教育基地 141 家，根据《中华人民共和国科学技术普及法》《江苏省科学技术普及条例》《江苏省社会科学普及促进条例》《江苏省全民科学素质行动规划（2021—2035 年）》《江苏省社会科学普及"十四五"发展规划》，参照《全国科普教育基地创建与认定管理办法》制定了《江苏省科普教育基地创建与认定管理办法》。根据科普主题和内容，江苏省科普教育基地主要分为自然科学、社会科学两类，其中自然科学包括科技场馆类、教育科研与重大工程类、"三农"类、企业类、自然资源类及其他类；社会科学包括教育研发类、文化场馆类、媒体传播类。

1.2.2 科学家精神教育基地

自 2022 年起，中国科学技术协会、江苏省科学技术协会分别评定了一批科学家精神教育基地，大力弘扬以爱国、创新、求实、奉献、协同、育人为内核的科学家精神，引导推动形成尊重知识、崇尚创新、尊重人才、热爱科学、献身科学的浓厚氛围。南京理工大学王泽山精神教育基地等 17 个单位被认定为全国科学家精神教育基地，王淦昌故居等 32 家单位被认定为江苏省科学家精神教育基地。

1.3 馆校融合实践

江苏省在馆校结合方面做了大量的实践工作，呈现了同心协力、典型突出、科普资源共享的良好局面。

1.3.1 行政区域联动

江苏省南京市聚合场馆资源、活动资源、课程资源、专家资源、志愿者资源，建立了"南京现代科普场馆联盟"。联盟单位科普资源共建共享，课堂内外、校内校外、线上线下协同发力，常态化开展研学旅游、科普讲座、科普报等形式多样的科普教育活动。目前联盟拥有团体成员 62 家，分布覆盖 11 个区，初步形成覆盖南京全市的优质科普基础设施体系，2023 年上半年联盟共计接待 550 多万参观人次。江苏省南京市玄武区实现全域联动，整体构建区域"科学 +"协同育人链，突破传统科学教育的路径依赖，探寻学科交叉融合的规律和未来科技创新人才的培养路径。提出"15 分钟教育圈"科教图谱，科普资源包括"1+60+N"，区域层面在少年宫首创 1 个"科创资源中心"，为全区学校提供资源与课程服务，梳理 60 个科教文博及高校科研院所作为教育场馆资源，形成"课后服务科教资源清单"。各中小学校充分拓展周边资源，将学生出校步行约 15 分钟可到达的公益性科普文博场域或空间，纳入学校课后服务资源，形成 N 个校级教育实践基地，创造性地开展学科实践育人活动。区域统筹、校本开发、师本运用、生本实践相结合，内外融通擘画多层次科创教育圈。

1.3.2 打造示范典型

南京科技馆为推动科普场馆教育资源与学校教育需求的有机衔接，在2022年由南京市教育局、南京市科学技术协会主办，南京市教研室、南京科技馆承办建设的"南京市中小学科技创新中心"，充分利用科技馆现有的场馆环境、展品展项等资源，协调南京12个行政区，每个区承担半个月内所辖区中小学的科技馆科学活动组织工作，有效填补教学日课后、周末时间，破解"课后三点半"难题，助力全市中小学生课后服务，成功探索馆校结合的新模式，同时，场馆积极与学校合作，共同开展"馆本课程""校本课程"。江苏省科技馆深入学校基层，发挥科技馆资源优势，丰富学校课程内容，开展科普大篷车进校园、科学实验秀、科普剧创作等科技活动，不断深化科普内容与形式。

1.3.3 资源协同配合

江苏省青少年科技教育协会积累储备师资资源，加强与南京夫子庙、南京科技馆、紫金山昆虫博物馆、中山植物园、红山动物园等文化场馆的合作，推动"课后三点半活动进校园"等活动。以中国北极阁气象博物馆为首的科学家精神教育基地，将气象科普实验表演作为小学科学课程的有益补充进行实践开发，致力于通过形式多样的科学教育活动弘扬科学家精神，激发青少年学习兴趣和热情。泰州科技馆围绕中小学科学课程标准，组织开发了"白垩纪凶猛的霸王龙""远看火星""病毒大作战""空气的秘密"等适应不同学段需求的20多节科学教育课程；设计了"如何吹出大泡泡""火焰掌""神奇的火纸"等10多个科学秀表演活动方案；编撰了《天问》《色彩派对》《会跳舞的泡泡》等10多个科学实验剧目，有效缓解了学校科学教育资源不足的困境，满足了学校师生对科学知识的渴望需求。扬州市科技馆与汶河教育集团解放桥小学签署了《科普教育馆校协作项目协议书》，定制化服务学校需求。

2 江苏场馆资源与小学科学课深度融合困难

2.1 顶层设计局部落地

从江苏省紧跟国家政策陆续出台相关指导文件不难看出，在整合校内外科学教育资源、搭建丰富的科普平台、创建校内外科技活动基地、紧贴学校科学课程实际、努力培养青少年科学实践能力及科技创新能力的过程中，江苏省不缺大省担当。上文所述文件中，皆有规定负责牵头落实的省级厅局单位，层层监管意识强烈。但是从全省各地基层观察，馆校结合开展的实际效果与经济发展仍然保持正相关。从职能划分上说，科协系统作为致力于提高全民科学素质的群团组织，承担了社会科普职能，即科普服务"双减"。科普教育基地、科学家精神教育基地等场馆是由科协系统牵头评定，另外部分有一定科普功能的场馆上级主管单位千头万绪，但与教育主管部门无行政或业务联系。众所周知，学校的上级管理单位主要是教育主管部门。通过笔者与省科普场馆协会、各设区市科学技术协会、教育主管部门走访调研不难发现，"馆校结合"概念早已深入人心，但是亮点工作、典型案例频出的往往还是个别地区，这些地区较为突出的特点是在行政领导牵头下，教育主管部门与科普相关部门"组合拳"打得得心应手。省级层面的设计规划如果仅依靠一纸文件下发来落实相关政策过于理想化，在"星星之火可以燎原"之前，还缺乏执行力强大的中间层，暴露出来的责任单位主观能动性不强等问题越发明显，国、省、市、区（县）级科普场所—教育集团—学校全流程尚未打通，地区与地区之间贯彻落实政策不均衡的现象也越发凸显，仅表现为局部落地。

2.2　场馆规划未见融合

以江苏省科技展馆为例，从 2000 年 5 月江苏省科技馆、2001 年 8 月南通市科技馆建成开放以来至今，江苏省的科技馆建设工作越来越得到各级政府的高度重视，2003 年开始，先后有海安科技馆、海门科技馆、南京科技馆、无锡科技馆及吴江、东海青少年科技活动中心陆续建成开放。[8]近年来，江苏盐城、徐州、泰州等地的科技馆、南通科技馆新馆及太仓科技馆等都已经对外开展活动。早期建设的专业科普场馆至今已有 20 余年，设计理念没有考虑与小学科学课程相融合，缺乏前期调研，容易陷入为建而建，为"物"放"物"的误区，暴露出来的展陈理念过于陈旧，不能与时俱进；展品开放程度低，探索空间不足；科普资源与学科教育内容缺乏适配性；打造一味求全忽略差异性，导致展品雷同等问题较为突出。家长、教师带着孩子到达科普场所，看似热热闹闹，实际收获不多。一方面，"自上而下式"的传统教育方式与"科学"课程中期盼实现的核心素养相违背，以孩子为中心的"自下而上式"的创新展览模式尚未得到大面积推广。另一方面，"走马观花式"的图片展墙展示或机械操作的实验设备浅尝辄止，如同隔靴搔痒，无法真正达到"四科两能力"的科普要求。更有甚者，教育主管部门、学校对所辖区域内的科普场所情况知之甚少，信息渠道不畅通，场所开放时间不合理。

2.3　时空阻碍安全堪忧

近两年来，在"双减"文件的指导下，江苏地区小学落实"课后三点半"政策较为扎实，学校设置了若干社团课程满足学生兴趣需求，其中科学领域的社团活动也得到了广大师生的热爱。但是绝大多数活动的开展仍然固化在学校场所，究其原因，无非是组织便利、管理安全等。即使是馆校结合工作较突出的南京市，也未能全面做到在学生日常教学时间内安排固定课程参与此项活动。为突破时间、空间的限制，大多数情况下，场馆工作人员主动进入学校开展相关活动，即"走进去"。这种活动的开展不能让学生沉浸式体验校外场所带来的视觉、听觉上的资源配置，活动效果往往打折。当然，随着观念的不断创新，越来越多有条件的学校主动组织"走出去"，尝试打破时空束缚，但也会因为学生出行安全问题产生担忧、顾虑，政策引导的双向交流反而成为基层学校负担，其为完成任务而"如临大敌"，最终以学期为单位，组织一至两次的外出实践即止。

2.4 课程融合师资匮乏

根据教育部发布的全国 2021 年教育统计数据测算，科学专任教师人数 24.39 万人，是语文专任教师人数的 10.6%，数学专任教师人数的 13.5%；校均教师数，科学专业为 1.581，语文专业高达 14.863；硕士及以上学历比例，科学专业为 2.308%，语文专业为 1.846%，数学为 1.236%，外语为 3.330%。数据的测算充分表明了目前小学科学教师数量不足的现状。高水平综合性大学参与教师终身职业培育规划不足，未从源头上对高素质专业化科学类教师进行设计培养，特别是师范类院校前期培养缺乏针对性，后继职业教育无力。科技部发布的 2021 年度全国科普统计数据显示，2021 年全国科普专、兼职人员数量为 182.75 万人，比 2020 年增长 0.80%。中级职称及以上或大学本科及以上学历的科普人员共计 111.55 万人，比 2020 年增加 9.47%，占当年科普人员总数的 61.04%。[9] 不难看出，科普专、兼职人员构成进一步优化，但总人数不多。科学教师首先在完成课标教育任务的前提下，尽可能思考如何增强课堂的趣味性，让学生能在实践中达到核心素养培养目标。科普人员首先思考场馆活动设置的趣味性，满足学生好奇心的需求，对课程开展过程中完成教学目标反而忽视。在中考、高考"指挥棒"不变的情况下，科学教育与科普需求往往被学校、老师作为正常教学之余的有益补充。条件有限的情况下，老师缺乏理念学习，主观能动性较差，内驱力不足。从核心实践层面上说，场馆资源与科学课程融合更是科普专职人员与科学教师之间的协同作战，缺一不可，需要下一盘"大棋"。

2.5 共建共享机制不全

笔者从科普助力"双减"工作开展情况及存在的困难出发，收集南京市、徐州市、扬州市、苏州市、盐城市、南通市、宿迁市、连云港市等地区科学技术协会、教育局、学校、科普场馆等相关单位填报答卷 547 份。大多数调查对象自主开发能力较为薄弱，学校科学（科普）课程资源短缺，无独立编写的科学教育校本读物的占比88.8%，其中开发了1—20课时课程的占比57.1%，没有购买过科普资源包的占比为37.8%，购买科普资源包的不超过20课时的占比为43.9%。基于此，场馆资源与学校课程融合的需求呼声很高，有极大的现实意义。但在实际操作过程中，打通区域内学校"共享共建"科普资源并非数个学校个体能够实现，往往是学校领导班子的"人脉"决定"馆校合作"的深度，学校出门"讨要"资源，是靠个人感情或者是学校品牌去换取部分场馆资源，极不平衡。让名校资源能够"雨露均沾"，让"馆校"两大主体实现长期的、创新的、高效运转的机制体制尚未健全。同时，各级相关单位在建设社会大课堂的过程中，敢于担当、包容的良好格局尚未形成。

2.4 公益属性后继无力

《关于新时代进一步加强科学技术普及工作的意见》（以下简称《意见》）明确提出促进"全社会共同参与的大科普格局加快形成"，明确了"各行业主管部门要履行科普行政管理责任"，"各级科学技术协会要发挥科普工作主要社会力量作用"。科普是一项公益事业，功在当代，利在千秋。2021年全国科普工作经费筹集规模为189.07亿元，比2020年增长10.10%。全国人均科普专项经费4.71元，比2020年增加0.54元。[10]但是，在实际操作中，科普助力"双减"工作的开展缺少财力支持，无法满足科普工作的需要。笔者调查结果显示，2022年科普专项经费不超过5万元的学校占比54.1%，5万—10万元的学校占比29.6%。各地区、各单位对科普工作重视程度不同，经费设置差异明显。以盐城地区为例，72.4%的调查对象没有设置科普专项经费，严重阻碍了科普助力"双减"工作的开展。部分科普场馆工作人员表示，如果长期开展大型科普活动，扩大活动力度覆盖面，将大大增加场馆运营成本，科普活动的开展和场馆正常的运营需要权衡。课程研发费用、授课教师劳务费用、学习耗材等即使仅按成本支出，长此以往，都是一笔不菲的投入。

3 江苏场馆资源与小学科学课深度融合建议

3.1 加强政策层面落实推动，建立健全资源融合机制

《意见》强调，要统筹科技馆、少年宫等公益性社会单位，向学生开放所属场地；鼓励并支持高校等科研院所安排实验室等科技资源向中小学生适当开放；动员高精尖技术企业为薄弱学校援建科学教育场所。首都师范大学薛海平认为，《意见》的出台着力破解中小学校与社会各方教育资源联动不足的突出问题，意在持续促进校内教育与校外教育一体化发展，加快构建校内、校外有机融合的科学教育体系，助力中小学科学教育高质量发展。因此，必须切实解

决科普职能单位与教育主管部门多头管理难题，真正实现科普教育、科学教学与科技创新同频共振深度融合。科技法规部门、教育主管部门联合科学技术协会系统等单位形成资源共建共享机制，主动发布"场馆科普白名单"供学校放心合作。制定统一的、规范的标准，从融合开发、项目实践、督查管理和评价多维度进行精准考核，提升馆校合作质量。财政预算列支专项经费，定额定责落实经费管理规定与使用办法，实现专项资金绩效考核，保障可持续性发展，可以引入社会化资本进行公益性投入，在税收等政策上予以企业优惠。各级科学技术协会组织应当发挥桥梁纽带作用，主动做好学校与科普基地、学校与科学家、学校与科学课程或品牌科学活动、大中小学校与科研院所的工作对接，完善科教资源教育圈层。积极推动校内外科普资源融合品牌建设，加强各级协会基地成员之间的合作，实现资源共享。同时，用机制促进场馆、学校工作人员的主观能动性，提高其创新理念。

3.2 持续推进人才能力提升，重视完善社会协同链条

作为学生科学学习的组织者、参与者，科学教育工作者是影响学生科学学习效果的最重要群体，先进的科学教育的理念与教学方法能否贯彻实施往往依赖于教育工作者队伍的理解与实践。[11]教育主管部门必须落实学校对科学专业师资力量的培训和管理。北京景山学校张斌平指出，既要从高水平大学、高职院校专业方面加大教师储备培养力度，更要抓好现有中小学师资的在岗培训。科学教师的成长发展应是情境化的，建议加强师范院校、教育部门、科研机构、中小学、科普场馆、企业和社会机构之间的紧密合作，打造多主题、多样态的科学教师研修基地，形成协同培养机制，丰富教师参与科学学习、科学探究和工程实践的经验，强化探究式教学、项目式教学和跨学科教学等教学方式的教育实践，让教师在真实课堂教学情境中加强专业认识，完善自身的教学信念和教学实践。[12]2023年，教育部与中国科技馆联合开展的科学教师能力提升项目培训便是以提升教师基于科技馆资源开发项目化学习案例的能力为出发点，促进科技场馆资源走进科学课堂。科学引进人才，缓解师资力量不足的困境。为科普场馆专、兼职科普人员开展科学课程培训，树立场馆人员课程目标制定理念，实现场馆专业人员进学校、科学老师进场馆双向奔赴。当然，在馆校合作课程融合过程中，家长与志愿者都是必不可少的参与对象，应当共同推动其发展，通过家委会、家访等方式加强家校互动，发挥家长主观能动性，让家长更加了解和支持融合服务，提升参与度。充分发挥各基层组织科普志愿者作用，群策群力，共同为学生提供科学服务。

3.3 盘活场馆科普属性资源，创新理念规划区域布局

发挥好现有 19 座科技馆的作用，加快构建现代科技场馆体系，推动省自然科学技术馆立项建设，推进县域综合科技馆和镇域专题科普馆为重点的基层科普设施建设。鼓励各地发挥优势推进专业科普场馆和设施建设，挖掘具有区域特色的科普资源，实现互融互补。[13] 深挖原有场馆资源，实现科普价值二次利用。在条件有限的前提下，分领域、类别、主题进行项目式、STEM 类科学课程开发，以任务为引领模块式积累素材，通过图文、音频、动画、短视频等多种方式深度加工。科技馆中的科学教育活动更倡导以建构主义和情境学习理论为主要指导理念，通过模拟实践的学习方式引导学习者主动探索，为青少年创设更自由、轻松的科学学习氛围，有利于激发青少年的好奇心和想象力，培育青少年的科学精神和科学认同感。[14] 国内外经验表明，通过建设教育智库，汇聚多领域的专家提供决策性支持，是实现国家教育治理能力现代化、打造高质量教育体系的重要途径。[15] 因此，"十四五"期间投入规划设计的场馆应当按照上述科学教育活动建设方式，汇聚各领域专家同心协力、充分论证，从规模、专业性、功能定位等多维度考量，实现区域均衡发展。再者，科普场所可以进一步发挥基地作用，结合科学课程延伸，开发设计科普研学实施方案，向青少年及其家庭推荐一批优质研学路线，真正实现"走出去"。

3.4 技术变革突破时空限制，探索信息技术全新范式

伴随着人工智能的快速发展，传统融合方式受到时间、空间的诸多限制，课程开展形式陈旧，不能满足孩子天性的释放，不能满足其好奇心，因此可以借助多媒体手段，以"学科融合、形式创新、注重探究"为目标进行课程设计。在结合当下科学事件、未来重大科学发展及科技自立自强，开展如"科学家精神进校园""童手里的创造青少年科创系列活动"等省级重点青少年科普活动馆校合作的同时，可以适当使用网络直播平台线上教学，充分利用网络科普展示馆资源，广泛依托省级科普资源平台，合理采用 AR、VR 硬软件设备等实现课程融合。例如 2021 年，科技馆体系联动中国载人航天工程办公室、中央广播电视总台共同推出我国首个太空科教品牌"天宫课堂"，通过线上线下同步开展课程的方式面向全球直播，两次"天宫课堂"活动全网总点击量超过 40 亿次，是我国科学教育活动在一天内覆盖面最大、公众参与最多的一次重大科普实践，充分彰显了我国现代科技馆联合各主体协同育人的能力与优势。[16] 又如，江苏网上科普展示馆（www.jskp.cn）通过网络虚拟技术，宣传展示了江苏科普工作成果，宣传江苏科技人物，展览面积同比实体展示馆达到 9000 平方米。展馆运用全景观展技术，采取多媒体互动叠加图文、音视频、3DMAX

等形式,360 度全景展示展览现场。用户可以通过电脑或手机访问,获得全方位、沉浸式、交互性的观展体验,应用数字信息化技术打造的网络虚拟现实空间让跨地区、跨时区的展示、交流成为现实。

3.5 合理设置绩效评价标准,试点容错纠错免责办法

课程目标的设置将影响到课程内容的选择、课程体系的建构、教材的编写、课堂教学活动的设计、教学评价及课程资源的开发等多个方面。[17]馆校合作深度融合的课程范式应当在课程目标的设置上下功夫。教学中,表现性评价是可观察、可评价的外在表现,推断学生内在能力及精神状况的变化,能较准确地评价学生在真实情境中解决问题的能力及相关素质。[18]围绕课程目标实现的不同程度,充分开展绩效评价工作。一方面,评价过程本身就是一种活动行为,其结果为进一步优化课程实践指明方向,有利于授课者更好地掌握课程目标实现情况;另一方面,尊重并合理运用绩效考核也为健全机制运行,特别是财政资金使用提供佐证依据,有力支撑项目审计。同时,结合课程融合实践,充分论证酝酿,找到环节中可能存在的风险点,尝试制定相关容错纠错免责办法,营造敢于担当、风清气正的深度融合氛围。

4 结论

科学教育服务强国建设是我国科技创新人才自主培养的根本所在,亦是实现中华民族伟大复兴的挺膺担当。[19]坚持把抓科普工作放在抓科技创新同等重要的位置,不断提高青少年科学素质,亟须社会大课堂在今后一段时期充分发挥效能。江苏省作为科技自立自强的开路先锋,理当在推动科普理念升级、科普资源融合、传播方式变革等方面实现全面创新,馆校合作下的场馆资源与小学课程深度融合必将迎来"科学的春天"。

参考文献

[1]国务院印发《全民科学素质行动规划纲要(2021—2035 年)》[J].科普研究,2021,16(3):113.

[2]石中英.教育强国:概念辨析、历史脉络与路径方法——学习领会党的二十大报告中有关教育强国建设的重要论述[J].清华大学教育研究,2023,44(1):9-18.

[3]江苏省人民政府关于印发江苏省全民科学素质行动规划(2021—2035 年)的通知[J].江苏省人民政府公报,2021(19):22-40.

[4]潘洪建.中国小学科学课程发展 110 年(1912—2021)[J].教育与教学研究,2021,35(7):45-61.

[5]胡卫平.在探究实践中培育科学素养——义务教育科学课程标准(2022 年版)

解读 [J]. 基础教育课程,2022（10）:39-45.

［6］卢新祁. 学习新课标,走进科学教育新时代——《义务教育科学课程标准（2022 年版）》的落实意见 [J]. 江苏教育,2022（49）:40-43.

［7］李秀菊,林利琴. 青少年科学素质的现状、问题与提升路径 [J]. 科普研究,2021,16（4）:52-57+108.

［8］曾川宁. 江苏省科技馆事业发展现状分析与对策研究初探 [J]. 科学技术协会论坛,2011（1）:38-41.

［9,10］王菡娟. 全国共有科技馆和科技类博物馆 1677 个 [N]. 人民政协报,2023-01-05（7）.

［11］徐海鹏,陈云奔,李天卓. 科学教育中的科学资本:国外研究的现状与启示 [J]. 比较教育学报,2022（1）:143-153.

［12］郑永和,杨宣洋,王晶莹,等. 我国小学科学教师队伍现状、影响与建议:基于 31 个省份的大规模调研 [J]. 华东师范大学学报（教育科学版）,2023,41（4）:1-21.

［13］过利平. 凝聚服务科技自立自强的磅礴力量 [J]. 群众,2023（13）:42-43.

［14］宋娴,蒋臻颖,李晓彤,等. 国内外博物馆科普教育活动案例与评析 [M]. 中国科学技术出版社,2020:6-7.

［15］付睿,毕红漫. 德国教育智库的类型、特点及启示 [J]. 比较教育学报,2021（5）:26-40.

［16］殷皓. 现代科技馆体系助力新时代科普事业高质量发展 [J]. 自然科学博物馆研究,2022,7（5）:5-9.

［17］孟令红. 芬兰小学科学课程评价特色及启示 [J]. 湖北教育（科学课）,2020（4）:80-82.

［18］单道华. 小学科学表现性学习与评价简述 [J]. 湖北教育（科学课）,2018（5）:44-46.

［19］郑永和,周丹华,王晶莹. 科学教育服务强国建设论纲 [J]. 教育研究,2023,44（6）:17-26.

基于科技馆展教资源开展馆校合作科学教学

——以吉林省科技馆资源利用为例

范向花　周　静　李金柏[*]

（吉林省科技馆，长春，130000）

摘　要　科技馆作为非正式科学教育场所，是学校科学教育的有机补充，也是科学教育实践活动的重要基地。近几年，我国教育发展日新月异，对青少年的科学教育培养也逐渐重视，单一的小学科学课堂教学已经难以满足学生的需求。如何将科技馆展教资源与学校科学教育有机结合起来，创造一种全新馆校合作科学教育模式是当今科学教学的重要课题。本文以吉林省科技馆为例，基于小学科学教学现状，结合科技馆展教资源，提出了基于科技馆资源的小学科学教学新模式，并在实践中探索、思考、改进、完善，尝试建立基于科技馆展教资源开展馆校合作科学教学的长效机制，提高学生科学素养。

关键词　科技馆　展教资源　馆校合作　科学教学

在当今信息社会中，科学技术的飞速发展使得科学教育成为培养人才、提升国家创新能力的重要环节。2021年，国务院印发《全民科学素质行动规划纲要（2021—2035年）》，在关于青少年科学素质提升行动中提出，建立校内外科学教育资源有效衔接机制，充分发挥非正规教育的促进作用，大力组织校内外结合的科学教育活动，鼓励中小学利用科技馆开展科技学习和实践活动。[1]

科技馆作为提供重要科学教育资源的科学普及场所，受到了广泛关注和重视。科技馆以其丰富的展品、互动性的展示方式及专业的科普知识传递，成为青少年科学素质培养的重要场所。然而，科技馆展教资源在利用过程中，存在一定的局限性和挑战，尤其是在学校科学教育中的应用方面。目前，学校科学教育常常局限于教室内的讲解与实验，缺乏直观、生动、实践性的教育方式。传统的课堂教学模式难以使学生对科学学习产生兴趣，学习动力欠缺，导致学生对科学的理解和应用能力有所不足。因此，如何将科技馆展教资源与学校科学教育有机结合起来，创造一种全新馆校合作科学教育模式，为学生提供一个

---

* 范向花，吉林省科技馆科学教师，研究方向为科学教育；周静，吉林省科技馆科技辅导员，研究方向为科学教育；李金柏，吉林省科技馆科技辅导员，研究方向为科学教育。

立体化、真实化、实践性的学习环境，促进其科学学习兴趣的激发和科学素质的全面发展成为当前亟须解决的问题。

本文以探讨科技馆展教资源与学校科学教育的馆校合作为主题，旨在探索一种科学教学模式的创新与改进，并通过实践案例，介绍科技馆教学的实践经验，旨在推动科技馆展教资源与学校科学教育的有机结合，为学生提供更加优质的科学教育服务，全面培养学生的科学素养。

1 小学科学课程教学的现状分析

近几年，我国教育发展日新月异，对青少年的科学教育培养也逐渐重视，然而在全国小学科学课教学中依然普遍存在以下几个问题。

1.1 传统的课堂教学方法，学生难以真正感受到科学的魅力

科学是一门探索未知的学科，仅仅通过听老师的讲解和参与简单的实验，学生难以领悟其中的深刻道理和其实践应用。缺乏直观性和生动性的教学方式，会降低学生的学习兴趣和积极性。

1.2 传统的课堂教学模式，导致学生对科学学习缺乏实践经验

科学是一门注重实践的学科，通过亲自动手进行实验和观察，学生可以更加深入地理解科学的原理和方法。然而，现实中许多学校的实验设备和资源有限，使学生缺乏实践的机会。缺乏实际操作和实践经验，学生很难将理论知识应用于实际问题的解决中，限制了他们的科学应用能力的发展。

1.3 传统的学业考察方式，造成评价的局限性

在评价体系方面，一些地方的小学科学课程评价过于依赖传统的笔试，忽视了学生的动手实践和思维能力的培养。这使学生很难在科学实践中发挥创造性思维，对科学的学习也存在局限性。

2 科技馆展教资源的特点

科技馆作为科学教育的重要载体和资源，其展教资源丰富，具有直观、互动、体验性强的特点，包括展馆展品、科学实验室、特色影院、剧场、动手实践园地等科普教育设施，除此之外，还有趣味科普剧、科学实验表演及多种形式的教育活动，能够为学生提供身临其境的真实场景，激发学生的学习兴趣和创新思维能力。

2.1 科技性

科技馆资源不仅能够与社会发展紧密结合，展示最新的科技成果和技术应

用，而且介绍了从古至今科学技术的发展历程和涌现的科学家，让学生深入了解科学发展的过程，学习科学家精神。

2.2 多样性

科技馆资源丰富多样，涵盖了各个领域的科学和技术知识，从生物学、物理学到工程学和计算机科学等，学生可以通过亲身观察、实际操作等方式感受和理解科学原理和现象。

2.3 互动性

科技馆资源注重参观者的互动和参与，通过丰富的展品、实验室设施和影院等，让学生能够亲身体验和探索科学知识，提高学习的主动性和参与度。

2.4 可视化

科技馆资源通过展品、模型、多媒体等形式，将抽象的科学知识可视化，使学生更直观地理解和接受科学概念和原理，变被动学习为主动学习。

2.5 教育性

科技馆资源旨在教育和启发参观者，通过展示科学的基本原理和应用，引导学生思考和探索，激发他们的科学兴趣和创造力，培养科学素质和科学精神。

2.6 娱乐性

科技馆资源设计有趣且创新，既能够增加学生的娱乐体验，又能够展示科技的魅力，吸引更多人踏入科学领域。

综合以上特点和优势，科技馆资源不仅可以提供科学知识的学习平台和科技创新的推动力，同时也丰富了学生的文化生活，激发了学生的科学兴趣。

3 科技馆展教资源与小学科学课融合的优势

将科技馆展教资源与小学科学课程融合可以使学习更加贴近实际、生动有趣，激发学生对科学的兴趣，培养其科学探索和解决问题的能力。这种融合方式可以为小学科学教育提供更丰富的学习资源和教学手段。

3.1 为学生提供实验与实践机会

现阶段，大部分学校仍采用传统的授课方式，将科学课的重心放在课堂讲授上，而科技馆作为科学传播的主要阵地，有各种实践实验场地和设施，能够提供丰富的实验机会和实践平台，通过将科技馆资源与学校科学课融合教学的方式，可以让学生在实际操作中学习科学知识和方法，在实际探究中以更生动的方式体验科技，感受科学，这与小学科学课程强调实践的教学理念相契合。

3.2 提供丰富的课外学习资源

科技馆展教资源除了包括展品、科普实验、科普剧表演、特效电影、模型外，还包含了馆内教师自主研发设计的大型实验道具、学生学具等，尤其是以学校科学课为基础，配套创新研发的科学动手实践资源包最为重要，是对教材的辅助和补充，也是为学生准备的微型实验室。动手实践可以带学生到真实的实验情境中去，边学边实验，有利于学生对知识的理解和掌握，同时可以培养学生的创新精神和实践能力。这样的课程融合，可以实现知识迁移，帮助学生生动地理解科学知识。

3.3 增强课堂教学的生动性和趣味性

将科技馆展教资源与小学科学课程融合，可以使课堂教学更加生动有趣，让学生在参观科技馆的同时深入学习相关的科学知识，使学习变得更具趣味性和可亲近性。

3.4 培养学生的综合能力

科技馆展教资源涵盖了多个领域的科学知识，通过与小学科学课程的融合，可以帮助学生从多个角度深入理解科学的本质，并培养其综合运用科学知识和解决问题的能力。

4 依托科技馆资源，开展科学教学活动

吉林省科技馆以"科技与梦想"为主题，共有五大主题展区、14 个展厅，400 多件（套）展品。展示内容既涵盖数、理、化、天、地、生等各学科的经典原理，又充分介绍了当代工业、农业、信息、材料、生态、能源、环境、宇宙等众多领域的先进科学技术，在交通、农业、生态等方面，着重展示了吉林特色内容，还包含了生动有趣的儿童科普项目和体现创新精神的动手实践园地。馆内还设有天象剧场、学术报告厅、多功能教室、阅览室及其他相关服务设施，是一座集特色鲜明、功能齐全、设施配套和科普展教、学术交流、科技培训于一体的综合性、现代化科技场馆。

4.1 梳理场馆资源，对接课标和教材

《义务教育科学课程标准（2022 年版）》设置 13 个学科核心概念和 4 个跨学科概念，并且强调要设立跨学科主题学习活动，强调学科间相互关联。梳理吉林省科技馆展品与科学课标及教材匹配过程中，发现新课标的教学理念与场馆学习契合度很高，而且展品、展项、影院等教育资源与科学教材的匹配度

更高，且梳理成表，为后期的科学主题教学做好准备（见表1）。

表1 吉林省科技馆力学世界与美妙之音展厅展品与教科版小学科学教材资源融合
一览表（部分）

力学世界与美妙之音展厅			
教材年级、章节	对应展品	教材内容	教材内容与展品融合
三年级下册第四单元磁体	沙漠之旅	磁力	通过平台下方一块运动的磁体吸引上方的铁质小球画出圆形、椭圆、螺旋等图案，引导学生意识到磁铁对铁制品的吸引力是一种不需要接触铁制品就能起作用的力
四年级上册第三单元声音	振动的舞蹈	声音的产生	学生在扩音器前说话，声波能够引起展台上微小物体振动，通过观察实验现象能够让学生直观领会声音是由振动产生的这一科学事实
	天籁之音	音量和音高	10根依次增长的塑料管内空气柱长度不同，倾听短管，音高较高；倾听长管，音高较低，引导学生联系因果，探究出音高与振动频率相关
	乐音与噪声 吸音板与隔音板	噪声	乐音与噪声直观展示了乐音与噪声的波形区别；吸音板与隔音板使学生在认识了乐音与噪声后，思考如何规避噪声，进一步了解吸音材料与隔音材料的作用与应用
五年级上册第四单元运动和力	磨盘	摩擦力	学生借助3种不同材质的坐垫，能感受到在旋转磨盘上稳定程度有所区别，进而直观理解接触面的粗糙程度与摩擦力大小之间的关系
	牛顿第三定律	作用力和反作用力	通过电磁力将两滑块吸合并推开，观察此过程中计力表的示数，比较作用力与反作用力的大小关系，进而引导学生得出作用力与反作用力是等大、反向、共线的关系
	蹦床	弹力	让学生体验蹦床的同时观察现象：身体与蹦床接触时，蹦床产生形变，形变越大，弹跳越高。引导学生总结出弹力产生的条件：一是两物体直接接触，二是物体要发生弹性形变；在弹性限度内，形变越大，弹力也越大
	锥体上滚、高空自行车	重力、重心	锥体上滚会让学生看到锥体由下向上运动，这与学生课堂所学的物体在重力下会向下运动相矛盾，进而产生探究欲望。其实锥体重心是不断下降的，只是不断上升的轨道影响了判断，让学生产生了一种错觉，再结合高空自行车的体验，引导学生认识到重心越低，稳度越高
五年级下册第二单元热	对流	热对流	引导学生用加热棒对下半部分液体进行加热导致温度升高，进而产生向上的运动趋势；而对于上半部分液体来说，温度相对较低，产生向下的运动趋势；让学生通过观察上下两个部分液体的相对流动，了解热对流的过程
六年级上册第一单元工具和机械	小齿轮大力量	齿轮	展品展示了7种齿轮传动。让学生摇动手轮，通过观察齿轮运动，探究不同直径的齿轮转速是否相同，直观了解各种机械传动的工作方式
	比扭力	杠杆	通过观察、体验比扭力展品，引导学生认识到轮轴是一种以轴心为支点、半径为杆的杠杆
	自己拉自己	滑轮组	引导学生观察展品中定滑轮与动滑轮的应用，且各自承担的功能，学生坐在凳子上通过应用定滑轮和动滑轮可将自己拉起，增强学习的趣味性
六年级上册第三单元能量	能量穿梭机	能量的转换	能量不会凭空产生，也不会凭空消失，能量穿梭机通过小球在轨道之间的穿梭往返，直观体现出动能、势能和声能相互转换的关系

4.2 确定主题教学内容

科技馆的展品常常是围绕一个主题，具有一定的设计思路，或展示一定的科学原理，或普及科学知识，这就需要辅导教师在教育活动中将多学科、多展品进行融合。[2] 通过对展品及课标和教材内容的梳理，从实际教学出发，初步设定了面向各年级的主题教学内容（见表2）。

表2　教学主题内容与科技馆主题课程对应表

序号	教材主题内容	科技馆主题课程	相关展品
1	教科版一年级（上）第一章　植物	植物本领大	欢迎树、年轮、地下探秘、森林墙、森林小精灵
2	教科版二年级（上）第一章　我们的地球家园	仰望天空	地球的构造、月球的重力体验、太阳的构造、八大行星
3	教科版二年级（下）第二章　材料	我们身边的材料	造纸术、陶瓷、榫卯、斗拱、冶铁、3D打印
4	教科版三年级（上）第二章　空气	空气的秘密	虹吸、波光粼粼、伯努利浮球、龙卷风、对流
5	教科版四年级（上）第三章　声音	消失的声音	振动的舞蹈、看得见的声波、空气与声音、传声管、吸音板与隔音板、乐音与噪声、天籁之音
6	教科版四年级（上）第四章　我们的身体	人体大揭秘	牙齿、消化工厂、骨骼与肌肉、脊柱运动、大脑对对碰
7	教科版五年级（上）第二章　光	光的那些事	千变镜、六角亭、隐身人、爸爸的鼻子、背面、手影识形、消失的身体、光的路径、太阳能
8	教科版五年级（上）第四章　运动和力	力学世界	牛顿三定律、蹦床、锥体上滚、合力为零、磨盘
9	教科版六年级（上）第一章　工具和机械	机械知多少	比扭力、小小建筑师、自己拉自己、小齿轮大力量、机关王
10	教科版六年级（上）第三章　能量	认识能量	生活中的节能点滴、能量穿梭机、电磁互感、铁钉桥、电动机、化石能源之忧、太阳能、风能、水力发电、核能

4.3 依托场馆资源，开展"一主题四课时"教学

基于场馆资源的科学教学主要采用"学生校内学科学"与"学生走进科技馆"的双师授课教学模式，从科技馆展教资源中选择适合各年级学生年龄特点和认知特点的展品，配合学校科学课内容，有针对性地进行探究、拓展和延伸，让学生在科技馆营造的真实情境中解决实际问题，意在提高学生综合实践能力及对科学学习的兴趣。教学采取"一主题四课时"的学习形式，即校内教学1课

时，科技馆教学 2 课时，成果汇报 1 课时，共计 4 课时。表 3 是"消失的声音"主题教学活动设计案例。

　　参观前，教师根据教学内容进行教学活动设计，提出问题，引发学生思考，让学生对参观内容和需要提取的有效信息有针对性和目的性，然后带着问题去参观求解。在参观过程中，学生可以通过认真观察、多次体验展品、实验探究、导览牌提示、扫码视频讲解、网络资料查询、寻求馆内科技辅导员帮助等方式找到问题答案并完成作品。参观结束后，依据各年段学生的能力及问题要求，对其学习成果进行展示。例如，低年段学生可制作简单作品，并进行交流分享和讨论；中、高年段学生则需要设计一个简单的结构、构建一个模型或者解决一个科学问题等，并通过作品展示的方式进行汇报。

表 3　"消失的声音"主题科技馆课程教学内容

课时	活动内容
第一课时	地点：学校教室 活动时长：40 分钟 活动年级：四年级 活动准备：教学 PPT、小音响 教学目标： 通过多媒体展示，让学生在听觉上能够区分噪声与乐音，在视觉上能够区分噪声与乐音的波形图，并在教师的引导下了解噪声的强度范围、产生原因及危害；让学生进一步思考应采取怎样的方法来降低噪声的影响 教学过程： 播放音频，让学生自主区分噪声与乐音，并说出噪声与乐音的特点和区别；通过视频展示噪声与乐音的波形图，从波形上看，乐音呈现的都是有规律的波形，噪声的波形是杂乱不规律的图形；引导学生小组讨论噪声和乐音分别会对人类会产生怎样的影响，最后提出问题：如何减少噪声，对已经存在的噪声应如何降低对人类的影响？
第二课时	地点：吉林省科技馆 活动时长：40 分钟 活动年级：四年级 活动准备：科学实验《超级乐器》、展品《乐音和噪声》《吸音板与隔音板》、影院 教学目标： 本节课以问题为导向，通过走进科技馆，观看科学实验表演、体验科普展品和参观影剧院，为学生提供真实情境，使其获得直接经验，引导学生了解影院整体布局，观察吸音装置的位置及外观特点 教学过程： 1. 观看科学实验《超级乐器》，在观看精彩实验现象的同时回顾与声音相关的知识点，为后续任务的完成做好理论铺垫 2. 体验展品《乐音和噪声》《吸音板与隔音板》，对后续任务的实施明确思路方向 3. 参观影院（吉林省科技馆球幕影院、4D 影院、动感影院和梦幻剧场），参观见学，以实际场景促发学生对声现象进行深入探究的兴趣
第三课时	地点：吉林省科技馆 活动时长：40 分钟 活动年级：四年级 活动准备：发声装置、毛毡、海绵、瓦楞纸、海绵砂块、塑料泡沫板、胶带、双面胶、纸盒、分贝计、剪刀、壁纸刀

续表

课时	活动内容
第三课时	教学目标： 为学生提供一个真实情境，并在真实情境中解决真实问题，引导学生结合实际明确需求并确立任务，经历了设计—制作—测试—改进—再测试这样一个不断迭代的过程，直至满足实际需求，解决任务 教学过程： 1. 明确需求：以小组为单位为影院缩小模型安装吸音装置；确立任务：学生主要负责影院吸音材料的选择、设计及制作，综合外观、成本、吸声效果等多种因素，综合考评选出最佳吸音装置制作小组 2. 设计方案 3. 小组同学交流讨论，写出计划，完成设计
第四课时	地点：学校教室 活动时长：40分钟 活动年级：四年级 活动准备：吸引装置模型成品 教学目标： 成果展示环节能够让学生更好地认识到吸音装置模型的优点和不足，从而可以有理有据地提出解决问题的办法和改进建议；让学生体会科学和工程在实际生活中的融合方法，培养其对工程设计的认识 教学过程： 各小组进行成果展示： 1. 总结制作测试过程中的注意事项 2. 小组测试吸音材料的效果 3. 测评经济性、美观性等综合效果 4. 进行小组自评、互评及教师评价

4.4 基于科技馆科学活动的评价

在科技馆课程中，对学生的考察是趋于动态、开放式的，多趋于作品或者成果的展示，可以以PPT的方式做公开汇报，或者以展销会的形式推销自己的成果或作品，或者以科技竞赛或者科技征文的方式进行赛事的邀约，最终要通过这样的方式考查学生从学习知识到实践运用的能力。学生在完成"作品"的过程中会经历观察、思考、记录、交流、讨论、制作、改进等各项任务，不仅帮助学生更好地理解和掌握活动内容，激发他们的学习兴趣和动力，更重要的是在实践中提高动手与改进创新的能力，帮助学生发现自己的潜力和发展方向，提供个体化的学习支持。

在成果展示评价的基础上，结合课程全过程中的表现进行综合性评价，实行学生自评、互评与教师评价相结合的方式。科技馆课程教学的评价一般分为

5 步，即确定评价目标、设计评价内容、制定评价标准、评定任务、综合性评定学习成果。其中，设计评价内容（见表 4）与制定评价标准（见表 5）显得尤为重要，现将其列出。

表 4　基于科技馆资源教学的评价内容

评价者		评价内容
自己	学习兴趣	我觉得科技馆的展品现象明显，体验感强，趣味性足，直观解释科学原理，期待多次参观
	学习习惯	我能在活动前专心听讲，明确老师的课堂任务要求
		我能认真参观，积极思考，完成课堂活动任务
		我能主动帮助有困难的同学
同伴和教师	学业成果	小组互评：能认真参观、记录，并分享自己的学习经验，能和小组同学共同完成学习任务
		教师评价：能听从集体的安排和指挥，能在科技馆认真参观体验，收集有效信息，完成学习任务
		教师评价：能成功完成作品，和小组同学一起完成汇报展示

表 5　评价标准

观察点	10 分	8 分	5 分
学习兴趣	体验感强，有趣，想多次参观	新奇，愿意再次尝试	好奇，只是为了完成任务
学习习惯	非常认真听讲，完全明确老师的课堂任务要求	认真听讲，基本明确老师的课程任务要求	没有认真听讲，对老师的任务要求并不明确
	全部认真完成	基本完成，稍有不足	部分完成，有错误
	提前完成任务，并主动帮助同学	基本完成任务，来不及帮助同学	没有完成任务，也不帮助同学
学业成果	美观且有文化寓意；充分考虑成本，经济成本适当，创新能力强；展示清晰明确，有效体现了设计的意图和特点，整体逻辑清晰无误	较美观，缺少寓意；考虑成本，经济成本提高，有一定创新能力；对设计和执行过程进行部分展示，部分显得混乱	不美观，未考虑成本，经济成本高，无创新，对设计和执行过程缺乏逻辑，不能说明结果

5　结论

高效利用科技馆资源在馆校共建中开展科学教学是一种有效的教育模式。科技馆通过直观、互动和体验式的教学方式，能够激发学生的兴趣和热爱，提升其科学素养和创新能力。学校和科技馆之间的合作与交流可以促进资源共享和互补，提高科学教育的质量，通过评估科学教育的效果，可以不断优化教育策略和措施，推动科学教育的改进和发展。

参考文献

［1］贺玉婷,李红哲.基于科技馆展品的小学科学课程资源的开发研究[D].馆校结合助推"双减"工作——第十四届馆校结合科学教育论坛论文集,2022.

［2］冯子娇.STEM教育理念下科技馆展品教育活动的思考与实践——以"小球旅程知多少"展品教育活动为例[J].自然科学博物馆研究,2017（1）:57–64.

浅谈场馆资源与学校科学课程的共生发展之路

——以广州市和上海市中小学为例

汪 薇*

（华中科技大学教育科学研究院，武汉，430074）

摘 要 在国内对于馆校结合给予支持的大环境下，通过文献阅读法对国内馆校结合优秀的城市进行文本分析，分析其馆校合作行为现状。由此聚焦我国馆校结合与科学课程深度融合的问题，提出馆校合作在思想上需要因材施教，对象上需要一督两导三主体模式，形式上需要用科学大概念进行指导，实施探究式研学形式等，为我国的馆校结合发展贡献微薄之力。

关键词 馆校合作 科学教育 因材施教 科学探究

1 明晰科学教育中的馆校结合意义与相关定义

1.1 科学教育中的馆校结合意义

从国家指导层面，2017 年教育部办公厅下发《关于公布第一批全国中小学生研学实践教育基地、营地名单的通知》（以下称《通知》）；2020 年，教育部、国家文物局联合印发《关于利用博物馆资源开展中小学教育教学的意见》，其中明确指出推进馆校合作共建；2023 年教育部等十八部门联合印发了《关于加强新时代中小学科学教育工作的意见》（以下简称《意见》），着力在教育"双减"中做好科学教育加法，一体化推进教育、科技、人才高质量发展。与此同时，为深入贯彻落实党的十七届六中全会精神，深化文化体制改革，不断增强国家文化软实力，我国文化和旅游部加大了各类场馆的投资发展力度。

从个人层面，为了应对瞬息万变的社会环境，我们需要不断学习，造就学习化社会，学习化社会不仅是指空间上的延续，也是空间上的转移，[1]多维空间的学习，包括家校合作、馆校合作等。

从科学教育层面，科学教育中重要的教与学方法是科学探究，科学探究需要创设情景，符合皮亚杰的建构主义学习理论，强调学习主体与环境的互动，而科技馆与博物馆恰好可以为情景创设提供丰富的土壤。

---

* 汪薇，华中科技大学教育科学研究院科学与技术教育专业硕士研究生。

综上所述，无论是从国家指导层面、个人发展层面，还是科学教育本身看，科学教育中的馆校结合领域都是科学教育工作者应不断探索的重要方面。

1.2 相关定义

1.2.1 科学教育

19 世纪中叶，科学教育进入西方中小学，如今已成为当代教育体系的重要组成部分，成为义务教育阶段的重要课程。关于学校教育中的科学教育的当代内涵如下：以提升学生科学素养为目的，通过综合课程，如小学科学中的科学课程实现，也可以通过中学课程中的物理、化学、生物和地理等分科课程进行。[2]

1.2.2 馆校合作

馆校合作的尝试始于 19 世纪早期的欧洲，它指场馆基于兴趣和能力，与学校为实现共同教育目的而相互配合开展的一种教学活动，场馆包括科技馆、博物馆、天文馆、美术馆、海洋馆等，馆校结合可以扩充教育资源，也可以扩大师生活动空间，有利于科学人才培养。[3]

2 回顾馆校合作历程

馆校合作起源于 19 世纪晚期的欧洲，并在 20 世纪中叶得到了发展，刚开始，学校教师希望通过馆校合作来减轻自己的负担。在中国，馆校结合起源于 1905 年，张謇提出，场馆可"庶使莘莘学子，得有所观摩研究，补益于学校"。到了 20 世纪 30 年代，政府的介入使馆校合作更加系统和稳定。2006 年，《关于进一步加强和改进未成年人校外活动场所建设和管理工作的意见》提出："积极探索建立健全校外活动与学校教育有效衔接的工作机制。各级教育行政部门要会同其他主管部门，对校外教育资源进行调查摸底，根据不同场所的功能和特点，结合学校的课程设置，统筹安排校外活动。要把校外活动列入学校教育教学计划。"2010 年，《国家中长期教育改革和发展规划纲要》也提及"充分利用社会教育资源，开展各种课外及校外活动"。在 2017 年的《通知》和 2023 年的《意见》两份文件的引导下，馆校合作得到了重视与规范。在此种情况下，广州、北京、上海等多个地区开始正式实施馆校合作项目，但实施效果欠佳，大部分原因集中在学生升学压力较大、无法参加博物馆活动，以及馆校人员培训经验欠缺、政策引导不足、评价机制不完善等方面。

3 我国科学教育中的馆校合作案例分析

3.1 广州市科学教育中的馆校合作实施情况

在 2017 年的《通知》和 2023 年的《意见》两部文件发布后，广州各博物馆与学校开展了多种形式的馆校活动课程，包括特色课程、送展进校园、博物馆参观、教师培训等。在梁睿的研究中，其对广州地区有相关经验的 1 所省属博物馆、7 所市属博物馆及 4 所中学进行了调查，收集到了馆校合作的 49 个案例，从参与对象、活动内容、活动形式 3 个方面分析发现，参与对象中的组织方 80% 由博物馆承担，学校和上级部门主导得较少，参与对象中的参与方主要是中学低年级学生，高年级和高中学生参与得较少。活动内容普遍具有地域特色，但与学校课程关联较少。活动形式较为单一，以博物馆进校园为主。[4]

3.2 上海市科学教育中的馆校合作实施情况

2016 年，上海市教育委员会成立"利用场馆资源提升科技教师和学生能力的'馆校合作'"的项目，该项目在上海科技馆进行首批试点，由馆方占据主导地位。

以上海科技馆和上海中国航海博物馆为例，其采用"馆方主导项目式"的 5 期馆校合作模式，面向学校、教师、学生，通过课程开发、学生实践、主题活动、教师培训、进校服务等形式进行馆校合作，该项目已经用于上海百所中小学。在上海中国航海博物馆中的馆方主导模式中，面向学校、教师与学生实施的子项目分别为：（1）面向学校的文化服务包，该项目通过预约等方式，向学校输送文化展板等。（2）面向老师的博老师研习会，其主要是对一线教师进行培训，培养中小学一线教师利用博物馆资源开展教学实践的能力。（3）面向学生的"航海少年说"，该项目主要面向小学三年级至初中学段的青少年，以戏剧表演、科普传播等方式学习理论与实践，帮助青少年提升航海文化素养与讲解演绎技能。（4）面向学生的航海主题实践，该项目以实践活动为主，依托博物馆资源，进行沉浸式参观、技能挑战、展厅寻宝、手工制作等。（5）面向教师和学生的课程开发与实施，其主要面向中小学教师和馆方教育专员，开发基于航海历史文化传承和科普知识传播的博物馆课程。5 期馆校合作模式即便较为合理，也因存在校方合作频次低、与博物馆距离远等问题终止馆校合作。[5]

4 聚焦我国科学教育中馆校合作的共性问题

在对广州市和上海市的馆校合作项目进行简要分析后认为，我国馆校合作呈现积极发展趋势,广州、北京、上海等城市已有部分经验,但是仍然存在问题,具体情况如下。

4.1　不够重视学生,形式化较重

（1）不够重视学生已有知识和情感价值观。维果斯基提出学生的学习存在最近发展区,皮亚杰的建构主义也指出学习的本质是同化和顺应,而大部分的馆校合作活动由馆方主导,并没有充分关注合作学校中学生的已有知识和情感偏向,多把精力集中在活动形式与馆内的已有展品介绍,使得馆校结合课程内容过于深奥,中小学生不容易理解,容易产生畏难情绪。

（2）没有充分关注学生的学习需求。馆方提供的教育内容与学生实际课程有一定距离,无论是博物馆进校园带给学生的知识,还是学生进入博物馆所学习的知识,大部分较为深奥,博物馆的知识讲解也没有顺应学生的知识体系,学生很难把博物馆中的知识作为有用的学习资源,只能走马观花。

（3）缺乏关注学生的思维发展。馆校合作的学习要么停留在纯粹的知识记忆,要么停留在形式化的实践活动,如手工制作、博物馆寻宝等,这不太符合科学教育中的探究式学习模式,不利于学生的思维建构,学到的知识可能过于浅显,并没有建构到自己的学习体系中。

4.2　缺乏领头人

无论是广州市还是上海市,馆校合作都是由馆方占据主导地位,在这种趋势下,馆方可能由于政府资金资助问题或者教学经验不足减少与学校的合作,而学校也会因为话语权过少、主导权过低而失去合作的兴趣。这样使双方合作不能长久稳定,足以看出在馆校合作这一关系中,缺乏监督和组织的第三方机构。[6]

4.3　活动内容与形式较为单一

活动内容与形式较为单一,以博物馆进校园或者参观博物馆为主。[7]然而博物馆与科技馆的教学资源丰富,当前只是利用这些教育资源进行学习,而非扩展与延续。对于学生当前单纯的学习知识性内容来说,我们可以简单地把博物馆或者科技馆的展品当成课程教学工具进行直观性教学,但是在学习型社会之下,学习是一个长久的过程,只靠知识的积累还不够,还需要我们完善思维与丰富情感,所以,我们需要把博物馆或者科技馆当作一个知识学习的窗口,此窗口可以打开学生学习科学的新世界,而非局限在具体某几个知识点的记忆,可以将展区分为几个选题,博物馆的展品只是提供窗口,以供他们深入地学习相关知识。

5　浅谈中国馆校合作新方向

5.1　项目指导思想：因材施教，为学生提供个性化教学

馆校合作中需要对学生因材施教。目前在一些馆校结合的项目中，很难期待学生获得更多的新知识，他们只能对已有经验和知识进行加强和巩固。[8]在场馆方面，馆方需要结合合作的校方学生的具体情况，制作学习资源包，此资源包需要结合中小学生的心理特点、知识水平，内容也应与学生课本内容贴合，将介绍馆内展品的深奥语言转换为符合学生当前认知的学习内容。将这些资源包提供给校内师生，方便他们进馆参观前提前了解与学习。

5.2　项目对象：建构一督两导三主体模式

一督：高校科学教育专业与博物馆专业成立跨学科项目组与社会相关组织合作，形成第三方监督成员，推进馆校合作进度，组织馆方、校方与家长展开多方评价，从而促进馆校合作项目的推进。

两导：博物馆与校方实施双主导，双方利用各自优势为馆校合作助力，馆方提供符合学生学情的学习资源包和博物馆场地资源。校方提供优质师资，作为学生的学习伙伴，组织学生进馆参加科学探究活动。校方与馆方在第三方机构的监督下，采用双方人才交换模式，教师定期进入博物馆内接受馆内学习资源培训，馆内教育专员定期进入学校进行交流，了解学生动态与教育学、心理学的基本知识，这种人才交换模式有助于馆校合作人才的培养及跨学科人才的交流。

三主体：教师、学生、馆内教育专员均为馆校合作项目主体，第三方机构需要定期收集三方对于馆校合作项目的改进意见，将意见反馈给各方，方便各方改进。

5.3　项目形式：聚焦科学大概念，重视活动的探究性

为了将馆内资源更加系统地融入学生的知识体系当中，笔者建议利用科学大概念指导馆校合作项目的实施，具体来看，在校方、馆方与第三方的共同努力下，根据科学教育国家课程标准，形成大概念主题探究模式，学校与场馆都成为学生的"辅助轮"，将教育重心转移到科学教育的本质——科学探究上。

5.4　项目流程：活动形式标准化与长期性

馆校合作活动遵循PDCA[计划（Plan）、执行（Do）、检查（Check）、处理（Act）英文首字母缩写]循环模式。活动不是单次，而是系列性反复探究的过程。（1）进馆学习前的准备工作。这需要馆内人员提供学习资源包，校内教师针对馆内资源、课程内容、学生情况进行基础知识教学，教师与馆内人员经过细

心探讨，分出不同探究主题，学生带着任务进入馆内。（2）实施工作。学生自由分组，带着对于馆内展品与资源的已有认识进馆展开探究，在馆内收集证据，展开调查与分析，从而论证自己小组的议题。进馆探究与学校学习结合，学生也可以再次进入校园在图书馆内进行理论学习，收集资料，提供证据。（3）检查工作。最终在一段时间的探究学习后，馆方与校方组织学生进行汇报，根据中小学生认知情况的不同，小学阶段的学生可以通过口述和绘画的形式呈现作品，中学生则需要形成简单的探究报告。（4）反思与标准化。针对某个主题，例如"生命的最小单位是细胞"或者"能量流动与物质循环"等形成标准化的馆校合作探究模式，以一个博物馆对应多个学校，每个博物馆的标准化模式有所差异。标准化主题式的馆校合作模式形成后，可以用视频方式记录下来，形成馆校合作网络精品课程，以供给教育资源欠缺地区的师生们观看学习。

参考文献

［1］王乐.利用场馆资源开展馆校合作教学中英比较研究——基于武汉与格拉斯哥的实证调查 [J].比较教育究,2017,39（5）:35-43.DOI:10.20013/j.cnki.ice.2017.05.005.

［2］丁邦平.国际科学教育导论 [M].太原:山西教育出版社,2002.

［3］AAM.（1984）.Museums for a New Century:A Report of the Commission on Museums for a New Century[M].Washington DC:Amercian Association of Museums:103.

［4,7］梁睿,田睿蕴,刘柳静,等.广州地区中学阶段馆校合作的现状及策略研究 [J].广州广播电视大学学报,2021,21（3）:24-30+108.

［5］刘丹丹."馆方主导项目式"馆校合作实践反思——以上海中国航海博物馆为例 [J].科学教育与博物馆,2022,8（3）:22-30.DOI:10.16703/j.cnki.31-2111/n.2022.03.004.

［6］宋娴,孙阳.西方馆校合作:演进、现状及启示 [J].全球教育展望,2013,42（12）:103-111.

［8］李彩霞.新形势下博物馆如何服务学校素质教育 [J].济源职业技术学院学报,2003（4）:34-36.

基于"双减"背景下的科普活动长效机制实践研究
——以天津科学技术馆为例

许 文 马红源*

（天津科学技术馆，天津，300210）

摘 要 科技馆作为校外第二课堂，是学校教育的有力补充。在当前"双减"政策的背景下，着力做好科普教育加法，一体化推进科普教育，提升学生的科学素养，是科技馆的基本职能及重要职责。本文围绕科技馆如何使校外科普活动在校内长效开展，如何调动教师及学生的积极性展开讨论，列举了在发挥科技馆职能中的具体实践，力求对推动"双减"常态化的工作机制起到积极的促进作用。

关键词 "双减" 科技馆 长效 实践

2021年6月，国务院印发了《全民科学素质行动规划纲要（2021—2035年）》；7月，中共中央办公厅、国务院办公厅印发了《关于进一步减轻义务教育阶段学生作业负担和校外培训负担的意见》；12月，教育部、中国科学技术协会联合发布《关于利用科普资源助推"双减"工作的通知》。党的二十大报告把教育、科技、人才进行了"三位一体"统筹安排。文件的落地、政策的颁布反映了国家对青少年的重视，对科普教育的关注。科技馆作为学校教育的重要补充，不仅担负着向社会公众普及基本科学知识的职责，也肩负着推动政策落地落实的责任。因此，科技馆的科普活动除在形式、内容上要有科学含义，在如何更为长效地推进科普活动方面也应建立完备的科学体系。

1 科普活动体系的搭建

1.1 科普活动体系建立的必要性

自2021年推出"双减"政策以来，形式多样、内容丰富的实施操作可谓数不胜数，但大多受到各种条件的限制不能按照原有计划实施。学校为推进政策的落地，也制订了各种方案，以天津市某小学为例，在每周一到周五的课后

---

* 许文，天津科学技术馆天文科普辅导教师，研究方向为天文科学教育；马红源，天津科学技术馆天文科普辅导教师，研究方向为天文实践活动。

服务时间内，制定了科学家大讲堂、素质拓展课等丰富的课程内容，或聘请校外教育工作者，或安排学校自有教师授课，但受到了专家时间不固定、校内教师工作压力大等问题的影响，不能很好地将课后服务时间充分利用起来，课后服务时间变成学生的自习时间，无法满足"双减"的要求。因此面对"双减"，科技馆建立体系推进政策是非常有必要的。所谓体系就是条理化、结构化，并能实现相应功能。我们在科普活动建立了体系化流程后，就能快速解决学校师生的各种问题。认知心理学家布鲁纳曾说，从人类的记忆看，除非把一件件事情放进构造好的模型里，否则很快就会忘记。详细的资料是靠表达它的简化方式来保存在记忆里的。因此，只有将科技馆的科普活动建成长效的体系，才能更好地推进科普活动的内容。

1.2 科普活动体系建立的保证

体系的建立，是在长期并持续开展活动中总结归纳所得。天津科技馆始建于 1992 年，1995 年正式对外开放。科技馆成立初期，便以天文科普特色活动成为全国为数不多的天文特色场馆，多年来，在一代又一代领导的带领下，天文活动长期开展。从活动内容上看，各类品牌活动有 10 多项。因此，面临当前形势，"双减"政策的推出，科技馆可以很好地开展新形势下的科普活动，满足校内外学生、教师及家长的诉求，在推进馆校结合上发挥着积极的促进作用。

2 科普活动内容的推进

开展馆校共建并不是一蹴而就的，经过科技馆多年组织活动的经验积累，发现二者的有机结合是需要长期的铺垫以及通过实践来验证的。天津科技馆拥有一系列完备的科普活动链条，尤其在以天文为特色的活动上，经过 20 多年的探索，在如何发挥科技馆特长、学校和科技馆教育资源整合上有着自身的优势。在推陈出新的同时，创新活动形式、内容，将原有活动有效衔接，形成一套完备的知识体系，能够迅速帮助学校和学生提高对科学的兴趣，发挥校外场馆的优势和作用。

2.1 广泛的铺垫活动
2.1.1 科技馆走进学校

针对如何更为广泛向学校推进科学课程，天津科技馆制定了一套完备的科学课程及有特色的天文课程，形成课程菜单，供学校及教师选择。面向天津市16 区，每年都会制订共建计划，因地制宜地推出系列科学课程，如在 2023 年与东丽区教育教学发展中心及华星学校签署馆校共建战略协议，目的是将该区及学校打造成为天文特色学校，以此为契机，吸引更多的学校参与到共建活动中来。在"双减"的背景下，利用学校的劳技课、素拓课等时间，丰富学生的科学课程，减轻学校在课后服务时间内的压力，拓展了学校课程的内容和水平。此外，每年除维护已经开设科学课程的学校外，继续拓展各区有意愿开展科学课程的学校，为其提供必要的科学资源，在课程内容、专家资源上给予保障，更大限度地调动学校及教师的积极性，也方便科技馆走向学校，将二者有机地融为一体。

2.1.2　学校走进科技馆

馆校共建不仅有"走出去"的形式，还有"请进来"的方法。因此，天津科技馆定期面向社会公众，尤其是在校的中小学生开展"天文讲堂"活动，邀请业内专家为社会公众普及科学知识，在提高公民科学素养方面起到了积极的推动作用。通过对天文知识、宇宙发现、天体观测、重要天象等话题的解读，让公众认识宇宙，仰望星空，在发现与感受天文学美好与深邃的过程中，感受科学知识的严谨。在重要的节假日，如元宵节、端午节、中秋节等，学校也会组织形式丰富多样的活动，吸引更多的学生参与到科普活动中来。活动反响热烈，为促进馆校结合，面向学校师生，成立爱好者群，活动会优先向他们开放，也调动了教师及学校积极推进馆校共建。

2.2　有针对性的特色活动

2.2.1　星空天文社

面向学校有一定基础的学生，天津科技馆开设了星空天文社活动，至今已开办20余年，知识体系、课程设置已经成为一套完整的系统。而此活动的举办，可以说是基于馆校结合的产物。广泛铺设了天文课程的学校中，一些天文爱好者不满足于学校层面普及性的知识讲解，渴望更为深入、更为专业的系统学习，于是，星空天文社诞生了。作为传统特色活动，天津科技馆不断实践与完善教学，从最初的枯燥的知识讲解，到目前的实践与理论相结合，每节课中融入学生亲自动手制作的内容，不但激发了学生的学习兴趣，而且使其更为直观地体会科学的含义。在这里，同学们不仅能学习天文学基础知识、天文望远镜操作技能，同时还能认识其他同样热爱星空的小伙伴们，互相交流，共同成长。

2.2.2　中学生天文班

为保证课程的连续性及学生的持续性学习，天津科技馆坚持推进天文课程，为升入中学的学生持续打造学习天文的平台，开设了中学生天文班。开设此课程的目的：一是让中学生可以继续更为系统、专业地学习，二是为全国中学生天文知识竞赛做准备。天津科技馆从2003年开始认真辅导学生天文爱好者并积极组织参赛，在历年比赛中都取得了优异的成绩，并且多年有学生被选拔为国家队队员参加国际天文奥赛和亚太奥赛。自 2003 年至今，93 名同学先后进入国内决赛，8 名同学进入国际天文奥赛决赛并获奖，4 名同学被选入亚太奥赛并获奖。奖项的获得是对前期系统学习的肯定，也是激励学生持续学习的动力。

2.3 持续推进活动

2.3.1 天津市中小学生天文节

中小学生天文节是面向天津市中小学校开展大型活动。近到市内 6 区，远到郊区边远村落，很多学校、教师及学生愿意参与到此项活动中，本着无门槛、不强制的原则，众多学生参与到各种各样的活动中来，在不同的活动中展现学生各自的特点。科技馆本着普惠性的原则，凡是参与活动的学生均颁发证书，成绩优异的学生还会给予物质奖励，积极组织活动的学校及教师会获得优秀组织奖等。此举带动了学校开展科学课程的积极性，也给予已经开设科学课程的学校展示成果的平台。

2.3.2 天津市大学生天文节

大学生天文节是中小学生天文节的延续和升华，是推进中小学校和高校有效衔接方式之一。大学生天文节是由天津科技馆、天津市天文学会主办，南开大学等 7 所高校天文社团协办的大型大学生天文科普活动。天文节期间，7 所高校天文协会汇聚一堂，共同策划并举办丰富多样的天文科普活动，包括知识竞赛、天文讲座、科普展览、野外观测、路边天文等，邀请专家做科普报告会。其中还有"大手牵小手"活动，以项目的方式搭建大学生与中小学生的联结纽带，拓宽了中小学生的眼界，丰富了中小学生的科学知识，提高了大学生的综合实践能力，推动了天津市天文科普教育的发展。

2.3.3 天文科学教师培训

本着促进馆校密切结合的目标，除了利用课程吸引学生参与外，教师也是其中不可或缺的环节之一，只有将教师、学校的积极性调动起来，才能顺利推进活动及课程，更好地将校内外资源充分合理利用。在激励在校教师开展天文教学方面，科技馆每年组织教师开展有针对性的、专业的教师培训。自 2010 年开始已举办 8 届，曾得到中国青少年科技辅导员协会、北京天文馆、天津市科学技术协会及天津市教育教学发展中心等单位的大力支持。截至 2023 年 10 月，累计培训科技老师上千人，可独立教学的天文专职老师近百人，10 多所中小学开设天文课程。培训内容设计主要以激发教师兴趣，了解天文教育状况、形式和如何开展天文活动为核心，内容包括科学家科学项目介绍、天文动手实验、具体活动指导及系列参照课程等，既有天文领域前沿知识，又有日常课程、活动的指导，以提高教师的天文专业知识和天文活动策划水平，推动天津市中小学天文教育和天文社团的发展。

3 科普对象目标的激励

3.1 对学校教师的激励机制

科技馆作为校外科普单位，在发展科技馆特色，并很好地满足学校课程需求的过程中，离不开学校的支持和老师的配合，二者缺一不可。校方作为决策者，决定是否开展及如何开展课程，进而满足"双减"的要求。教师作为执行者，需要亲力亲为地实践课程内容，推进课程持续良好发展。因此二者的作用都是至关重要的，那么，如何带动二者积极推进，成为馆校结合需要解决的问题。

面向学校，天津科技馆作为校外科普机构，拥有更多的社会资源，如专业学科机构、专业的比赛评审团队。因此，科技馆成为学校及其他各类资源的有效衔接，极大地解决了学校校外资源需求不足的困难。此外，科技馆作为市级场馆，组织了多项赛事供学校选择，在学校的评选中也发挥了积极作用。从教师发展来看，科技馆作为市级场馆，每年都组织形式丰富多样的活动、比赛，对积极组织学生参与活动的教师，科技馆会提供教师展示的平台，并给予一定的奖励，如颁发优秀辅导教师奖、向上级推荐评优评先等。这样不仅极大地调动了教师的积极性，而且使活动的参与人群更为广泛。在此良性循环下，越来越多的学生和教师参与到科技馆的活动中来，激发了科技馆创新活动的动力，促进了学校及科技馆的相互补充、资源共享的一体化发展。

3.2 对学生的激励机制

兴趣是最好的老师。经过多年总结，笔者发现对天文学科产生兴趣的年龄偏向低幼，这不仅是因为在此年龄段内课业压力较小，也反映出人类对天文的兴趣是与生俱来的。但是，如何将兴趣长久地坚持下去，就需要学校、家长的共同推进。天津科技馆除面向中小学生普及天文知识以外，更多的是将其中的科学精神、科学方法传递给孩子们。

科技馆作为市级场馆，拥有市级学会、协会，同时承办学科类竞赛。学生在参与活动的过程中，拓宽了自身的视野。为持续推进学生参与活动，科技馆组织系列活动，将活动与活动串联起来，如在参与中小学生天文节活动中获奖后，在参加夏令营活动中可以给予优惠政策等。一系列举措可以让学生产生连续参加活动的兴趣。此外，在活动中表现良好的学生，会颁发相应的证书、奖品等，这不仅肯定了学生在此次活动的成绩，也为其今后参与其他活动奠定良好的基础，并提供资质保障。

4　结语

4.1　馆校结合发展中的问题

科技馆、学校作为馆校结合的主体，在"双减"政策的推进中，虽向好的方向发展，但是二者在资源共享、人员结合、课程设计等方面还存在沟通不顺畅的情况。科技馆的教育资源没有好的渠道流入校园为学校教师使用，馆校双方的教育者大多处于各自为战的状态。从课程设计上来说，科技馆的教育模式有别于学校教育，科技馆在结合课程标准上还有所欠缺，而学校也没有充分挖掘科技馆的展教资源，二者共同推进，对学生有效教育的水平还有待提升。

4.2　馆校结合对策研究

在课程设计方面，针对科技馆资源与课标衔接不顺畅的问题，天津科技馆根据课标、科技馆展教资源列出了科普课程、活动菜单，学校可根据自身特点，因地制宜地挑选课程。在人才培养方面，教师只有自身水平提高，才能很好地带动学生学习，调动学生的自主性。科学类课程作为非主要学科，教师能力的发展受到种种制约。科技馆作为校外第二课堂，有能力也有义务对科学教师进行培训，进而达到"双减"的真正目的。

"双减"政策的颁布，有力地促进了馆校结合，虽然在实施中，还存在各种各样的困难，但是只有在困难中寻找到突破口，才能将馆校结合推向新的高潮，才会有更好的发展，才能将校外机构与校内资源有效衔接。因此，建立长期有效的合作、共建模式，是积极推动馆校结合的有力措施之一。只有将系统模式搭建完善，馆校结合的路才会走实、走远。

参考文献

［1］孙旭捷,杜媛."双减"背景下科技馆的馆校结合新发展[J].自然科学博物馆研究,
　　2023（2）:42-52.
［2］李亚运."双减"政策下科技馆如何做好补位的浅思考[J].中国科技教育,
　　2012（8）:6-7.

社会教育场域中的馆校结合问题及构建路径 *

王振强　王海耀　贾明娜 **

（南京市晓庄第二小学，南京，210038；南京市江宁区谷里中心小学，南京，211164）

摘　要　近来，教育部、中国科学技术协会、中国科学院等对科学教育工作重视力度逐渐加大。重视科普价值、加强馆校结合等逐渐进入专家的视野。目前，馆校结合中存在馆校结合的形式表面化、馆校结合的课程凌乱化、馆校结合缺少时间的融通、馆校结合忽视评价化等问题。研究以布迪厄场域理论为依据，识别馆校结合社会教育场域的各个要素，以此提出馆校结合下的社会教育场域构建路径：借助基地平台，搭建馆校结合社群、注重课程开发，构建馆校课程资源包、强化课程架构，课程开放常态化、传承行知思想，普及推广小先生制、组建地域共同体，探索人力资源共享、构建馆校评一体化等，进行尝试探索馆校结合的新样态。

关键词　馆校结合　场域理论　社会教育

2022 年 2 月，文化和旅游部办公厅、教育部办公厅、国家文物局办公室联合发布《关于利用文化和旅游资源、文物资源提升青少年精神素养的通知》，指出在丰富青少年文化生活、提升青少年精神素养中要创新利用阵地服务，主要阵地指公共文化设施、文化馆、博物馆等。2022 年 3 月，全国政协委员、中国科普作家协会理事长周忠和院士向全国政协十三届五次大会提交了《应高度重视科普价值，有效助力"双减"落地》和《加强小学科

---

* 基金项目：江苏省教育科学"十三五"规划 2020 年度重点资助课题"儿童数字社区：陶行知'真人'教育思想的创新实践研究"（课题批准号：TY–b/2020/03）& 中国陶行知研究会生活·实践教育专业委员会 2022 年度重点课题"晓小工学团：培养儿童自主力的实践研究"（课题批准号：SHSJ2022011）。

** 王振强，南京师范大学学校课程与教学博士生、南京晓庄学院附属小学科学教师，全国高级科技辅导员，研究方向为科学教育、课程与教学；王海耀，南京市晓庄第二小学科学教师，研究方向为科学教育及科学普及；贾明娜，南京市江宁区谷里中心小学科学教师，研究方向为科学教育及科学普及。

学教师队伍和"科学课"建设》两份提案，提出要加强小学科学教师队伍和"科学课"建设。[1]

随后，教育部、中国科学院针对深化科学教育有关工作进行深入研讨。《义务教育科学课程标准（2022 年版）》中也重点指出，要重视校内外科技教育资源的建设和应用。加强和改进科学教育对提升青少年科学素养、创新能力的培养具有重要意义。政策的执行不仅需要学校教育主阵地发挥功效，同时也需要社会场域的广泛支持。本文尝试从社会学领域的布迪厄场域理论视角，探讨当前馆校结合实践中存在的问题，呈现馆校结合执行的多样态形式，剖析馆校结合社会教育场域的可行性与建构路径。

1 馆校结合的背景及存在的问题

1.1 馆校结合的背景

2022 年教育部颁布的《义务教育科学课程标准》第六部分的教学建议中指出：科学教学要以促进学生核心素养发展为宗旨，以学生认知水平和经验为基础，加强教学内容整合，精心设计教学活动，以探究实践为主要方式开展教学活动，放手让学生进行探究和实践。评价建议中指出：小学阶段尤其要重视过程性评价。对于一至二年级的学生，以观察学生在活动中的表现为主，作业形式要多样化，如实验设计和探究、科学设计与制作等，重视主题学习的考查类作业，如参观科普场馆、研究某一具体的主题或课题等。[2] 2022 年版《义务教育科学课程标准》的修订围绕落实立德树人根本任务、深化课程改革、强化课程育人功能，对义务教育阶段课程进行了整体设计和系统完善。一是完善了培养目标，全面落实培养有理想、有本领、有担当的时代新人要求，突出课程育人宗旨。二是优化了课程设置。落实"五育"并举和创新型人才培养要求，将劳动、信息科技从综合实践活动课程中独立出来，强化课程育人的整体性和系统性。[3] 调整了课程整体结构，精简了课程教学内容。突出课程设计的综合性、基础性和实践性。随着科学技术给人们的生产和生活方式带来变化，国家对青少年科学素养日益重视，对科技创新人才日益重视，社会各界都参与到科学教育的事业中，为科学教育和科普教育做出贡献。校外的科技馆、博物馆等科技教育基地在培养青少年科学素养中的作用越来越明显。[4]

国务院《全民科学素质行动规划纲要》提出，实施教师科学素质提升工程，将科学精神纳入教师培养过程。从"科学普及与科技创新同等重要"的战略高度看，"将科学精神纳入教师培养过程"极其重要而紧迫，[5] 因为青少年是培养科学兴趣、体验科学过程、发展科学精神的关键时期。2022 年 5 月，由中国科学技术协会、教育部、科技部、国务院国有资产监督管理委员会、中国科学院、中国工程院、国防科技工业局 7 部委共同开展科学家精神教育基地建设与服务管理工作，评选并认定 140 家单位。[6]

科学素质是学生核心素养的重要内容，科学教育的最终目标是培养和提升学生的科学素养。科学素养的培养主要体现在科学观念、科学思维、探究实践、态度和责任 4 个方面。提倡在真实的情境中开展科学探究活动，在探究中发现问题、分析问题、解决问题。在探究活动的过程中培养学生的科学精神，使其树立科学思想，掌握基本科学方法，提升分析判断和解决实际问题的能力。

1.2 馆校结合的问题所在

随着国家对科技场馆的重视，馆校结合也越来越受到关注。早在 2012 年，很多学校和一些场馆已经开展官方的项目合作，但在目前的馆校合作中，依然存在一些问题。

1.2.1 馆校结合的形式表面化

馆校结合的形式表面化问题较为普遍，如 2013 年，南京市组织了一批中小学和一些校外科技场馆开展手拉手馆校项目合作活动，刚开始还有满满的仪式感，签订正式的合作协议，举行签订仪式、新闻发布会等系列开幕式活动。正式签订协议后，就没有后续工作，也没有开展一些后续的与馆校结合相关的活动。很多学校都存在这样类似情况。还有学校为了挂上馆校结合这块"招牌"而去申请项目，体现学校做一些事情，为学校争取了一些荣誉。这些所谓"荣誉"也就成了这些学校对外宣传的口号。同时，校外场馆也会把这些所谓合作学校的铜牌挂在自己的单位大门口，显示出自己的单位和多少学校有合作往来的关系等。

1.2.2 馆校结合的课程凌乱化

课程是教育的载体，课程是教育的核心体现。好的课程设计可以吸引孩子，能激发孩子学习的兴趣和积极性。不好的课程，能打消学生的积极性，甚至会对孩子造成终身的影响。馆校结合不是停留在方式上的结合，而是要结合基础科学课程的特点、科技场馆的资源及学生的需求而进行量身定做，打造个性化研究型学习课程。目前，馆校结合采用的方式主要有 3 种：

第一，学生走进科技馆。学校以夏令营或暑期雏鹰夏日小队的方式组织学生到科技馆游玩。学校只负责把学生送到地方，接下来就是孩子自由活动，没有对孩子提出明确的目的，科技馆也缺少相应的讲解和课程规划。还有家长利用周末或者节假日的时间带领孩子到科技馆"玩"。这种只是单纯地作为游乐场的方式参与活动，没有体现馆校结合，更没有体现"课程"的元素。

第二，科技馆的科普人员走进学校。科技馆工作人员以科普讲座的方式进入中小学展开科普报告，学生主要通过聆听的方式进行学习。各地的科学技术协会都会对当地的中小学校开展科普专家讲座活动。这种方式很难激发学生的兴趣，科学课程强调实践性，不给孩子提供动手的机会，孩子的积极性是难以得到激发的。

第三，流动科技馆进入校园。科技馆通过科普大篷车进入校园，借用学校举办科技节的时间安排2—3个小时，供学生参与体验。这种形式也是目前比较常见的一种方式，给学校的学生营造了一种科技节的氛围。科技馆在通过大篷车的形式进入校园的过程中，往往只有一名工作人员，其往往身兼数职，司机、搬运工、组织者、联络员、讲解员等。这样的馆校结合，在本质上没有发挥作用。

1.2.3 馆校结合缺少时间的融通

馆校结合要在时间上充分考虑融通。学生的任务是主要在学校进行课堂学习，要很好地进行馆校结合，挖掘馆校结合的重要资源，只能利用周末和寒暑假的时间。在周末和寒暑假怎么在时间上做好馆校衔接是值得研究的。对于国家"双减"工作，进一步加强馆校结合项目，促进学生全面健康发展可以深入研究。目前，在科技馆经常见到一些幼儿园的孩子或者还没有入学的孩子，他们把科技馆当成了游乐场。很多小学中高年级和初、高中的学生周末和寒暑假没有时间外出游玩，个别有时间玩的孩子也不会选择去科技馆。也有学校组织社会实践活动（所谓春游和秋游活动），一年有两次这样的活动，也就是两天，算成课时的话，共有14节课，利用好了是很有价值的。

1.2.4 馆校结合忽视评价化

馆校结合是目前社会各界比较重视的一个新的项目，馆校结合的评价可以说是完全被忽视的。第一，忽视馆校双方负责人的评价。对于学校科技辅导员和科技馆的工作人员也没有考核和绩效体现方案。第二，忽视参与学生的评价。学生是否参与馆校的项目活动，双方都没有给予学生相应的评价激励，应探索评价互认可体系。

2 馆校结合下的社会教育场域的要素分析

教育是促进人的发展，义务教育需最大限度地保障每一个孩子潜能的开发，确保每个孩子都能面向未来生活做好充分准备。学校是培养学生的主要阵地，校外场馆是学生学习的第二阵地。要想让这些阵地共同发挥功效，就要在馆校结合上进行充分挖掘，使馆校结合的资源、课程、人员等进行联动，让校外的场馆为科学教育提供动力支持。社会学家布迪厄将场域定义为：位置间客观关系的一个网络或一个形构。这些位置是经过客观限定的，也是其研究社会学的分析单位。[7]场域是由社会成员按照特定的逻辑要求共同建设的结构性集体，是社会个体参与社会活动的主要场所，因此场域既是各类"资本"流转的场所，也是规则的承载体。[8]社会教育场域就是指在学校和家庭以外的社会组织中与教育相关的教育者、受教育者及其他教育参与者形成的一种围绕着知识的生产、传承、传播和消费，并以人的发展为最终归宿的客观关系网络。[9]社会教育场域如何使学校教育与校外的场馆进行结合是研究的重点内容，通过对校外场馆的物理形态的空间、内部运动规律、多元主体的参与、资本参与等要素的分析，进一步厘清社会教育场域存在的必要性，以及各项关系的动态平衡，为馆校结合提供必要的支持。

2.1 物理场域的空间集合

这里主要讲的是场域空间的属性，是有实体的场域场所。科学教育活动以空间为载体，多样化的探究实践活动可以为学生提供各种各样的物质和场地保障。学校场域对于学生来说是教育中比较单一的一种场域，科技馆、博物馆、图书馆、自然馆等校外场馆对学生的科学教育形成有效补充，如每学期组织学生到校外的不同场馆进行社会实践活动，利用寒暑假在学校和校外的场馆举行科技联盟活动等。

2.2 场域运动的内部规律

馆校结合社会教育场域是微观存在的，生存在这一空间中的每一个学生与他人天生存在差异，为了维持社会整体的稳定性，需要一套运行合理、各个主体都满意的规则。馆校结合社会教育场域的规则制定需要遵循公平、应对需求的原则。教育主管部门和文化旅游主管部门要制定相对完善细致的管理规则，监督馆校结合运行的合理性，促进市场的合理化竞争。

2.3 多元主体的参与

在布迪厄场域理论中，关系是一个核心概念，被描述为一种个体的"外在性的内在化"，即通过个体对世界的感知、判断和行动形成一种可持续变化的行为倾向。[10]这里强调学生个体的主观性与社会客观性之间的相互渗透，落实到馆校结合中，需要关注的是教育者群体，包括学校教师、志愿者、场馆的工作人员等，不同的人群具有不同背景和文化资本，在馆校结合过程中都影响着学生的发展。这里就需要特别关注多元参与者在场域中的相互作用。

2.4 资本的参与

在布迪厄的场域理论中，与教育场域息息相关的资本元素包括"文化资本""经济资本""社会资本"，前两种资本被定义为形成社会外化的两大原则。[11]文化资本强调在社会生活中累积的制度化的资格；经济资本是货币化的资本；社会资本是个体所在的社会网络关系。场域内部各种力量间的差异、不平等关系会造成场域内部资本的差异。馆校结合作为学校教育的补充，资本在其中所占有的比重高于学校教育，因此需要关注在规则与策略制定过程中各类资本元素的参与过程。一方面，要考虑不同资本的分布问题，如采用体验化的学习，增加体验、实践、探究等学习方式。另一方面，关注经济资本的整体投入分布情况，要遵循整体考虑原则，保障义务教育阶段馆校结合各类主体资源得到更优配置，价值分配结构组合，最终形成精准定位、即时反馈和高效的馆校运行模式。

3 馆校结合下的教育场域的构建路径

馆校结合还处于探索阶段，如何让馆校结合从本质上更有效？结合本单位和南京科技馆之间的合作，参考其他学校与校外科技资源的合作，从中梳理总结出以下几条建议：搭建馆校结合社群、注重课程开发，构建馆校课程资源包、强化课程架构，课程开放常态化、传承行知思想，普及推广小先生制、组建地域共同体，探索人力资源共享、构建馆校评一体化等。

3.1 借助基地平台：搭建馆校结合社群

借助教育部、中国科学技术协会搭建的科学家精神教育基地、中国科学技术协会开展的科创筑梦"双减"科普实践基地学校等科普场馆和学校的结合，主要可以结合当地的一些场馆资源和学校进行整合，如在南京可以将南京科技馆、江苏省科技馆、南京博物院、中山植物园、南京古生物博物馆等场馆资源组建成校园场馆联盟。南京市开展的中小学星光基地学校，主要针对中小学开展科技教育特色活动。最终，馆校联盟、南京市中小学星光基地学校可以组建社群，共同开展研究。

3.2 注重课程开发：构建馆校课程资源包

结合南京科技馆现有的场馆资源、苏教版小学科学课程，主要研发以下一些主题课程，主要分为生命科学领域课程、生活中的科学主题活动课程、定时讲解主题课程、科技周活动课程等，具体如下：

3.2.1 结合南京科技馆开发生命科学领域课程

针对苏教版小学科学教材和南京科技馆展品进行梳理，整合出可以借助科技馆开展的课程，这里重点介绍一下关于生命科学领域部分内容介绍（见表1）。

表 1　部分生命科学领域课程

序号	单元教材	课题	对应科技展品	适用对象
1	植物的一生	种子发芽、幼苗长大 植物开花了、植物结果了	生命树、万物生长、植物的养料 运输、互相帮助的动植物	三四 年级
2	繁殖	用种子繁殖、用根茎叶繁殖	从田野到餐桌、可以吃的根	
3	地球的运动	昼夜对植物的影响	花儿时钟	五六 年级
4	STEM 立体 小菜园	做个生态瓶	生态平衡	

3.2.2　研发主题教育活动课程

结合南京科技馆的现有资源，从生活中寻找科学，通过主题探究的形式开展课程活动（见表 2）。

表 2　南京科技馆生活中的科学课程活动一览表

时间	主题	周六	周日	周六	周日
10：00	口袋里的科学	"发脾气"的火山	缤纷多彩的世界	会骗人的眼睛	热气球
10：30	科学实验秀	圆方，你怎么看	实在是高	-196℃的诱惑	神奇"摩"力
14：30	科学实验秀	实在是高	挑战不可能	-196℃的诱惑	神奇"摩"力
15：00	跟我玩科学	小小桥梁建筑师	液体塔	运动的地球	液体塔
15：30	口袋里的科学	热气球	会骗人的眼睛	"发脾气"的火山	缤纷多彩的世界

来源：南京科技馆活动安排。

3.2.3　研发定时讲解主题活动课程

结合南京科技馆不同展区的内容，组织安排专人讲解活动（见表 3）。

表 3　南京科技馆展厅定时讲解一览表

	时间	内容	活动地点
定时 讲解	10：00/14：00	人民防空 / 交通安全 / 南京应急展区	负 1 楼空隙隧道
	10：30/15：00	基础科学 / 少儿科普体验展区	1 楼基础科学
	10：00/14：00	机器人世界 / 陆地奇观 / 能源与环境展区	2 楼跳舞机器人
	13：00/15：00	世界动漫史 / 中国动漫史 / 动漫大师	3 楼动漫历史时光隧道

说明：法定节假日、寒暑假每日开展。

来源：南京科技馆活动安排。

3.2.4　研发科技创新活动联盟课程

南京市科学技术协会将与市教育局签署"南京市中小学科技创新中心"运维合作协议，南京科技馆将与相关中小学签署馆校合作协议，通过丰富科教资源、传承科技文明，畅通科、教、馆、校四方联动，校内外协同，持续放大科创教育品牌效应，提升南京市中小学生的科学素养，为南京引领性国家创新型城市建设培根强基。与此同时，省青少年科技中心将与南京科技馆签订共建"科创筑梦"助力"'双减'科普行动"基地协议，在有效发挥场馆科普效能的前提下深挖科教内涵，向公众尤其是青少年提供优秀的科技教育活动资源服务。具体活动如下（见表4）：

表4　首届南京市中小学科技创新活动周一览表

序号	活动主题	活动形式	活动对象
1	南京市中小学科技创新成果展	实物、模型、展板	中小学生
2	"讲好科学家故事 弘扬科学家精神"系列主题报告 我的雷达人生（中国工程院贲德院士）	讲座	
3	爱国爱党，用生命熔铸神奇的超声电机（中国科学院院士赵淳生）		
4	金钥匙科技工坊公开课——智力竞技项目	参与探究	三四年级

来源：首届南京市中小学科技创新活动周的内容整理。

3.3　强化课程架构：课程开放常态化

科技馆应与学校、教师、学生加强联系，搭建基地平台。学习、研究学校的课程标准和科学教学内容，更好开展科学普及工作。邀请学校、任课老师一起参与活动方案，学生可以参与活动场馆的介绍。[12]

结合周末、寒暑假、科技周、星光科技活动等，进行主题式的科学探究性活动。针对不同年龄段的孩子开设不同类型的课程，以体验、探究、创新为主线为学生搭建常态化的科学课程。同时，要注重课程的整体架构和课程内容主题的更新。布置一些适当的家庭作业，使馆校活动融入常态化教学，与学校和场馆进行商议沟通，构建馆校评一体化系统。及时对活动安排进行修订和合理规划，查漏补缺，充分利用场馆课程资源，开发出定位更加精准的科学实践教育活动。[13]

3.4　传承行知思想：普及推广小先生制

我校由伟大人民教育家陶行知先生创办，先生主张生活教育，创办小先生。学校传承行知思想，在学校推广并普及小先生制。学校创建行知少儿科学院，并为行知少儿科学院搭建科学体验馆、物联网种植、机器人、无人机等十几种校内外科技教育资源。学校的行知少儿科学院、科学体验馆都是在全校中队推荐下，在学校参加公开竞聘。学校每学期都进行科技馆的招聘工作，招聘主要分为笔试、面试和讲解，根据综合评定，最终录用6—8名科技馆工作人员。科技馆工作人员主要负责科技馆的日常讲解、宣传、活动等。

小先生制活动充分发挥少先队实践育人优势，继承和发扬人民教育家陶行知先生的小先生教育思想，引导少年儿童从校外博物馆等文化场所中汲取丰富的文化营养，并在校外实践做到"即知即传"，带动家长、社区居民共同了解和学习中国优秀文化。实践活动既把家社校有机联系起来，实现了家社校协同育人，培育了青少年的生活力、实践力、学习力、自主力、合作力、创造力，培养了青少年良好的人文底蕴，促进了青少年德智体美劳的全面发展，提高了学生的创新思维和实践能力。

3.5 组建地域共同体：探索人力资源共享

国家对科学教育日益重视，也加大了对科学教师的培养力度。2022年5月，教育部办公厅（教师厅函〔2022〕10号）发布教育部办公厅关于加强小学科学教师培养的通知。通知中重点提出：第一，建强科学教育专业扩大招生规模。第二，加大相关专业科学教师人才培养力度。第三，优化小学科学教师人才培养方案。第四，创新小学科学教师培养协同机制。最后一条指出：支持师范院校与科研院所、科技馆、博物馆、天文台、植物园及其他科普资源、科技创新第一现场开展教研，优化教师培养。结合当前的时代背景，探索线上和线下人力资源的互享。线上可以以大区域的方式实现教师、场馆工作人员等进行共享。线下可以组建小区域范围内的人力资源共享。

3.6 构建馆校评一体化

任何课程都要遵循教学评一体化。对于新样态下的馆校结合，如何更好、有效发挥，评价至关重要。这里的评价标准和评价体系要统一，既要激励不同的人群，同时也要开展榜样人物和事迹的宣传。第一，对场馆、学校等进行科普特色基地的考核要统一。场馆的主管单位主要是市科学技术协会、学校的主管单位主要是教育局，科学技术协会和教育局要做好统一。第二，场馆工作人员、科技辅导员绩效考核要统一。馆校结合属于新的事物，很多工作人员和学校对这部分内容不重视，不能激发工作人员和科技辅导员的积极性。第三，实行馆校考核互认制度。学校设置科学研究性学习，参与活动后提供相应的证明和评价体系。学校在学生参与校外探究性课程学习后，根据证明或评价，将其纳入学校三好学生、科学小院士等荣誉评选范围之内。

4 结语

国家对科技创新人才培养日益重视，不断增加对科学教育的重视力度。在2022年的新课程标准出现之前，教育部、中国科学技术协会、中国科学院等部门就开始深入探讨关于科学教育的工作。新课程标准颁布后，国家出台专门的针对科学教师专业的教师培训方案，并对全国各大高校进行调研，鼓励开展科学类课程和科学教师的培养。2022年暑期，北京师范大学举行暑期培训开幕式，全国各地开展暑期科学教师线上和线下的教师培训。来自科学院院士、工程院院士、科技场馆的专家、教育界的培训专家进行专题培训和课程标准的解读。焦点都关注到了校外的科技场馆、高校资源、科学家、科普工作者等物质、人力等资源。馆校结合，不仅要结合国家人才培养的需求，同时要结合学校教育，如何将课程、活动更好地与场馆做好衔接，如何将学校科技辅导员和场馆工作人员进行资源共享，如何实现评价一体化等，都需要进一步地探索和思考。

参考文献

［1］周忠和.加强小学科学教师队伍和"科学课"建设［N］.中国科学报,2022-3-3.

［2］中华人民共和国教育部:义务教育科学课程标准［M］.北京:北京师范大学出版社,2022:118-122.

［3］胡卫平.在探究实践中培育科学素养——义务教育科学课程标准（2022年版）解读［J］.基础教育课程,2022（10）:7.

［4］钟燕凌.基于馆校结合的青少年科学教育新模式探究——以福建省科技馆为例［J］.学会,2014（5）:61.

［5］管培俊.将科学精神纳入教师培养全过程［N］.人民政协报,2022-05-18.

［6］140个单位入选！2022年科学家精神教育基地发布［N］.中国科学报,2022-5-30.

［7］布迪厄,华康德.实践与反思——反思社会学导引［M］.李猛,李康,译.北京:中央编译出版社,1998:133-134.

［8,11］赵婧."双减"背景下中小学课后服务的社会教育场域建构［J］.教学与管理,2022（7）:8,10.

［9］屈璐.日本课后服务的场域建构研究［D］.上海:华东师范大学,2019.

［10］宫留记.场域、惯习和资本:布迪厄与马克思在实践观上的不同视域［J］.河南大学学报:社会科学版,2007（3）:76-80.

［12］张秋杰,鲁婷婷,王钢.国内外科普场馆馆校结合研究［J］.开放学习研究,2017（5）:20-26.

［13］吴瑛.中加两国科普场馆"馆校结合"工作机制的思考［J］.科学技术协会论坛,2016（10）:2.

融合立体、服务中小学科学教育场馆的构建

——以上海中医药博物馆为例

李 赣*

（上海中医药博物馆，上海，201203）

摘 要 中医药学是中国古代科学的瑰宝，也是打开中华文明宝库的钥匙。《关于加强新时代中小学科学教育工作的意见》等文件的出台，为中医药博物馆服务中小学科学教育提供了新的机遇。上海中医药博物馆在科学教育方面开展了诸多实践，如针对中小学学生不同群体打造宣传健康知识的大课堂，完善数字化建设，构建融合立体的传播平台，搭建云上课堂，实现传播途径创新，科学教育成效显著。

关键词 融合立体 科学教育 中医药

近年来，我国日益重视科学教育并出台多项政策促进中小学科学教育的发展。2023 年 5 月，教育部等十八部门联合印发《关于加强新时代中小学科学教育工作的意见》，提出要"强化部门协作，统筹动员高校、科研院所、科技馆、青少年宫、儿童活动中心、博物馆等单位，向学生开放所属的场馆、基地、营地、园区、生产线等阵地、平台、载体和资源，为广泛实施科学实践教育提供物质基础"。[1] 2017 年 4 月 19 日至 21 日，习近平总书记在广西考察时强调"一个博物馆就是一所大学校"，这是对博物馆教育功能的极大肯定。中医药学是中国独有的医学科学，所以作为中医药知识宝库的中医药博物馆理应完善教育功能，成为协同中小学开展科学教育的重要场所。

上海中医药博物馆是中国第一家医学史专业博物馆，前身是成立于 1938 年的中华医学会医史博物馆。上海中医药博物馆始终秉承"对民众可作宣传医药常识之利器"办馆理念，打造向中小学学生宣传健康知识的大课堂，不断加强科学教育场馆建设。随着互联网的高速发展，上海中医药博物馆的科学教育方式也发生了巨大的变革，依托传统媒体建设新媒体，给中小学学生提供了更多的信息和新的体验。

---

* 李赣，上海中医药博物馆馆长，研究方向为科学教育和中医药文化传播。

1 服务中小学科学教育场馆建设理念与实践

"实施科教兴国战略，强化现代化建设人才支撑。"党的二十大报告将教育、科技、人才"三位一体"统筹安排，明确了科教兴国战略在新时代的科学内涵和使命任务。[2]科学教育将"科技"和"教育"合二为一，无疑是培养人才的重要手段。2023年2月21日，习近平总书记在二十届中共中央政治局第三次集体学习时指出，要在教育"双减"中做好科学教育加法，激发青少年好奇心、想象力、探求欲，培育具备科学家潜质、愿意献身科学研究事业的青少年群体。[3]中医药博物馆是传播中医药文化和知识的重要平台，在服务中小学科学教育方面具有得天独厚的优势，且对弘扬中华优秀传统文化、提升中小学学生健康和科学素养、增强中小学学生民族自信和文化自信具有重要意义。利用好中医药博物馆资源开展中小学科学教育还是推动中医药传承创新发展的重要途径之一，同时也是落实《中医药发展战略规划纲要（2016—2030年）》"推动中医药进校园、进社区、进乡村、进家庭"和《中医药文化传播行动实施方案（2021—2025年）》"推动实现中医药文化贯穿国民教育始终"要求的有效实践。

上海中医药博物馆是全国科普教育基地、全国中医药文化宣传教育基地，充分利用馆藏文物、精品标本、百草园，发挥展陈优势，发展成为一所大学校，向观众传播中医药文化，每年接待将近10万人次参观。2021年，上海中医药博物馆成为上海市优秀传统文化"三全育人"共享基地单位，进而构建服务中小学科学教育机制，推动自身育人资源辐射中小学，实现基地资源开放共享。

1.1 小学阶段开展启蒙教育，培养热爱中医药文化的情感

低年级小学生好动，注意力不集中，极易被新奇的事物所吸引。科学教育活动内容的安排方面应着重考虑如何激发他们的兴趣，开展启蒙教育，以培育他们对中医药文化的亲切感为主。上海中医药博物馆与上海中外文化艺术交流协会、上海药膳协会共同主办"小神农智慧园"系列活动，引导小学生建立对中医和中草药的认知，树立对中华本草文化的认同，心怀对中国古代科学的敬仰；开展"大手牵小手，共扬中医梦——小小讲解员育人活动"特色项目，既培养了中医药专业大学生的社会责任感和中医药事业使命感，又有助于小学生接触和热爱祖国传统医药文化。小小讲解员的讲解工作也成为博物馆的一道亮丽风景。

高年级小学生已具备一定的学习能力，也逐渐学会分析问题。因此，活动内容的安排方面从激发兴趣转为引导他们积极参与，以提高他们对中医药文化的感受力为主，开展认知教育，体验中医药文化的丰富多彩。上海中医药博物

馆与上海教育出版社、上海科技出版社共同策划并联合上海部分小学出版了"小学生中医药传统文化教育系列读本"，全套图书共 10 本，包括《杏林趣谈》《强身有术》《护眼秘笈》《居家拾贝》《草木含灵》《小鬼坐堂》《经络探秘》《饮食有方》《投石问药》《防病未然》。小读者们通过阅读和体验，不仅得到科学精神的熏陶，还学到中医学思想与方法，从而不断加深对祖国、对生活、对生命的热爱。

1.2 中学阶段鼓励探索思考，提高对中医药文化的认同度

初中阶段学生喜欢探讨问题，能够适当运用学到的基本知识解决具体问题。所以在活动内容的安排方面以增强学生对中医药文化的理解力为重点，提高他们对中医药文化的认同度，引导他们就中医药文化展开思考。2008 年起，上海中医药博物馆举办科普进校园活动，将"迷你中医药博物馆"送进中小学，至今已开展 50 多场活动。上海中医药博物馆还开发设计《上海中医药博物馆研学手册》5 册，分别为《近代海上中医》《小小神农》《小小养生家》《小小针灸师》《小小中医师》，供中小学生来馆调研学习时使用。

高中阶段学生智力发展已接近成熟，对人生与社会的看法有了自己的见解。故在活动内容的安排方面以增强学生对中医药文化的理性认识为主，引导学生感悟中医药文化的精神内涵，探索中医药文化的奥秘，增强学生对中医药文化的自信心。科学教育重视实验和探究式教学，注重科学课程的综合性。[4]上海中医药博物馆依托上海中医药大学中医药实践工作站，面向全市青少年开展中医药创新实践活动，每年接待来自全市各高中的 120 名高一学生进站完成为期 40 个学时的学习。内容包括开学典礼和基础课程（8 个学时）、研究性课程（32 个学时），采用以学生为中心、自主学习为主的线上线下相结合的教学模式，为青少年中医药科技创新研究提供了有力保障。

2 融合立体传播平台建设与路径构建

2013 年 12 月 30 日，习近平总书记在主持十八届中央政治局第十二次集体学习时指出，要加强文物保护利用和文化遗产保护传承，提高文物研究阐释和展示传播水平，让文物真正活起来。上海中医药博物馆近年来不断加强数字化建设，聚焦科学教育功能，增加知识性、实践性和趣味性，构建融合立体的传播平台，搭建云上课堂，实现传播途径创新，进一步提升服务中小学科学教育的实效性。

2.1 数字博物馆建设

数字博物馆的建设可以让中医药文化得到高质量传递，也是以青少年真正

喜闻乐见的方式做好科学教育的一种创新尝试。2019 年 12 月，上海中医药博物馆 "魔墙展示系统" 数字互动墙展项投入试运行。此项目基于前期大量数字化采集工作，包括文物超高清图像采集 500 件、文物的 360 度环拍 300 件、文物高精度数字三维模型建立 100 件，达到将博物馆藏品进行数字化展示的目的。2021 年，上海中医药博物馆增设中药裸眼 3D 展示屏与裸眼 3D 互动体验区。为提升趣味性和互动性，上海中医药博物馆展厅内还设有 "中医药之最" "中医经典著作阅览" 等多媒体数字互动展项。

2.2 科普视频创作

科普视频不仅可以传递科学知识，还可以传播科学思想，是博物馆开展科学普及和教育的重要手段。2021 年起，依托中央转移支付资金，上海中医药博物馆选取馆藏精品文物，挖掘文物背后的故事，完成系列短视频《来这里找钥匙》的拍摄工作，共 28 集。2021 年，上海中医药博物馆将常见的看似普通、实则特别的 20 味本草分期拍摄视频并结集出版，介绍其治疗和保健功效，还完成时长 40 分钟的《上海中医药博物馆科普系列之闻香识本草》视频课程，精剪版上传博物馆官方抖音、快手平台，其中抖音线上累计播放 6 万次。这些视频被不少上海的中小学作为开展校内科学教育和传统文化教育的 "工具"。

2.3 虚拟博物馆、云展厅建设

新冠疫情防控期间，上海中医药博物馆响应国家文物局 "鼓励各地文物博物馆机构因地制宜地开展线上展览展示工作" 的号召，利用 "互联网 +" 平台，将展览场景、图文资料、媒体资源通过数字终端进行互动，带领公众深入了解文物背后的文化精髓。上海中医药博物馆频出新招，以 "数字 + 智能" 为文博爱好者提供全新的 "打开方式"。2022 年 8 月，"上海中医药博物馆虚拟博物馆" 正式上线，将馆内整体内容进行高清晰的虚拟现实采集，力求程序中场景与现实场景贴近无异。2022 年全国科技活动周期间，约 2200 人次浏览虚拟博物馆。次月，"上海中医药博物馆云展厅" 上线。云展厅以太极图为设计原型，既体现了中医阴阳相合的理念，同时与已有的虚拟博物馆交相辉映；不仅有文图介绍，还配有中英双语播报、动画视频、互动小游戏等，在实体展馆的基础上，集知识性、科学性、文化性和趣味性于一体；不仅展示了重要馆藏珍品，更把中医药发展历史、中医药文化特色及中医药在当今生活里的应用呈现出来。通过虚拟博物馆和云展厅，中小学学生足不出户便可欣赏精美馆藏，学习中医药知识。

2.4 融媒体立体传播

在信息化快速发展的时代，手机、电脑等电子产品越来越多地用在教学辅助实践中。形成融媒体立体传播体系，可成为中医药博物馆服务中小学科学教育的重要手段。2019年，上海中医药博物馆与新华社"新华快看"共同开展《神奇的中医》网络直播，分为中医药博物馆、五禽戏、江南膏方3场专题直播，在线收看人次近60万，并被网易网、新浪网、今日头条、腾讯网、人民网等多家媒体报道。上海中医药博物馆拥有独立域名网站 https://bwg.shutcm.edu.cn/，专设《宝藏精华》和《科普教育》栏目，定期根据馆内展品展项和活动等更新相关内容，宣传中医药文化与科普中医药知识。"上海中医药博物馆"官方微信公众号现有粉丝数近20000人，定期发布科普知识与各类活动，年点击量近140000次。2021年，上海中医药博物馆开通微博、抖音、快手官方账号，进一步利用新媒体平台科普宣传中医药文化。上海中医药博物馆还利用信息化软件打造云端馆校联动课，通过云参观及多样的师生、生生互动等方式，在信息化时代下打破时空限制，最大化场馆育人价值。2022年，上海中医药博物馆获批上海市科委"科技创新行动计划"——中小学科普课程项目，根据中学生学习能力与兴趣不同，开发设计"神奇的针灸"科普课程，通过使用云教学平台 ClassIn，实现全国多地多所学校共同联网同步授课、开展线上互动游戏和问答等。

3 结论

上海中医药博物馆近年来在科学教育领域屡创佳绩。参与的"面向青少年的中医药系列科普读物（丛书、微课程、儿童读物）"项目获2019年上海市科学技术奖一等奖；参与的"新冠肺炎中医药防控系列科普体系的创建与推广"项目获2020年上海市科学技术奖科学技术普及奖一等奖；获评浦东新区科普教育基地先进集体、2020年度上海市民终身学习体验基地云端嘉年华活动优秀组织奖；1位同志获评2020年度上海市十佳科普使者；2020年1位同志获评上海市科普贡献奖三等奖（个人）、2021年1位同志获评上海市科普贡献奖二等奖（个人）；"以科学探索为支点，创新青少年中医药普及与推广——上海市青少年中医药创新实践工作站"获2021年上海科普教育创新奖科普成果二等奖；"中医药文化教育资源建设及推广——大中小学贯通融合的传承与创新教育实践"获2022年度上海市教学成果奖特等奖。

"双减"背景下如何高效开展科学教育，是摆在中小学面前的重大课题。推进科学教育高质量发展，应以科教融合为抓手。科学教育本身具有很强的综合实践性，因此要引导学生走向校外的广阔空间，促进科学资源与教育资源相互协同。[5]上海中医药博物馆"科学教育"和"教育资源"兼具，将继续发挥自身特色和优势，担当文化传播的使者，做好科学普及工作，成为名副其实的中小学学生了解中医药文化和获取中医药科普知识的基地，为中小学科学教育提供高质量服务。

参考文献

［1］中国政府网.教育部等十八部门关于加强新时代中小学科学教育工作的意见［EB/OL].https://www.gov.cn/zhengce/zhengceku/202305/content_6883615.htm..2023-05-17.

［2］本报评论员.实施科教兴国战略强化人才支撑［N].中国教育报,2022-11-02（1）.

［3］欧阳自远.深化科学教育 促进全面发展［N].人民日报,2023-07-30（6）.

［4］黄芳.美国《科学教育框架》的特点及启示［J].教育研究,2012（8）:143-148.

［5］郭杰.推进科学教育高质量发展［N].人民日报,2023-07-16（5）.

"破界—互补—延伸"

——关于馆校高质量合作实践路径的研究

张 晔*

（河南省科技馆，郑州，450000）

摘 要 随着教育理念的革新以及教育技术的发展，学校与科技馆、博物馆等科普场馆机构建立合作教育模式成为必然趋势。《现代科技馆体系发展"十四五"规划（2021—2025 年）》明确指出科技馆要加强与教育主管部门、中小学合作，探索建立馆校合作长效机制。《全民科学素质行动规划纲要（2021—2035 年）》同样强调要建立校内外科学教育资源有效衔接机制，实施馆校合作行动，引导中小学充分利用科技馆、博物馆、科普教育基地等科普场所广泛开展各类学习实践活动。这就从政策层面鼓励科技馆强化与学校的关联合作，积极探索馆校合作新形式。笔者通过调研，分析研究了馆校合作教育的背景、现状和不足，并从破界—互补—延展 3 个方面总结了构建馆校高质量合作模式的实践路径。

关键词 科普场馆 馆校合作 破界—互补—延展 实践路径

1 馆校合作教育的背景

随着教育 3.0 时代的到来，"互联网 +"教育、智慧教育、虚拟教育技术等广泛应用，未来学习可以发生在任何社会场域中。学习者可以根据自身需要在多样态、无限开放的空间，在任何地方、任何时间使用任何科技工具来进行任何类型的学习，实现所有实际空间向学习空间转化。"双减"政策落地对学校教育有着深远影响，馆校合作教育成为中小学教育的新型补给方式，中小学校与科技馆等科普场馆建立合作教育模式成为必然趋势。[1]

《现代科技馆体系发展"十四五"规划（2021—2025 年）》明确指出科技馆要加强与教育主管部门、中小学合作，探索建立馆校合作长效机制。《全民科学素质行动规划纲要（2021—2035 年）》同样强调要建立校内外科学教育资源有效衔接机制，实施馆校合作行动，引导中小学充分利用科技馆、博物馆、

---

* 张晔，河南省科技馆展览教育部副主任，研究方向为展览教育。

科普教育基地等科普场所广泛开展各类学习实践活动。这就从政策层面鼓励科技馆等科普场馆强化与学校的关联合作，积极探索馆校合作新形式，促进场馆教育与学校科技教育的有益互补，促进学生核心素养的逐渐发展。

2　馆校结合的现状和不足之处

我国的馆校结合起步晚，19世纪下半叶中国近代博物馆创建，但并未与中小学教育相联系。科技馆建成后，学校也多是以学生参观科技馆为主要学习形式。2006年发布的《关于开展"科技馆活动进校园"工作的通知》是推进馆校合作的里程碑。教育部2017年颁布的《义务教育小学科学课程标准》中指出要"积极开发、利用社会教育资源，发挥各类科普场馆的作用"。2021年，国务院颁布《全民科学素质行动规划纲要（2021—2035年）》，指出实施馆校合作行动，引导中小学充分利用科技馆、博物馆、科普教育基地等科普场所广泛开展各类学习实践活动，广泛开展科技节、科学营、科技小论文（发明、制作）等科学教育活动。

各类政策的颁布为科技馆科普资源和学校科学教育的融合提供了帮助。同时，随着科技馆教育理念的不断发展，科技类场馆与中小学合作，逐渐形成了校内外联合的科学教育机制。但由于种种原因，我国的馆校结合现状仍不能满足需求，有很多不足之处。

2.1　馆校合作的体系不健全，合作形式单一，合作内容表面化

现阶段我国的馆校结合主要有两种形式。一是学校集体组织学生到科技馆参观游览。在参观之前学校与科技馆的沟通也仅仅是关于参观时间、人数、时长、是否需要科技辅导员讲解这些方面，而参观内容怎样与课本知识衔接、参观需要达到怎样的目的、科技辅导员与学校的科学教师怎样配合等问题则没有进行沟通和讨论。二是科技馆的展品和活动资源进校园。科技馆经常把馆内的科普活动，如一些科普实验、科普剧等搬到校园中表演，即"科技馆进校园"活动，这样能够让更多的学生欣赏到科技馆内丰富多彩的表演。这两种形式在本质上是一致的，都是让学生参观科技馆的展品和演示，然而这种参观往往流于形式。由于参观的学生较多，而科普辅导员和科学教师的数量较少，参观的质量不能保证，更不能与学校中所学的科学知识相结合，也就不能培养学生们的创新能力和创新精神。[2]

2.2　馆校合作的需求匹配度不高，课程内容缺乏系统性、针对性

现有馆校合作在很大程度上是在课程资源开发方面进行实践，双方主要集中于基于课程标准的教育活动开发、以研学旅行活动课程资源的开发、深入

挖掘馆藏资源基于展品的开发……这些研究为馆校合作课程资源开发奠定了基础。但在课程设计方面，有些课程重在动手制作，营造了看似热闹的氛围，可是学生对知识的掌握并没有达到预期的目标。有些课程是基于展品的，重在突出了参与感、动手操作及看到现象时学生的兴奋感，却往往忽略了学生的可接受度与课标的对接情况，只是将一些相关的展品串联起来，这些内容未必都是学生需要的。[3]教育活动在内容设置上缺乏系统性，和学校课程衔接不够紧密，随意性大，没有充分考虑学校和学生的需求。[4]

2.3 馆校合作双方的人才资源未能充分利用，培训机制不够完善

青少年科普场馆学习活动的成功开展，除了科普场馆的展藏品资源及场地支持外，还需要教学技能过硬的专业师资队伍。无论是在参观过程中，还是在科普表演过程中，学校的教师和科技馆的辅导员都起着重要的引导作用，他们的专业素质对学生的参观效果有着很大的影响。然而现阶段二者都有一些不足之处，由于科技辅导员岗位的特殊性，对其知识的广度较为重视，而相对欠缺对于知识深度的探究与钻研，因此在知识储备及理论深度等方面还稍有不足。而学校的教师也不熟悉科技馆的科普资源和展品的设计、讲解思路。这就需要对他们进行有针对性的培训，但是现阶段的培训多以讲座为主，形式化严重，不能真正提高他们的专业水平。

3 馆校高质量合作的实践路径

基于以上分析，馆校双方亟须构建高质量的长效合作机制。通过探索研究，笔者总结了构建高质量的馆校合作模式的实践路径。总的来说，馆校合作的大方向有3个，即"破界""互补""延展"。

破界，即打破界限，学校和科普场馆双方通过"请进来+走出去"的方式，主动走入对方的场域中进行合作教育。

互补，即优势互补、资源互补，学校和科普场馆双方发挥各自的教育资源优势。

延展，即接长手臂，学校和科普场馆双方通过信息化技术等方式延展自己教育服务范围，共同推进教育公平普惠。同时，馆校双方应积极争取上级主管部门的支持，争取更多的政策、资金、人才等资源，并形成长效合作机制。

3.1 打破界限，以科普"双进"助力教育"双减"

3.1.1 科普场馆提供常规性科普展览服务

以科技馆、博物馆等为代表的科普场馆在科普资源、场地资源等方面具有独特优势。2022年全国科技馆联合行动提出了"双进"服务"双减"的号召。

很多科技馆积极发挥科普主阵地的作用，依托场馆常设展厅展品资源、丰富的教育活动资源等科普资源，对社会公众实行公益性开放。馆方与部分学校签订了馆校合作协议，馆方优先满足签约合作校免费参观主展厅及参加教育活动的要求，利用课后延时服务时间，打造学校团体参观专场，定期推出特色主题教育，并提供相关教育活动指南、展项学习单、教学包等各类展馆教育资源，配备专职科技辅导员进行讲解，引导学生学习和探索相关展品展项科技知识，在填补学生课后空白、满足学生科学文化需求方面发挥了积极作用。

3.1.2 积极组织科普活动进校园

科普场馆还可以利用丰富的科技教育资源，组织科学表演、科技制作、科学实验、科学讲座等进校园活动，参与学校的科技节等活动，为学生带去精彩的科学教育活动。校方为馆方进校园开展活动提供场地、人员、物资等便利条件，通过"双进"服务有效支持学校开展课后服务，提高中小学生的综合素质，进一步促进学生全面健康发展。

3.2 互助互补，以教学资源共享深化合作共赢

3.2.1 合作开展人才互助培训

学校教育作为一种正规教育，具有组织的严密性、内容的系统性、手段的有效性、形式的稳定性等特点。[5] 其所具有的特点能够让教师将知识系统高效地传递给学生，使学生能够在教室中快速学习到人类发展过程中的文化精髓。学校的评价体系可以准确地向教师反映学生的学习效果，帮助教师根据教学成果调整自己的教学方式。总之，学校教育可以让学生系统高效地学习科学文化知识。

相比于以教师讲授为主导的学校教育，展品在科技馆教育中占据着重要的地位。在科技馆中，学生能够通过和展品及辅导员的互动来学习科学知识，能够体验科学知识的发现过程。学校教育中学生所学习的是间接知识，而在科技馆中，学生在一定程度上可以体验直接知识的获得。除了科技辅导员对展品的讲解之外，还有很多丰富多彩的科普活动，如一些小制作、科学实验、科普剧表演等。相比于学校中较枯燥的课堂学习，科普活动的趣味性更能够抓住学生的注意力，让他们能在轻松的氛围中学习科学知识。

学校中的教育教学和科技馆里的教育有不同的资源和特点，二者之间可以取长补短、优势互补，这为馆校结合提供了现实基础，也为其提供了理论基础。馆校双方可以发挥各自的教育优势进行互助培训。馆方可以组织教师专场培训，帮助各地教师了解各级科技馆科普资源，掌握场馆学习规律及方法。培训主题包括科技馆教育资源应用、科技教育发展趋势、经典展项深入讲解等。同时，

校方可以利用优势教育资源为馆方辅导员老师提供教学技巧、学生心理、课标解读等方面的专业培训，通过互助培训，实现资源互换，共同进步，携手呵护青少年健康成长。

3.2.2 合作开发课程及资源包

馆校双方可以共同合作开发和实施馆校结合的"馆本课程"和"校本课程"，并以此项活动为抓手，共同研发课程资源包，这样既能弥补学校教育不能创设相关情境的不足，提高学校方面的积极性；也能满足科技馆课程与课标匹配度不高的问题。科技馆还可以针对不同学段的科学课程标准开发不同的课程供学校选择，并且应与学校教育"和而不同"，即既要对接课标的教学内容与教育理念，又要依托科技馆的教育资源突出自身在教育方式和方法上的特色，与学校课堂教学相区别。展品设计时也应考虑课程标准的制定思路和场馆的条件和资源，设计与学校科学课程相匹配的展品体系，为馆校结合的实施奠定基础。比如，北京自然博物馆在多次入校深入调研的基础上开发了"人之由来"的课程，课程属于课程标准十大一级主题之一——生物圈中的人的相关内容。经过学习与沟通，北京自然博物馆了解学校教学进展及学生对人类的起源、个体人的由来等前概念的理解和掌握程度，因展厅中的信息含量显著超过了课本的范畴，所以选取教学内容要在课本内容基础上进行扩展和延伸，并利用借助 ZSPACE 三维教学系统操作，可对人类演化的 5 个阶段进行头骨、躯干等骨骼的直观对比，配套的 FLASH 动画复原了生活场景。同时，邀请学生实地参观展厅，学生可自设预设问题。到馆后，根据学生想要探究的问题进行分组学习，借助学习单，鼓励学生自主进行探究式学习，通过开发馆校开发合作课程资源，将场馆内丰富的展项和教育活动资源作为对现有教育系统的有益补充，满足了学生校外教育的需求。[6]

3.2.3 合作开展科普志愿服务及社会实践等活动

科技馆等科普场馆为了弘扬志愿服务精神，减轻人工成本，提升科普活动公众参与度和积极性，都会设立各种形式的志愿服务岗。馆校双方可以以科普志愿服务岗为抓手，通过"小小志愿者"等活动，为中小学生提供一个展示自我的舞台，拓宽在校学生志愿服务渠道，同时吸纳广大师生志愿者加入科普志愿服务队伍，提供科学普及、党史宣讲、展品讲解等优质志愿服务内容，助力社会服务及文化传承，促进科技教育资源共享，增强社会服务效益。比如，福建省科技馆与闽江学院、闽江高等师范专科学校等高校签订了"馆校合作共建协议"，共同推动"蒲公英科普先锋队"品牌建设，既为大学生社会实践提供机会，也为馆方减轻了人力负担。

另外，馆校双方可以共建馆、校内实践教学基地，合作打造科技教育实习实训基地，为科普场馆、学校科技教师及大学生提供实践岗位。馆方还可以与科技特色高校签订战略合作协议，设立人才直通车，为部分优秀的高校毕业生入职馆方就业提供便捷通道，既解决了毕业生就业难题，也缓解了馆方科普人才欠缺的困难。

3.3 接长手臂，提升馆校合作的深度、广度和长度

3.3.1 借助政府等第三方力量，接长"政策手臂"

政府部门加强政策上的支持有助于馆校结合形成长效机制，进而成为学校教育和科技馆日常工作的一部分。比如，2022年7月，日照市科学技术协会、市教育局联合出台《日照市利用科普资源助推"双减"工作九条举措》（以下简称《举措》），鼓励全市各中小学以"走出去""请进来"等方式，利用科普资源精准助推"双减"落地。《举措》涉及9个方面内容，即建设一批馆校合作基地校、打造一批校外科普教育基地、开发一批精品科普课程、设计一批课后科普活动、举办一批高水平科技竞赛、遴选一批科普教育专家、培养一批优秀科学教师和科技辅导员、提炼一批优秀科普成果、构建一个协同推进体系。《举措》的出台，是日照建设全国"科创筑梦"助力"双减"科普行动试点城市的重要保障，为馆校双方开展高质量合作奠定了坚实基础。

3.3.2 借助现代科技馆体系，接长"服务手臂"

《现代科技馆体系发展"十四五"规划（2021—2025年）》指出：2012年11月底，中国科学技术协会贯彻党的十八大精神，针对我国科技馆发展不平衡不充分的问题，研究提出建设现代科技馆体系。面向"十四五"，现代科技馆体系（简称科技馆体系）以实体科技馆为依托，统筹流动科技馆、科普大篷车、农村中学科技馆、数字科技馆等协同发展。流动科技馆、科普大篷车作为现代科技馆体系的重要组成部分，能够发挥科普轻骑兵的优势，促进教育公平普惠。

在破界和互补的基础上，馆校双方还可以考虑接长手臂，延伸科普教育范围，提升馆校合作的广度和深度。以笔者所在的河南省科技馆为例，目前，河南省科技馆共有流动科技馆展品36套。自2013年开展流动科技馆巡展以来，河南省科技馆累计完成299个站点的巡展任务，巡展站数在全国名列前茅，服务观众1800万余人次，参观人数居全国首位，基本实现全省县（市、区）第二轮覆盖。2022河南省科普大篷车"喜迎二十大 科普渠首行"活动自9月19日正式启动以来，已经在淅川、西峡顺利完成巡展，20多辆科普大篷车累计行程数万公里，足迹遍布40余所学校，将科普教育传递至偏远山区和乡村的学校，让更多的青少年可以享受到公平普惠的科普教育资源，所到之处，均受到师生

们的一致称赞。

3.3.3　借助信息化技术，接长"资源手臂"

在信息技术如此发达的今天，馆校双方还可以"连接·共享·服务"为理念，通过信息化手段实现资源连接、活动连接、智慧连接。馆方可以围绕学校和学生的实际需求，打造线上科普课程，搭建菜单式、立体化的内容体系，提供教师线上教、学生线上学的科普平台。通过科普云课堂的形式，打破空间限制，实现资源共享，为全省各地的青少年提供更普惠、更精准、更便捷的云上科普服务。比如，黑龙江省科技馆利用新信息技术开展的展览教育活动得到广泛好评，基于扫描实体展品而触发的 AR 增强现实技术，让冷冰冰的展品生动地呈现于每个人都携带的手机上，对于体验者的感官有着很大的冲击，给参观者的感受和体验是传统的科技馆难以给予的，为教育的现代化发展提供助力。另外，VR 虚拟现实技术也提供了足不出户就能游览科普场馆的办法。[7]

总之，新时代对馆校合作育人提出了更高的要求，馆校双方更应基于时代发展，在合作模式、教育愿景、教育理念、教育目标上做出进一步调整，以符合教育发展的客观需求，为广大青少年创造良好的教育环境，提供更为便利的教育条件，共同促进人的全面发展，实现学生核心素养的整体提升。

参考文献

[1] 魏艳春,倪胜利."双减"背景下馆校合作教育的价值意蕴与实践路径 [J]. 教学与管理,2022（11）:13–16.

[2] 韩冰.科技馆教育与学校教育的结合之路 [A]. 石家庄:河北科技馆,2022.

[3] 王艳丽.对馆校合作现状和应对方法的探讨 [J].文化创新比较研究,2020（6）:154–155.

[4] 张若婷.馆校合作实践中的经验探索与启示——以青海科技馆为例 [J].科普研究,2015（5）:97.

[5] 郝杏丽.馆校结合的小学科学探究式学习活动设计研究 [D].芜湖:安徽师范大学,2019.

[6] 金荣莹.馆校合作课程资源开发策略研究——以北京自然博物馆为例[A].北京:北京自然博物馆.2021,16（3）:91-98.

[7] 刘一瑞.把握科技馆信息化时代特性　推进现代化科技馆体系建设——科技馆科普服务信息化开展模式的研究、探索与展望 [C].哈尔滨:黑龙江省科技馆,2021.

高效利用科技馆资源对在校学生开展科学教育的举措一二

戎 嵘*

（扬州科技馆，扬州，225006）

摘 要 在科学教育方面，学校系统教育无可比拟的优越性是毋庸置疑的，但课堂教学的局限性也是不容忽视的，科技馆往往被看作是配合学校科学教育的第二课堂，但是学校与科技馆等科普场馆因为有信息差的存在：科技馆不清楚学校里学生老师的需求，学校也不知道科技馆有什么资源、能做什么活动，因而合作往往是不成体系的、碎片化的。本文重点给出了两个对策：（1）加强学校科学老师和科技馆辅导员的培训深造，双向流动，互相学习；（2）合力精心打造共建课程，根据教学大纲和现有科学课程，设置高"贴合度"的科技馆"馆本教材"。

关键词 教辅双向流动 共建课程 馆校结合

2023年2月21日，习近平总书记在二十届中央政治局就加强基础研究进行第三次集体学习的会议中强调：要在教育"双减"中做好科学教育加法，培育具备科学家潜质、愿意献身科学研究事业的青少年群体。教育部部长怀进鹏在传达习近平总书记重要讲话精神时表示，要加强中小学科普和科学精神培育，指导各地各中小学广泛开展课内外科普教育活动，切实提升科学教育质量。提升科技创新能力、提高全民科学素养都离不开科技人才培育的"蓄水池"，这也奠定了"科学教育"的重要地位。

1 学校科学教育和科技馆科普教育优势及缺口

1.1 学校科学教育的优缺点

依据新课程改革的要求，从小学一年级就开始开设科学课程，学生在校内学习科学知识的时间大幅增加了。学校科学课程的学习内容科学且系统：涵盖方法论、情感认知、科学基础知识3个方面。学校科学课程教学生对身边的事物进行观察、测量和属性认识，使其循序渐进地进行科学学习，直到

---

* 戎嵘，扬州科技馆科技辅导员。

学习系统的科学知识。学校系统教育无可比拟的优越性是毋庸置疑的，但课堂教学的局限性也是不容忽视的，学校里科学课的教学方式以探究式为主，但是在开展探究式学习时往往缺乏应有的时间和空间条件，对科学课程的学习形成制约，将科技馆这样的科普场馆作为辅助手段引入课堂教学已成为发展的必然。

1.2 科技馆科普教育的优缺点

科技馆对于开展科普教育、提升公民的科学素养具有重要的意义。科技馆是国家前沿科学知识和技术水平的"明信片"，展品展项所体现的科学知识走在前列，可以培养受众多方面的学科知识。青少年畅游科技馆时，可以体验科学带来的便利，激发青少年学生的创新意识，拓展青少年的知识面，开阔青少年的视野，对培养青少年科学素养具有重要的意义。

科技馆往往被看作是配合学校科学教育的第二课堂，在逐步学习过程中，科技馆可以为课堂教学提供广阔的实验空间和大量可观察、可测量、可操作的体验项目，是必要的实验场所。其次，从形式的角度看，科技馆推出了"学习单""馆本教材"，设计了针对不同年龄段的科普剧、实验秀等科普活动，但其教育资源的开发还不够，目前学校对科技馆资源的利用大部分仅仅局限于参观和观看科普剧等一些简单的方式，谈不上深度有效开发，且处于发展期的在校生还不具备搜索知识，进而形成体系的能力。

科技馆精心推出的相对系统的"馆本教材"，大多也只在刚推出的时候受欢迎，或者作为学校一日活动的辅助被使用，并没有得到学校科学老师大范围的积极推广，深究其原因，还是学校与科技馆等科普场馆之间存在的信息差，导致合作往往是不成体系的、碎片化的：科技馆不清楚学校里师生的需求，科技馆给出的并不是学校需要的，额外增加了学校的"负担"，学校也不知道科技馆有什么资源，能做什么活动。在了解不够全面深入的基础上产生的合作反而加重了双方的负担，导致"一线执行人"——学校科学老师、科技馆辅导员，甚至学生都不太乐于开展这些合作。

1.3 馆校合作需要精准对接

基于对未来的希望和对社会发展的共同责任，科技馆和学校要携手共进，在加强科学能力的建设方面，一起推动教育的改革，精准定位，进行易落地、可复制、可推广的探索和实践，把提高公民的科学文化素质，进而垒建全民科学"大厦"，放在首要地位。

科技馆方面，随着社会的进步，需要重新定位科技馆的教育职能，增加与受众最广的青少年的"贴合度"，"馆本教材"是否可以跟学校课程相呼应？

答案必然是肯定的，但是要达到高适用度，需要学校和科技馆加强合作。科学界及教育界应勠力同心，促进科技馆与学校之间的合作对话，进一步完善学校科学课程，实现多元化教学。科技馆的"馆本教材"要以教学大纲为指导，且充分考虑学生的经验、认知与推理能力的限制，针对不同年龄段学生的特点，设计相应的科普教育活动。

2 举措一之按需深造人才

2.1 要加强学校科学教师和科技馆辅导员的培养

教育的发展离不开教师，科技辅导员的第一身份也是教师，加大对教师和科技辅导员的培训投入和提高培训频率可以更好地完成教学任务和指导学生科学教育活动。科技馆可积极组织辅导员参与培训，主动承办培训活动，建设和开放科技辅导员培训课程资源库，同时可要求科技馆科技辅导员参加科学教师的教师资格证书的考试，学习科技前沿知识的同时，也要掌握一定的教学技巧，了解不同年龄段学生的心理特征。学校科学老师也可以按联系紧密程度为考虑准则，有选择地参加科技馆辅导员的培训。

2.2 学校科学老师和科技馆辅导员应双向流动

此外，我认为最切实可行的还有这项措施：对科技馆等科普场馆，可以安排科技馆展教活动部和技术保障部的辅导员定期参加学校的科学课学习，了解学校科学老师上课的内容，了解学生上课的状态，了解课程开展的受制点，了解可拓展的方向，以便思考可以跟科技馆的哪一个、哪一些展项结合去设计配套的活动，技术保障部的辅导员可以思考怎么去改造现有的展项，便于该年龄段的学生更好地体验、探索和思考。

同样地，学校也需要安排科学老师深度参观科技馆等科普场馆，熟悉科技馆展项，了解科技馆里有哪些可用的资源，有哪些可以报名的科技制作课、实验秀等。学校科学老师积极参加科技辅导员的培训，充分了解科技馆的展品展项及科普活动，积极组织参与科技辅导员的相关培训活动。

3 举措二之精心打造共建课程

3.1 共建课程是核心

强化"馆本教材"，即科技馆课程教学资源的开发，构建与学生科学课程体系相一致的科普教育活动，科技馆可以发挥自身优势，为学生提供一个时间和空间都足够充裕的环境，以满足学习科学课程的教学需要。在科技馆开展科普教育活动，可以为学校科学课程教学提供更多的教学方式，学校科学课程的教学内容、教学时间和教学空间都可以得到拓展。

最终形成的共建课程有学生用的学本、给教师用的指导性教学设计、参考性的教学课件，还有引领学生探究制作的指导性视频、与每个主题配套的学生活动材料。课程的内容以课程标准为参考，但又高于标准。同一主题下学习内容与科学课教学内容不重复，是对科学课内容的进一步深入探究和升华。即使在初期不能一蹴而就，实现不了这个理想目标，也可以先做出一个跟小学课本配套版本的"馆本教材"。学校科学老师根据这个版本的"馆本教材"上完一节课就可以要求学生去科技馆体验本节课关联的展项，使用配套的学习单，在科技馆参观学习完成后交由学校科学老师计入实践课时。

3.2 试点、总结后推广

以共建课程为核心，坚持"共建共享、精准合作"的工作思路，不断摸索，最终形成易落地、可复制、可推广的馆校合作模式，从科学教师和科技辅导员的培养到共建课程的完善，不断增强合作的深度、广度和黏度，按年级、地区试点，总结完善后推广至全年龄段、在全国范围内，促成学校和科普场馆教育活动的有效衔接，完善优质科学教育资源整合。

4 结论

科技是第一生产力，是推动社会发展的重要因素；教育是立国之本，为社会培养各方面人才；科技和教育是实现中华民族伟大复兴的重要途径。科学界及教育界应积极搭建科技馆与学校合作的对话机制，秉持"馆校共建、优势互补、助力教育、战略共赢"的原则：（1）加强学校科学老师和科技馆辅导员的培训深造，双向流动，互相学习；（2）合力精心打造共建课程，根据教学大纲和现有科学课程，设置高"贴合度"的科技馆"馆本教材"。科技馆等科普场馆应不断改变思路，创新工作机制。只有这样，才能打破成规，更好地服务于青少年。

参考文献

［1］关于加强新时代中小学科学教育工作的意见 [EB/OL].2013.

［2］刘娜.对科技馆科普教育活动与学校科学课程相结合的思考 [J].科教导刊，2020（19）:171-172.

［3］汤大莎，朱可鑫.小学科学课程与科技馆有效融合的原则、方式和策略 [J].当代教育论坛,2011（11）:31-32.

［4］韦钰.国民科学素质的提高与可持续发展 [J].科普研究,2006（2）:3-7.

［5］李铁安.让科学的神奇激发学生的好奇——如何在教育"双减"中做好科学

教育加法 [J]. 教育家,2023（4）:1-2.

［6］蒲新明,王彬,李晴 . 浅谈科技馆如何促进学生的科学教育——以吉林省科技馆为例 [J]. 现代交际,2018（12）:4-5.

［7］张晓玲 . 利用科技馆资源创新性地开展青少年科学教育活动 [J]. 科普研究,2012（2）:59-62.

融入"科学概念"，探索"双减"背景下科普研学活动的设计与开发

——以青岛市科技馆主题研学活动为例

洪施懿　林　曦　魏子涵*

（青岛市科技馆，青岛，266000）

摘　要　"双减"政策落地后，中小学课后服务催生了对优质教育资源的巨大需求，场馆研学被视为促进教育综合改革的重要实践途径。近年来科普研学活动兴起，但却存在重游轻学、重知识轻探究，以及课程质量不高、深度不够等问题。本文通过梳理"科学概念"的具体含义，具体分析了融入"科学概念"对科普研学活动教学设计的意义，如何将科技馆的特色展品和展区环境资源融入科普研学设计中等核心问题；并以青岛市科技馆主题研学之"海洋偷师记"科普研学活动的设计展开案例分析，探索"双减"背景下，融入"科学概念"的科普研学活动开发与实践。

关键词　科普场馆研学　科学概念　馆校结合　研学设计

近年来，为了更好地实施素质教育，各地纷纷采取措施，加强对青少年研学活动的支持，但目前科技馆仍对科普研学活动缺乏清晰认知，科普研学活动侧重于动手益智的教育活动，体验性与探索性不强，"低幼化"现象严重。[1]本文以青岛市科技馆"海洋'偷师'记"科普研学活动的设计为例，探讨将"科学概念"融入科普研学活动的重要性，以及如何将"科学概念"更好地融入科普研学活动设计中。

1　科普场馆研学是培养小学生科学素养的重要途径

1.1　科普场馆研学概述

研学旅行是综合实践育人较为有效的途径之一，是教育部门和学校有计划、有组织地安排，通过集体旅行、集中食宿方式开展的研究性学习和旅行体验相结合的校外教育活动，是学校教育和校外教育衔接的创新形式，也是教育教学

---

*　洪施懿，青岛市科技馆展览教育部主管，主要从事科技馆教育活动及研学策划与实践工作；林曦，青岛市科技馆副总经理、厦门科技馆展览教育部经理，主要从事场馆运营及展教活动开发工作；魏子涵，青岛市科技馆展览教育部主管，主要从事科技馆探究式教育活动辅导及研学实践工作。

的重要内容。[2] 场馆科普研学是一种以科技馆、场馆等为基础，旨在通过教育和启发来提升人们的知识水平和能力的场所，由学校组织学生进行相关的研学活动，对培养中小学生的科学与文化素养发挥重要作用。

1.2 科普场馆研学特点

首先，场馆研学的教学环境区别于传统学校教学。场馆研学多将科技馆等传播科学知识的大型公共机构作为科学教育的大课堂，场馆环境和展品等被视为实施科学课程的有效资源。学生自主选择感兴趣的展厅进行学习，整体学习环境充分体现自主性，学习氛围比较轻松。相比之下，学校教学有严格的教学计划和课堂规章制度，目的性比较强，学习氛围相对严肃。

其次，场馆研学的知识获取途径有别于传统学校教学。学校教育间接获取知识，场馆研学是基于建构主义学习理念，借助丰富的展品为学生提供实物观察、沉浸式体验等直接经验学习的机会，通过与展品的互动，让学生积极探索科学知识，从而更好地掌握和运用所学的知识。[3]

1.3 科普场馆研学活动的困境

研究发现，许多科技馆研学活动还处在起步阶段，浅表化、简单化、说教化、知识化的现象常有，简单地将学科课堂搬到科技馆，有活动无主题、有场馆无研究等问题直接影响了科技馆研学活动的质量和效果。

1.3.1 内容忽视跨学科性——综合性不足

一些场馆研学活动仅仅停留在学科知识学习层面，将场馆作为学科的拓展课堂或学科资源库，不仅学校在向各类场馆提出教育需求时只传递单一的学科学习需求信息，各类场馆也陷入模仿学校教育编写学科教材、把场馆内开设的学生活动场地当作学科知识传授课堂的误区。目标定位的偏差导致许多场馆局限于单学科的视角，缺乏跨学科研究视角下资源的再开发和设计，不利于素养教育时代促进学生的全面发展。

1.3.2 研学主题为"学为中心"——主体性不够

一些科普场馆研学活动停留在"馆为中心"，而不是"学为中心"。学校只是负责联系场馆，不关注学生的真正需求，直接导致学生成为一个被动的场馆学习参与者，学生不知晓本次研学在场馆要达成的目标，不清楚自己除了听讲外，还可以主动发现和探究，也没有意识到聚焦主题的同伴讨论，研学活动陷入了形式化学习的陷阱。

1.3.3 研学方式单一刻板——探究不深入

场馆研究要将研究性学习机制融入场馆学习中，如简单地将场馆学习定位为"场馆参观"，忽视了探究、设计、制作、体验、服务等其他多种学习方式的重要性。这种将场馆研学活动狭隘化为"参观学习"的做法，必然导致学生缺少深度学习，无法完成有质量的研究性学习作品。

1.3.4 场馆和学校沟通断层——衔接性不够

分析部分活动发现，场馆研学活动多为单方开展的活动，这让许多活动受服务和被服务的观念制约，效果不佳，难以引起学生深入探究。

一些场馆联合举办的假期场馆研学活动更多的是亲子活动；一些学校组织的场馆研学活动采用委托第三方机构的方式。这也使得馆校在研学活动的主题定位、组织实施、学习效果评估等方面存在明显的不足。很多研学项目无法达到让学生经历一个完整的问题提出、问题分析和问题解决的研究性学习活动的标准。

2 融合"科学概念"对场馆科普研学的意义

2.1 科学概念概述

2.1.1 科学概念含义

中国工程院院士韦钰认为"科学概念"是经过科学研究得到的知识，包括科学现象、科学定律和科学理论，它必须经过实证，并且在科学研究活动中不断被修正和深化。2014年，由韦钰院士参与校订并于2016年译成《以大概念的理念进行科学教育》中提到，以10个大概念与关于科学本身的4个大概念进行科学教育的理念，为科学教育提供了一种全新的思路，从而推动科学教育的发展。《科学教育的原则和大概念》一书对大概念的界定是：用来帮助学生理解生活中的一些事件与现象的核心概念和进展过程，其中包括14个科学大概念，其中10个是与科学内容相关的大概念，4个是与科学本身相关的大概念。[4]

2022年，我国颁布的《义务教育小学科学课程标准》为小学科学的学习提供了全新视角，将13个学科的核心概念纳入其中，以帮助学生更好地理解和运用这些概念，包括物质与能量、结构与功能、系统和模型、稳定和变化四大跨学科概念。因此，本文认为，科学教育中的核心科学理论远非仅仅局限于客观的事实性知识，也不仅指学科的主干知识，而是位于学科中心位置的科学概念、原理、理论和方法，更加强调对其自然事物和现象的解释与抽象概况。[5]很明显，在新的科学教育标准体系下，"科学概念"被认为是构建一个完善的科学教育体系的关键因素，正在成为科学教育的发展方向。

2.2 小学科学核心概念解读

小学科学学科的核心概念是近年来的研究热点，美国颁布的《美国新一代科学教育标准》中的学科核心概念是由物质科学、生命科学、地球与空间科学、工程技术与科学这四大领域组成，共 12 个核心概念（见表 1）。

表 1　美国新一代科学教育标准学科领域与维度划分内容

	学科核心概念	跨学科概念	科学与工程实践
物质科学	1. 物质及其相互作用 2. 运动和稳定性：力和相互作用 3. 能量 4. 波及其他信息传递技术中的应用	1. 模式 2. 原因与结果 3. 尺度、比例和数量 4. 系统与系统模型 5. 能量与物质 6. 结构与功能 7. 稳定与变化	1. 提出问题与定义问题 2. 开发和使用模型 3. 计划和开展研究 4. 分析和解读数据 5. 使用数学和计算思维 6. 建构解释和设计解决方案 7. 参与基于证据的论证 8. 获取、评价和交流信息
生命科学	1. 从分子到生物体：结构和过程 2. 生态系统：相互作用、能量和动态 3. 遗传：性状的继承和变异 4. 生物演化：统一性和多样性		
地球与宇宙空间科学	1. 地球在宇宙中的位置 2. 地球系统 3. 地球和人类活动		
工程技术与科学应用	工程设计		

我国颁布的《义务教育科学课程标准（2022 年版）》的各领域学科核心概念如表 2 所示，它也围绕各领域核心概念建构内容体系，为小学学生科学素养的初步提高打下了坚实的基础。

表 2　《义务教育科学课程标准（2022 年版）》各领域学科核心概念

13 个学科核心概念	
物质科学	1. 物质的结构与性质 2. 物质的变化与化学反应 3. 物质的运动与相互作用 4. 能的转化与能量守恒
生命科学	5. 生命系统的构成层次 6. 生物体的稳态与调节 7. 生物与环境的相互关系 8. 生命的延续与进化
地球与空间科学	9. 宇宙中的地球 10. 地球系统 11. 人类活动与环境
设计与技术	12. 技术、工程与社会 13. 工程设计与物化

2.3 青岛市科技馆研学主题与科学核心概念结合的思考

2.3.1 青岛市科技馆展区展品结构

青岛市科技馆是隶属青岛市科学技术协会的市级海洋主题综合类科技馆，是面向社会公众，尤其是青少年开展科普教育活动的公益性文化教育场所和科普阵地。其主要教育形式为科普展览，通过科普展览，可以将科学原理、知识点及有趣的方式融入一起，让学生在参与中体验到科学的魅力，同时也能够激发学生的创新思维，让学生在实践中获得更多的知识，从而推广科学的价值观。展品结构分布如表3所示。

表3 青岛市科技馆展区展品结构分布表

展区	展区分主题	主题概况	展品数量
海陆变迁	海陆起源	海洋及陆地的形成以及造成海陆变迁的原因	5
	变迁遗迹	主要围绕变迁遗迹，展示地质的变迁过程	10
	理论演化	人类探索海洋过程中诸多海陆变迁的科学理论	4
	沧海桑田	沉浸式环幕影院，再现地球海陆变迁的全过程	1
航海发展	三大航海史	智人时期与哥伦布、麦哲伦、郑和的航海历程	3
	郑和下西洋	演绎郑和下西洋的时代背景、航行故事，以及运用到的航海技术、生活技巧等相关知识	6
	船舶与航海	全方位展示船舶和航海科技的发展历程	10
海洋现象	身边现象	从常见的潮汐现象出发，展示自然现象及海洋灾害现象的形成原因	12
	海洋奇观	走进海洋微观世界，探索最深的海沟，了解海洋奇特现象	8
	海洋之最	展示海洋之最相关科普	1
蓝色生态	海洋应用	基于海洋生物延伸仿生技术的发展	19
	海洋生态	以海水深度为切分依据展现迥然各异的海洋生态系统	10
	蓝色卫士	展示海洋生态系统破坏的恶果及有效的海洋保护措施	13
深海探索	探测深海	展示深海环境变化、海洋压力及探索深海奥秘的三大手段	19
	开发深海	全面展示海底资源开发技术，树立科学环保的能源理念	5
科学探海	科学海洋	以声光电磁力数学为展示内容，将科学知识拓展到对应的海洋领域	61
	科学家故事	大国重器、科学奇迹与科学家精神展示	6

由表3可知，青岛市科技馆的展品资源十分丰富，涉及的学科领域很广，

包含各种各样的科学知识及科学原理，为辅助教学提供了丰富的科普教育资源，弥补了小学科学教学资源与教学器材的匮乏，有利于促进学生的全面发展。

【相关性】：

①将义务教育阶段的小学科学课程标准和青岛市科技馆的展品资源相结合，青岛市科技馆共有 96 个与其有直接关系的展品，其数量占到了所有展品资源的 49.74%。

②从知识内容的对应性来看，科技馆展品可以满足不同学科领域的需求，包括物质与能量、结构与功能、系统与模型、稳定与变化 4 个方面，为教学案例和研学活动提供了丰富的资源，从而更好地满足学习者的需求。

③利用观察、制作和实验等多种形式的展品资源，能够在馆校之间建立有效的合作关系，推广科普教育。

【差异性】：

①由于缺乏系统的内容和学段的联系，在馆校合作的情况下，小学科普研究和实践活动的开展受到了限制，然而，这些资源仍然是小学科学课程的重要补充。

②科技馆里很多超出小学生理解和接受范围的展品，并不适合用于馆际和校际合作的科普教育项目。

③由于无法通过小组合作探究的方式，这类展品因此无法作为馆校合作的科普研学活动的有效资源，但它们仍然是小学科学课程的重要组成部分。

综上所述，设计具有较高相关性的观察、制作、实验探究等展品，可满足小学生的认知发展需求，使其更加轻松地操作和学习。这些展品还要求其与学生的能力基础保持一致，以便更好地融入不同学段。此外，这些展品还具有学段衔接性与内容系统性，以便更好地支持馆校之间的合作，共同推进科普研学活动。

2.3.2　基于场馆资源，融合"科学概念"的青岛市科技馆研学主题开发

以青岛市科技馆科普场馆研学一日营系列活动为例，活动设计立足青岛本地特色，以青岛市科技馆为核心，结合丰富的海洋活动体验，通过游戏化的仿真模拟场景、有趣的角色扮演体验，沉浸式的原创舞台，室内、户外的体能挑战，整合跨学科方法，为孩子创造认识世界、探索科学的学习场景（见表 4）。

研学活动设计基于场馆资源，融合"科学概念"，根据学生发展认知水平及学情分析开发 5 条特色主题路线（见表 5）：

表4　青岛市科技馆一日营研学活动与《义务教育小学科学课程标准（2022年版）》
学科核心概念对照表

展区	研学主题	研学亮点	涉及学科核心概念
海陆变迁	"复活'史前奇虾'"	★对话寒武纪文明，感悟古生代时期的生命大爆炸 ★职业体验，还原考古挖掘现场，化身海洋遗迹研究员 ★能工巧匠，化石碎片推理还原，逻辑思维能力培养 ★古今物种对比，实验室里解密虾的"前世今生"	1.生命系统的构成层次 2.生物与环境的相互关系 3.生命的延续与进化 4.地球系统
航海发展	"少年造船匠"	★穿越船舶发展史，揭秘建造的奥秘 ★化身小小造船匠，能工巧手制船模 ★古今技术大对比，感受文明的进步	1.技术、工程与社会 2.工程设计与物化
海洋现象	"鲸鱼守护者"	★组建海洋科考队，跟随向导"出海"寻鲸 ★浅识鲸目家族，了解海洋哺乳动物生存之道 ★化身鲸鱼守护者，培养环境保护意识 ★海洋现象知识拓展，探究"水龙卷"实验	1.生命系统的构成层次 2.生物与环境的相互关系 3.生命的延续与进化 4.地球系统
蓝色生态	"海洋'偷师'记"	★组建探寻小组，开启寻找"海洋仿生导师"日程 ★自然教育体验，与海洋生物近距离接触 ★仿生导师大揭秘，从海洋生物身上探寻现代科技 ★动手制作，感受仿生学的奥秘	1.生命系统的构成层次 2.生物与环境的相互关系 3.技术、工程与社会
深海探索	"深海探险记"	★模拟深海环境，化身小小潜水员感受海水压力 ★创设情境，探索海洋大环境奥秘 ★实践操作，制作浮雕画，培养动手能力 ★头脑风暴，探究海洋问题，培养逻辑思维能	1.地球系统 2.物质的运动与相互作用 3.能的转化与能量守恒

2.3.3　案例分析——以青岛市科技馆主题研学活动"海洋'偷师'记"为例

科普研学活动借鉴学校教育的形式，融入"科学概念"进行研学活动设计，借助一定的教学方法和多样化的活动形式，使科技馆的展品资源与展区环境资源系统化、可持续化，从而很好地弥补研学过程中参观行为的单向性等不足。科普场馆研学活动围绕"科学概念"来设计，能够使教学目标更加明确，并且科技馆内丰富的藏品和展区环境有助于拓展科普研学活动的广度和深度。

2.3.3.1　"海洋'偷师'记"活动流程介绍

青岛市科技馆"海洋'偷师'记"科普研学活动针对五至六年级的学生，以设计仿生机器鱼任务为导向，综合利用海洋仿生学应用展区，创设真实情境，串联体验展品"寻找海洋仿生导师""仿生学发展史""仿生机器鱼"开展启发式学习，结合科技小实验"鱼鳔潜水艇""仿生机器鱼"制作能够开启海洋仿生学的探究。通过此次研学活动，学生能理解发明会用到一定的科学原理，很多发明可以在自然界找到原型，并完成仿生鱼设计的工程任务（见图1）。

创设情境，任务驱动
提出设计仿生鱼制作任务，分发研学手册

体验展品，资料搜集
寻找海洋仿生导师，初步构建仿生学概念
（如鲨鱼皮与泳衣、海豚与声呐、鱼与鱼眼镜头、飞鱼与飞鱼导弹）

动手实验，开展探究
结合鱼鳔与潜水艇实验学生自主探究仿生学中的科学原理

知识迁移，小组合作，完成仿生机器鱼设计工程任务
动手实践，依据方案设计完成制作及优化调试

开展仿生工程设计发布会，阐述设计原理及功能
融合科学技术发展的前景与展望，思辨科技发展对人与社会的利弊

图 1　"海洋'偷师'记"研学活动流程

2.3.3.2　融入"科学概念"进行科普研学活动设计

在研学学习之前，学生的脑中存在一些前概念，前概念源于学生的生活经验，有些是正确的，可以成为科学概念，有些是错误的，属于错误概念。日常生活中学生对于仿生学的了解缺少直接经验，原有概念较为迷糊，甚至会出现错误。

而科学概念的教学是一个从具体到抽象、从简单到系统的过程，所以我们应该为学生创设真实情境，唤醒原有概念，通过实际操作和观察展品，可以帮助学生建立正确的科学概念。青岛市科技馆"海洋'偷师'记"科普研学活动融入《义务教育小学科学课程标准（2022 年版）》技术与工程领域中的科学概念。此次活动具体的科学概念分析如表 5 所示。

表 5　青岛市科技馆"海洋'偷师'记"科普研学活动与具体的科学概念分析对应表

核心科学概念	科学概念	知识点	研学活动内容
技术的核心是发明，是人们对自然的利用和改造	1. 技术的核心是发明，技术与工程改变了人们的生产和生活 2. 科学、技术、工程相互影响与促进	1. 知道很多发明可以在自然界找到原型，能够说出工程师利用科学原理发明创造的实例	学生体验相关串联展品，观察仿生设备的外形，思考对比海洋生物与仿生设备外形、功能、运作过程的异同
		2. 能够通过海洋仿生学知识的学习解释或解决生活中的实际问题	学生自主寻找某一仿生设备，观察仿生设备外观与内部构造，归纳总结出它们在运作过程中的核心原理
			学生聆听教师讲解仿生设备在日常生活、科技发展中的运用，在实验过程中开展小组讨论，解释实际应用问题

核心科学概念	科学概念	知识点	研学活动内容
工程技术的关键是设计，工程是运用科学和技术进行设计，解决实际问题和制造产品的活动	1. 工程的关键是设计 2. 工程是设计方案物化的结果	1. 能够利用文字与图案、绘画或实物，表达自己的创意与构想	学生思考仿生机械鱼的工程任务，画出草图，测量尺寸，用语言描述自主设计的机械鱼
		2. 利用简单工具，将自己的简单创意转化为模型或实物	依据工程任务，完成仿生机器鱼设计工程任务
		3. 尝试使用合适的方法，对选定的设计方案进行模拟分析和预测；根据实际反馈结果，对模型进行有科学依据的迭代改进，最终进行展示	开展仿生工程设计发布会，阐述设计原理及功能 融合科学技术发展的前景与展望，思辨科技发展对人与社会的利弊

3 "科学概念"融入科普场馆研学的策略思考

"对接新课标，践行新理念，探索新模式"下"和而不同"的科普场馆研学课程，可以在保持与科学课程标准一致的同时，与传统的课堂教学模式形成鲜明的对比，从而更好地满足学生的需求。[6] 两者都强调馆校结合既要紧密结合课程标准，又要充分利用科技馆的资源，突出其独特的教学方式和方法，与传统的学校教学形成鲜明的对比。通过研究实际案例，总结出基于"科学概念"的馆校融合的活动开发策略，旨在更好地满足教育需求，提升教育质量。

3.1 逐步分解核心概念，融合课标明确内容

以"对接课标又区别于课堂"的设计理念为基础，将小学科学的核心概念进行细致分解，深入挖掘它们的内涵，并将它们与相关的学科事实性知识结合起来。《义务教育小学科学课程标准》和《美国新一代科学教育标准》都针对不同学生的认知发展水平，提供了详细的解释，以便让学生能够更好地理解和掌握科学的基本概念，并且可以在课程中自由地将其分解成不同部分。[7] 因此，设计过程中，应该根据不同地域使用的教材，精心挑选出最适宜当地环境、最具特色、最能满足学生需求的活动，以便更好地满足学科概念的基本逻辑和学生认知发展的需要，并通过这项活动实现教育目标。

3.2 联系展品资源，分层挖掘信息与确定使用

挑选科技馆展品时，要对应核心概念的分解内容，有联系地确定一个或一组展品，进而按照挖掘展品信息的 3 个层次研究展览中所蕴藏的科学概念和原则；探究科学家在探索这一领域的进程中采用了什么方法，在何种条件下发现

了展品中的科学原理；展品中的科学发现对当时的科技、经济、文化和社会产生了什么样的影响。进行梳理既要注重科学核心概念、学科领域的概念性知识间的关系与内涵，又要分析清楚展品与科学的关联性，将两者进行有意义的串联，才能更好地引导学生在学习科学概念的同时，有益地探索科学家的研究历程，体验科学给人类、社会带来的影响，且有助于后续活动方案的设计。

3.3 构建概念间脉络关系，结合场馆资源设计整体

教育活动应遵循奥苏伯尔的认知同化过程。除了关注核心概念的分解，还要考虑学习者的认知能力。有条理地重新组织概念与展品资源的联系，将核心概念与展品中的科学原理和本质结合起来，有序地组织使用，以实现整体设计。确定活动主题与过程时可以基于搭建的框架，形成连续具有逻辑的教学序列。

教学可以采用常用的教学模式，如"5E"教学模式、问题驱动教学或任务驱动教学，或综合运用多种教学模式。在这个过程中，重点是将核心概念融入整个课堂环节，突出它们在课堂中的重要作用，从概念构想到展品制作和课程内容设置，实现多步骤的目标。

3.4 综合学生的实际水平，调整研学目标与内容

活动方案形成初步框架后，可基于活动主题与教学序列，并参考小学科学课程标准中的四维目标逐步确定活动目标。制定详细的活动方案时，需要以概念内部的逻辑关系为核心，并从学生的角度出发对活动环节进行综合评估，以制定符合学生需求的方案，并将其实施。同时，活动的目标和内容应灵活调整，并随着时间的推移不断发展，以达到最佳效果。

3.5 创设情境和丰富内容，发挥学生的主体性

情境化教学是馆校合作的重要组成部分。通过创设活动教学情境，学生可以将学科概念转化为具体、生动的形式，更好地理解和运用所学知识。活动设计中，应选用适合学生的教学方法和策略，为学生创设有益的学习情境，激发内在潜能，同时，要注意关注学生的学习与体验，并进行灵活的教学调整，以帮助他们深入理解概念。

参考文献

［1］齐琳.基于青少年研学旅行的地方博物馆社教新载体研究——以大庆市博物馆为例[J].大庆社会科学,2019（2）:156–158.

［2,3］陶思敏,尹薇颖.研学实践教育基地的建设——以绍兴科技馆为例[J].科学教育与博物馆,2020,6（6）:458–461

［4］张祖兴.基于核心科学概念的科技馆展览教育之思考[J].自然科学博物馆研究,

2018,3(4):11–20.

[5] 胡卫平. 在探究实践中培育科学素养——义务教育科学课程标准(2022年版)解读 [J]. 基础教育课程,2022(10):39–45.

[6] 孙迪一. 馆校合作下小学科学教学案例开发与实施研究 [D]. 河北师范大学,2019.

[7] 杨婷. 基于小学科学核心概念的馆校结合活动设计与应用研究 [D]. 重庆师范大学,2021.

一种应用 VR、AR、MR 虚拟现实相关技术的馆校结合科学教育模式

——以"探秘植物的一生"主题活动为例

毛欣烨　黄　芳*

（华中科技大学教育科学研究院，武汉，430074）

摘　要　VR、AR、MR 技术是 3 种不同的虚拟现实相关技术，各有特色，将其应用于馆校结合科学教育可以达到优化教育质量的效果。目前 VR、AR、MR 技术在馆校结合科学教育中的应用不够深入、全面，馆校结合科学教育的形式也较为单一。对此，本文总结提出一种应用 VR、AR、MR 技术的"课前＋课内＋课外""线上＋线下"科学教育活动模式，以期提高馆校间科学教育合作的紧密度，贯通校内外的学习内容，促进学生全面发展。在此基础上，以"探秘植物的一生"主题活动为例，围绕核心素养目标，呈现活动设计思路、过程安排与评价方式，为本文所提出的科学教育活动模式提供案例参照，并分析该模式的应用前景与挑战。

关键词　虚拟现实相关技术　馆校结合　科学教育

随着教育与前沿技术的不断结合，教育行业在提升教学效率和教育体验、均衡优质教育资源等方面取得了显著成效。在虚拟现实（Virtual Reality，VR）、增强现实（Augmented Reality，AR）和混合现实（Mixed Reality，MR）3 种虚拟现实相关技术的帮助下，以信息技术为背景的现代教育打破了传统教育的诸多限制，以新兴技术手段创设沉浸式教学环境，优化教学过程，有利于学生掌握知识与技能，激发学习积极性，发挥主体性，提升学习效果。而馆校结合作为科学教育的有效途径，其作用也在与虚拟现实相关技术的整合中得到延伸。2023 年 5 月，教育部等十八部门联合印发《关于加强新时代中小学科学教育工作的意见》，要求探索利用人工智能、虚拟现实等技术手段改进和强化实验教学，并广泛组织中小学生前往科学教育场所，进行场景式、体验式科学实践活动，弥补优质教育教学资源不足的状况。[1] 由此，在馆校结合科学教

---

* 毛欣烨，华中科技大学教育科学研究院硕士研究生，研究方向为科学教育；黄芳，华中科技大学教育科学研究院副教授，研究方向为科学教育。

育中应用虚拟现实相关技术已成为优化科学教育的重要内容，对于在教育"双减"中做好科学教育加法具有深远意义。

但目前，虚拟现实相关技术在馆校结合科学教育中的应用仍不够深入和全面，馆校结合科学教育的形式也较为单一。例如，虚拟现实相关技术的应用以VR、AR 技术为主，而涉及 MR 技术的项目鲜见；馆校结合形式以学生参观科技场馆为主，注重浅层科技体验而缺少实践探究；馆校间虚拟现实相关资源的共享形式不够丰富，合作不够紧密。因此，本文尝试总结提出一种"课前＋课内＋课外""线上＋线下"的科学教育活动模式，该模式融合虚拟现实相关技术与馆校结合科学教育，并包含一系列馆校间科学资源共享形式，以期充分整合校内外资源，提升馆校之间的合作紧密度，克服虚拟现实相关技术融入馆校结合科学教育所面临的一些困难。

1 虚拟现实相关技术

1.1 VR、AR、MR 技术的概念与应用

虚拟现实（Virtual Reality，VR）技术又名灵境技术，是一种通过计算机仿真等技术生成的三维虚拟环境，具有模拟视觉、听觉、触觉等感觉器官的功能，使用户沉浸在虚拟环境中，并能通过语言、手势等与虚拟对象进行实时互动。[2, 3]虚拟现实技术具有 4 个特征，即想象性、交互性、沉浸性和智能化。[4]VR 技术的应用范围十分广泛，例如在游戏和娱乐领域，VR 技术可以为用户提供沉浸式的虚拟游戏体验和虚拟旅游等娱乐活动；在建筑和设计领域，建筑师可以利用 VR 技术将图纸制作为三维虚拟建筑物。而在教育领域，VR 技术可被用于模拟教学和培训的环境，解决实际操作、访问困难等问题；可被用于交互式教学和互动游戏，提升学生的学习主动性；可被用于虚拟环境下的语言学习，帮助学生体验多元文化；还可以为特殊学生定制虚拟学习体验。在浙江省科技馆中，参观者可以通过头戴式 VR 设备，在气象模拟项目中感受暴风雪、沙尘暴、龙卷风的场景，也可以在高空窄桥项目中完成在虚拟城市高空窄桥上救猫的行动。由此，参观者可以在虚拟世界中获得现实中难以实现的体验。

增强现实（Augmented Reality，AR）技术又名扩增实境或扩增现实技术，以 VR 技术为基础发展而来，指通过计算机技术生成虚拟信息，通过移动设备将虚拟信息叠加到真实世界的实时视图上，以此增强融入现实世界的对象，实现真实与虚拟的融合。[5, 6]增强现实具有虚实结合、实时交互和三维注册 3 个基本特征。[7]AR 技术主要应用于利用移动设备扫描真实世界中的物体，通过图像识别跟踪技术在移动设备上显示相应的图片、语音、视频、3D 模型等，

例如，在游戏和娱乐领域，AR 技术为"AR 红包"功能和一些 AR 游戏提供支持；在零售领域，AR 技术可为在线购买者提供试穿服务。而在教育领域，AR 技术使学生能在课堂上运用动态 3D 模型，以便理解相关知识，激发学习兴趣，且不需要特殊设备即可操作；AR 技术也可以用于阅读 AR 书籍、进行 AR 实验、体验 AR 游戏、优化技能培训、完善特殊康复教育等。在浙江省科技馆中，参观者可以体验气象预报直播项目，摄像机会将人像投送至大屏幕，使参与者能在大屏幕的天气预报背景上进行动态讲解，不需要头戴式设备即可在虚实结合中增强多感官体验。

混合现实（Mixed Reality，MR）技术是 VR、AR 技术的进一步发展，该技术通过将虚拟世界的物体引入现实世界，或将现实世界中的物体融入虚拟世界，在虚拟世界、现实世界和用户之间搭建一个能够交互反馈信息的桥梁，使虚拟世界与现实世界融为一体。[8]MR 技术也具有虚实结合、实时交互和三维注册 3 个基本特征。[9]在医疗领域，MR 技术能使手术提高精确性、减少时间、降低难度；在电气工程领域，MR 技术可以为受训者提供真实的职业模拟训练。而在教育领域，MR 可被应用于 K-12 学科课堂教学，例如打造"混合现实智慧课堂"，开展"5G+MR"全息物理公开课；还可以在教育游戏、远程指导和在线虚拟课堂、非物质文化遗产教育、特定领域技能培训中应用。[10]但目前国内有关 MR 技术的教学应用研究较少，主要表现在医学教育领域，许多科技馆内应用 MR 技术的项目鲜见，MR 技术还有待进一步创新和推广。

1.2　VR、AR、MR 技术之间的区别与联系

VR、AR、MR 技术是 3 种不同的交互体验技术，它们之间的区别包含以下几个层面：在呈现画面层面，VR 技术提供完全虚拟的画面，AR 技术将虚拟画面叠加到现实场景中，MR 技术结合了 VR 和 AR 元素，使虚拟画面和现实场景深度融合；在用户体验层面，VR 技术使用户完全沉浸在虚拟世界中，AR 技术使用户感到仍处于现实世界，但能分清虚拟和现实，MR 技术使用户感到身处于现实世界，但不能分清虚拟和现实；在虚实交互层面，应用 VR 技术不能实现现实与虚拟间的互动，应用 AR 技术只能叠加虚拟画面却不能与现实场景进行互动，而应用 MR 技术可以使虚拟物体和现实场景相互感知、获取信息并实时交互。[11]

AR 技术是在 VR 技术的基础上发展起来的，而 MR 技术又是 VR、AR 技术的进一步发展，因此 VR、AR、MR 技术之间也有一些相似之处，例如 3 类技术都应用了计算机图形图像技术和传感器技术；3 类技术都能创设真实性极

强的环境,为用户带来身临其境的沉浸式体验;三类技术都是现代交互技术的重要组成部分,都可被应用于游戏、教育、医疗等领域。

2 虚拟现实相关技术在馆校结合科学教育中的应用现状及存在问题

2.1 虚拟现实相关技术在馆校结合科学教育中的应用现状

自 20 世纪 90 年代以来,西方的馆校合作形式普遍可以分为五大类——校外访问、学校拓展、教师专业发展、博物馆学校、区域及国家层面的整体项目式合作,其中国外馆校结合的形式以校外访问和学校拓展为主,而国内馆校合作的形式仍以校外访问为主。[12]校外访问主要是前往科技场馆参观访问,含有教育性设计;学校拓展即校外服务,主要是科技场馆向学校提供资源,延伸教育职能,帮助学生开展研究和实践。而近几年,国内实体科技馆和数字科技馆均建设有虚拟现实相关展品或专题,由此无论是线上还是线下,科技场馆的展教水平、服务时效性、服务创新驱动发展能力均得到了一定提升。[13]同时,国内外已有一些学校引入了科技场馆提供的虚拟现实相关技术,并将其应用于课堂教学和科学教育实践活动,以此激发学生的学习兴趣,为学生提供更为沉浸的学习体验,并在提高学生学习成绩、优化教学质量等方面取得了显著成效。

将虚拟现实相关技术应用于馆校结合科学教育领域,可以优化科学教育模式,保障实验安全,突破时间、空间等条件的限制,提高教育质量。在完全虚拟或虚实结合的场景中,学生可以获得身临其境的体验,增强学习沉浸感、互动体验感和视觉效果,开展个性化学习,提高学习主体性、学习兴趣、创新思维能力和探究实践能力。但目前所应用的虚拟现实相关技术以 VR 技术为主,AR 技术较少,而 MR 技术鲜见,此外虚拟现实相关技术的应用还存在许多问题,因此馆校间应加强合作,以多元化的方式予以解决。

2.2 虚拟现实相关技术在馆校结合科学教育应用中存在的问题

2.2.1 VR、AR、MR 技术的应用不够深入和全面

在学校和科技场馆中,仅小部分展品和项目使用了 VR、AR 技术,且 MR 技术的应用鲜见,虚拟现实相关技术的应用程度均不高,大多数 VR 技术的应用停留在使用 VR 虚拟影像播放视频、建设 VR 模拟游戏等层面,而 AR 技术的应用也较注重简单体验;在科技场馆和学校中,大多数展品、仪器和项目更注重使用体验,包括应用 VR、AR、MR 技术的展品、仪器和项目,它们通常仅涉及浅层现象及原理,科学学习的深度不够;融入虚拟现实相关技术的智能

对话场景有待完善，很多科技馆内的人机问答设备只能回答特定问题，不能起到答疑解惑且有问必答的作用。

2.2.2 馆校结合科学教育形式单一

目前，馆校合作形式不够紧密，在国内，馆校结合的形式主要为校外访问类型的参观学习活动，注重浅层体验而缺少深层次的科学探究实践内容；馆校结合科学教育系统也不够完善，主办于校内的馆校结合形式较少；科技场馆中开展的课外学习内容难以与校内的课堂学习内容形成完整知识体系；此外，科技场馆向学校提供的 VR、AR、MR 技术和相关应用也偏少。

3 虚拟现实相关技术在馆校结合科学教育活动中的一种应用模式

本文在前人研究的基础上，以馆校结合科学教育为主要活动形式，将虚拟现实相关技术融入科学教育活动，尝试总结提出一种融入 VR、AR、MR 技术的"课前＋课内＋课外""线上＋线下"科学教育活动模式，分析该种模式下的馆校间科学资源共享形式，以期充分整合校内外资源，提升馆校之间的合作紧密度，克服虚拟现实相关技术融入馆校结合科学教育中所面临的一些困难，并提高学生所学知识的整体性，使学生充分发挥主体性，激发对科学和虚拟现实相关技术的兴趣，增强创新思维能力，培养科学家精神，全面提高科学素质。[14]

3.1 "课前＋课内＋课外""线上＋线下"科学教育活动模式

该模式将科学教育活动分为课前、课内、课后 3 个阶段，分别在家庭、学校、科技场馆中进行，其中广泛应用 VR、AR、MR 技术，使科学教育活动具有线上、线下相结合的形式（见图 1）。该模式以 STEAM 教育理论、建构主义学习理论、自主学习理论、合作学习理论、具身认知理论、沉浸式认知理论等为基础，以跨学科、沉浸式、体验式、互动式为特点，在虚实结合中实现多主体、多场景、多感官、多形式的多元科学教育活动。[3] 该模式包含两个关键要素——课前、课内、课外教学活动串联进行和应用虚拟现实相关技术，具体分析如下：

（1）整项科学教育活动包含以翻转课堂为特征的课前科学教育活动、以校内课堂教学为特征的课内科学教学活动、以科技场馆实践为特征的课外科学教育活动，学习内容前后衔接，具有一定的深度和广度，有利于增强馆校间合作的紧密度，也有利于学生掌握科学知识和技能，自主构建完整的知识体系。

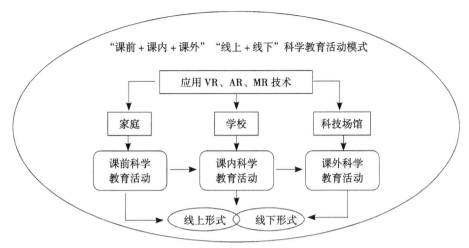

图 1 融入 VR、AR、MR 技术的"课前 + 课内 + 课外""线上 + 线下"科学教育活动模式

（2）将虚拟现实相关技术贯穿于科学教育活动的全过程，赋予科学教育活动以线上和线下相互交织的活动形式，有利于开展跨学科教学活动，拓宽教学途径，也有利于全面培养学生的核心素养。VR、AR、MR 技术在该模式中的可能性应用如下所示：

·VR 技术的应用：科技场馆和学校联合建设线下 VR、AR、MR 体验馆和线上 VR 虚拟实验室；馆校联合开发 VR 教具、材料和游戏，使学生可以观看科普视频和动画，观察肉眼难以看到的结构模型，或通过 VR 游戏在人机交互中学习或巩固知识；在 3D 建模技术和人工智能技术的协助下，学生可以通过 VR 模型编辑器自主制作 3D 模型，再使用 3D 打印仪器，以手工或机器制作的形式打印模型，再进行观察和讨论。

·AR 技术的应用：在科技场馆所提供的 AR 识别机前扫描指定图文，学生即可在显示屏上观察到周围环境中出现的虚拟影像，体验沉浸式学习；学生还可以利用移动设备参与 AR 游戏，观看科普视频，观察 AR 模型，在现实和虚拟的叠加场景中学习或巩固知识；科技场馆和学校也可以联合企业和社会机构，研发和优化 AR 教育软件，使学生能通过移动设备，于任意时间地点应用 AR 技术进行科学学习，使科学学习摆脱时间和空间的限制。

·MR 技术的应用：对于优化学习方式，应用 MR 技术可以在现实中创设模拟情景，在教室中、科技场馆中以图文、视频、动画、语音等形式展现知识，师生可以利用头戴式仪器在真实世界中呈现虚拟影像，使用手势互动即可拖动、缩放、旋转整体影像，点击局部部位即可观察细节和内部结构，还可以进行播放立体视频影像，与 ChatGPT 等人工智能系统进行语音交互，切换多种影像，以多种形式展现事物等操作，将交互体验从一维拓展至多维，打破时间、空间的界限，充分调动学生的视觉、听觉、触觉感官，实现师生、生生、人机多重交互，为学生带来身临其境的奇妙学习体验。同时，对于优化教学方式，智能设备还可以收集、整理分析教学过程中产生的数据，帮助教师跟踪、记录、评价学生的学习情况，为教师提供生成性的学习效果反馈，有利于教师对课堂实行精准把控。[15]

此外，除结合 VR、AR、MR 技术外，本模式还可以融入其他前沿技术，共同优化科学教育活动体系，例如，以 5G 技术、元宇宙技术为支撑，与学校合作搭建"互联网 +"教学平台，并在其中建设 VR、AR、MR 技术和 ChatGPT 等人工智能技术。

3.2 馆校间虚拟现实相关科学资源共享形式

3.2.1 馆校间多形式合作，创设科学教育活动

馆校间可通过线下、线上、校内、校外的形式开展合作，融课堂教学活动与课外科技场馆教学活动于一体，共享资源，创设多元化的科学教育活动。

（1）线下合作形式

学校可以选择 24 小时博物馆开展短时间参观活动，学生可以与各项展品互动，参与手工制作活动，采访科技工作者，担任小小讲解员，录制科普视频；科技场馆可以派科技工作者前往学校，参与展品讲解、开设讲座等科技辅导工作。

此外，馆校间还有更多合作形式，如合作建设流动博物馆、科普大篷车、科技馆科学院、虚拟现实相关技术体验馆，进而开展参观、讲解、制作、服务等馆校间科学教育实践活动，联合举办促进馆校结合应用 VR、AR、MR 技术的研讨会，联合举办青少年科技赛事，开发相关教研活动以推动科学教师专业发展，推动区域及国家层面的整体项目式合作等。

（2）线上合作形式

学校可利用 WebQuest 建构—探究学习模式、问题引导教学模式逐步开展教学活动，科技场馆负责提供系统技术支持，以"5G"、元宇宙技术为支撑，与学校合作搭建"互联网 +"教学平台，并在教学平台内建设虚拟实验室，研发 VR、AR、MR 游戏，在翻转课堂中应用 VR、AR、MR 技术，由此学生可以在教师的引导、组织下，通过课堂学习、参观科技场馆、查阅网络资料等途径搜集信息，开展科学学习，构建知识体系，也可以利用网络平台开展探究性学习和研讨交流活动，进行反思、评价和总结，最终完成馆校间的科学教育实践活动。

馆校间还可以共享智能教学评价系统，由科技场馆提供技术支持，与学校合作搭建网络平台，完善面向学校学生和科技场馆参观者的科学教育评估体系，从科学知识、科学方法、科学精神、科学思维、科学本质、迁移应用等方面对学习者进行全方位评价和反馈，再由系统进一步提出问题和相关改进方法，有必要时师生可以开拓下一个相关议题，在学习循环模式中开展探究性学习。

（3）校外合作形式

科技场馆可以提供展品、仪器设备、科技人员、网站资料系统、科普经验、实践场地等资源，配套多元研学活动开展结合虚拟现实相关技术的科学教育活动；科技场馆可以增设融入 VR、AR、MR 技术的科普项目，完善已有科普设施，向社会募集设施改进意见，举办设计大赛，开发应用 VR、AR、MR 技术的科普设施和科学教育活动。

（4）校内合作形式

学校可以提供虚拟现实相关技术教具的设计理念、展品和设备的改进创新思路、优秀活动作品、科学教育理念和方法、科普场地等；调研自身的科学教育设施需求，从科技场馆引进 VR、AR、MR 相关设施，在校内建设虚拟实验室，研发、创新应用 VR、AR、MR 技术的科学教育活动；科技场馆可以派遣科技辅导员进校开展科普展品知识、教授科技课程、开设科技讲座等活动，协助融入 VR、AR、MR 技术的馆校结合科学教育活动的开展；学校可以和科技场馆合作，因地制宜地创设校本课程，开展综合性实践活动，培养小小讲解员；在科技场馆的技术支持下，学校可以建设融入信息捕捉技术和人工智能技术的教学辅助系统，用于跟踪、记录、分析学生的学习数据，予以师生实时的反馈和评价。

由此，学生可以在学校和科技场馆分别开展课堂和课外实践活动，以此串联起馆校之间科学教育活动和知识学习体系，融正式学习和非正式学习于一体，提高学生的知识掌握水平和探究实践能力。并且，无论在馆在校，馆校间都可以进行线下和线上交流，实现资源共享。

3.2.2　馆校间相互交流作品、理念、设备与测验情况，共享评价和反馈

学校与科技场馆间可以通过多种交互方式共享资源，共同生成评价和反馈并相互借鉴，具体交互方式如下：

（1）学生可以向科技场馆提供优秀活动作品，为科技场馆提供展览材料和项目优化经验。例如，学校从科技场馆引进 3D 打印技术和相关仪器，让学生在教师的引导下，利用 VR 模型编辑器和 3D 打印仪器自主制作模型和教具，并利用模型开展观察和实践活动，之后再由学校将优秀活动作品送回科技场馆

进行展览，并对 3D 建模活动和相关仪器提出优化建议。

（2）教师可以为科技场馆提供教学理念和教学经验，科技场馆可以为学校提供前沿技术、科普经验、展品仪器和科普视频，学校教师还可以与科技工作者相互交流，共同创新或研发虚拟现实相关教具和科学教育活动，积极组织馆校间合作研学活动。

（3）学校可以在智能教学评价系统内，利用虚拟现实相关技术和人工智能技术生成个性化知识测验，并针对学生的学习效果做出生成性评价，提出改进建议；生成的个性化知识测验及答题情况还可以作为参考反馈至科技场馆，使科技人员了解校内学生的知识水平、学习能力和心理状态，有利于改进科技场馆内互动项目，尤其是答题小游戏。

4 科学教育活动设计——以"探秘植物的一生"主题活动为例

4.1 活动设计思路

本项科学教育活动以教科版小学科学四年级下册第一单元第八课《凤仙花的一生》为课程基础，结合家庭科学教育活动和科技场馆教育活动，对原有教学内容作相关补充和创新设计，加入"翻转课堂"这一教学环节，将VR、AR、MR 等前沿技术贯穿于科学教育活动全过程，运用观察实验、模型建构、探究实践、自主学习、合作学习等方式，最终生成"探秘植物的一生"主题活动，打造跨学科沉浸式学习，体现了 STEAM 教育理论、建构主义学习理论、自主学习理论、合作学习理论、沉浸式认知理论等理论，以期为融入虚拟现实相关技术的"课前 + 课内 + 课外""线上 + 线下"科学教育活动提供案例参考。

4.2 学情分析，确定活动目标

本次科学教育活动的主要对象为小学四年级学生，应各地不同需求，也可延伸至初中学生。本次科学教育活动以单元活动总结为基础，此前小学四年级学生已亲身经历了一个完整的凤仙花种植观察活动，收集了大量信息，开发了动手实践能力。学生虽然在前几次课程中已分别认识了根、茎、叶、花、果实和种子等植物器官，但整体认识仍不充分，他们对知识的概括、归纳能力也有限，因此教师需要引导学生整理、分析信息，梳理观察记录结果，形成对凤仙花生长变化过程的总体认识，也可以通过体验 VR、AR、MR 技术应用，进一步了解其他绿色开花植物的生长周期，同时学习植物标本制作、3D 建模打印等拓展技术。

根据学情分析，本文以《义务教育科学课程标准（2022 年版）》所制定的课程目标为标准，提出以下活动目标（见表 1）。

表 1　"探秘植物的一生"主题活动目标

	活动目标
科学观念	●认识绿色开花植物通常会经历种子萌发、幼苗生长发育、开花结果、衰老死亡的生长变化过程 ●认识绿色开花植物一般由根、茎、叶、花、果实和种子组成 ●理解根、茎、叶为植物生存提供营养物质，花、果实、种子帮助植物繁殖后代 ●了解植物维持生命需要水、阳光、空气、土壤和适宜的温度 ●了解其他绿色开花植物的生长变化过程
科学思维	●能基于观察记录和其他信息，有证据、有逻辑地描述植物的生长变化过程 ●能从微观、宏观角度思考各种绿色开花植物的生长变化过程，剖析内外部变化 ●能依据相关证据，运用分析与综合、比较与分类、归纳与演绎、推理与论证等方法得出植物生长变化规律及生命需求等结论 ●能意识到环境变化影响植物的生存和繁殖 ●能以经验事实为基础，利用 3D 建模软件、3D 打印机构建植物模型，并运用模型分析、解释植物的生长变化规律 ●能多角度分析、思考问题，提出创新观点和解决方案
探究实践	●能用文字、统计图表等方式整理、分析观察记录的信息 ●了解使用 VR、AR、MR 技术相关软件、设备的方法，能用其开展科学学习活动 ●能自主制作虚拟植物标本，初步学习制作植物标本的方法，并对标本进行观察 ●能自制植物模型，并运用模型展示、讲解植物的生长变化过程及其特性
态度责任	●能基于证据和逻辑发表自己的见解，严谨求实 ●能善于合作，乐于接纳他人的观点，尊重他人的情感和态度 ●敢于大胆质疑，追求创新 ●能保持强烈的好奇心和探究热情来参与各项活动，研究植物的生长变化过程

4.3　活动过程安排

"探秘植物的一生"主题活动可分为课前、课内、课后 3 个阶段，分别在家庭、学校、科技馆中进行，其中线上和线下活动相互交织。学生通过自主和合作学习，整理、分析信息并得出结论，亲历探究实践过程，利用 VR、AR、MR 技术及 3D 打印技术、人工智能技术完成游戏、观察、实验、建模等活动，最后在智能教学评价系统的帮助下，师生间、馆校间共享多样化的反馈与评价。"探秘植物的一生"主题活动的详细过程安排如表 2 所示。

表2 "探秘植物的一生"主题活动过程安排

活动阶段	活动场所	活动形式	活动内容	教育意义
课前	家庭	翻转课堂（线上）	通过翻转课堂网络平台自主学习"凤仙花的一生"课程视频	课前预习、梳理知识
		制作科普视频（线下＋线上）	整理凤仙花种植期间记录的照片和视频，按时间顺序将植物照片和视频制作成科普视频，经教师审核后，将科普视频上传至互联网平台共享	整理、认识凤仙花的生长变化过程；制作科普资源，供师生交流互鉴
课内	学校	课堂导入（线下）	分组讨论，展示科普视频和自己种植的凤仙花，师生、生生间分享观察记录、发现和思考，讲述种植过程中遇到的趣事和问题	引入课堂学习内容，回忆种植活动，激发学习兴趣
		体验AR游戏（线上）	通过移动设备体验AR游戏，按时间顺序将凤仙花不同生长阶段的卡牌排序，用AR软件扫描正确的卡牌摆放顺序，即在现实场景中观看凤仙花的动态生长变化过程，并学习AR游戏所提供的图文知识	帮助认识凤仙花的生长变化过程，在巩固所学知识的同时拓展知识面，激发学习兴趣
		提出问题，做出假设（线下）	提出问题——"从凤仙花的生长变化过程能够发现什么规律？"结合已有知识、经验和信息，从各方面思考凤仙花的生长变化过程，提出有关凤仙花生长变化规律的假设	明确讨论和研究的目标，锻炼科学思维能力
		处理信息，制作图表（线下）	在教师引导下，小组内交流讨论，整理凤仙花种植期间记录的各类数据，分析凤仙花生长各阶段的外观特点，以折线图的形式绘制凤仙花生长各阶段时间图、凤仙花生长高度变化图，尝试从中分析得出结论	学会信息整理和分析、得出结论的方法，帮助建立对植物一生生长变化过程的整体认识
		体验VR游戏（线上）	通过移动设备体验VR闯关游戏，在虚拟植物世界场景中逐步探索，进行知识问答	巩固已学知识，补充学习课外知识，激发学习兴趣
		归纳总结，生成新问题（线下）	小组讨论，总结归纳知识，对凤仙花培养的过程进行反思和评价，提出新问题，如"其他绿色开花植物的生长变化过程与凤仙花的相似吗？""植物在生长过程中内部变化是什么样的？"并做出假设	锻炼学生总结归纳、反思评价的能力，为课外科学教育活动提供兴趣基础，探究内容指向
课后	科技馆	明确探究问题（线下）	在教师的引导下自主思考，复习课内所学知识，明确课外科学教育活动所探究的问题及相关假设	复习巩固，明确科学教育活动的探究内容
		在VR虚拟实验室中探究（线上）	模拟制作植物标本，在虚拟世界中，从模拟实地采摘开始，学习制作植物标本，观察不同植物的植物根、茎、叶、果实等组织，拍摄生成虚拟图片	学习标本制作方法，探究不同植物生长变化过程的特点、区别与联系

活动阶段	活动场所	活动形式	活动内容	教育意义
课后	科技馆	在 VR 虚拟实验室中探究（线上）	模拟培养植物。利用 3D 动态虚拟仿真实验培养一株绿色开花植物，可以对植物进行浇水、施肥、照光、换盆、除草、除虫、人工授精等操作，并在宏观层面进行观察。运用分析与综合、比较与分类、归纳与演绎、推理与论证等方法得出植物生长变化规律及生命需求等结论，发现水、阳光、空气、温度等因素均可影响植物的生长发育过程	不断试错纠正不解概念，对植物的生长变化过程形成更加深入、完整的认识，有利于自主构建知识体系
			观察 3D 植物动态模型。在内部和外部、宏观和微观层面，分别观察芽生长发育的过程、花开放的过程、植物的受精过程、种子形成和发育的过程等植物生长变化过程的不同阶段	观察现实世界中不易观察到的现象，拓展所学知识的广度、深度
		体验植物 AR 识别机（线下＋线上）	使用植物 AR 识别机扫描植物种子图片，即可看到图片上的种子"活"了起来，以 3D 动画的形式慢慢生长发育，经历一个生长周期，最终变回种子形态，扫描不同种类的植物图片可以生成不同的 3D 动画，还可以向植物 AR 识别机所连接的 ChatGPT 系统提出问题，或获取更多感兴趣的信息	在三维视角下观察植物的生长变化过程，利用 AR 和人工智能技术答疑解惑，根据自身兴趣开展个性化学习
		通过 MR 技术学习知识（线下＋线上）	打开 MR 技术配套的植物科普书，通过 MR 头戴式设备，对准书页上的植物图即可看到相应植物的 3D 模型和虚拟文字简介，还可以选择播放科普视频和语音讲解，用手指点击植物 3D 虚拟模型各个部位，还可以选择放大该部位观察外观或选择观察其内部结构，并获得相关文字和语音解说	翻看 MR 科普书即可学习不同植物的相关知识，身临其境地观察植物内外部结构和生长周期特点
		体验 VR 建模与 3D 打印技术（线下＋线上）	选择某种植物生长周期的某个阶段，观察其外观和结构，在教师和智能系统的引导下，以自主或多人协作的形式，通过 VR 模型编辑器生成虚拟 3D 模型，再使用 3D 打印机制作实体植物模型，观察、分析其与标准模型的异同点，思考改进策略 寻找其他同学所制作的不同生长阶段的植物模型，互动交流，将多个模型组合成完整的植物生长变化过程，并根据模型讲解植物生长变化过程	初步学习 VR 建模和 3D 打印技术，深化对植物生长周期各阶段特点和整体过程的认识，锻炼审美设计能力、科学思维能力等
		表达交流，反思评价（线下＋线上）	与教师和学生展开讨论，解决问题，得出结论，在教师的引导下，对本项活动做出整体的反思评价，提出改进建议和创新方案 参与优秀作品评选活动，将优秀作品送往线下展览；采集优秀作品图像，举办线上展览	以多种形式参与活动评价，锻炼语言表达能力、创新思维能力等，激发学习兴趣和成就感

4.4 活动评价

在本项活动中，活动评价贯穿全过程，其中涉及多主体、多角度、多形式，主要表现为以下几点：

（1）应用 VR、AR、MR 技术和人工智能技术的教育评价系统持续收集、整理分析教学过程中产生的数据，并实时提供给教师和学生，帮助教师跟踪、记录、评价学生的学习情况，为师生提供生成性的学习效果反馈。

（2）根据资料信息和活动体验，师生、生生间交流讨论学习结果和遇到的问题，解决问题，得出结论，并对活动的某一阶段或整体做出反思评价，提出创新思路和方案。

（3）本次科学教育活动结束后，科技馆和学校将交流、共享活动经验和创新方案，并联合举办线下展览，将学生的 3D 打印作品经整理、评选后送展，并采集展品图片和文字解说，上传至互联网平台，以举办线上展览，与更多受众群体共享数字资源。

（4）教师与科技馆工作人员交流活动经验、教学理念，提出相关教具和活动的研发和创新设想，制定改进方案。

（5）学校利用虚拟现实相关技术和人工智能技术为学生生成个性化知识测验，并针对整体学习效果给出生成性评价，提出改进建议。

5 前景与挑战

5.1 前景

融入 VR、AR、MR 技术的"课前 + 课内 + 课外""线上 + 线下"科学教育活动模式，将虚拟现实相关技术应用于馆校结合科学教育，串联家庭、学校和科技场馆的科学教育活动，使线上、线下活动项目贯穿于整个科学教育活动，有利于促进馆校间科学教育合作，充分整合校内外科学资源，为学生提供身临其境的学习内容和操作机会，能够赋予教学内容直观性、趣味性、现实性、系统性等特点，促进学生掌握知识与技能，激发学生对科学学习和 VR、AR、MR 技术的兴趣，锻炼学生的技术与工程实践能力、模型建构能力、数据分析能力、审美能力、创新思维能力、语言表达能力、自主学习能力、合作学习能力等多方面能力，促进学生核心素养的全面发展，培育具备科学家潜质、愿意献身科学研究事业的青少年群体。

此外，加强虚拟现实相关技术在馆校结合科学教育中的应用，是跨学科整合的过程，有利于促进元宇宙、人工智能、5G 等其他前沿技术融入馆校结合科学教育，实现远程教育的进步，推进 STREAM 教育理念、STSE [（科学（Science）、技术（Technology）、社会（Society）、环境（Environment）的英文缩写] 教育理念、HPS [科学史和科学哲学（History of Science and Philosophy of Science）的英文缩写] 教育理念等在探索多元化教学方式中的实践，使科学学习摆脱时间和空间的限制，让游戏化学习更便捷、更真实、更丰富，促进真实学习走出特定情境，实现资源的多通道实时共享，助力师生、生生间的合作学习。[16]

5.2 挑战

目前虚拟现实相关技术仍未达到完全成熟状态，特别是 AR、MR 技术，它们在馆校结合科学教育中的应用也不够完善，因此融入 VR、AR、MR 技术的"课前 + 课内 + 课外""线上 + 线下"科学教育活动模式可能面临以下挑战：

（1）虚拟现实相关技术不够成熟、成本太高，科技场馆和学校可能由于资金有限而无法提供虚拟现实相关技术服务，特别是 MR 技术服务。

（2）科技馆和学校对 MR 技术的使用基本停留在头戴式设备阶段，MR 设备由于其高精度的特点，没有配套完整的产业链，用户使用时可能出现尺寸不合适、有眩晕感、因延迟而使用脱节等问题，最终导致体验感不佳，且 VR、AR、MR 高精度仪器的损耗与修复也面临一些问题。[16]

（3）由于应用 VR、AR、MR 技术的科学教育活动属于技术探究实践活动，且一些相关应用操作复杂，可能难以达到高效完成教学目标的效果。

（4）部分教师的专业水平有限，在掌握新型馆校结合科学教育模式时可能遇到困难，也可能因畏难情绪而不敢用、不常用此类教育模式。

（5）一些结合 VR、AR、MR 技术的教学系统不够完善，软件开发程度也不够高，使用频率较低，很多学校仍处于未引进阶段，仍需要一段时间来渗透应用 VR、AR、MR 技术的馆校合作科学教育模式。

6 总结

VR、AR、MR 技术都属于虚拟现实相关技术，但它们各有特色，存在区别与联系。将 VR、AR、MR 技术应用于馆校结合科学教育可以优化科学教育质量。针对 VR、AR、MR 技术在馆校结合科学教育中的应用不够深入、全面、形式多样的问题，本文总结提出了一种应用 VR、AR、MR 技术的"课前 + 课内 + 课外""线上 + 线下"科学教育活动模式。该模式是馆校结合科学教育的一种表现形式，能够提高馆校间科学教育合作的紧密程度，能够贯通校内校外的学习内容，使其具有直观性、趣味性、现实性、系统性等特点，有利于促进学生掌握知识与技能，激发科学学习兴趣，锻炼多方面能力，培育科学家精神，最终促进学生核心素养的全面发展。

本文介绍的案例以教科版小学科学四年级下册中"凤仙花的一生"为课程

基础，结合家庭科学教育活动和科技场馆教育活动，在教学内容中加入翻转课堂、虚拟现实相关技术、3D 打印技术等元素，使科学教育活动以"线上 + 线下"的形式展现，最终生成"探秘植物的一生"主题活动。在本项活动中，学生经历了课前、课内、课后 3 个阶段的学习过程，在虚实结合的沉浸式学习环境中自主学习、合作学习，利用 VR、AR、MR 技术完成游戏、观察、实验、建模等活动，在线上形式和线下形式相交织的活动中亲历探究实践活动，在教学评价系统的帮助下，师生间、馆校间共享多样化的反馈与评价。从整体上看，本案例为应用 VR、AR、MR 技术的"课前 + 课内 + 课外""线上 + 线下"科学教育活动模式提供了参照。

参考文献

［1］全面提升中小学生科学素质——教育部等十八部门联合印发《关于加强新时代中小学科学教育工作的意见》[J]. 科普研究，2023，18（3）：2.

［2］SHERMAN W R，CRAIG A B.Understanding Virtual Reality：Interface，Application，and Design[M].Morgan Kaufmann Publishers Inc.，2002.

［3］邱莹莹，郑小军，黄伊庭华．虚拟现实、增强现实与混合现实技术在教育教学中的应用：现状、挑战与展望 [J]. 广西职业技术学院学报，2021，14（3）：61-66.

［4］沈阳，逯行，曾海军．虚拟现实：教育技术发展的新篇章——访中国工程院院士赵沁平教授 [J]. 电化教育研究，2020，41（1）：5-9.

［5］汪存友，程彤.增强现实教育应用产品研究概述[J].现代教育技术，2016，26(5)：95-101.

［6］SCAVARELLI A，ARYA A，TEATHER R J.Virtual reality and augmented reality in social learning spaces：a literature review[J].Virtual Reality，2021，25(1)：257-277.

［7］AZUMA R T.A Survey of Augmented Reality[J].Presence：Teleoperators & Virtual Environments，1997，6(4)：355-385.

［8］范文翔，赵瑞斌．数字学习环境新进展：混合现实学习环境的兴起与应用 [J]. 电化教育研究，2019，40（10）：40-46+60.

［9］孔玺，孟祥增，徐振国，等．混合现实技术及其教育应用现状与展望 [J]. 现代远距离教育，2019（3）：82-89.

［10］潘枫，刘江岳．混合现实技术在教育领域的应用研究 [J]. 中国教育信息化，2020（8）：7-10.

［11］张子涵.信息技术教育应用的潜力、效果和挑战——基于"VR""AR""MR"的分析 [J]. 软件导刊，2022，21（2）：216-220.

［12］宋娴．中国博物馆与学校的合作机制研究 [D]. 华东师范大学，2014.

［13］赵志敏．虚拟现实技术在科技馆的应用 [J]. 科学技术协会论坛，2018（6）：14-15.

［14］周玉婷，陈娟娟．增强现实技术支持下的馆校合作新模式探索——基于国内外馆校合作模式的案例分析 [C]// 第十三届馆校结合科学教育论坛论文集 .2021：28-40.

［15］陆吉健,周美美,张霞,等．基于 MR 实验的"多模态＋人机协同"教学及应用探索 [J]. 远程教育杂志,2021,39（6）:58-66.

［16］杨馨宇,黄斌．混合现实（MR）在教育教学中的应用与展望 [J]. 中国成人教育,2020（13）:52-57.

STREAM 教育理念下乐高 4C 教学模式在汽车科普教育活动设计中的应用

——以上海汽车博物馆主题研学活动为例

王　浩　黄　芳*

（华中科技大学教育科学研究院，武汉，430074）

摘　要　在当前的"双减"背景下，推动科学教育的发展变得尤为重要。为了实现这一目标，需要采取整合课程资源、强调实践与探究、利用科技手段和拓宽教育载体等措施。而在这个过程中，乐高 4C 理念和 STREAM 教育将发挥关键作用，提供创新而专业的解决方案。乐高 4C 理念将乐高教育与科学教育相结合，引入乐高积木的创造、合作、批判性思维和沟通等核心概念，培养学生的创新能力和综合素质。这种教学方法摆脱传统的纸上谈兵，让学生通过实践和合作来深入理解科学原理和概念。而 STREAM 教育则进一步加强了乐高 4C 理念的应用，通过将科学教育与艺术、阅读、写作等学科融合在一起，学生能够在跨学科整合的教学模式下综合运用各种技能。这不仅丰富了学习内容，还为学生提供了更广阔的学习机会和实践经验。而馆校结合则是推动科学教育的重要方式之一，博物馆等文化机构作为宝贵资源，可以为学校提供丰富的教学素材和实践环境。同时，学校与博物馆等机构的合作，不仅可以拓宽学生的视野，还能够创造更多的教学机会和创新实践。本文的案例以 STREAM 理念为基础，将乐高 4C 教学方法应用于汽车科普和博物馆教育活动，构建了一种创新的博物馆与学校融合模式，深化了科学教育和汽车科普教育的发展。

关键词　STREAM 教育　乐高 4C 理念　活动设计　汽车科普教育

汽车是一种常见的交通工具，在汽车文化和技术领域有着广泛科学普及的价值。作为支柱产业，汽车与人们的生活和社会学科密切相关，同时融合了艺术与技术。汽车领域涉及的学科知识广泛使用，成为科普教育中不可或缺的重要媒介和载体。我国政府近年来积极支持汽车行业发展，特别是新能源汽车，以加速构建汽车强国。[1] 同时，汽车科普教育也得到广泛关注和推广。学校将汽车科学纳入课程，并开展实践活动。汽车制造商、博物馆和科技馆组织展

---

*　王浩，华中科技大学教育科学研究院硕士研究生，研究方向为科学与技术教育；黄芳，华中科技大学教育科学研究院副教授，研究方向为科学教育。

览和教育项目，互联网和社交媒体平台为公众提供便捷获取汽车科普知识的渠道。[2] 随着科技发展和社会需求变化，汽车科普教育将继续拓展，在教育内容和形式上深化科学普及工作。与博物馆和科技馆的合作对中小学汽车科普教育具有重要影响。它们提供丰富的教学资源、实践机会、体验活动、专业知识和网络合作，以及自主学习和综合能力培养。通过馆校合作，学生可以获得更吸引人和实用的教育体验，产生对汽车科学的兴趣和热情。

1 我国中小学生汽车科普教育现状

2.1 中小学生汽车科普教育概况

我国中小学生汽车科普教育正逐渐受到重视和发展。政府通过科普产业研发中心建设、扶持新兴科普产业和实施重大科普项目等措施，加速了汽车科普教育的发展。例如，政府在科普产业方面的支持政策和资金投入，为中小学汽车科普教育提供了必要的支持和保障。

目前，我国中小学生的汽车科普教育呈现出多样化和多层次的发展趋势。传统的科普教育活动主要包括学校组织的科普讲座、展览和实践活动等，这些活动为学生提供了直观的学习体验。此外，博物馆和科技馆等机构也在这方面做出了积极的努力。举例来说，北京汽车博物馆通过举办学术研讨会、讲座和展览等活动，为中小学生的汽车科普教育提供了丰富的资源和学术交流的机会。[3] 同时，随着互联网和新媒体的兴起，在线平台、移动应用和社交媒体等渠道传播的科普知识也得到了广泛应用。一些汽车厂商和机构也积极开展了讲座、培训班和实践活动等形式的科普教育，例如，上海国际汽车博览会的"智辂空间"活动成立了"汽车科普联盟"，致力于推动青少年科普项目和培养新模式的复合专业人才。这些活动的举办不仅促进了中小学汽车科普教育的发展，还为学生提供了与专家和业界人士互动交流的机会。我国国内具体的汽车科普途径如图 1 所示。

图 1 汽车科普教育的常见途径

然而，目前国内在利用乐高教育实现汽车科普的途径相对较少，这表明在该领域的研究和应用仍存在相当大的发展空间。乐高教育尽管已被广泛运用于科学、技术、工程和数学（STEM）等领域，但仅有有限的关注和探索集中在汽车科普上。因此，进一步探究和拓展乐高教育在汽车科普中的应用潜力将是具有价值和前景的研究方向。

2.2 中小学生汽车科普教育的需求及挑战

中小学生对汽车科学知识的广泛普及需求亟待解决。现今复杂的交通系统和日益普及的汽车使用使其对汽车科学知识的认知变得尤为重要。深入了解汽车的原理、构造和工作机制有助于提升中小学生的交通安全意识，以防范可能发生的交通事故。此外，汽车科学知识的学习还能培养学生的科学素养和创造性思维，涵盖物理、化学等多学科知识，为其解决问题的能力和创新潜能的发展奠定基础。同时，为中小学生提供了充分的汽车科学知识教育，还能够为他们未来从事与汽车相关的职业提供必要的准备，促进其职业发展。

然而，中小学汽车科学知识普及教育面临着诸多困难和挑战。教师方面存在专业知识和资源的不足，限制了他们在教学中传授全面深入汽车科学知识的能力；同时，教育目标与考试压力的平衡也成为挑战，导致学校在资源和时间分配上对汽车科学教育不足；此外，缺乏专业指导与培训使教师在设计和传授汽车科学知识方面缺乏明确的方法和策略。学生对汽车科学知识的兴趣和学习需求存在差异，进一步加大了教师的教学难度。综合而言，中小学汽车科学知识普及教育需要克服以上种种挑战，以满足学生的需求并促进知识的全面传播。图2展示了汽车科学知识普及中所面临的需求和挑战。

汽车科学知识普及	
需求	挑战
培养科学素养	教材与课程缺乏
培养创新能力	资源匮乏
培养环保意识	知识晦涩难懂
探索职业发展方向	兴趣差异
培养交通安全意识	儿童与科学知识的接触不足

图2 汽车科普教育的需求和挑战

然而，乐高汽车科普教育在推广汽车科学知识方面独具优势。通过提供学生亲身体验与实践的机会，他们能够深入了解汽车构造与原理。此外，乐高汽车科普教育以跨学科整合为基础，使学生获得综合的学科知识，同时培养创造性思维与问题解决能力。这种教育方式还有助于发扬学生的合作与团队精神，同时激发他们对汽车科学的兴趣与参与度。综合而言，乐高汽车科普教育为学生提供了一种富有趣味性和有效性的学习途径，能够满足汽车科学知识普及的需求（见图 3）。

图 3　学生拼搭乐高小车

3　相关教育理念

3.1　STREAM 教育理念

STEM 教育源自 20 世纪 90 年代的美国，涵盖科学、技术、工程和数学等学科。作为一种新型的教育尝试，STEM 教育转向跨学科整合的教育方向，超越传统学科教育的边界。然而，随着教育领域的不断发展，传统的 STEM 教育已经无法全面满足教学需求，于是催生了 STEAM 教育，将艺术元素融入其中。21 世纪初，弗吉尼亚理工大学的吉特·亚克曼提出了 STEAM 教育理念，并指出艺术包括语言学、美学、动作和形体展示等领域，超越人文艺术领域。实际上，早在 20 世纪 60 年代，美国哲学家尼尔森·古曼德发起了"零点项目（Project Zero）"，倡导科学与艺术融合的教育。STEAM 教育的兴起凸显了科学与艺术的互补性，为创造力、创新和解决实际问题提供了更广阔的视角。

随着 STEAM 教育的发展，一些学者引入了阅读和写作的因素，形成了现今的 STREAM 教育。然而，北京师范大学教授余胜泉认为，无论是 STEM 教育、加入艺术的 STEAM 教育，还是加入阅读和写作的 STREAM 教育，它们实质上都是跨学科整合的教育理念，即 STEM+ 的教育理念。因此，在研究过程中，我们应关注多学科融合的教育形式，而不仅仅关注于 STREAM 教育所涵盖的内容（见图 4）。[4]

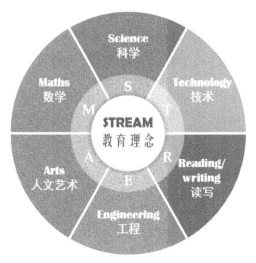

图 4　STREAM 教育理念

3.2　乐高 4C 教学模式

乐高教育旨在通过有针对性的游戏方式帮助学生取得成功，同时培养他们的推理能力、适应能力、社交技能和社会情感，并树立学习 STREAM 教育理念的信心。为实现这一目标，乐高教育部将所谓的"更好的机会"具体化为提供优质的建构材料、有效的传授方法、良好的学习环境及丰富的比赛和交流机会。基于这样的理念，乐高教育总结了 4 个阶段的学习过程，简称"4C 教学模式"：

（1）连接阶段（Connect）：建立新知识与学习者已有知识之间的关联，通过身边真实案例寻找规律并寻求问题解决方案。

（2）建构阶段（Construct）：有两个层面的含义。一方面，学生通过实际制作乐高教具来发现问题，并通过交流和思考加以解决；另一方面，在现实制作的同时，通过不断尝试、反复实践、体验和总结，认知过程逐步发生"同化"和"顺应"的变化，从而在大脑中逐步建构和完善自己的知识图式。

（3）反思阶段（Contemplate）：对建构过程进行反思，通过讨论和交流，发现其中存在的问题，并制定相应的调整方案。这是促使学习效果提高的重要阶段。

（4）延续阶段（Continue）：保持对未来的期望，保持学习的热情，并渴望深入了解学习内容，以便进入新的"连接"阶段。综上所述，学习者不断进行学习，处于一个螺旋上升的良性循环过程中。[5]

综上所述，乐高教育以其创新的教学方法和综合培养的目标，为学生提供了一个引人入胜且富有成长机会的学习体验。图 5 展现了乐高 4C 教育模式。

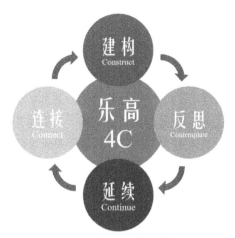

图 5　乐高 4C 教育模式

4　基于乐高 4C 教学模式的研学活动设计——"创车乐园"

4.1　上海汽车博物馆"创车乐园"简介

上海汽车博物馆紧密与汽车科普相关。作为一个汽车博物馆，其主要目的之一是向公众传播汽车相关的知识。通过展览、互动设备和教育训练区，博物馆提供了一个学习和了解汽车科学、技术和文化的平台。

（1）历史区：展示各个历史时期汽车的藏品、汽车行业的演进历程和技术革新，传达重要的历史里程碑和科技创新。内容包括汽车探索史、流水线生产模式、流线型设计与速度之间的关联等。

（2）珍藏馆：展示近 40 款经典车型，体现人类社会与现代汽车的紧密联系，展现时代变迁、科技进步和艺术的光辉。观众可以通过触摸屏幕，对比不同车型的功能特性，了解汽车的科学原理和技术发展，还展示汽车科普杂志和模型，展示汽车文化的魅力和汽车工业的发展。

（3）技术馆：通过互动设备和娱乐元素，以生动有趣的方式向观众传授汽车科普知识。展示汽车构造和工作原理，包括新能源汽车等不同技术。提供虚拟驾驶体验和各个方面的知识，激发对汽车技术的兴趣和好奇心。

总而言之，上海汽车博物馆通过不同馆区向观众传授汽车历史、工作原理和制造技术等科普信息，通过图片文字展览、实物展示和互动体验，提供了全面而深入的汽车科普教育。[6]

"创车乐园：乐高小车拼装活动"是根据义务教育科学出版社四年级上册"设计制作小车"课程的内容衍生的 STREAM 活动，但不局限于四年级的学生，教师可以选择不同的乐高教育产品，用于不同年级和兴趣差异的学生。该活动的主要目标是围绕学科核心概念"工程设计与物化"，通过使用乐高积木拼装和设计小车，培养学生创造力、问题解决能力和团队合作精神。

4.2　活动目标

义务教育科学课程旨在培养学生的核心素养，为学生的终身发展奠定基础。为了明确课程目标，我们依据科学课程培养核心素养的构成和学段特征作为主要指导依据，同时从量化和质化两个方面描述了核心素养的表现标准，即科学观念目标、科学思维目标、探究实践目标和态度责任目标。[7]

在这个基础上，对"创车乐园"活动进行进一步分析。"创车乐园"活动目标涵盖以下 4 个维度，如表 1 所示：

表 1　"创车乐园"活动目标

活动目标	科学观念	●理解汽车的基本原理和结构，培养对科学知识的理解和应用能力 ●了解汽车的发展历程，认识到科学是不断演进的，引发对汽车的兴趣和探究欲望 ●感受到汽车知识与现实生活的联系，明白科学在解决问题和创新中的作用
	科学思维	●培养观察力和分析能力，通过观察，分析汽车的构造与机制 ●培养提出问题和解决问题的能力，通过调整和改造乐高汽车模型来接受赛车比赛中的挑战 ●培养逻辑思维和推理能力，通过了解汽车的功能和互动关系，设计乐高汽车模型
	探究实践	●进行实践活动，通过操纵乐高积木模型实际体验汽车的构建和运作过程，加深对汽车科学知识的理解 ●通过赛车比赛，引导学生探索改进汽车模型的方法和策略，并对其效果进行评估和反思 ●培养观察、测量和记录的能力，通过汽车模型数据的收集和分析，进行科学观察和实证
	态度责任	●培养对科学研究的探索精神和持续学习的态度，鼓励积极参与和负责任的科学实践 ●强调团队合作的重要性，培养学生在小组合作中的互相尊重和共同努力的精神 ●培养保护环境和可持续交通的意识和责任感，引发学生思考汽车科技发展与环境可持续性之间的关系

通过乐高汽车研学活动，学生将获得科学知识、科学思维和实践能力，以及积极的态度和责任感。这样的活动设计将更全面地促进学生的综合发展和科学素养的提升。

4.3　STREAM 分析

"创车乐园"活动是一个旨在促进跨学科学习和整合多个学科领域的跨学科 STREAM 教育项目。这个活动深入探索了科学、技术、读写、工程、艺术和数学等多个学科的核心要素，具体涉及的学科领域如表 2 所示。

表 2　"创车乐园"涉及的学科领域

学科	相关内容
科学	●汽车的工作原理和物理原理，包括动力传输、力学、能量转换等方面的知识 ●通过实践、观察和实验来理解科学概念，并运用科学方法来解决与汽车相关的问题
技术	●使用和操作各种技术工具和设备，如编程软件、传感器、乐高积木等 ●学生将有机会学习和实践如何使用技术来控制、模拟和优化汽车模型，以及解决与技术相关的问题
读写	●学生阅读与汽车相关的文本资料，如科学杂志、技术手册等，以提高他们的科学阅读和理解能力 ●学生在活动中撰写汽车介绍和技术说明，以加深对汽车科学原理的理解和表达能力
工程	●汽车模型的设计、搭建和问题解决 ●学习如何进行设计思考、制定计划、选择材料和解决技术难题，以构建可靠和创新的汽车模型
人文艺术	●人文艺术方面分析包括汽车模型的外观设计和装饰，对颜色、形状、比例和美感的把握 ●学生将有机会展示他们的艺术创意和审美意识，通过绘画和装饰来提升汽车模型的视觉效果和个性化
数学	●尺寸和比例测量、速度、加速度和旋转力矩计算，以及统计数据和图表分析 ●运用数学概念和技能来量化、分析和解释与汽车相关的数据和现象，从而深入理解汽车科学和工程学的数学基础

在乐高汽车研学活动中，学生将获得跨学科的知识和技能，涵盖科学、技术、工程、艺术和数学等领域。他们将通过应用科学方法进行实验和观察，培养问题解决能力，这一过程将贯穿整个活动。通过了解汽车技术发展，他们将深入了解汽车的工作原理和设计理念。以下为乐高汽车研学活动中涉及的部分 STREAM 教育元素，具体见图 6。

电子触摸屏查看汽车发展历史

电子触摸屏对比不同车型

汽车工业设计展览

汽车文献资料

图 6　乐高汽车研学活动中涉及的读写和艺术元素

读写将帮助他们深入理解汽车相关文献资料，并创造性地表达观点。乐高汽车研学活动的展厅提供丰富的汽车资料文献和电子触摸屏，以便学生对比不同车系。工程任务将培养学生的设计思维和技术问题解决能力，使他们成为具备乐高汽车工程师身份的学习者。艺术元素的融入将激发创造力和审美意识，技术馆内的汽车工业设计展览将丰富学生的审美体验。数学在测量和计算等方面的运用将提升学生的数学思维和算术能力。通过这些综合学习，学生将培养跨学科思维，整合各学科的知识和技能，为未来的学习和职业发展奠定坚实的基础。

4.4 活动过程

"创车乐园"活动涵盖了 STREAM 教育的多个学科领域，以科学为主线，通过团队合作的方式促进学生的学习。在活动中，学生将学习与汽车相关的知识，并通过动手搭建乐高积木模型来深入了解汽车的结构。这种实践性的学习方法不仅可以培养学生的汽车安全意识，还通过合作完成活动设计过程。具体的活动设计过程如表 3 所示。

表3 "创车乐园"活动设计

环节	活动内容	活动意义
连接	教师提供白纸、彩笔等教学工具，鼓励学生绘制出属于自己的汽车并为其命名，学生互相分享和展示自己的汽车作品	每个个体皆内生创造力，透过个性特质的自我认知，得以自发融入乐高活动所散发的独特氛围中
建构	1. 根据学生绘制的汽车作品进行分组，并按序参观历史馆、珍藏馆和技术馆，以便全面探索汽车知识与结构 2. 在技术馆的模拟驾驶装置中，学生有机会真实体验驾驶汽车的感觉。通过精心设计的模拟场景和即时反馈，他们可以深入了解汽车驾驶技巧和交通安全知识 3. 为每个小组配备乐高积木教具，以合作设计与搭建一辆汽车模型。在设计过程中，小组可以充分发挥自主创意，但须确保满足以下专业要求： ●汽车模型应具备至少 3 个轮子，以实现在平面上的自由运动能力 ●汽车模型必须设计符合合适尺寸和比例的驾驶员座椅，以适应乐高驾驶员的体积要求 ●汽车模型应具备基本稳定性，以确保在移动过程中避免倾倒风险 ●汽车模型的外观设计应富有创意与趣味性，以鼓励学生在模型结构上展示创造力 ●汽车模型应能够运用简单的机械原理，诸如齿轮或简易机械装置等	通过设计和搭建汽车模型，帮助学生们综合学习汽车知识和结构，培养团队合作、创造力和实践技能，为他们提供实际操作和综合思考的机会，为未来的学习和职业发展奠定基础

环节	活动内容	活动意义
反思	1.每个小组将详细介绍他们设计汽车的独特特点和组件，并随后进行互动评价。在此过程中，学生将积极提出问题，分享观点，并且为其他小组提供建设性的建议和反馈 2.教师将运用互动评价的方法，对学生的自我评估及他们在搭建乐高汽车模型和课堂活动中的表现进行客观评估和有针对性反馈 3.教师会回应学生对所提出的未解决问题或需要更优解决方案的疑虑，以及在乐高汽车模型搭建过程中面临的技术难题，提供引发灵感的建议和指导，以激发学生的潜力，并促使他们积极寻求问题的解决方案	学生通过实际操作学习和检验知识掌握。评估结果可调整教学计划，提高学习效果。培养创造力、问题解决能力和自主学习能力。学生能灵活运用所学技巧应对未来挑战。乐高教育实现"做中学"
延续	教师引发问题，激发学生对现实生活中汽车的生产制作方式的思考，鼓励学生在学习汽车制造过程中展开自主探究	培养学生的独立思考和问题解决能力。学生根据自身兴趣和学习目标，选择合适的研究方向，积极利用各种资源和工具进行深入探索

4.5 教学评价

对应 STREAM 教育的 6 个元素，下面是乐高搭建汽车模型活动的教学评价指标建议：

（1）Science（科学）

●知识掌握：评估学生对汽车科学原理的理解程度和应用能力。

●实践与观察：考查学生在实践中运用科学方法进行观察和分析的能力。

（2）Technology（技术）

●技术应用：评估学生运用技术工具（如乐高积木）进行汽车模型搭建的能力。

●使用和维护技术工具：考查学生正确使用和维护技术设备的能力。

（3）Robotics and Engineering（机器人和工程）

●设计和构建：评估学生在乐高搭建汽车模型时的设计创新、结构稳定性和功能实现的能力。

●工程思维：考查学生分析问题、制定解决方案和调整改进模型的能力。

（4）Arts（艺术）

●创意和表现：评估学生在乐高汽车模型的外观设计、装饰和美学方面的创造力和表现能力。

（5）Mathematics（数学）

●测量和计算：考查学生在模型搭建过程中运用数学概念和计算技巧的能力。

●数据分析：评估学生对模型性能和改进的数据表达和分析能力。

（6）Literacy（识字能力）

●阅读和理解：考查学生在阅读相关文献和说明书时的理解能力。

●讲述和表达：评估学生通过口头或书面方式表达模型设计和开发过程的能力。

这些评价指标将根据 STREAM 教育的各个元素和乐高搭建汽车模型活动的特点，综合考虑学生在不同领域和能力上的表现情况，综合考量这些维度，可以得出一个更全面和多角度的评价，帮助学生了解自己的优势和改进的方向，同时也为教师和活动组织者提供有针对性反馈和改进活动的建议。

5　总结和建议

5.1　活动总结

本文以乐高 4C 理念为指导进行汽车科普教育活动设计，以上海汽车博物馆主题研学活动为例，通过连接、建构、反思和延续阶段的设计，促进学生在 STREAM 领域的综合发展。学生通过与真实案例的连接，发现问题并寻求解决方案；通过实际制作乐高模型，与他人交流思考并解决问题；在活动中不断尝试、反思和调整，提高学习效果；最终保持学习的热情，进入新的学习阶段。这样的活动设计为学生创造了一个富有趣味性和挑战性的学习环境，激发他们对汽车科学知识的兴趣与热爱，并培养了他们的创造力、合作意识和解决问题的能力。通过这样的综合教育模式，汽车科普教育能够更好地推进学生综合素养的提升。

5.2　活动建议

当将乐高教育与汽车科普教育元素相结合时，教师可以根据学生的兴趣和差异，选择不同的乐高教育产品。这样可以提供更加专业和个性化的学习体验，以满足学生的学习需求。以下是更加专业和差异化的活动建议：

（1）连接阶段：

●开展有趣的汽车科普知识问答游戏，让学生在竞赛中学习与汽车相关的基本概念和原理，通过游戏调动学习的积极性。

●调查学生对汽车的兴趣和了解，根据结果组织专题讲座或专家授课，让学生根据自身兴趣选择进一步了解的领域。

（2）建构阶段：

●提供不同类型的乐高汽车模型选项，涵盖汽车的不同功能和特点，如让学生选择搭建一辆赛车、一辆 SUV 汽车等，以满足学生对不同类型汽车的兴趣。

●为学生提供不同难度级别的乐高汽车模型套装，让他们根据模型说明书自主搭建乐高汽车，并加入汽车科学相关的元素，如引擎、悬挂系统等。

●设计挑战性的乐高汽车构建任务，如让学生研究并搭建具有特定功能的汽车模型，如自动驾驶系统、动力传输机制等。

（3）反思阶段：

●组织学生进行汽车科普知识分享或展示，让他们通过解释自己所搭建模型的原理或特点，来提高自己对汽车科学的理解和表达能力。

●鼓励学生对乐高汽车模型进行改进和优化，结合所学的汽车原理，引导他们在反思中思考如何提升模型的性能和创新。

（4）延续阶段：

●提供进一步的汽车科普学习资源，如推荐阅读材料、在线教育平台等，以满足学生对汽车科学领域更深入学习的需求。

●鼓励学生团队合作，组织乐高汽车设计竞赛或模拟车队比赛，让学生在合作中进一步提高创造力和解决问题的能力。

以上活动建议，结合乐高教育和汽车科普教育元素，可以激发学生对汽车科学的兴趣和热爱，并通过乐高模型搭建和相关的学习活动，培养学生的创造力、合作意识和解决问题的能力。同时，因考虑到学生的兴趣和差异，活动将更加个性化和专业化。

参考文献

［1］王震坡,黎小慧,孙逢春.产业融合背景下的新能源汽车技术发展趋势 [J].北京理工大学学报,2020（1）:1-10.

［2］大平.质检总局:质量教育惠及 60 万名中小学生——华晨宝马举办青少年质量教育公开课 [J].中国质量万里行,2014（1）:47.

［3］国际工程技术教育论坛在北京汽车博物馆举办 [J].中国科技教育,2019（4）:3.

［4］王雪.STREAM 教育理念下小学生创造能力的提升 [D].山东师范大学,2020.

［5］刘云波.创新人才培养:乐高教育的理念与应用 [J].上海教育科研,2016（2）:22-25.

［6］严佳婧.科普探馆——上海汽车博物馆 [J].华东科技,2015（5）:74.

［7］胡卫平.在探究实践中培育科学素养——义务教育科学课程标准（2022 年版）解读 [J].基础教育课程,2022（10）:39-45.

馆校结合背景下科普课程开发的探索

——以"小小天文官"系列课程为例

马　燕[*]

（北京天文馆，北京，100044）

摘　要　近年来，随着"双减"政策的落地实施，校外教育的需求大幅增加，科普教育的重视，馆校结合也成为必然趋势。本文以"小小天文官"系列课程为例，探讨馆校结合背景下开展科普课程开发的思路，为同类型的科普教育探索提供参考和借鉴。

关键词　科普教育　古天文　课程开发　馆校结合

近年来，国家对科普教育给予了高度重视，同时也提出了更高要求。2020年，教育部、国家文物局下发《关于利用博物馆资源开展中小学教育教学的意见》，指出要进一步健全馆校合作机制，促进博物馆资源融入教育体系，提升中小学生利用博物馆纪念馆学习效果。2021年，国务院印发《全民科学素质行动规划纲要（2021—2035年）》，明确提出在青少年科学素质提升行动中要建立校内外科学教育资源有效衔接机制，实施馆校合作行动。《中国儿童发展纲要（2021—2030年）》《关于新时代进一步加强科学技术普及工作的意见》等文件，提出加强社会协同，注重利用科技馆、儿童中心、青少年宫、博物馆等校外场所开展校外科学学习和实践活动，将弘扬科学精神贯穿于教育全过程。如何深挖场馆资源、在馆校合作的背景下更好地开展科普教育，需要博物馆和学校共同探索实践。

北京天文馆作为科普阵地，以中小学生为目标群体开展了一系列的科普教育活动，得到了社会各界的高度评价，也在不断探索馆校结合的新模式。2023年，以北京古观象台为依托，以古代天文内容为主线，开发实施"小小天文官"系列课程，在面向小学的科普教育上具有积极的意义。

1　"小小天文官"系列课程的背景

天文学作为六大基础学科之一，在现在的中小学教育计划中，知识点分散

---

*　马燕，北京天文馆馆员，主要研究方向为博物馆教育、科学普及与传播。

于地理、科学、物理、历史等学科，并没有独立成课。在一般的高校中，天文学也是比较"冷门"的学科之一。近年来在素质教育的推动下，许多中小学开设了天文校本课程，组织了天文社团或兴趣小组等形式的天文教育活动，[1]但课程内容以学习天文常识和观测基础知识为主，科技场馆仍是开展天文课程和科普教育活动的主要力量。

我国是天文学发展最早的国家之一，天文学对中华文明有着重要影响。文明与科学是难以切割的，天文学的创造不仅是指天文技术及由此产生的观象手段和计算方法，更重要的则是支持这些技术的天文思想，以及一种以天人关系为思考主题的人文理解。[2]结合国家对于传统文化传承工作的要求，开发古天文课程，在传播科学的同时把优秀传统文化展示出来，也是增强中华民族文化认同的必要举措。

2 "小小天文官"系列课程的开发

2.1 课程开发思路

在馆校结合的大背景下，课程开发的核心是既有场馆特色又要满足学校需求，基于此确定了"小小天文官"系列课程的开发流程（见图1）。从知识内容到教学目标体现多元化，这与STEAM的理念不谋而合。近年来，有多位学者提出以弘扬优秀传统文化和培育中华民族家国情怀为核心价值观导向的本土化STEAM教育。在中国传统文化的背景下，以STEAM的项目式学习方式，应用跨学科知识去探究创新，可使学习者在情感上自发地认可和接纳优秀文化，增强文化认同感和文化自信。此课程也是在C-STEAM（"Culture-Science-Technology-Engineering-Art-Methematics"的英文缩写，是面向文化传承的学科融合教育模式）的教育理念指导下进行开发设计的。

图1 "小小天文官"系列课程开发流程

北京古观象台是明清两代的皇家天文台，亦是世界上现存最古老的天文台之一。"小小天文官"系列课程目标群体选定为小学中高年级学生，结合小学学科课标，充分了解学生所能达到的认知程度，同时考虑到不同年龄段学生的身心特点，在课程中设置探究、体验的环节，增强课程的趣味性和学生的参与感，以此激发学生的好奇心，引导其主动学习。课程内容以中国古天文为脉络，选取具有代表性的展览、展项，以实物的形式在具体情境中开展探究式学习。

2.2 课程内容设计

天文学对中国古代文明与传统文化的形成产生了深刻影响，体现了科学技术和人文价值。"小小天文官"系列课程以展示古台呈现的古天文内容为基础，结合中国历史文化，引导学生了解天地自然与人类文明的关系，重新发现和认识传统文化，展现传统文化的现代价值。

课程主题分为跟着官官找时间（时间计量）、跟着官官认节气（二十四节气）、跟着官官看仪器（古代天文观测仪器）、跟着官官画星空（中国传统星官）4个主题，直接展示了独具特色的传统宇宙观，体现了古人对于天、地、人关系的深刻思考。每个主题包含3个约45分钟时长的课时，每个课时都可作为独立课程开展，也可进行多个课时、主题的组合，具有较高的灵活性和可操作性。

课程内容涵盖了天文、地理、数学、历史等多个学科知识。具体课程内容框架如下（见表1）。

表1 "小小天文官"系列课程表

主题	课程内容
跟着官官找时间	了解地平式日晷的特点，制作地平式日晷模型，模拟古人观测，认识真太阳时和平太阳时的不同
	了解赤道式日晷的特点，学习十二时辰的计时方法
	认识水计时仪器，重点了解漏刻的分类及使用原理
跟着官官认节气	了解圭表是古人观测正午时日影以定节气和年长的一种古天文仪器，通过组装圭表模型知道圭表的基本构成和观测方法
	学习二十四节气的划分方法及不同节气的物候、习俗和谚语等，认识二十四节气是中华民族长期经验的积累成果和智慧的结晶
	通过日历引入生活中常用的几种历法，了解农历所含内容，感悟中国独有的时间刻度
跟着官官看仪器	了解古代宇宙观，认识中国古代天文仪器——浑仪，通过手工制作探究浑仪的基本结构
	了解北京古观象台历史，了解装饰纹样所蕴含的文化特点和古仪展现的中西方文化交流史
	对清代8件天文古仪上的龙纹、云纹进行专题赏析，配合手工制作探究中国传统龙纹所代表的文化内涵和历史含义
跟着官官画星空	通过三垣内的星官名称了解三垣分别代表哪些场所，了解我国传统思想——天人合一
	了解四象与二十八星宿的关系，认识4种中星，了解古人如何利用星象确定季节
	通过星官与星座的对照，认识中西方星空划分的不同

课程教学目标包括 3 个层面：知识目标，认识和了解古天文的知识及其历史发展，学习了解其蕴含的科学思想、科学方法的科学精神；能力目标，激发学生的好奇心、探究欲和求知欲，培养学生创造性思维的活动形式，有效激发学生的兴趣及创新能力，促进学生素质的全面提升；情感目标，增强学生民族自信心和自豪感，提升文化自信。

在教学设计上，课程采用 5E 教学法，设计 6 个教学环节，通过实验探究、动手制作等形式，提升课程的趣味性与互动性，充分调动学生积极性，把控课程节奏。

2.3 课程开发创新点

课程开发重视学生的科学思维、学科素养的培养和多学科知识的学习和运用，加重了对文化价值的阐述。

课程形式多样化。区别于传统陈述式的授课方式，此课程采用情境体验与探究创新的学习，在活动中抛出问题，通过模拟观察、分析归纳环节，利用自主、合作、探究的方式解决问题。强调让学生以"直接经验"代替"间接经验"，且在体验和探究的过程中接受了科学精神、科学方法的熏陶，这是科技馆教育的特征和独特价值。[3]

课程内容多元化。与课标进行对接，以跟着官官认节气这一主题为例（见表 2），打破学科限制，进行多学科交叉融合，让学生全方位、多角度了解古天文，对所学知识进行内化与个性化的建构，提升科学、人文素养和多元文化的认知。

表 2 课程（一个主题）与课标对接表

小小天文官主题	关联学科	课标目标	关联内容
跟着官官认节气	科学	地球绕地轴自转，地球围绕太阳公转	通过光影实验模拟，理解四季的形成和不同季节正午影长的变化，理解节气与地球公转的关系
	数学	认识年月日，通过运算解决	了解二十四节气如何划分，历法中的置闰
	艺术	表达自己的想法，传递创意	了解节气的物候、习俗等，并进行绘画
	劳动	传统工艺制造	了解节气文化，自主设计制作节气团扇，感受传统制作中蕴含的人文价值和工匠精神

课程侧重文化体验。文化元素与跨学科知识双向融合，充分发挥博物馆、科技馆的优势，鼓励学生与展品展开"对话"，领悟天文的魅力，通过社会化学习行为，促使学生尊重中华民族优秀文明成果，了解中国历史发展。

2.4 课程的实施

学校可根据自身需求选择不同主题、课时进行组合。科技辅导员进行授课，学校教师从旁辅助，有效衔接学校课堂教学和课后服务需求。课程的实施设计了6个教学环节的教学路径（见图2），情境引入是为学生营造了一个从实践中探究和学习的情境，激发学生好奇心，引导学生主动学习该主题内容；展项探秘是通过观察了解展项内容并提出问题，此环节可培养学生的观察、收集能力；探究与分析是进一步提问或思考来验证或推翻自己的猜想，此环节可培养学生的科学精神；合作与讨论是通过小组合作的方式，培养学生的沟通能力和团队协作；设计与制作是通过动手的形式，尝试制作，在劳作的过程中，进一步了解中国传统文化，培养学生的劳动意识、实践创新；交流与评价是重在鼓励学生大胆交流分享，提出课程参与过程中的困难和疑惑，展示自己的作品，培养学生思考能力、交流表达能力。

图2　课程实施教学路径

3　馆校结合背景下科普教育活动的思考

馆校合作是一种理念，家庭、学校、社会的教育共同体建设也是大势所趋，馆校合作的重要性日益凸显。科普课程开发早已成为其中的重要一环。馆校合作虽然不断深入，合作形式不断丰富，但存在的问题也不容回避。

3.1　重视思想和观念的转变

开发科普课程不是为了开发而开发，应传达博物馆的价值并构建系统的课程体系，体现博物馆作为公共文化机构的责任。优秀的科普课程不是仅用单一形式把现有的知识灌输给学生，而是需要根据学生发展特点及需求，提供多层次、多样化的课程。这就需要设计者熟悉国家出台的相关政策、关于学生教育的指导文件及其他各种教育学理论，为课程开发设计提供依据和指导。"小小天文官"系列课程就是一次较好的尝试，在实施过程达到了预期目标。

3.2　注重创作团队的建设

无论是教育界，还是科技博物馆，都很早就有人提倡建构主义理论、认知理论和体验式学习、探究式学习等教学法。但在科技博物馆的实践中，如何引导观众通过体验探究实现科学认知、知识建构，而不是通过讲解和说教来灌输碎片化的知识，一直是理论与实践的双重难题。[4]馆方课程开发人员熟知场馆资源，具备丰富的专业知识，但多数人都存在教育学理论、方法研究和运用得不充分、不深入、不到位的问题，因而增加开展教育学理论的培训是十分必要的。确定学生需求，发挥场馆特色，将资源优化整合，提供更有针对性，兼具知识性与趣味性的科普课程，这样可以更好地发挥博物馆的教育功能，达到培养科学精神、提升科学素养的目的。

3.3　联合多方力量，加强合作

为了能够更好地推出科普课程，相关政府部门应搭建平台，给予更多政策、经济、资源的支持。同时学校的支持也是博物馆教育资源开发的重要一环。博物馆和学校双方对教育的理解是不同的，在教育理念、教育情境和教学方式上的差别、观点的冲突是影响双方合作的重要因素。馆校双方应确定符合共同需求的合作机制、合作目标、合作形式，鼓励老师和馆方人员共同参与到课程开发和实施中，学校老师对于课程的教学内容、教学目标、教育理念、教学方式的设定，以及课程开展和实施有更好的教学效果有着重要的意义。此外，也应把教育学等行业专家纳入合作体系中，进一步指导课程设计、开发、实施、研究，构建系统、可持续、稳定的合作机制。

3.4　动员更多社会力量

通过课程的实践，我们发现人力的投入限制了课程辐射的范围与广度，馆校合作的推动和具体效果都在一定程度上受到影响。针对馆校合作师资力量薄弱这一问题，可吸纳高校、科研院所和志愿者等社会力量参与进来，使合作人群丰富化、多层次化，形成社会参与、多元投入、协力发展的新格局。

4　结语

馆校合作下的博物馆课程开发是未来趋势，馆校合作将会常态化、深入化、持续化发展，如何构建一个开放、多元、规范的合作机制，使校合作教育项目更加系统化和制度化，如何开发更多既能培养学生的探究创新能力，提升科学素养水平，同时还具有博物馆特色的精品科普课程，是未来工作的重要方向之一，希望本文对于研发场馆科普课程有一定示范、启发意义，也能为相关馆校合作工作提供一些思路。

参考文献

[1] 许祺,田海俊,刘高潮,等.义务教育阶段天文教育的现状及其建议[J/OL].西华师范大学学报（自然科学版）:1-8[2023-08-17].http://kns.cnki.net/kcms/detail/51.1699.n.20230320.1709.004.html.

[2] 冯时.天文考古学与上古宇宙观[J].濮阳职业技术学院学报,2010,23（4）:

1-11.

［3］刘晓峰,于舰.对接于课标,区别于课堂——辽宁省科技馆"馆校结合"项目开发思路[J].自然科学博物馆研究,2017,2（3）:40-47.DOI:10.19628/j.cnki.jnsmr.2017.03.007.

［4］朱幼文.理念与思路的突破:从"馆校结合"到各类教育项目——"科普场馆科学教育项目展评/培育"带来的启示[J].自然科学博物馆研究,2021,6（1）:42-52+95.DOI:10.19628/j.cnki.jnsmr.2021.01.005.

基于馆校合作的植物园青少年科普教育活动的开发

杨 天*

（北京教学植物园，北京，100061）

摘 要 青少年的科学素养水平关系着国家的未来发展，培养青少年的科学素养具有战略性意义。近年来国家推动馆校合作，鼓励利用科普场所广泛开展各类学习实践活动，以提升青少年的科学素养。作为全国科普教育基地，北京教学植物园针对学校团体开发了"植物大课堂"科普教育项目，以期充分发挥植物园的科普教育功能，为学校、植物园类科普场所在合作方面提供一些实践经验和参考。

关键词 馆校合作 青少年 科学素养

1 植物园开展青少年科普教育活动的必要性

科技兴则民族兴，科技强则国家强，科技实力是影响我国综合实力的重要指标之一，因此，公众的科学素养水平关乎着国家的综合国力。青少年是公众中至关重要的一类群体，我国青少年人口众多，青少年是祖国的未来，其科学素养的提升是实现全民科学素质提升的关键。[1]因此，加强青少年的科普教育，不仅是学校和家庭的责任，更是全社会的责任。[2]

《全民科学素质行动规划纲要（2021—2035年）》中提出，建立校内外科学教育资源有效衔接机制。实施馆校合作行动，引导中小学充分利用科技馆、博物馆、科普教育基地等科普场所广泛开展各类学习实践活动。因此，馆校合作应时而生，合作模式多样，活动内容丰富，科普场所已经成为学校教育的有机补充。

然而，馆校合作的活动绝大部分集中在科技馆、博物馆，相关研究也多为此类场馆。作为全国科普教育基地、首都生态文明宣传教育示范基地，北京教学植物园大胆尝试，依托丰富的园区资源，针对学校团体开展了"植物大课堂"科普教育活动，希望充分满足学校教育的需求，与学校教学内容衔接；充分发挥植物园的科普教育功能，为植物园类科普场所提供更多有益的参考。

---

* 杨天，中国农业大学硕士，从事自然科普教学工作。

2 教学植物园开展科普教育活动的优势

2.1 硬件资源

北京教学植物园成立于 1957 年，是全国唯一一所主要面向中小学生开展生态文明教育的专类植物园，隶属于北京市教委。北京教学植物园在园区设计上按植物园形式建设，园区建有树木分类区、水生植物区与人工模拟湿地、草本植物区、农作物展示区等 8 个标本展示教学园区，拥有 2000 多种植物活体标本；在功能上更强调教育性，拥有 5 个可同时容纳 30 多名学生的教室，同时配备基本的实验仪器。其"植物园 + 教育"的双重身份，为开展科普教育活动提供了丰富的硬件资源。

2.2 师资队伍

教学植物园拥有一支优秀的教师团队，涵盖教育学、农学、环境科学、园艺学等多个与植物相关专业背景，他们长期从事植物科普教学工作，熟悉园区各类植物。团队共计专职教师 17 名，其中博士两名、硕士 10 名，硕博比例达 70%；年龄在 20—39 岁的教师 10 人，占教师总人数的 59%，结构呈现高学历化、年轻化的特点。优质的教师团队是保证科普教育顺利开展的必要条件。

3 "植物大课堂"科普教育活动的开发与实践

3.1 "植物大课堂"活动的特色

依托园区丰富的软硬件资源，北京教学植物园开发出"植物大课堂"活动，旨在充分发挥园区资源优势，改变传统课堂模式，突出植物园特色，力求呈现与众不同的自然课堂。这种独特的教学模式为学校提供了丰富的教学资源和师资课程，助力课堂教学的创新与发展。

3.1.1 对接课标，促进学生全面发展

教学植物园教师团队对接教育部颁布的《生物学课程标准》和《科学课程标准》中的学科目标与核心素养，将其中与植物相关的内容纳入课程设计，并结合学生的特点，选择有趣的内容开展"植物大课堂"活动。课程内容紧密对接学校的教学需求，但并不与学校教学完全相同，而是作为校内教学内容的有益补充和支持，从而实现校内外资源的有效衔接。

由于空间限制，学校教学以室内教学为主，这使许多知识只停留在书本上，缺乏实践体验。而教学植物园依托园区的丰富资源，打破传统课堂的束缚，开发出"户外—室内"相结合的植物大课堂课程。户外自然观察环节围绕植物的根、茎、叶、花、果实、种子六大器官展开，在不同的季节分设对应的主题，比如春季主题"春的萌芽"与"春花赏识"、夏季主题"叶叶各不同"、秋季主题"果

果总动员"等；室内动手体验环节，配合户外自然观察环节内容设计，通过动手体验让学生更加深入地了解植物，在活动中锻炼能力。通过植物大课堂课程，学生知科学家精神，学植物学知识，在户外强健筋骨，品植物之美，动手劳动，在实践、体验、探索、劳动中健康成长和全面发展，以贯彻落实"五育并举"综合素质教育。

3.1.2 突出实践性与体验性，践行实践育人

为落实核心素养的培养目标，新课标提出变革育人方式、突出实践的原则，在教学活动中加强知行合一、学思结合，倡导"做中学""用中学""创中学"。对接新课标，植物大课堂课程采用体验式教学模式，课程突出体验性与实践性。

体验式教学模式是根据学生的认知规律，教师依据理论基础和教学目标，通过设置真实或者虚拟的教学情境，引导学生积极参与并亲身体验教学内容，从而真实感知、领悟学习过程，并在实践中应用所学知识。[3]学生在真实的植物园中观察、学习、探索、实践，可以弥补学校教育脱离生活实践的弊病，增强学习动机和学习互动，[4]同时，辅以室内动手体验，教学摒弃了听讲、阅读等教师主导性强的形式，以学生活动为主，更强调学生的体验性与实践性。

3.1.3 创设真实情境，植物园与学校协同育人

植物园是我们生活中的一部分，本身是一个真实的情境，学生进入植物园即步入了情境，远比在课堂中对着书本真实、生动。学校作为教育的主阵地，课程的开展主要依靠正规的课堂教学，在植物园里，将课堂上、书本中的知识搬到校外，将学习与生活紧密地联系起来，让学生在真实的世界中感受相似的真实情境，探究知识，解决真实问题。[5]

例如，小学低年级学生在学习认识花朵基本结构时，先在园区这一真实的情境中发现美丽的花朵，通过观察、触摸等方式，认识花的基本结构，了解花的多样性（见图1）；随后在植物粘贴画的实践体验中，用干制花材完成一幅作品，加深对花朵结构及多样性的认知（见图2）。通过植物园实践活动课程，学生能够将校内所学的花朵结构知识与真实情景相结合，实现知识的融会贯通，

图1　赏识春花：园区观察花朵结构　　　图2　动手体验：植物粘贴画

并应用于实际生活，进而促进知识的转化和技能的提高，这是开发植物大课堂课程的初衷，亦是植物园与学校协同育人的重要目标。[6]

3.2 构建螺旋式框架，提供菜单式课程

布鲁纳认为，螺旋式课程应在课程主体上保持与学生思维及心理发展相符合，并将课程框架作为课程的顶层设计，构建出随着学生年级及学段升高而不断拓宽加深的课程内容，使课程整体呈现螺旋上升的趋势。[7]

植物大课堂课程根据学生不同的认知特点，针对同一主题设置不同年级学生需要达成的目标，通过逐步增加课程难度和复杂性的方式，呈现螺旋式上升的态势，从而不断巩固学生的知识框架。[8]同时，紧密对接校内教学需求，提高学校参与校外实践课程的积极性。

如设计秋季主题"果果总动员"课程菜单时，根据学段要求明确该主题的户外自然观察目标与室内动手体验的活动内容，使该主题的学习逐渐深化（见表1）。

表1 "果果总动员"主题螺旋式课程框架

主题名称	果果总动员		
	一二年级	三四年级	五六年级
户外自然观察课程目标	观察3种果实，初步感受果实形态的多样性，感受植物之美	观察5种果实，知道果实基本构成，了解果实的常见类型	观察3种果实类型，知道果实是被子植物特有的繁殖器官，理解果实的形成过程
室内动手体验课程目标	硕果累累 用陶泥捏制果实，体验手工创作的乐趣	比比谁更甜 通过实验的方法测试几种水果的含糖量，并记录数据进行比较，体验科学探究的乐趣	种子称量大比拼 使用托盘天平称量不同种子的千粒重，发现称量法在农业生产中判断种子质量方面的应用价值

3.3 制定面向学校的课程预约机制

植物大课堂课程项目主要面向北京市中小学校团体开展，为了更好地服务于学校和学生，教师团队制定了一套完备的课程预约机制，以确保植物大课堂课程能够覆盖更多的学校，使更多的学生受益。该项目通过网站、微信群、公众号多种网络渠道发布课程预约通知，每学年春季学期初和秋季学期初各发布一次。家、校、社共同参与，3种网络渠道殊途同归，最终面向学校团体，扩大了植物大课堂的影响力，具体课程预约流程如图3所示。

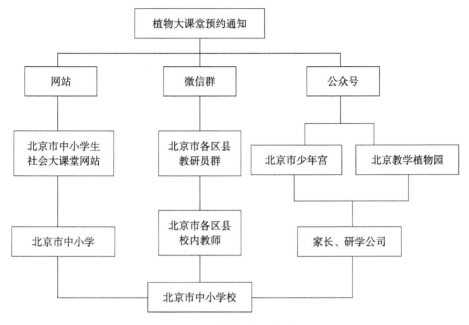

图3 植物大课堂预约流程

作为北京市中小学生社会大课堂资源单位，北京教学植物园将"植物大课堂活动"列为接待学校集体出行参加的社会大课堂常态化活动课程，发布在北京市中小学生社会大课堂网站，以服务学校选择社会实践单位，开展社会大课堂教育教学活动。另外，经过北京市中小学生植物栽培大赛活动的多年积累，教学植物园与校内形成紧密联系，建立了北京市各区县教研员群。课程预约通知撰写完成后，发布至此群内，再经由各区县教研员分别通知到各学校教师；同时，利用北京市少年宫、北京教学植物园的品牌效应，在两个公众号同时发布课程预约通知，吸引感兴趣的家长、研学公司咨询，经由他们与学校联系。

3.4 与学校教学衔接，制定"每课一研"教研制度

学校预约完成后，教师团队会提前与学校沟通，与校内教师一起制订好室内外教学内容，安全预案。根据学校需求，制作符合学生年龄段的户外自然观察活动单、室内教学PPT，确保学生学习效果。由于每次预约课程的学校不同，涉及的班级数量和年级也会有所差异，因此教师需要根据具体情况教授相应的课程内容。针对这种情况，教学植物园制定了"每课一研"的教研制度。课前一周安排教师集体教研，由课程开发者带领教师学习活动理念、内容及动手体验环节的操作步骤。教师也会积极参与讨论，提出课程改进的意见和建议，这种互帮互助、互相促进的教研制度，确保预约学校拥有同等

的课程内容与课堂质量。

4 "植物大课堂"科普教育活动的成效

4.1 服务学生数量多

2016—2018 年，每年累计接待青少年群体 10000 余人。受新冠疫情影响，2019 年起服务学生数量有所减少；2023 年接待群体增设了幼儿园团体，拓宽了服务对象的范围。

4.2 社会影响力较大

植物大课堂活动受到了学生和教师的一致认可，在北京市少年宫、北京教学植物园公众号上发表宣传文稿百余篇，吸引了广大师生的关注和参与。此外，北京校外教育网、《现代教育报》《中国环境报》等多家媒体也报道了植物大课堂课程，反响强烈。

4.3 课程成果显著

植物大课堂课程中的动手体验活动如"植物敲拓染"和"花儿为什么这样红"等成为经典课程，它们不仅在学校内广泛开展，还被融入了科技周、科技节等校园活动中，丰富了学校的课程特色，惠及千余名学生。同时，基于"植物大课堂课程"项目，出版了《植物四季课堂》图书，其中包含课程活动案例 27 篇，为更多的教师和学生提供了宝贵的教学参考。

5 经验和反思

通过植物大课堂活动的开发与实施，我们积累了一些经验，但仍然面临一些困难，比如随着植物大课堂活动影响力加大，预约的学校数量不断增长，而教师团队力量有限，如何满足学校的需求，完成项目的批量转化、服务更多的学生成为亟待解决的问题。若想实现突破，需要寻求与第三方的合作，将完善的植物大课堂课程通过公司转化，从而扩大学生服务范围，并节省教师团队的人力成本，用于新课程的研发工作。

另外，参加植物大课堂课程的学生人数众多，保障学生的安全至关重要。但是，目前学生安全保障机制的建立尚不完备，需要保障保卫等相关部门、学校共同参与建设。

总之，基于馆校合作的植物园科普教育活动实践仍然面临很多挑战，教学植物园将带着这些思考继续前行。希望我们的尝试能为植物园类科普场所提供一些实践经验和参考价值。

参考文献

［1］高瞻,谭远军,陈丽丽,等.植物园科普功能建设与青少年科学素质提升 [J]. 农业科技与信息（现代园林）,2013,10（8）:16-20.

［2］王鹏,赵志清.机械昆虫:植物园科普教育的新探索 [C].// 中国植物学会,中国公园协会,中国生物多样性保护与绿色发展基金会.2021 年中国植物园学术年会论文集.中国林业出版社（China Forestry Publishing House）,2021:153-158.DOI:10.26914/c.cnkihy.2021.069283.

［3］刘书艳.体验式教学模式研究 [J].教育理论与实践,2015,35（34）:57-60.

［4］庞维国.论体验式学习 [J].全球教育展望,2011（6）:9-15.

［5］王树宏.跨学科课程整合校内外协同育人实践 [J].小学教学研究,2022（5）:23-26.

［6］曾素林,张琴,许慧.国外中小学校内外协同育人的模式、特点及启示 [J].赣南师范大学学报,2022,43（4）:73-77.DOI:10.13698/j.cnki.cn36-1346/c.2022.04.013.

［7］布鲁纳.教育过程 [M].邵瑞珍,译.文化教育出版社,1982.

［8］颜雅雯.新课标背景下基于核心素养视角的小学综合实践活动课程实施路径探究 [J].教育界,2023（5）:35-37.

馆校合作的特殊形式——场馆学校

韩莹莹[*]

（长春中国光学科学技术馆，长春，130000）

摘　要　场馆学校是场馆与学校共同设计并运行的教育机构，旨在通过实物创建、展览创建和场馆创建实现教育教学的功能。不同于馆校合作的一次性优化，它对教育创新进行了制度和文化上的确认，教学、管理等环节都以新颖且充满活力的方式长期运行。本文采用案例分析的方式，结合对多所场馆学校的介绍，从教学目标、教学内容、教学方法和教学管理4个方面，探讨场馆学校的教学设计，以期为科普教育工作提供经验与启示。

关键词　场馆合作　场馆学校

1　场馆学校的概念

场馆学校是场馆与学校深入合作的产物，与传统意义上的馆校合作相比，它更具长效性和系统性，馆校之间的合作关系也更为牢固、紧凑。[1]金将场馆学校定义为，"场馆与学校共同设计并运行的教育机构，旨在通过实物创建、展览创建和场馆创建实现教育教学的功能"。[2]

场馆学校的雏形源于早期的馆设学校，如1882年法国卢浮宫创办的职业学校和1927年波士顿艺术馆设立的艺术学院。真正获得现代意义的场馆学校出现于20世纪90年代，以美国纽约州的布法罗科学馆和明尼苏达州科技馆向社会公开招收学生为标志。[3]学校与场馆间的合作十分密切，学生的教学课堂转移到场馆当中，校内也设计了别具特色的场馆。1995—2007年，美国出现场馆学校建设的热潮，涌现了32所场馆学校。[4]截至2015年，美国大约有40多所场馆学校建立。场馆学校还是个正在完善的概念，凡是以场馆为基础的学习活动都可被包括在内。

---

* 韩莹莹，长春中国光学科学技术馆馆员，研究方向为光学。

2 场馆学校的特点

2.1 先进的教育理念

场馆学校是一种新生事物，是对教育理念的时代性升级。这也意味着，先进的教育理念是场馆学校的一大特点。其一，对传统学校教育局限性的修正。场馆学校不再对学校教育存在的问题进行补偿，而是整体置换，重新营造理想的教育空间。其二，对时代发展需求的教育支持，使学生走出校墙圈定，寻求生存环境的现实获得感。场馆学校将学生全面发展的理念真实地融入教学过程，并细化到每个教学节点，更贴近学生的成长现实。

2.2 直观的活动课程

依托场馆资源的深度融合，在馆校共同设计的相对固定的场馆教学环境中，实施以项目为单位的教学活动。课程内容采用直观的知识体系和经验体系，以直接经验为主，引导间接经验的习得。简言之，场馆学校是探索以现实为依托、适合学生的课程，让学生在立体化的学习情境中得到综合成长。

2.3 多元的教学方式

场馆学校积极探索参与式的多元教学方法，如自我主导的体验式学习、探究式学习、任务导向型学习、协作性学习等。在参与式的教学设计中，学生不再游离于内容和形式之外，而是作为教学中心将一切教学资源融入个人成长。与其说学生参与了教学，不如说教学参与了学生的学习。

2.4 开放的管理架构

这种开放表现在内、外两个层面。对外，注重吸收学生、家长、社区和社会的参与，及时沟通反馈，更新教育管理理念。对内，以轻松民主的管理方式，树立服务性的管理理念，确保信息的上通和下达。开放的管理架构必定影响教师和场馆工作人员的重新定位，他们的角色是共通的、互换的。他们必须有意愿和兴趣进行多学科学习，成为终身学习者。

3 场馆学校的教学设计

3.1 场馆学校的教学目标

教学目标是教学活动所要达到的预期结果和标准，是学校对教学目的的具体设定。普通学校常常作为预设，融入学校的教学理念，指导教育教学工作。这也意味着，场馆学校的教学目标只有在实践中被揭示才有说服力（见表1）。

表 1   美国部分场馆学校教学目标

序号	场馆学校名称	教学目标
1	纽约场馆学校	基于场馆等文化机构的经验学习，为学生提供丰富的课程资源和体验学习的乐趣，使其经历这个城市中最真实的事物，深刻理解当下的生活和文化发展史中的历史、语言、科学及科学的核心价值
2	大急流公立场馆学校	通过设计思维技巧、浸入式学习环境和真实生活经验，激发学生的好奇心和热情，培养创造性解决问题的能力、批判思维能力和创新能力
3	圣迭戈场馆学校	引导学生掌握如何学习，以及理解学习的意义，使其成为有责任的公民、多产的劳动者、具有创造精神的健康个体、问题解决者和自我学习者。"为了生活共同学习"，努力唤起学生对周围世界的好奇，帮助其建立与社会伦理、人文等的关系

综合以上分析，我们可将场馆学校的教学目标概括为以下 3 个方面：

（1）鼓励学生自由探索，培养自主、持续、协作的学习能力。场馆学校致力于创设自由探索的教学条件，努力培养学生独立学习、终身学习和合作学习的能力。场馆学校强调学生的主体性，将学习的主动权和控制权交到学生手中，使学生从"学习者"成长为"学会学习者"，教师则起到"脚手架"的功能。学习既是个体性的行为，也是集体性的行为。个体性要求学习者具备高度的自主意识，这样才能保证学习的持续性。集体性要求学生利用团队合作最大化提高学习效率，同时，人际交往也是生存的基本能力。

（2）鼓励学生在情境中体验，培养创新精神、实践能力和批判性思维。场馆学校对 3 种能力的培养既是时代赋予的必然使命，也是自身特色决定的必要选择，基于实物和现场的教学情境，使学生融入其中，进行信息与情感交换，使 3 种能力的培养变得真实、便易。

（3）鼓励学生走进社区和自然，培养公民身份意识和环境友好意识。场馆学校将课堂延伸至社区和自然，利用更真实、丰富的教学资源，培养学生成为社会人的教学目标，在责任与义务的觉识中形成清晰的公民身份意识和环境友好意识。公民身份是法律身份，也是文化身份，是在权利、责任、义务、尊严和价值中树立起来的社会认同和自我认同，是教育的核心任务之一。随着全球气候变暖、能源紧缺、环境污染等问题的凸显，友好环境的观念和内容已经融入教育的内涵。通过与自然互动，学生的现实获得感显著，使该教学目标的实现更为可行。

3.2   场馆学校的教学内容

场馆学校的教学内容是基于个人探索和直观经验设计而成，强调学生中心、项目基础和综合课程。课程往往被编制成许多主题模块，每个模块针对不同年级的学生，并对教学进度或时间做出明确说明，教师会采用综合性的教学模式和框架，将不同学科的内容进行整合，融入某一次的探究性学习或活动教学中（见表2）。

表2　美国部分场馆学校教学内容

序号	场馆学校名称	教学内容
1	纽约场馆学校	学校主要采用"场馆模块课程"，具体包括世界宗教史、生物多样性、拉美殖民史和文化、世界中的几何结构、帝国主义、日本：过去和现在、地理学、英国历史上的伟大演讲和纽约博览等课程
2	大急流公立场馆学校	教学内容包括4个核心因素： ①高期待。使学生为大学和工作做好准备；学生在语言、数学、社会科学等领域取得优异成绩；将其所学适应本土和全球的机会与挑战 ②融入场馆。充分利用场馆的"第一资源"，去观察、触摸、感受每一个展品及其背后的故事，建立与历史、文化、艺术和科学的联系 ③基于场景的学习。通过真实情境中的问题解决，将社区作为一本教科书，建立学生与社区的联系 ④设计思维。设计思维是1个创新性的解决问题过程，包括确认、发现、设计、创作和实验5个阶段。在此过程中，该校重视开放性探索，允许多元答案，在反复实验中吸取经验，自由选择问题解决方法，怀有室外学习的欲望，以及鼓励个人经验、知识和技能的参与
3	圣迭戈场馆学校	学校主要提供K-8的教学工作，核心课程包括阅读、写作、数学和科学。它采用的是以项目为基础的单元教学，课程内容包括4个方面： ①历史、语言艺术、数字和科学课程的深层利用 ②创新、跨学科和持续性的教学单元设计，包括戏剧、人工智能、叙事、学习技巧和定格动画等 ③个性化、问题导向、项目支持的个人学习计划，包括研究和写作技能、展示技能、社会参与能力和同伴批评 ④周期性的艺术指导、体育训练和项目学习
4	Avondale Estates 场馆学校	课程设计主要采用"场馆模式"，它的逻辑前提是"个人探索和动手操作将使学习变得更好"。课程内容也是基于项目的跨学科设计，通常学校会编制以9周为单位的主题项目，利用多种学科的交叉与补充，提供综合性的学习模块。学生在研究过程中通过探索和个人经验促进自我成长，在与场馆和其他机构合作的过程中，结合课堂教学让学生的体验更加真实，允许他们在好奇心的驱使下自由探索

综合上述案例可以发现，场馆学校的教学内容主要表现出4个方面的特征：

（1）形态的多样性。文本、实物、活动、音频、视频、虚拟产品等都是场馆学校的教学内容。多样的教学形态大大丰富了教学的方式，提高了教学效率。同时，学习场所是动态的、多元的，根据不同主题，在场馆、课堂或者其他场地协调、分配时间。

（2）内容的跨学科性。内容涉及多个学科领域，不同学科的教师会和场馆专家一起设计课程模块，每个模块其实就是一个学科团，需要学科间的配合共同服务于问题的解决。

（3）领域的广泛性。相较于普通学校对学科的固定设定，场馆学校对课程设置进行了创新和扩展。许多场馆学校根据自己的需求和特色开设个性化课程，如宗教史、手工制作等，使学生接触到更广泛领域的知识，在未来的发展方向上有了更大的选择空间。当然，这种扩展并不是盲目的，而是基于社会发展、学生成长综合考虑的。

3.3 场馆学校的教学方法

场馆学校的教学方式既不同于学校教学，也有别于场馆学习，它是一种两者间的平衡。在一定程度上，它和美国的"特许学校"具有较大的相似性。相对于公立学校，它不受课程标准的约束，可设计独立的课程和教育理念，教学内容具有较大的自主性，教学方法自由且灵动（见表3）。

表3　美国部分场馆学校教学方法

序号	场馆学校名称	教学方法
1	纽约场馆学校	学校设计出一套名为"场馆式学习过程"的教育模式，包括反复观察、提出问题、进行研究、分析和综合、展示和反馈6个方面。在教学中，每个学生需要与教师共同确定一个研究项目，双方利用场馆资源，借助观察、阅读、检索、参与、体验等形式，提出问题，寻找答案。然后，师生将已经获取的信息和资料进行分析和综合，形成自己的理解，同时借助写作、演讲及展览等形式同其他人分享收获。最后，学生接受其他同学的反馈，了解他们展示成果中的优点和缺点，从而形成新的认知。在整个学习过程中，学生在教师循序渐进的引导下，逐渐完成学习项目的目标[5]
2	圣迭戈场馆学校	主要采用以学生为中心的教学方法集合，包括基于项目的学习、基于探索的学习和学生展示，以培养学生的批判思维能力
3	Avondale Estates 场馆学校	它将6种核心价值进行了教学方法的设计 ①责任感。鼓励学生独立开展调查、实验和观察等活动，使其意识到责任的重要性 ②尊重。尊重每个学生的特点，采用不同的教学方式和内容，学生通过直观的经验和现实的挑战，学习尊重的意义。在长期的合作学习项目中，学生也将意识到尊重他人的重要性 ③合作。合作学习与个性化教学相配合，学生会为学生设计持续数周的集体学习活动长期项目，同时每次教学也会采用小组合作的形式 ④持续发展。组织学生参与环境保护活动，包括废物回收、节约能源等，学习自然科学等 ⑤创造性。学生独立发现并解决问题，在无疑处设疑，教师鼓励学生冒险，引导其在调查和探索中创新 ⑥道德。语言和行为是道德的主要表现形式，学校对学生的道德行为进行鼓励、认可和奖励

综合上述案例可以发现，场馆学校的教学方法主要表现出以下几个特点。

（1）以学生为中心。场馆学校课堂内的教学方法强调个性化的教学风格，

是基于学生的特点和需求建立起来的。学生在不同的任务小组内学习，教师会
为每个人设计独立的学业目标。是否利于学生成长是考核教学方法好坏的唯一
标准。

（2）以项目为依托。基于项目的学习是场馆学校教学的主要形式，更是
最大优势的体现。基于项目的学习是将分散的学科领域融合进应对具有挑战性
问题和难题的项目活动中，强调长期的、跨学科的、以学生为中心的学习活动，
利用问题驱使学生理解学科核心概念。

（3）以体验为基础。学生以"当事者"身份融入教学情境中，通过认知
和情绪上的信息交换，感他人所感，实现深刻且真实的教学成长。

（4）以多元为指向。教学方法并非单一和固定的，每个主题单元都可以
根据教师和学生意愿的自由设计属于自己的独特教学方法和学习方法，以满足
个性化的教学需要，是多样的、创新的。

3.4 场馆学校的教学管理

此处的教学管理不是前文所说的管理架构，而是指行政和财政关系。在行
政关系上，场馆学校以公立学校为主，受政府部门的监管及相关政策的指导。
但关系相对宽松，在参与、协调和考核方面有较高的自主权。在财政关系上，
场馆学校构建了一套相对完善的经费支持系统，经费主要来源于地方、州和联
邦政府的拨款，还有社会团体和个人的捐赠。具体的教学管理现状，详见表4。

表4　美国部分场馆学校的教学管理现状

序号	场馆学校名称	教学管理现状
1	纽约场馆学校	2002—2003年，学校预算250万美元，其中80%来自地方、州及联邦政府资金。[6]学校的筹备初期，政府部门扮演着重要的角色，地方学区协助各方关系，提供经费资助。该校就是在第二社区学区的协助下建立起来的，它致力于6—12年级学生的教学
2	大急流公立场馆学校	建立了广泛且全面的合作关系，包括大急流公立学校、大急流博物馆、费里斯州立大学艺术与设计学院、韦恩州立大学、大急流市政厅等，学校主要提供6—12年级的教学
3	圣迭戈场馆学校	隶属于圣迭戈联合学区，经费主要来自"教育保护账户"，经费支配必须符合以下条件：①经费使用计划必须被校委会审核通过；②经费不能用来支付行政人员的工资和其他行政款项；③经费的收支情况要在网站上及时公布
4	Avondale Estates 场馆学校	学校与历史博物馆、科技馆、动植物园、艺术馆等10所场馆签署合作协议，后者将为学校提供师资、场地、展品等方面的支持。学校的校舍主要来自迪卡尔布县的免费租借，并提供教学设备和资金支持。学校的财政收支受专业审计机构审查

综合以上案例分析，我们可以将场馆学校教学管理的特点概括为以下两个方面。

（1）行政关系的民主与自由。场馆学校一方面享受着政府部门的特殊照顾，其管理、招生等各个方面独立行使话语权。另一方面与各类型组织机构深度合作，共同致力于教学资源的开发与利用。双重赋权进一步强化了场馆学校的教学特色，其教学优势也变得更加明显。

（2）财政关系的多元与独立。受学校办学特色的影响，场馆学校对资金的需求更为迫切。因此，学校开拓多种融资渠道，包括政府的财政拨款、基金组织的资助、企业的赞助、个人的捐款等。但学校又不会表现出对资助对象的妥协和附势，依然保持自己的办学理念与教学方针。学校的财政预算由校委会协商确定，财政收支受专业审计机构审查，每年向社会公布。

4　经验与启示

场馆学校的出现不仅是一种教育的尝试，或教育问题的修正，而是对整个教育系统的一次重新定义，是教育理念的转变。许立红和高源认为，场馆学校是馆校合作深入的产物。[7]这种"馆校合一"是价值上的彼此认同，学校是专门从事教育工作的传统场所，经过了历史的沉淀，场馆是文化性的社会教育场所，两种教育在理念、内容、形式、制度、规模等方面是完全不同的，但双方对于"促进人更好发展"的教育诉求是一致的，在此逻辑下，场馆学校的出现打破了界限分明的范畴，双方不再以"他者"身份审视对方。

场馆学校是否适合本土教育的争议可暂时搁置。因为行动与机制互为促进，良好的机制能优化行动，优质的行动能改进机制，在某种意义上，行动的第一步也是机制的第一步。所以，当下馆校应加大合作频度，在磨合中达成默契，促使机制逐步确立。行政部门不仅要为馆校合作扫清障碍，强力推动教学活动的开展，还要通过发起、监管、评估等方式参与馆校合作，为其提供更直接的帮助。

参考文献

［1,4,5,6］朱峤.美国博物馆学校的运营模式和教育实践初探 [J].博物馆研究，2016（2）:3-10.

［2］King K.Museum schools:Institutional Partnership and Museum Learning[J].1998 AERA Annual Meeting Paper,1998:1-9.

［3］许立红,高源.美国博物馆学校案例解析及运行特点初探 [J].教育与教学研究，2010,24（6）:38-40.

［7］许立红,高源.美国博物馆学校案例解析及运行特点初探 [J].教育与教学研究，2010:38-40.

馆校合作，微课融入科技活动的设计
达成学生深度学习的实践初探

崔云鹤*

（北京市东城区青少年科技馆，北京，10009）

摘 要 馆校合作旨在推动家校社协同育人机制的深入落实，建设良好的教育生态；深度学习旨在凸显课堂教学环节的实践价值，促进学生达成最有效的实际获得。校外科技教育在建设高质量教育体系的道路上，通过开发科技微课、设置学习单元、创设有挑战性的任务等方式，达成学生的深度学习，提升学生的核心素养。科技馆以项目为依托，用行动研究法，以发散思维训练—聚合思维训练—创新成果表达3个步骤培养学生创新思维能力，通过设计融入微课的科技教育活动和线上线下相结合的教育模式，促进学生对知识的实践和体验，从而探索校外科技教育活动中引导学生进行深度学习的要素和策略。

关键词 微课 学生创新思维 深度学习

1 馆校合作，"双减"政策与深度学习理念为学生的成长协力聚智

2023年7月，中共中央办公厅、国务院办公厅印发了《关于进一步减轻义务教育阶段学生作业负担和校外培训负担的意见》的通知（以下简称"双减"），"双减"的核心要义是落实立德树人根本任务，建设高质量教育体系，构建教育良好生态，促进学生全面发展，提升学生的核心素养，通过减量增质，提高教育教学主阵地的地位，大力提升教育教学质量。

"深度学习"教学理念能够促进学生学习方式的转变，是发展学生核心素养的有效途径。在全面提升教育质量的今天，校外教育作为基础教育重要的一部分，其理念的提升、模式的改进势在必行，"深度学习"教学理念以往多以学科实践为主，还未涉及校外教育领域。在实践中，我们进行指向深度学习理念的科技微课的开发与应用，将"深度学习"教学理念从研究领域延伸到中小

---

* 崔云鹤，北京市东城区青少年科技馆高级教师，主要从事青少年科普工作，侧重策划实施青少年科普活动。

学生校外科技教育中，一定程度上丰富了"深度学习"教学实践，从而全面落实"双减"政策的主旨。

在校外科技教育活动中开发微课，并融入课堂设计之中，通过创设学习环境、设计有挑战性的任务等方式引导学生实现深度学习。改变传统教育方式，提高课堂活动质量，减少当前活动中的浅层学习、机械学习产生的问题，促进学生拥有更好的实际获得，探索实现校外科技教育中引导学生深度学习的方法和途径，提升学生参与校外科技活动的质量与实际获得。

"双减"政策有着"以学生为本"的初心和增效提质的本质；深度学习理念则坚持以"以学习者为中心"，通过馆校合作的方式，积极建构情景迁移、解决问题的实践体验，关注学习者的深层发展。在"双减"政策背景下，深度学习理念更加凸显其实践价值，把两者结合在一起，融入校外科技教育，实现彼此统一，彼此赋能。

2 着力开发指向提升学生核心素养、融入微课的校外科技活动

微课是以视频为前提和基础，通过现代化多媒体的灵活使用，科学合理录制学科中的某个知识点或教学环节的视频。在校外科技教育活动中融入信息化手段，是学生喜闻乐见的一种形式，微课不仅可用于在线教学、混合式教学、远程教学等，也可为学生提供自主学习的资源。根据整体课程内容可以把微课作为课前预习的引导，可反复观看用于重点难点的突破，或用于总结梳理实现学习的迁移。将这样的微课融入科技活动的设计能使微课发挥更大的效力，引导学生学会学习，主动学习，能较好地改变目前科技教育活动中的浅层学习、机械学习导致的问题，促进学生深度学习，提升科技教育质量。

在校外活动中，将微课融入课前预习可培养自主学习能力；融入课中任务可培养创新能力；融入课后总结可培养反思能力。

科技馆作为校外教育的主体之一，是基础教育的重要组成部分，通过实践摸索，其尝试以项目为引领，以社会关注的教育热点为切入点设计活动，全面提升学生的核心素养。本文以培养学生创造性解决问题为目标的"小小科学探索家"项目为依托，以【主题性思维导图】【创新项目的策划与实施】【创新成果展示】3个学习单元为内容，从对学生进行发散思维训练，到培养学生聚合思考，再到培养学生创新思维表达这样一个"三步走"的过程，进行微课开发并开展一系列的融入微课的科技教育活动，培养学生的创新思维能力，实现学生的深度学习（见图1）。

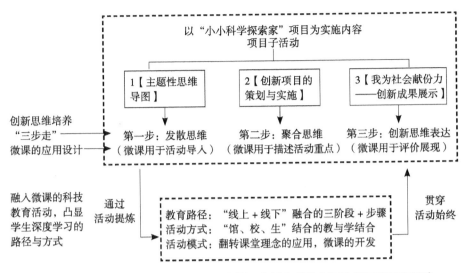

图 1 "小小科学探索家"项目以科技微课应用实现学生深度学习的工作思路

3 开发微课，融入校外科技活动的设计，实施培养学生创新思维能力的"三步走"方法

在学生的创新思维能力培养中，发散思维和聚合思维是并列的两个要素，往往需要经历由发散性思维到聚合性思维，再由聚合性思维回到发散性思维的多次循环往复的过程才能得以完成。"小小科学探索家"项目以【主题性思维导图】学习单元引导学生发散思考某一给定主题，引导学生用绘制思维导图的形式呈现所有感知到的对象，这样的"发散"思维过程拓展了学生思考问题的广度。以【创新项目的策划与实施】学习单元引导学生把"发散"思考的点依据一定标准"聚合"起来，探究他们的共性和本质，这样的"聚合"思维过程增强了学生的实践探究能力，提升学生的创造思维能力。以【创新成果展示】学习单元引导学生较好地梳理自己的思维发展脉络和挖掘智慧闪光点，把学习成果分享给别人，并且服务于社会。

根据中小学生的发展特征及教学实践将培养学生发散思维、聚合思维、创新成果表达的"三步走"的方法与科技微课的开发、应用有机结合，对学生创新思维的培养尤为有效。

第一步：通过【主题性思维导图】学习单元培养学生发散思维

思维导图是培养学生发散思维的好工具，通过翻转课堂模式，利用开发的科技微课，引导学生通过"主题性思维导图"的征集活动培养学生的发散思维能力。

【主题性思维导图】学习单元把开发的微课融入科技教育活动中的不同环节，达成相应的活动目标，有效帮助学生发现生活中的问题（见表1）。利用翻转课堂模式，培养学生创新思维能力，初步形成以下流程（见图2）。

表1 融入微课的思维导图学习单元的设计及目的

创新画出来——思维导图学习单元		
课程内容	微课使用环节	微课在课程中的作用
1. 认识思维导图	导入	课前预习 熟悉知识 提出问题
2. 思维导图的绘制要点		
3. 思维导图如何确立一级分支	活动中间环节	重点内容 课后回顾 反复理解
4. 如何读懂一幅思维导图		
5. 思维导图评析	活动总结阶段	掌握要领 明晰重点 拓展思考
6. 创新项目与思维导图		

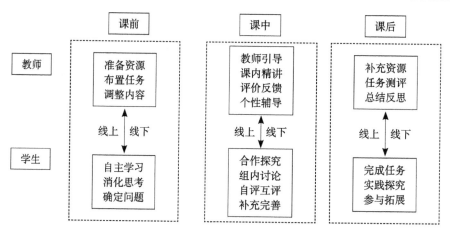

图2 翻转课堂、线上线下相结合的模式培养学生创新思维能力实施流程

第二步：通过【创新项目的策划与实施】学习单元培养学生聚合思维

学生通过思维导图的聚合思维，找到智慧的切入点和与实际生活紧密相连的创意，引导学生通过动手实践和科研探究等方式进行深入研究，解决生活中的困难和问题。实践活动梳理了科学探究"六步法"（见图3），带领学生进行具体实施。通过开发发现问题—设计实施—总结提炼三部分的微课与科技教育活动紧密结合，学生通过课堂的导入、中间、总结3个环节观看微课，促进了学生实际问题的解决（见表2）。

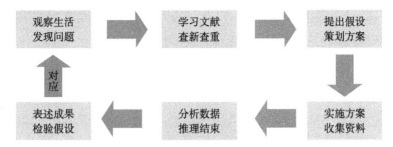

图 3　科学探究"六步法"具体步骤

表 2　融入微课的科学探究学习单元的设计及目的

创新研出来——科学探究学习单元			
探究环节	课程内容	微课使用的环节	微课在课程中的作用
发现问题	1. 观察生活	导入	课前预习 拓展思路
	2. 查阅文献	中间环节	重点内容 课后回顾 反复理解
设计实施	3. 策划方案	中间环节	
	4. 实施方案		
总结提炼	5. 分析数据	中间环节	
	6. 表述成果	中间环节	

第三步：通过【我为社会献份力——创新成果展示】子活动培养学生创新成果表达

通过梳理收集上来的思维导图活动成果，科技馆教师对学生进行分类指导。根据学生的不同兴趣，教师助力学生完成思维导图的补充完善、创新项目的立项研究和创新发明的固化等不同方式的创新成果表达，本环节开发以创新成果分享方式为主要内容的微课，拓宽学生的实践思路，鼓励学生将自己的学习成果分享给身边的人，通过解决实际问题，回馈社会（见图 4、图 5）。

图 4　思维导图单元微课

图 5　科学探究单元微课

4 融入微课的校外科技活动，助力学生学习的实际获得，指向学生核心素养的提升，实现深度学习

4.1 助力学生完善【主题性思维导图】学习单元成果，并与他人分享

知识的再分析：参与活动的大部分同学通过对所学知识的分析、思考，逐步完善自己的思维导图成果（见图6—图9），与身边的朋友和家人分享，并不断丰富自己想法，形成知识的内化。

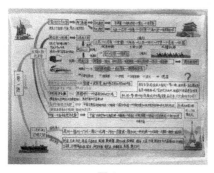 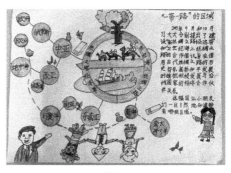

图6　　　　　　　　　　　　　　　图7

"一带一路"主题性思维导图作品

4.2 引导学生开展"关注生活，智慧解决"的创新项目（小论文）立项活动，为他人服务

知识的再应用：通过【主题思维导图】活动确立创新项目（小论文、小发明）的课题并进行探究实践，通过查阅资料、设计实验方案等环节应用已学知识解决未知问题（见图8、图9），培养了学生的创新思维能力和自学能力。

新冠疫情防控方面：

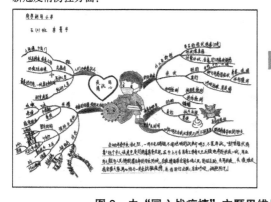

论文立项：
1. 如何科学佩戴口罩
2. 校园口罩佩戴方案
3. 科学使用消毒剂之我建

图8　由"同心战疫情"主题思维导图作品到论文立项

垃圾分类方面：

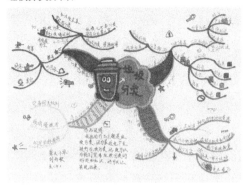

论文立项：
1. 厨余垃圾袋物分离方式探究
2. 垃圾分类指引宣传方式探究

图9 由"垃圾分类"主题思维导图作品到论文立项

4.3 培养学生以"解决实际问题"为目标的创新成果展示，服务于社会

如果说发散思维、聚合思维是学生创新性思考问题的方法，那么创新成果表达则是学生研究成果的固化和与人分享的载体。

知识的再创造：学生通过思维导图的绘制发现身边存在的困难和问题，通过深入思考和实践，进行创新作品的设计与制作，并将其应用于日常生活中，解决实际问题（见图10）。

图10 发明作品"管道气动疏通机器人"

【创新项目的策划与实施】项目成果：发明作品"管道气动疏通机器人"获得第40届北京市青少年科技创新大赛一等奖。

通过"小小科学探索家"项目系列活动的实践，我们惊喜地看到学生更加注重观察生活，能主动进行发散性思考，聚焦问题并深入探究，最终将成果固化。有的同学拿着自己并不成熟的想法和邻里进行交流并向相关部门提出改进建议；有的同学确立了自己的研究项目后，开始问卷设计和研究方案的制定，进行科研实践；还有的同学已经将自己的想法变成了现实，制作出了自己的研究成果，应用于现实生活中解决实际问题，服务社会，并在北京市青少年科技创新大赛和金鹏科技论坛等多项科技活动中取得优异成绩。融入微课的科技活动通过教师的设计，能够助力学生创造性地解决实际问题，实现了他们的深度学习。

5 融入微课的科技教育活动，实现学生深度学习的教学策略与路径

培养学生创新思维能力的"三步走"的培养方式，通过活动实践，有效地改进了学生的思考问题的方式，全面提升了学生的核心素养。在活动中，我们将微课有效地融入活动设计，引领学生在记忆和理解知识点的基础上，从知识的分析、应用和再创造等维度进行学习，提高学生的实际获得，实现深度学习。

5.1 融入微课的科技教育活动培养学生创新思维能力、实现学生深度学习的四大要素

通过项目的推进，结合工作实际，提炼了有效实施翻转课堂、实现学生深度学习的四大要素。

5.1.1 具有专业素养的教师

在翻转课堂的实施中，教师需要向学生提供优质的微课或其他学习资源，为学生设计启发式问题，有针对性地练习，需要在上课前整理学生的课前疑问，精心设计课堂活动，以促成问题的解决。

5.1.2 优质的微课开发和学习资源的提供

设计高质量的微课，提供有效的学习资源，找准切入点；通过微课等方式，深入浅出地把知识点讲透；通过开发的微课完成创设情境，重复学习重点、难点，完成知识迁移。

5.1.3 便捷配套的学习环境

互联网环境是实施翻转课堂的技术基础，互联网环境利于学生的交流与分享、学生思维的发散和创新性地解决问题。

5.1.4 高效的课堂活动设计

课堂活动设计需要教师根据课前学生学习情况进行有针对性的设计，让学生在活动中亲历问题的解决，完成知识的内化，有效地突破活动的重点和难点。

5.2 融入微课的科技教育活动培养学生创新思维能力、实现学生深度学习的策略

5.2.1 创设主动学习方式

教师通过设计学习单元、设置学习情境、创设有挑战性的任务，引发学生主动学习，提高学生的学习兴趣，提升创新思维能力 。

5.2.2 开发微课资源

教师针对学生的学习问题设计课程，开发微课。学生再将自己的学习成果分享给大家，教师再将之前的微课补充完善，最终形成师生、生生的互相学习状态和成果共享的资源。

5.2.3 借助数字化信息手段

借助互联网手段，在翻转课堂、线上线下结合的模式下，通过微课的开发和使用，学生能够自主参与到学习中来，形成头脑风暴的思考氛围，探索培养学生创新思维能力的途径。

5.2.4 建立成果分享模式

多方搭建学生成果分享的平台，学生在获得学习成果后感受分享的方式与快乐，增强他们的社会责任感。

5.3 "线上＋线下"融合的三阶段十步骤教育路径

融入微课的科技教育活动，在培养学生创新思维能力的过程中，基于实践教学的经验提炼形成了。整体教学形式采用"线上＋线下"融合的方式，分为课前、课中、课后 3 个阶段，尤其要强调课前的教学活动。

3 个阶段分别对应知识传递、内化拓展、成果固化 3 个教学目标，其中知识传递，即将知识点转化为学生学习的问题，教师创设问题情境，并让学生带着问题去预习；内化拓展即将问题转化为学生的任务单，引导学生进行实践体验；成果固化即让学生通过解决问题形成学习成果（见表 3）。

表 3 "线上＋线下"融合的三阶段十步骤教育路径

阶段	形式	教学目标与教学活动步骤
课前	线上＋线下	教学目标：知识传递（将知识点转化为问题）
	线下	第一步：教师了解学情
	线下	第二步：教师创建教学视频
	线上	第三步：学生自主预习
	线上	第四步：学生反馈问题
	线下	第五步：教师根据学生问题调整课堂讲授内容

阶段	形式	教学目标与教学活动步骤
课中	线下	教学目标：内化拓展（将问题转化为任务单）
		第六步：设计学生体验活动
		第七步：引导学生实践练习
		第八步：学生进行学习总结，提出新的问题，进行师生评价
课后	线上＋线下	教学目标：成果固化（问题解决，补充微课）
	线下	第九步：学生的问题最终解决
	线上	第十步：学生的难点用于补充微课的内容

5.4 "馆、校、生"结合的教与学活动方式

融入了微课的科技教育活动更有利于"馆、校、生"三方的结合（见图11），调动了学生的学习积极性、主动性。以下以"小小科学探索家"项目的【主题性思维导图】学习单元为例，展示"馆、校、生"合作的活动方式：通过翻转课堂的模式向学生发布明确的学习任务，设计清晰的学习流程，促进学生创新思维的培养，最终形成可喜的学习成果。

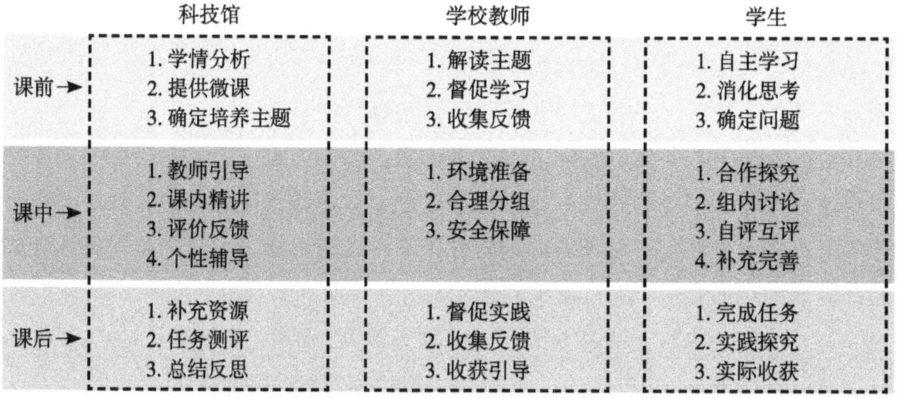

图11 【主题性思维导图】学习单元"馆、校、生"结合的教与学活动方式

6 结语

"双减"要"减负"，而深度学习却要"学得深"，二者看似对立，通过"馆校合作"的有机融合，实现了统一。二者的初衷都是促进学生发展，提升学生的核心素养，落脚点都是提高教学质量，促进学生的实际获得。通过行动研究法、"线上＋线下"融合的十步骤教育路径和"馆、校、生"结合的活动方式，

逐步形成了培养学生发散思维训练—聚合思维训练—创新成果表达的"三步走"培养方式，有利于学生创新思维能力的培养和他们为社会服务的家国情怀的形成，促进了"实践创新、责任担当"核心素养的提升。微课学习资源的开发和利用为科技教育打开了一片新天地，把开发的微课资源融入科技活动的设计中，引领学生在活动前、活动中、活动后自主学习，项目通过【主题性思维导图】【创新项目的策划与实施】【我为社会献份力——创新成果展示】3个学习单元，设置"解决生活中的困难"作为挑战性任务。为学生提供了创造性解决问题的机会，促进了学生的可持续发展，实现了学生的深度学习、高效学习，全面提升了学生的核心素养。

参考文献

[1] 林崇德,辛自强.创新素质培养的建构主义视角[J].中国教育学刊,2016（5）.

[2] 周贤波.基于微课的翻转课堂在项目课程中的教学模式研究[J].电化教育研究,2016（1）.

[3] 王树生.微课在初中信息科技教学中的应用[J].新课程（小学）,2019（8）.

[4] 熊艳萍.微课教学技术在中学科技创新教学中有效应用研究[J].读写算,2019（23）.

[5] 王红,赵蔚,孙立会,等.翻转课堂教学模型的设计——基于国内外典型案例分析[J].现代教育技术,2013（8）.

[6] 张新明,何文涛.支持翻转课堂的网络教学系统模型探究支持翻转课堂的网络教学系统模型探究[J].现代教育技术,2013（8）.

馆校结合，小学科学教育活动的设计与实践初探

——以"设计冬暖夏凉的环保小屋"为例

刘　婕　徐婷婷　于　青*

（北京市西城区奋斗小学，北京，100031）

摘　要　在培养学生创造力方面，"技术、工程与社会"所发挥的作用是其他科目所无法替代的，对科学教育从探究到实践的转变有着现实的指导意义。[1]现实中的小学科学教学在教材内容、学校的场地和设施等方面，都具有一定的局限性，这就使得在校内有效开展教学具有一定的困难。因此，本文尝试通过馆校结合的方式，以"环保小屋"为例探索基于学生科学素养的小学科学工程与技术课程的有效教学途径。

关键词　小学科学　工程设计　馆校结合　环保小屋

科技兴则民族兴，科技强则国家强。党的二十大报告中首次将"实施科教兴国战略，强化现代化建设人才支撑"作为一个单独部分，这充分体现了教育的基础性、战略性地位和作用。小学科学课程是一门以培养学生科学素养为宗旨的义务教育阶段的核心课程，是现代社会提升公民素质的重要手段。其中在培养学生创造力方面，"技术、工程与社会"所发挥的作用是其他科目所无法替代的，对科学教育从探究到实践的转变有着现实的指导意义。[1]但在实际课堂教学中，小学场地、设施方面有一定局限性，小学生在学习相关内容时理解起来会有一定难度。为有效培养学生科学素养，《全民科学素质行动规划纲要（2021—2035年）》提出建立校内外科学教育资源有效衔接机制。《关于新时代进一步加强科学技术普及工作的意见》也建议学校组织学生前往科学教育场所，开展场景式、体验式科学实践活动。由此可见，小学科学课程与科技馆资源相结合是提升学生科学素养的一种有效途径。

---

*　刘婕，北京市西城区奋斗小学高级教师，西城区小学科学学科带头人，奋斗小学科技特色室负责人，科学信息科技组行政组长；徐婷婷，北京市西城区奋斗小学高级教师；于青，北京市西城区奋斗小学高级教师，北京市小学科学学科骨干教师，西城区小学科学学科兼职教研员，奋斗小学科学组教研组长。

1 "技术、工程与社会"领域在小学科学教育中的重要作用

面对快速发展的现代科技，理解与运用技术与工程的能力成为新时代公民应具备的科学素养之一。放眼国际，许多国家已将科学、技术与工程的关系列为重要的课程目标。我国《义务教育科学课程标准（2022 版）》选择"技术、工程与社会"作为核心概念之一，也是时代赋予公民科学素养的新内涵在科学课程中的体现。

1.1 能够帮助学生更好地理解科学知识

科学知识是抽象的、冰冷的，小学阶段的学生，他们的思维还处于形象思维向抽象思维的过渡阶段，对于科学知识的理解需要依附于一些形象的、生动的科学现象或实例上。而贯穿于技术、工程与社会领域的实践操作能够帮助学生更好地理解其中的科学知识与原理，进而促进学生科学知识的习得。

1.2 能够培养学生的创新思维和实践能力

技术、工程与社会领域的学习，涵盖了很多跨学科的概念，具有很强的综合性和开放性，因此需要学生综合运用多学科知识和创新性思维来解决实际问题。在这个过程中，学生通过设计和制作科技作品、开展调查实践活动、与他人分享交流等，不断获得创新思维和实践能力的提升。

1.3 有利于增强学生的科技意识和社会责任感

学生在明确问题、提出创意、制作模型、改进优化等"动脑动手"的实践中，逐渐形成对科学、技术与工程本质的认识的同时，体会和了解了科技的发展和应用，进而不断形成对科学、技术与工程应有的正确态度与社会责任，促进个人科学素养的形成，最终促进个人的成长。

2 馆校结合方式探索——以"设计冬暖夏凉的环保小屋"主题活动为例

2.1 小学不同版本科学教材中有关"保温与散热"内容的分析

"设计冬暖夏凉的环保小屋"活动是基于小学科学"保温与散热"这一教学内容设计的。从教学内容的分析来看，它隶属于 2022 版科学课程标准中"技术工程与社会"这一领域。"技术工程"是 2017 版科学课程标准中新增的内容，它不仅丰富了小学科学教育的内涵，也使儿童获得了更广阔的发展空间。我们应该意识到，儿童的工程技术实践活动与科学探究活动具有同等重要的地位和作用，如同鸟之双翼、车之双轮一样不可分开，它们相互补充、相得益彰，是小学科学教育中不可分割的。这在人教／鄂教版、湘科版和教科版教材"保温

与散热"内容的学习上，都有所体现（见表1）。

表1　各版本教材"保温与散热"内容及编排顺序

版本	"热"单元涉及的技术工程教材内容	教材特点	共同点
人教/鄂教版	保温和散热	主要认识哪些是保温物品，哪些是保温材料，它们为什么能保温；认识哪些方法可以散热，它们为什么能散热。在认识保温和散热的材料和方法的过程中，要引导学生进行保温和散热的实践活动，了解常见的保温和散热的方法	不同版本的教材中，对于热传递的学习，最终都是落位在设计并制作一个保温(散热)装置上 都设立在高年级段 体现"技术工程与社会"的学习主题
湘科版	制作保温装置	通过"设计和制作一个保温装置"活动，引导学生对单元知识进行综合运用，同时让学生意识到科学学习的目的是改善生活和服务生活	
教科版	做个保温杯	在研究热传递的方式后，利用热传递的性质来创造性地制作保温杯，以丰富的实践经验建构这些主要概念	

但是已有教材在"保温与散热"内容的选择与编排上存在以下问题：

首先，绝大部分教材忽略了工程设计的基本流程，即确定问题—制定合理的解决方案—分析解决方案—优化解决方案—交流，而经历这样的活动流程对于小学生而言是十分必要的，这促使他们强化对重要技能和科学知识的领悟，进而逐步理解工程、技术、科学和社会是如何相互联系的，由此实现课标的相关要求。

其次，由于学校场地、设施的局限，一些常用的保温散热的结构与材料很少，这极大阻碍了学生进一步探究的欲望。

2.2　中国科技馆"绿色之家"展品分析

中国科技馆—常设展览—挑战与未来—同构能源格局—"绿色之家"展品，由一栋被动式节能屋及7个互动子展品构成。互动展品包括建造你的节能房屋、被动屋的墙体结构、被动屋的窗户结构、中央控制系统（包括照明系统、空调系统、新风系统等功能）、雨水收集系统、踩踏发电系统、节能屋顶。展示被动屋的整体结构和功能，并通过其他分展品，展示被动屋的墙体结构、门窗结构、新风系统、照明系统等先进节能技术。其中蕴含的很多内容与学生所学的有关热的知识联系紧密，同时可以很好地弥补学校课堂学习的不足，为本次课程的实施提供了保障（见图1）。

图1　中国科技馆"绿色之家"展品

2.3　学情分析

小学高年级学生在人教／鄂教版五年级科学上册第一单元中学习过了热传递的3种方式——热传导、热对流、热辐射，以及保温与散热的方法。本单元的最后需要学生进行一项保温设计，学生在将所学知识运用于产品设计时还有所欠缺，同时对技术与工程对人们生活、生产和社会的影响方面还没有形成科学的认识。

2.4　活动设计思路

基于以上的分析，我们在人教／鄂教版"保温与散热"一课的基础上开展了"设计冬暖夏凉环保小屋"的活动，目的是利用当今社会上普遍比较关注的环境问题，如极端天气的频繁出现等现象，引导学生利用已有知识，设计并尝试解决生活中的一些问题，通过"明确问题—设计方案—实施计划—检验作品—改进完善—发布成果"的学习历程理解"技术工程设计"的一般流程，在培养学生实践与创新能力的同时，培养学生的社会责任感，并引导学生树立保护环境的意识。

2.5　活动目标设计

（1）通过参观"绿色之家"，了解绿色节能房屋的墙体、窗户、屋顶、地板等特点，了解它们的保温与散热的原理。

（2）通过设计，改进"冬暖夏凉环保小屋"，能够将所学的有关热的知识与实际生活相联系，将具体知识转化为设计方案。

（3）通过参观与设计活动，了解科学技术与生态环境的密切关系，进一步建立和传播绿色低碳的生活方式和理念。

（4）通过最终设计出一个"冬暖夏凉"的小屋，在设计迭代的过程中体会工程设计的复杂性、系统性与综合性。

2.6　活动概览（见图2）

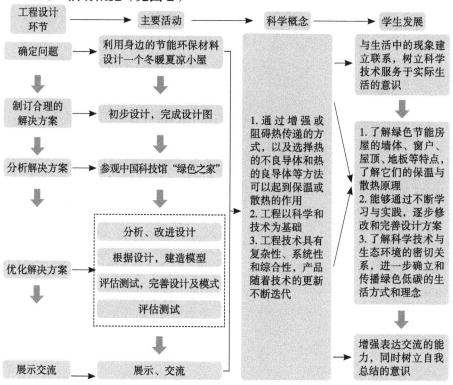

图2　活动设计思路

2.7　活动实施过程与效果

（1）通过生活中的事例，聚焦研究问题

教师向学生展示图片（见图3），并提问：这是全球不同的气候研究机构公布的自1850年至今的全球气温变化情况，由这张图片你想到了什么？

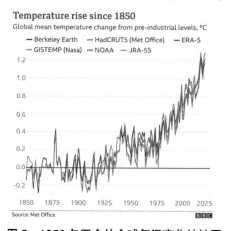

图3　1850年至今的全球气温变化统计图

学生可能会提出一些问题："造成全球气温上升的原因是什么？""全球气温升高有什么影响？""怎样控制气温的上升？""这样的环境下，有没有适合居住的房子让人感觉不那么热？"等。"我们通过对热单元的学习，哪些问题是可以在课堂中开展研究的？"引导学生开展讨论，带领学生回忆、讨论可能会用到的知识。回顾热传递3种方式的传热特点、不同材料的导热性能，以及生活中的一些保温和散热的方法等，逐步思考如何利用保温与散热的知识，尝试利用身边的节能环保材料设计、制作一个冬暖夏凉的小屋。

（2）初步设计，完成设计图

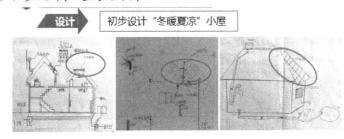

图4　学生的初始设计图

图4展示的是部分学生最初的设计图，可以看出学生通过学习，在保温与散热方面能够关注到双层玻璃、羽绒保温帘等可以起到保温散热作用的一些常见方法的应用。但由于学生在生活中接触现代化产品较多，可以看出，大部分的设计体现了利用电能、太阳能等一些能量转换的应用，而对于房屋结构、材料的导热性能等方面的关注还较为薄弱，学生在工程设计的系统性方面的意识还不够，这在学生的初步设计中较为普遍和明显。

（3）分析设计方案

 讨论、分析方案的不足

- 我们在设计中利用了哪些保温散热的方法？用到了哪些节能环保的材料？

- 我们在设计的过程中还发现了哪些问题？你打算如何解决？

图5　通过讨论，引导学生发现设计方案的不足之处

如图5所示，学生围绕以上两个问题展开讨论，进一步分析设计方案的不足。在讨论的过程中，学生体会到工程设计的复杂性和系统性，也发现了自己最初设计中的一些不足。随着学生知识不断丰富、认识不断深入，他们对于设计方案也会有更深入的思考，由于课堂中的已有资源不足以支撑起在工程设计方面的进一步学习与探索，因此需要带领学生走进中国科技馆，借助馆内相关资源，

帮助学生进行更多的学习、体验和实践，给学生创造更多的机会去不断地对设计进行改进和完善，以促进学生对设计进行更进一步的思考与完善。

学生在此次参观中国科技馆"绿色之家"环节中，主要参观被动屋的墙体结构、被动屋的窗户结构、节能屋顶、中央控制系统几个展品，了解节能房屋墙体的气密性和保温性原理，保温、隔热的节能窗户结构和气密性与保温性原理，不同种类的节能屋顶的结构与功能，中央控制系统的特性等（见图6）。

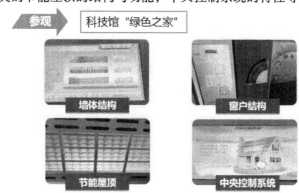

图6 有针对性地参观"绿色之家"展品

学生回到学校课堂后，随之进行交流：通过参观和体验科技馆的"绿色之家"装置，有哪些收获和思考？通过在科技馆中的参观和体验活动，很多学生表示能够更多地关注到房屋的结构，以及根据材料的性能进行合理的选择，也进一步明确和理解了自己这样设计的科学原理。随后他们围绕效果与环保节能方面进行改进讨论，并对设计图进行了修改（见图7）。

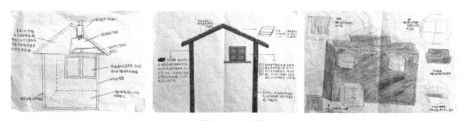

图7 学生改进后的设计图

经过这样的设计与改进，学生对"热"这部分内容的理解更为深刻，同时在参观与实践的活动中切实体会到工程设计的一般流程及其特有的复杂性和系统性，这对学生全面、具体而深入地评价与完善自己最初的设计起到非常重要的作用，不仅弥补了课堂教学中资源不足的问题，而且帮助学生通过自己的体验，初步经历和感受了工程思维在技术工程领域中的重要意义，真正实现了馆校结合的学习方式对于学生科学学习的积极作用。

（4）根据设计图制作模型

学生在经过学习、讨论后，根据自己的设计图，利用身边3D打印材料制做了房屋的整体框架，同时采用太阳能板充分利用太阳能来为房屋提供基础电能，通过门、窗及室内的风扇进行散热，此外通过地暖进行冬季采暖。初步经历了较为完整的设计制作过程，并在实践的过程中再一次调整自己的设计方案，最终做出模型（见图8）。

图8　初始模型

（5）评估测试，改进设计方案

为了更好地呈现模型的保温效果，学生通过设计对比实验来对这一模型的保温散热效果进行测试。为了更好地呈现模型的保温效果，学生将小屋放置在冰箱中模拟冷的环境。首先记录下烧杯内水的初始温度，经过3分钟再次记录此时烧杯内水的温度，根据前后的温度差来进行分析（见图9）。

▷ **测试——保温效果**

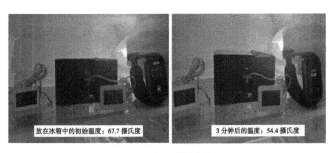

放在冰箱中的初始温度：67.7摄氏度　　　3分钟后的温度：54.4摄氏度

图9　保温性测试

同样地，在测试小屋的散热效果时，学生将小屋放在阳光充足的窗台模拟较热的环境。先测试小屋内的初始温度，经过3分钟后再次记录小屋内的温度，记录下前后两次的温度数据并进行对比，以此来判断小屋的散热效果（见图10）。

经过测试，学生发现烧杯内的水在3分钟后温度降低了13.3摄氏度，放在窗台后小屋内的温度前后并没有改变，因此学生认为，在这种设计中，小屋的保温和散热效果均不太理想，还需要进行更进一步的修改和完善。

综合上述测试与学习，学生对于自己的设计方案有了更进一步的思考与改进，那么这种改进是否可行，或是否能够起到预期的效果呢？我们的设计还有

放在阳光下的初始温度：25 摄氏度　　3 分钟后的温度：25 摄氏度

图 10　散热性测试

没有可以加以完善和改进的方面？学生再一次进行思考和讨论，同时，教师给学生提供一些相关的资料补充，如调光玻璃的隔热与阻隔作用、植物的光合作用与蒸腾作用、风力发电等清洁能源的资料，帮助学生了解在节能环保方面还有哪些可以采取的措施与方式，便于他们在后续的设计与改进中进行参考。

由于学校课堂教学中在设计与制作方面不具备更为丰富和可操作的条件，因此我们再次借助科技馆内的资源，帮助学生在材料与设计方面有更多的了解和体验。学生通过馆内挑战活动"建造节能房屋"的互动体验活动，以 3D 动画的形式，生动形象地展示被动屋中各个系统的实际应用情况，以帮助学生对自己完善后的设计进行可行性分析与审视（见图 11）。

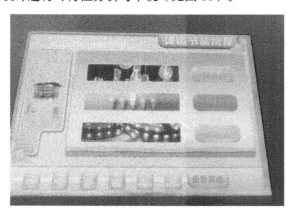

图 11　中国科技馆"建造节能房屋"的互动体验活动

之后，教师带领学生再一次围绕"你建造的节能房屋是什么样子的？它有什么特点和优势吗？"这两个问题进行交流，引导学生发现工程设计不是一蹴而就的，我们生活中用到的每一件产品也都不是经过一两次设计和修改就可以完成的，在设计过程中不断发现问题，对于比较复杂的设计可能还需要多次修改和完善，才能不断地解决问题。我们的设计也是如此，想要达成预期效果，还需要再一次进行修改和完善，不断地进行设计上的迭代，使它更为科学合理，最终真正地服务于人们的生活。这个过程帮助学生逐渐明白，工程设计的过程需要经过反复多次的修改和完善，是一个复杂的系统工程。学生根据交流讨论，对"冬暖夏凉小屋"的设计再次进行改进和完善（见图12）。

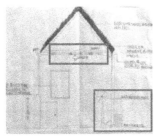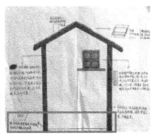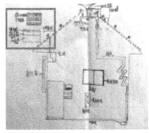
图 12　学生改进后的设计图

（6）改进和完善模型，再次测试

除了设计图，学生在原有模型的基础上，采用在小屋外壁贴上一层泡沫板来模拟"保温墙"，在房屋的顶部铺上一层花泥模拟土壤，还有一些绿植，做成绿色屋顶，试图增强小屋散热及减少热辐射的效果，并进行了相应的改进（见图13）。

图 13　学生修改后的模型

模型经过修改后，再一次进行效果测试，采用跟之前同样的测试方法，将小屋放置在冰箱中模拟冷的环境，以及放在阳光充足的阳台模拟热的环境。先后记录下烧杯内水的初始温度和经过 3 分钟后烧杯内水的温度，以及小屋内前后的温度，再根据两次数据的对比来对自己的改进设计，以及小屋的保温与散热效果进行分析和判断（见图14、图15）。

放在冰箱中的初始温度：64.9 摄氏度　　3分钟后的温度：57.9 摄氏度
图 14　改进后的模型保温效果测试

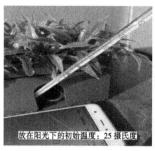

放在阳光下的初始温度：25 摄氏度　　3分钟后温度：24 摄氏度

图15　改进后的模型散热效果测试

表2　改进后的模型散热效果测试

	保温效果		散热效果	
	改进前	改进后	改进前	改进后
初始温度	67.7 摄氏度	64.9 摄氏度	25 摄氏度	25 摄氏度
3 分钟后温度	54.4 摄氏度	57.9 摄氏度	25 摄氏度	24 摄氏度
温度差	13.3 摄氏度	7 摄氏度	0 摄氏度	1 摄氏度

经过再一次测试，根据两次实验前后数据的对比可以发现（见表2），改善后的小屋在保温和散热效果方面与之前相比略有改进，说明学生在设计、制作过程中的方案是可行的、有效的。

学生通过不断地深入学习、参观、体验、思考后，结合最初的设计及修改后的设计，进行再一次的修改和完善，可以看到经过对设计的反复修改，学生不仅能够通过房屋的结构及材料的选择等方法实现保温与散热的效果，同时还体现了绿色节能的环保理念，让设计更为完善。这个过程也帮助学生逐渐树立了环保意识。

（7）展示交流

展示与交流的环节，鼓励学生大胆并且清晰地向他人介绍自己的设计思路，并对他人的设计进行客观分析和评价，交流设计的优点及不足。展示与交流的过程也有助于学生进行反思和改进，引导学生在亲身体验、实践的基础上进行总结归纳，发现技术工程的特点，在经历了"确定问题—制定合理的解决方案—分析解决方案—优化解决方案—交流"整个工程设计的流程后，逐渐形成和发展设计思维与工程思维。同时基于社会问题而产生的设计，能够更好地激发学生的社会责任感，帮助学生意识到低碳环保的重要性，进一步树立环保意识（见图16）。

图 16　学生在班级内进行分享展示

（8）活动评价

活动过程主要从学生的设计图、活动过程中的讨论、交流及对他人设计的评价等方面进行评价，并利用我校 12 核心素养小骆驼卡进行积分奖励（见图17、表 3）。

能够体现保温散热的方法应用，从房屋结构、材料选择等多方面进行设计

设计图

讨论

能够积极参与讨论，对自己的设计进行客观分析，并提出合理的改进方案

展示

评价

能够完整、清晰地表达出自己的设计方案，认真倾听他人的介绍

能够客观评价他人设计的优点及不足，并给出合理的建议

图 17　评价标准

表 3　学生评价表

项目	等级	等级描述	分值	备注
设计方案	A	设计图精心绘制，能够体现机构与功能间的关系，各部分比例、制作步骤标注完整、清楚	3	积分制：10分换 1 个小骆驼
设计方案	B	笔记（设计图）能够体现机构与功能间的关系，有比例、步骤的描述	2	
设计方案	C	笔记（设计图）简单，没有能够体现机构与功能间的关系，缺少比例或步骤的描述	1	
团队合作	A	在讨论中有所贡献，能较好地完成任务，与他人合作愉快	3	
团队合作	B	能够参与讨论，基本完成任务，能够与他人合作	2	
团队合作	C	只愿意独自完成活动，很少与人合作	1	
作品展示	A	作品完整、美观、有创新点，制作精良	3	
作品展示	B	作品完整、有创新点	2	
作品展示	C	作品完整	1	

3 结论与建议

3.1 馆校结合是助力学生科学学习的有效途径

小学科学课程是一门体现科学本质的综合性基础课程，具有实践性。教师在进行科学教学时，要注重突出核心素养概念在真实情境中的应用，加强知识学习与现实生活、社会实践之间的联系，从而引导学生实现对核心素养概念的深度理解、有效建构和灵活应用。但小学科学教育往往面临因教学器材资源或学习空间缺乏而影响学生学习效果的窘境。科技馆作为开展社会科学教育活动的主要阵地，拥有众多与小学科学内容相关联的展教资源，它以形象生动、直观体验的形式呈现科学知识，允许参观者以亲身体验的方式来学习展品所蕴含的科学原理，感受科学的奥秘。为此，2022 版科学课程标准在实施建议中提出要注重社会资源的开发与利用，发挥各类科技馆的作用，把校外学习与校内学习结合起来，补充校内资源的不足，这与小学科学课程的教学强调动手动脑、以学生为主体，以及运用多种科学学习方式的要求相契合。与此同时，科技馆所展现的科技发展的历程、科学前沿领域和科技热点问题，以及科技展览弘扬的科学家精神等都是学校科技教育资源的短板，馆校结合的方式可以更好地丰富校内科学教育的形式，深化科技教育的内涵。

以"保温与散热"一课为例，学生在讨论的过程中体会到工程设计的复杂性和系统性，也发现了自己最初设计中的一些不足。随着学生知识的不断丰富和认识的不断深入，他们对于设计方案也会有更广泛深入的思考，由于课堂中的已有资源不足以支撑起在工程设计方面的进一步学习与探索，因此带领学生走进中国科技馆，通过参观科技馆内被动屋的墙体结构、窗户结构、节能屋顶、中央控制系统几个展品，来帮助学生弥补在了解材料选择、结构与功能之间相互作用方面的欠缺。通过在科技馆中的参观和体验活动，学生能够更多地关注房屋的结构，以及根据材料的性能进行合理选择，也进一步明确和理解了自己这样设计的科学原理。经过这样的设计与改进，学生切实体会到工程设计的一般流程及其特有的复杂性和系统性，这对于学生全面、具体而深入地对自己的最初设计进行评价与完善起到非常重要的作用，不仅解决了课堂教学中资源不足的问题，更帮助学生通过自己的体验初步经历和感受了工程思维在技术工程领域中的重要意义，真正实现了馆校结合的学习方式对于学生科学学习的积极作用。

3.2 科技馆课程资源的利用要与课堂教学内容紧密结合、有机整合

科技馆以其丰富的展教资源和真实自由的情境氛围提供了体验式的、多模式的和跨学科的教育机会，因此科技馆具有社会科普职能，但主要按主题将展

品划分在不同的区域，相比小学科学教材内容来说系统性较弱，因此与小学科学课堂教学的贴合度和衔接性不够紧密。因此在进行馆校结合的科学学习活动时，教师需要基于教学内容进行场馆资源的筛选。在充分了解和分析科技馆展品所承载的认识价值和实践价值的基础上，关联核心概念进行"展教结合"的设计，也可以基于核心概念串联不同展区的展品，形成基于学生思维发展的内容结构。这种借助动手实践拓宽科学视野的学习方法，不但能激发学生的探究欲望、学习热情，还能提升学生的科学素养，发展学生的知识迁移能力，全面发展学生的综合素养。总之，要有机整合馆校资源进行实践活动的设计，进而在探究实践中促进学生的深度思考。

如在讲声音的传播时，可以结合科技馆中"看得见的声波"帮助学生理解声音是一种能量的表现形式。讲能量转化时，可以在科技馆体验脚蹬自行车点亮灯泡的活动，来理解将动能转化成电能的特点。讲无法通过观察与实验来了解的宇宙科学时，可以走进科技馆的"宇宙之奇"展厅，如可以通过半封闭型的球形空间模拟地球，根据提示操作，则可以看到一个完整的月相变化周期，对于学生形象直观地了解月相变化起到重要的促进作用。

3.3 激发学生深度思考应系统设计馆校结合活动

系统设计馆校结合活动对提升学习效果、提高学习效率、激发学生深度思考起到关键作用。首先要合理选择或整合馆校资源，明确校内学习目标和馆内学习目标，进而设计相应的教学活动。此外还要围绕学习内容对馆内学习前、学习中、学习后的全过程教育进行规划，如馆内学习实践前如何设计导引活动、活动实践时如何提供学习支架，以及学习实践后如何与课堂连接、如何进行评价等都是需要设计的。学生深度参与馆校结合活动，才能在进行科学知识学习的同时，培养科学精神、创新思维和动手能力，进而能够更有效地培养科学素养，更好地提升小学科学教学的效果。

参考文献

［1］俞伯军.义务教育课程标准（2022年版）课例式解读 科学 [M].教育科学出版社,2022:109.

数字技术助力馆校结合效能提升

赵　智　姚　爽*

（长春中国光学科学技术馆，长春，130117）

摘　要　在当今"数字化时代"的大环境下，馆校结合应抓住趋势，充分利用人工智能等前沿数字技术提升结合效能。本文阐述了馆校结合数字化转型的必要性，分析了目前科普场馆数字化发展现状，重点介绍了长春中国光学科学技术馆在馆校结合数字化转型中的发展实例，最后为馆校结合数字化发展提出建议，以期为探索数字化时代下馆校结合新模式提供参考。

关键词　馆校结合　数字化时代　中国光科馆

1　馆校结合数字化转型的必然性

1.1　馆校结合的提出和意义

馆校结合顾名思义，就是博物馆或科技馆等科普场馆与学校之间的教育合作关系。近些年，随着我国教育体制的改革，素质教育的提出迫切需要科技馆这样的校外科普教育资源来丰富教学形式。

早在 2006 年，中央精神文明建设指导委员会办公室、教育部、中国科学技术协会联合下发了《关于开展"科技馆活动进校园"工作的通知》，此通知的印发标志着馆校结合的正式提出。通知中要求结合中小学的科学课程标准，创新科普场馆科学教育活动内容和活动形式，使校内外科学教育有效衔接，从而促进优质科技活动资源共享，搭建出高校、科研院所和企业等社会各方参与青少年科学的教育平台。将"探究式学习"方法融入科普场馆科学教育活动当中，充分利用新媒体等技术手段创新活动方式，打造出有特色的科普场馆活动。

2014 年，教育部印发的《教育部关于全面深化课程改革落实立德树人根本任务的意见》中指出："学校要整合和利用社会优质教育资源，要探索利用科技馆、博物馆等社会公共资源进行育人的有效途径。"《义务教育小学科学课程标准（2017 年版）》中明确要求学校要充分利用科普场馆资源。

所有这些都清晰地表明，在我国利用科普场馆提供教学服务是教育发展的

---

*　赵智，长春中国光学科学技术馆业务拓展处信息中心主任，研究方向为科普教育；姚爽，长春中国光学科学技术馆馆员，研究方向为科普理论研究。

必然趋势。

1.2 馆校结合数字化转型是时代发展的必然

数字时代丰富的数字资源颠覆了人们的生活方式，同时人们日益增长的物质文化需求又推动着数字时代的前进。科普场馆的任务正是利用自己的资源优势，例如现有的实验室、展厅或展品设计出学校课堂无法实现的课程内容，从而弥补学校资源的不足，满足学生对科学信息的需求。以需求为动力，科普场馆应顺应时代的发展，让科学知识的传播在数字技术的应用下变得真实、生动、有效。

2020—2022 年，《关于推进实施国家文化数字化战略的意见》《文化和旅游部关于推动数字文化产业高质量发展的意见》等政策文件的陆续发布，表明文化数字化已经上升为国家战略。科普场馆作为馆校结合的重要阵地，应该充分利用数字技术创新科普方式，提高科普传播质量，利用自身丰富的场馆资源作为学校教育的重要补充，在激发学生的求知欲、提高学生的学习兴趣、拓宽学生的视野等方面起到重要的作用。

综上所述，依托馆校结合的方式开展探究式教育，顺应时代发展引导学生有效体验高科技展品，辅助学生在体验的过程中进行认知建构，在这个机遇无限的数字化时代，充分利用数字技术构建出高质量、高效能的馆校结合新模式。

2 馆校结合数字化转型的实践探索

2.1 为馆校结合构建数字化的特色科技馆教育

将人工智能、5G+8K 高清技术、虚拟现实技术 VR、增强现实技术 AR、3D 建模等数字技术用于实体馆布展。科技馆的教育特色在于学科的综合交叉及新颖独特的展示方法。同一题材的课程内容可以跨越历史、语文、科学等多个学科。数字技术将虚拟展览与实体展览结合，使学生沉浸在如科幻世界般的展厅，身临其境地与展项进行多层次的高质量互动，吸引学生主动获取知识，对展项有更深的理解和思考。上海科技馆的"青出于蓝——青花瓷的起源、发展与交流"特展，展览现场设置了"青花瓷之路"AR，增强现实的互动体验，带领观众一起探寻青花瓷的外销盛况及其背后的故事；[1]杭州千岛湖的"时光隧道"以其绚丽的光影、震撼的音效、360 度 LED 屏包裹、梦幻的动漫剧情让人们沉浸其中，流连忘返。

实体场馆通过数字技术丰富了展项的展示与互动，带给学生全方位、沉浸式、互动式的参观体验。数字技术使科技馆建立起了自己的教育体系，融合多个学科形成科技馆的教育特色。

2.2 基于数字科技馆的馆校结合新模式

将各种前沿数字技术智能融合在一起，建立一种新型的数字科技馆是数字化时代馆校结合的新模式。利用三维互联网技术、云计算、人工智能等数字技术，建立数字科技馆来打破时间和空间的限制，让学生只要上网就可以在任意时间任意地点随时随地获取科学知识，是一座"永不关门的网上大课堂"。

目前，我国数字科技馆有两种形式：一种是用虚拟现实技术和三维互联网技术等数字技术将实体科技馆的展厅、展品等进行三维建模，用户在终端电脑上通过主动式的操作，控制三维场景中的虚拟人物在虚拟场景中实现"真实"的体验、游戏与互动，并可以与全球其他用户在线互动交流。

另一种是纯粹虚拟一个网上科技馆，没有实体展馆与之相对应，可以把它看作一个网络科技平台，集中了数字化的网络课程资源，如各学科课件、电子周刊、科技视频等科学教育资源。其主要内容是对于科学和技术知识的普及。[2,3]随着数字技术的应用，其表现形式从原来的图片文字发展到了现在的三维立体、VR 互动及利用智能设备实现触摸交互等。

2.3 科学教育资源数字化

科普场馆能够利用自己的资源优势弥补学校教学资源的匮乏。数字化的应用使科普场馆教育在内容和形式上都有了高质量的发展。教学场所不再固定于场馆内部，而是通过网站、手机 App、主流媒体等形成了除实体馆之外的线上传播，学生可以随时随地享受科普资源，形成了线上线下联动的科技教育模式。

利用人工智能、VR、AR 等数字技术将教育资源数字化，弥补了实体馆的不足。线上互动游戏、科普视频、网络直播、竞技平台等新颖的教育资源，让科普教育的内容变得生动活泼，使观众更容易接受。会员制、粉丝群的建立更增加了学生的黏度，从而为学生提供个性化定制的科技服务，满足各年级的学习需求，拉近了学生与科普场馆的距离，更好地发挥了科普场馆的教育功能。[4]

2.4 科学教育活动数字化

传统科普场馆举办的科学教育活动是以讲座、现场展示、展馆参观等方式单一地在场馆内部举办。而数字技术的应用，改变了"老师教，学生听"的讲座模式，从依靠科技辅导员讲解转变为让学生沉浸在教学场景中，寓教于乐，通过互动体验、任务设定主动探索的方式提升了科学教育活动的趣味度。例如，中国铁道博物馆在"传播铁路科学的种子"活动中，对于钱塘江大桥建造的工程学原理进行了 STEAM 模式的教学内容设计，通过数字化应用及展览对科普内容进行解读，利用数字技术营造了铁道文化的科普氛围，实现了沉浸式教学体验。[5] 此外，各类基于互联网的科普知识大赛、文创产品征集、数字展品设计等活动更是让科普活动飞到了"云端"。

3 馆校结合数字化转型实例——长春中国光学科学技术馆

长春中国光学科学技术馆（以下简称光科馆）是全国唯一的国家级光学专业科技馆，具有光学知识普及教育、光学发展史展示、光学科技成果展示、光学科技合作交流职能。

自开馆以来，光科馆坚持科普资源研发与科普教育活动并重，积极推进馆校结合活动，它是中国计量测试学会、中国仪器仪表学会科普教育基地，全国科普教育基地，全国关心下一代党史国史教育基地，全国"大思政课"实践教学基地，吉林省爱国主义教育基地，吉林省科普工作示范基地、吉林省首批普通高中学生综合素质评价社会实践基地、光学工程科普教育基地、长春市中小学社会实践教育基地、长春市爱国主义教育基地、长春理工大学社会实践基地。

光科馆坚持科普资源研发与科普教育活动并重，线下科普与线上教育相结合，自主研发展项"不可思议的'色彩'"获得"科技馆发展奖展品奖"；创立 OMI 光学乐队演绎全新光学科普表演形式；开发激光雕刻、激光内雕等光学特色科普课程；开展"光学小达人""小小讲解员暑期体验营""光学画展"等品牌活动，服务观众人数超 140 万人；流动光科馆目前已完成 12 站巡展；光学科普大篷车累计行程超过 1.8 万公里，科普受众超 3 万人；线上科学课、在线直播和新媒体平台的点击量累计超百万次。

3.1 开发数字化教育资源

运用互联网技术、数字三维全景、多媒体技术、三维虚拟模型等多种先进数字技术，将实体光科馆以三维全景虚拟馆的形式呈现在互联网上。数字光科馆以官方门户网站作为数据的访问端口，展馆漫游系统采用 360 度全视角的三维全景图建立数字模型。现有三维虚拟数字展品共 30 项，包括光的反射、光学魔影、透视墙、光影雕塑等系列光学教学展品，数字展品均利用 3D 建模构建。学生可以通过互联网用户端进行 360 度全视角观察，同时可以交互操作进行模拟实验，从而体验三维虚拟视觉效果。数字光科馆中录制视频包含"光学探路者""光之成就""空间激光通信"等 9 个教学视频，制作"望远镜的发明""透镜""彩虹"等光学学科科普教学动画 20 多个。

展品制作数字化、传播形式网络化使学生实现了足不出户就可以畅游光科馆，并进行展品的互动操作，使学生仿佛置身真实环境中。数字光科馆不只是实体光科馆的简单复制，而且是实体馆社会价值的补充、扩展和延伸，是实体馆在互联网上的一扇"窗口"。同时，实体馆中所无法实现的一些展品互动也借助数字馆得到了有效的补充。

3.2　线上下联动丰富馆校结合形式

光科馆依托大数据和数字传播技术，制作精品数字科普资源，线上线下联动丰富馆校结合内容和形式。2022 年首次制作光学专家型教学培训视频共计22 节，其中系列微课类视频 7 个，教学实录类视频 5 个，展厅课堂类视频 10 个，并撰写配套教育资源包 18 个。通过 4D 电影制作技术，特效影院引进 4D 影片《古生代海兽志》《人体小宇宙》等特效影片；制作 25 期原创科普视频"七色光"，上传至官方网站、抖音账号和官方微博，以卡通动漫的形式吸引学生，传播光学知识，寓教于乐；利用新媒体开展线上直播，在 B 站直播平台进行"云课堂"活动直播，实时互动人数超过 1.7 万；特色活动"OMI 乐队演奏"分别在新浪微博、B 站平台闪亮登场。

3.3　依托数字技术举办形式多样的科普活动

以优化服务体验为目标，探索多元化的馆校结合科普活动举办方式。利用互联网＋新媒体技术，将馆校结合的科普活动延伸到线上，让更多的学生参与其中。开展"云上光影秀""不一样的光学体验"及"流动的光科馆"系列活动，以"走出去，请进来"、线上线下相结合等多种形式服务中小学"双减"需要，提升青少年学生的科学兴趣。新冠疫情防控期间，举办"开学第一课——光学小达人实验邀请赛"线上活动；举办第三届"神奇的光"线上画展；开展为期一个月的"针孔纸相机线上活动营"，以线上直播授课的方式进行线上交流和答疑；参加由中国科学技术协会科普部主办的"同上一堂科学课"活动。线上活动形式多样，光学科普特色鲜明，观众积极互动，展现了光科馆普及光学知识、提高全民光学科学素质的能力。

4　馆校结合数字化发展的建议

（1）政府出台政策性文件

政策制度的不健全导致我国的馆校结合缺乏长效运行机制。科普场馆的数字化转型也不是一蹴而就的。数字化转型不仅是各个软件系统的应用，而且要更加重视各子系统与科普场馆运行情况的关联。因此，数字化转型之前要进行深入调研，包含规划、功能的设计及运营管理等，根据深入调研的结果进行顶层设计和统筹规划。将科技馆教育以立法的形式纳入国民教育体系当中，用法律来约束科技馆教育在国民教育体系中的地位。

（2）消除机构壁垒，共建共享平台

在数字化转型过程中，大多数场馆是在孤军奋战，没有进行馆校之间和各场馆之间的信息资源共享。集成学校和各级科普场馆的优质数字化展品、数字科普资源，在统一共享平台进行集中展示，不仅有利于精准地为学生推荐个性化科普内容，而且有利于教师获取有效教学信息。因此，在馆校结合数字化转型过程中，信息资源共享平台的建设尤为重要，建设全国馆校结合信息共享平台势在必行。

（3）打造数字专业人才团队

数字化转型需要计算机应用、数据分析专业人才。但是，从外部招募成熟的专业人员需要时间了解业务，培养周期长。因此，自主培养技术团队是首选。首先在科技馆内设置信息技术业务岗位，制定岗位职责并赋予其职能、认定职责，然后从现有人才梯队中选拔适合人员。用岗位定位来引领技术人员自我发展，鼓励团队向外部学习，与专业领域人员交流，在实践中积累经验。

（4）设计具有连续性的数字展品

科技馆的展品设置多数是以某个单一的科学原理为主题，各个展品之间是独立的，缺乏联系。这与学校教育的系统性相违背，不利于知识点的串联，不能对学生学习产生持续性的影响。所以在展品设计上，应考虑根据学校教育中课程设置的知识点，连续地研发展品展项。用科技馆直观、动态、有吸引力的数字化展品来讲解书本中枯燥的原理和概念，从而达到科技馆特色教育的目的。

综上所述，本文对馆校结合数字化转型的必要性、科普场馆数字化发展现状进行了深入分析，介绍了长春中国光学科学技术馆馆校结合数字化转型的实例，最后为馆校结合数字化发展提出建议，希望以此深化科技馆馆校结合的健康有序发展。

参考文献

［1］蒋俊英,黄凯,缪文靖,等.数字化视角下科普场馆转型的思考与实践探究——以上海科技馆为例［J］.自然科学博物馆研究,2022（2）:13-19.

［2］李巍巍.数字科技馆的建设实践与思考［J］.科技传播,2019 11（14）:11-13.

［3］唐冰寒,刘明.可供性视域下数字科技馆的智能传播模式探析［J］.科技智囊,2021（8）:20-23.

［4］苏国民,王慧.新媒体环境下我国科普场馆的数字化路径探索［J］.科技与社会,2022（2）:32-39.

［5］闫晓白.数字化助力博物馆沉浸式科普活动的发展——以科学本质教学为例［J］.文物鉴定与鉴赏,2023（2）:54-57.

基于馆校合作的科学教学活动案例设计

——以重庆科技馆"探秘龙卷风"课程为例

魏　然　徐　倩*

（重庆科技馆，重庆，400000）

摘　要　《小学科学课程标准（2022年版）》倡导小学的教学要在"做中学"和"学中思"，这样可以培养小学生收集和处理信息、探索和解决问题的能力，全面提高他们的科学素养，培育其探索精神。本文以馆校合作为科学教育模式，通过"龙卷风"这一教学案例设计以及教学实施过程来探讨有效的教学模式和教学路径，为教学课程方式的改革和创新提供有价值的参考。

关键词　馆校合作　科学教学活动案例设计　"探秘龙卷风"课程

目前，国内的科普场馆逐渐增多，为小学科学教育提供了必要场所，它能够把课堂上教授的科学知识通过形象化、立体化、影像化的形式展示出来，从而把学生的学习和探索兴趣激发出来。馆校结合无疑是一种有效的科学教育方式，通过相互合作，既可以发挥出科学场馆的教育作用，又能够使课堂知识得到延伸，双方形成合作互补，共同为小学生科学教育助力。下面结合"探秘龙卷风"课程教学案例的设计和实施，来说明场馆合作的必要性和可行性，供小学科学教育工作者参考和借鉴。

1　课程基本信息

1.1　课程主题和教学对象

基于重庆市科普场馆实际情况，我们设计了以"探秘龙卷风"为主题的科学教育课程。其目的就是引导小学生学习和掌握有关龙卷风的科学知识，重点是认识强对流天气和可能发生的龙卷风对人类的危害，以及面临龙卷风威胁时我们应该如何去做，避免受到意外伤害，同时，树立关注防灾减灾的意识。选题相对复杂，主要教育对象设定为小学五、六年级学生，学生规模在50人左右，合作场馆为科技馆，指导教师为专业教师或科技辅导老师。

---

*　魏然，重庆科技馆展览教育部馆员，研究方向为馆校结合科学教育活动设计与实施研究；徐倩，重庆科技馆展览教育部馆员，研究方向为馆校结合科学教育活动设计与实施研究。

1.2 课程内容和学情分析

小学五至六年级学生经过小学一段时间的科学教育，对风的形成原因有了初步了解，且对龙卷风的外形特点及类型有了一定的认识，但是只知其然，不知其所以然，更没有较为直观的感受。这一年龄段学生抽象思维和逻辑思维能力大为增强，对新生事物和未知世界倍感新奇，开始有了独立的思考和探索能力，但是分析问题和解决问题的能力还在发展中。他们虽然对于龙卷风形成的原因不十分清楚，但是求知欲望非常强烈，成为我们教学设计的有利因素。

1.3 课程教学目标

为此，我们设定了以下课程目标：一是科学知识的掌握。要求学生初步了解地球上一些与大气运动有关的自然现象的成因。二是自然现象的探究。要求学生能基于所学的知识，提出可探究的科学问题；通过观察"对流实验"知道风或者空气对流是形成龙卷的背景；提出有针对性的假设并进行验证；制定较完整的"低温龙卷"实验探究方案，通过动手实验得出探究结论，明白龙卷风是复杂气流产生的一种天气现象；同时能有效表达、交流自己的探究结果和观点。三是科学教育的效果。对自然现象保持好奇心和探究热情，在进行多人合作时，愿意沟通交流，综合考虑小组各成员的意见，形成集体的观点。四是教学知识的应用。掌握一定的科学的避险方法，减少自然灾害对人类生活的影响。

1.4 教学重点和难点

教学的重点是，通过场馆合作教学方式理解龙卷风的形成原因，掌握遇龙卷风时的逃生避险方法及实际操作。

教学的难点是，如何利用道具完成探究实验，同时还要具有可操作性；如何通过观察展厅展品所传达的信息与课堂所学知识建立起横向联系，利用多种道具完成探究实验。

2 教学活动设计

2.1 准备教学材料

实验所依托的科普场馆展品为"龙卷风"。

2.2.1 实验一：对流实验

所需材料种类和数量（见表1、图1、图2）：

表1 对流实验所需物品、材料种类和数量一览表

物品名称	数量	物品名称	数量
透明箱	4	干冰	若干
打火枪	3	香	若干
试管	4	手套	若干

 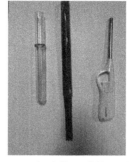

图1 透明箱　　　　图2 打火枪、试管、香

2.2.2 实验二：低温龙卷

实验所需物品、材料种类和数量（见表2、图3、图4）：

表2 低温龙卷实验所需物品、材料种类和数量一览表

物品名称	数量	物品名称	数量
转台	4	黑色网状垃圾桶	4
干冰	若干	保温瓶	4
打火枪	3	吹风	4
插座	6	手套	若干

图3 转台　　　　图4 黑色网状垃圾桶

此外，还要准备相关工具及设备：笔、投影仪、音响、幕布、电脑、凳子、桌子、翻页笔、灯光等。

2.2.3 实验三：火龙卷

实验所需物品、材料（见表3、图5）：

表3 火龙卷实验所需物品和材料一览表

物品名称	数量	物品名称	数量
打火枪	1	固体酒精	1
自制火龙卷装置	1		

图5 自制火龙卷装置

2.2 教学过程

课程对接人教版科学六年级上册第三章第四节"风的成因"，采用5E教学模式，结合展厅特色展品"龙卷风"，指导学生进行展品体验、探究实验，帮助学生了解龙卷风形成原因，以及学会逃生避险自救技能，培养学生动手实践能力和小组间的合作探究能力。

2.2.1 第一阶段：引入（5分钟）

阶段目标：通过观看展厅特色展品"龙卷风"，增强对龙卷风这一自然现象的认识，进而确定科学探究的主题。

设计意图：联系学生已知和积累的生活经验，在此基础上提出新的探究问题。

教师方面：引导学生观看体验展品"龙卷风"，待认知提高后，向学生提出问题，比如"同学们观看到了什么现象"等，再根据学生的回答及对龙卷风的初步描述，确定课程主题，然后对龙卷风的类型及形成原因进行深入探究。

学生方面：观看展厅展品"龙卷风"（见图6），根据观看到的现象做出回答，达到初步认识龙卷风的目的。

图6 学生观看"龙卷风"展品

2.2.2 第二阶段：探究（22分钟）

阶段目标：采取小组合作方式，尝试运用多种道具、多种方法完成龙卷风对流实验和形成原因实验的科学探究活动。

设计意图：要求学生自主参与实验，激发他们参与科学实验的兴趣，培养团结协作的团队精神和实验操作能力。

教学策略：采用直观演示法，让学生在实验过程中勤于思考、分析，培养他们发现问题、解决问题的能力。

（1）对流实验

教师活动：第一步，了解龙卷风形成原因，先了解什么是对流。第二步，教师亲自操作"对流实验"。

实验探究：第一步，在试管中加入适量干冰，然后将试管插入透明箱；第二步，打开透明箱一侧的盖子，将香点燃，放入透明箱，盖上盖子，观察现象；第三步，引导学生通过观察发现，烟雾会旋转是因为有风或者有空气对流。

学生活动：第一步，观察对流实验现象，通过实验得知，冷热空气相互对流，空气就会运动起来，形成风，这就是龙卷风产生的背景。第二步，观看相关视频，了解龙卷风形成的原因（见图7）。

图7 学生观察对流实验现象

（2）低温龙卷实验

教师活动：第一步，展示实验道具：转台、黑色网状垃圾桶、干冰、吹风机、保温瓶、锡箔纸；第二步，引导小组成员根据龙卷风的相关知识及实验器材讨论探究如何制作"龙卷风"。

学生活动：第一步，讨论实验探究方案，如何利用道具制作"低温龙卷"现象；第二步，实验探究。首先将适量干冰置于垃圾桶底部，接着加入少量热水，这时会看到大量的水雾生成；其次，旋转转台，打开吹风机，将电吹风背部朝下，观察现象；最后，以小组的形式根据实验方案进行探究活动，成功制作"低温龙卷"实验（见图8）。

图8　小组合作进行"低温龙卷"实验

2.2.3　第三阶段：解释（8分钟）

阶段目标：分享小组的实验探究成果，总结"低温龙卷"形成原因。

教师活动：总结"低温龙卷"实验原理。

概念解释：干冰加入热水后会迅速升华，升华是吸收热量的过程，导致周围空气温度降低，空气中的水蒸气遇冷液化成雾状水滴或凝华成小冰晶，产生"冒烟"效果；吹风机就相当于抽气的风扇，当吹风机将水雾吹成柱状的同时，转动垃圾桶切向进风又使柱状的水雾形成空气漩涡，形似"龙卷风"。

学生活动：每个小组分享本组制作"龙卷风"的过程及总结"低温龙卷"形成原因。

2.2.4　第四阶段：精致（5分钟）

阶段目标：知识迁移，了解龙卷风的不同类型。

设计意图：对学生获取的概念进行迁移拓展，在广度上加深学生对概念的理解认知，通过问题思考，促使学生了解科学的避险方法可以减少自然灾害对人类生活的影响。

教学策略：利用引导法和问答法帮助学生获得新的知识，以及检查巩固已学知识。

教师活动：第一步，问题导入，提出问题："同学们现在已经基本了解龙卷风的形成原因及外形，龙卷风的类型多种多样，同学们知道哪些类型的龙卷风呢？哪一种类型的龙卷风最震撼呢？同时，如果我们遭遇龙卷风，该如何科学避险呢？"第二步，操作实验道具，展示观感刺激的"火龙卷"实验；第三步，总结科学的逃生自救方法。

学生活动：交流讨论分享和观看震撼的"火龙卷"实验；随后交流分享科学的避险逃生方法（见图9）。

图9　交流讨论分享和观看震撼的"火龙卷"实验

2.2.5　第五阶段：评价（5分钟）

阶段目标：评价学生的学习能力，了解学生的学习效果。

设计意图：通过问答法及填写课程评价表，了解学生学习掌握科学知识的能力，并完成评价环节。

教师活动：第一步，问题导入。提出问题："通过今天的课程，大家获得了哪些知识？"第二步，引导学生填写课程评价表。第三步，邀请学生分享，教师结合现场情况进行综合点评。

学生活动：交流讨论分享，填写课程评价表（见表4）。

表4　"探秘龙卷风"课程评价表

姓名		学校		年级		性别	
评价标准					自我评价（符合程度）		
					好	较好	需努力
课程准备	认真观看展品，积极思考，主动探索，敢于提出问题						
实验过程	能够做好实验前的准备工作						
	主动参与实验和小组讨论，积极与同学交流分享						
	留心观察，主动探索，并尝试解决实验出现的问题						
课程效果	运用所学知识，分析实验中"龙卷风"这一自然现象						
	正确操作，成功演示，有自己独到见解						
	能够对实验结果进行准确的解释，并做出客观评价						
总体自评	好、较好、需努力（选一项）						

3 教学效果预设（结语）

第一，落实科学课程目标，通过基于馆校合作的"龙卷风"科学教学活动案例的设计和教学实践，使学生了解强对流天气导致的"龙卷风"发生的原因、形态、现象和危害，对这一自然现象有准确的理解和认识，在危险来临时能够及时躲避。第二，提高学生实践能力。通过开展教育活动，进一步提高学生的动手操作能力、合作学习能力及自主探究能力。第三，建立馆校企合作。馆校结合模式能够提高第二课堂科普教育活动水平。

这一课程自设计和实施以来，从 2018 年秋季开课至今，以此为题的授课已经达到 75 课时，受众 3237 人次，受到学生和老师的广泛欢迎，并在此基础上开发出了更多的馆校合作科学教育科目，教学效率和效果都得到很大提高。馆校合作开展小学生科学教育是课内外结合的实践活动，通过科学课程的创设和开发，能够充分调动小学生爱科学、学科学、用科学的兴趣，通过探索和实验提高青少年的创新意识和实践能力，促进青少年全面健康发展，逐渐成长为有科学素养的新人。

参考文献

［1］陈彦宏.基于展品的馆校课程设计与实施——以重庆科技馆"探秘电磁"为例 [C]. // 馆校结合科学教育论坛,2018（10）:342–345.

［2］边均萍,王书运.基于馆校合作的科学教学活动案例设计——以"开启新能源探索之旅"为例 [J]. 新校园（下）,2018（12）.

［3］新校园:阅读版,2017（12X）:1–1.

［4］陈静.浅谈馆校结合综合实践活动课的开发——以重庆科技馆的"'桥'你什么样"为例 [J]. 第十届馆校结合科学教育论坛,2018（10）:389–391.

［5］彭倩.馆校结合视角下科普场所探究性活动案例开发 [D]. 重庆师范大学,2018.

［6］肖瑶.基于综合实践指导纲要的课程创新设计与实施——以重庆科技馆"纸服秀"为例 [C]. // 科技场馆科学教育活动设计——第十一届馆校结合科学教育论坛论文集.2019（8）:256–260.

科普展项青少年科学课程开发的探究与实践

——以"双环亭有'理'说不清"课程为例

史冬青　刘明星　王　蕊*

（北京科技人才研究会，北京，100005；中国园林博物馆，
北京，100072）

摘　要　科普展项青少年科学课程开发是对教育"双减"中做好科学教育加法的有效回应。"双环亭有'理'说不清"课程依托文化内涵丰富的建筑展项，紧密结合自然科学和社会科学内容，运用新表达的教学理念和多样化教学手段，引导学生探究与实践。本文旨在通过对一个课程案例进行总结分析，对馆校间落实科学教育新政策、推动我国青少年科学教育发展进行交流。

关键词　科学课程　青少年　科普展项　探究实践

作者团队在科普基地从事科学课程研究多年，从内容研究、教育管理、课程实践、传播形式等多方面研究发现，今天的青少年知识增长的方式和途径发生了巨大变化，场馆作为校外主要知识供给场所，针对青少年这个受众群体提供的教育内容在不断变化，知识传播形式不断向多维度、多形式、多样化转变。场馆内的科学教育从传统课程到展项讲解，到线上课堂，到线上线下结合，再到如今的馆校结合，学校和场馆之间的"墙"正被逐渐打开。新背景下，做好馆校结合，助力科学教育加法意义重大。在这里，作者团队希望通过一个课程案例的实践总结，对馆校间落实科学教育新政策、推动我国青少年科学教育发展进行有益交流。

1　做好科学教育加法的现状分析

1.1　做好科普基地科学教育加法的背景意义

2021年7月，中共中央办公厅、国务院办公厅正式出台《关于进一步减轻义务教育环节学生作业负担和校外培训负担的意见》，这代表我国教育正式进

---

*　史冬青，北京科技教育促进会、北京女科技工作者协会，副研究馆员，北京科技人才研究会，研究方向为科普内容创作和科学传播形式创新；刘明星，中国园林博物馆副研究馆员，研究方向为科学传播和科普教育；王蕊，经济师，中国园林博物馆馆员，研究方向为科普教育和数字化传播。中国园林博物馆馆员常福银对本文亦有贡献，在此一并致谢。

入"双减"时代；2023年2月21日，习近平总书记在中共中央政治局第三次集体学习时强调"要在教育'双减'中做好科学教育加法，激发青少年好奇心、想象力、探求欲，培育具备科学家潜质、愿意献身科学研究事业的青少年群体"。为深入贯彻习近平总书记的重要讲话精神，2023年5月，教育部等十八部门联合印发了《关于加强新时代中小学科学教育工作的意见》，明确提出要求在3—5年内将教育"双减"中做好科学教育加法的各项措施全面落地。

这一加一减政策的出台是国家对青少年教育提出的新要求，青少年教育面临新形势。做好科学教育离不开科学普及工作和社会教育工作。国家颁布的一些其他教育纲领性文件也提到，要充分发挥各类社会实践基地等校外活动场所的作用，由此可见场馆作为社会教育的重要组成部分和校外重要科普资源基地在助力科学教育中意义重大，做好馆校结合是做好科学教育加法的重要途径。

1.2 场馆作为科普基地的现状分析

做好科学教育加法，要求场馆利用好场馆资源，充分发挥自身职能，场馆要成为科学教育中的主要参与者、推动者、实践者、创新者。

目前，国内场馆相对完整，资源较为丰富。普遍具有以下优势：一是体验式学习场景丰富，学生可以身临其境，获得"视觉、听觉、触觉、嗅觉"多位一体的体验，获得在校园课堂资源中缺乏的"直接经验"。二是教育活动形式多样化，基于场馆资源的活动一般分为体验型、演示型、考察型、戏剧性和线上传播等多种形式的教育活动，有利于激发青少年学习兴趣。三是场馆展教线索清晰，能将多个知识点串联成一个教育主题，引导青少年进行跨学科的探究式学习。

但是，场馆中同样也存在一些需要解决的问题。第一，学生走进场馆的次数较少，参观时间短，无法将零散的知识构建成知识体系进行系统学习。第二，课程研发能力较薄弱，关联基础课程不足，缺乏与学校课程标准的深层结合，大多数科普展项课程在开发中更侧重于场馆专业知识的挖掘，而忽略了学生的基础课程学什么，课程标准要求什么，与相应的课程内容有些脱节。第三，课程研发没有找到精准受众，存在一课多用的现象，不同年龄段的理解能力和兴趣点不一样，课程应更有针对性。

因此，场馆内科学课程还有很大的提升空间。

1.3 科普基地科学课程开发方法的研究

场馆科学教育工作面对公众提出的新需求、社会提出的新期盼、党和政府提出的新要求，需要重新审视科学课程的开发创作，在过程中加入"新表达"*的运用。新表达，即科学课程理念、内容、形式、传播手段等的创新，它包含3个维度：（1）科学课程是一种思维；（2）科学课程内容创作需要场景化；（3）科学课程要和受众之间产生互动、共情。科普展项科学课程的开发，要融入科普表达，以更易于学生理解的角度思考，从而诠释复杂的问题，帮助青少年建立科学逻辑；针对青少年科学素养提升，搭建适合不同年龄段的场景；以青少年的兴趣和需求为导向，以他们能接受的方式进行课程环节设置，通过互动实践的手段引导学生自主学习。

综上所述，下文以中国园林博物馆开发的"双环亭有'理'说不清"课程为例，总结交流"新表达"理念运用在课程中的创新和实践。

2 "双环亭有'理'说不清"课程

2.1 课程简介

"双环亭有'理'说不清"课程基于中国园林博物馆的建筑展项——双环亭——进行课程设计，它将自然科学和社会科学紧密结合，集历史、文化、科学于一体，既能讲好科学故事，又能将文化内涵集中呈现。

课程以小学高年级科学课程标准中"物质的运动与相互作用"的核心概念为学习依托，让学生通过观察、实践、认识常见的力是如何作用在亭子上的，以及了解生活中的简单力学。与此同时，课程融合故事叙述的形式，将双环亭建造的历史、艺术价值等传统文化内涵融入其中，体现出文化育人的意义，促进跨学科学习。

2.2 教学对象及学情分析

教学对象以五至六年级学生为主。该年龄段学生还停留在被动学习的状态，主动意识不强，比较容易理解直观、形象性的事物，较难理解抽象概念。

针对该年龄段学生的特点，课程设计应以问题为导向引导学生自主学习，运用多样化教学手段突出实践性、主动性和引导性，融入趣味性避免教学枯燥。

2.3 教学目标

"双环亭有'理'说不清"课程内容对标《义务教育科学课程标准（2022年版）》，课程的探究实践过程与教学目标4个维度相互结合（见表1）。

---

* 史冬青在北京市科学技术委员会、中关村科技园区管理委员会主办的"2023年北京市科普基地高级研修班"中提出。

表 1　探究与实践过程表

教学目标	探究与实践过程	具体内容
科学观念	走进展项	1. 观察双环亭外观，了解中国建筑特征和其艺术价值 2. 了解双环亭历史，感悟中国孝道文化
科学思维	课程教学	通过了解双环亭的结构，认识常见的力学在双环亭中发生的作用，认识力对改变物体状态的作用
探究实践	实践体验	1. 组队合作搭建简易亭子 2. 搭建好后，团队间通过增加、减少构建及施加外力尝试破坏建筑稳定性
科学态度	评价与探讨	通过团队合作，培养科学创新精神。搭建的过程中敢于尝试，接受失败挑战

2.4　教学重点与难点

重点问题：

1. 力是抽象的概念，如何讲清楚力学原理，让学生通过身边存在的事物来理解力的相互作用。

2. 感受中国建筑之美和其艺术价值，感悟孝道文化。

难点问题：让学生以"问题—猜想—计划—实验"的动手实践，将力是抽象的这一概念转化为具体可以观测的指标，说清楚其中的道理。

2.5　教学手段

课程中运用多种手段达到教学目的（见表2）。

表 2　课程中的教学手段与教学目的

教学手段	教学目的
情境创设	激发学习兴趣
问题引导	创造认知冲突
探究学习，合作互动	学生自我构建

2.6　教学过程

第一阶段：预热与导读

课程准备是做好馆前教育的重要环节，在进入场馆学习前，老师在课堂上系统地复习相关力学知识，发放任务单，以问题为导向引导学生对新知识进行预习。运用查阅资料法，引导学生简单了解中国古代建筑的美学特征和中国建筑特点。预热与导读，确保学生在进馆参观时具备基础知识储备，明确进馆学习目的。

第二阶段：走进展项

组织馆内参观，走进展厅进行基于实物的学习。此阶段设计两个教学环节：一是带领学生近距离参观双环亭的外观，通过观察和讲解让学生了解双环亭的建筑特征和艺术美学，二是以讲故事的方式讲述双环亭的历史。运用情境创设和问题引导方法，设计几条故事线索：（1）观察双环亭"寿桃"形状的外形，引导学生猜测其用途；（2）结合著名影视剧《甄嬛传》的故事，让学生从"环"与"嬛"同音引发学生认知共鸣，进一步引出双环亭历史；（3）最终给予答案：它是乾隆皇帝送给母亲崇庆皇太后的贺寿礼物，是皇帝对母亲孝心的表达；（4）讲述故事，太后体恤百姓，责怪乾隆皇帝铺张，乾隆皇帝的孝心和苦心有"理"也说不清。

这一系列设计环节让学生了解到双环亭是古人和合、长寿寓意的体现，表达出我国古人和谐、至孝的传统文化。走进展厅有助于让学生产生直观体验，故事叙述增强了课程趣味性。

第三阶段：课程教学

老师通过多媒体和模型讲解双环亭的结构，让学生了解其中的力学原理——拓展出摩擦力的作用、牛顿第三定律及二力平衡概念。教学环节是对课程标准核心概念的迁移，有利于学生知识的转化和学习的"拔高"。

教学中将总结牛顿定律的《自然哲学的数学原理》首次出版（1687年）和我国古代建筑技术著作《营造法式》颁布时间（1103年）进行纵向对比，让学生了解到我国古人智慧和古代建造水平远领先于西方。

第四阶段：实践体验

设置两个动手实践活动，从而让学生通过实践体验认识力学在双环亭中发生的作用：活动一是分组搭建亭子模型（见图1），了解力在其中的相互作用；活动二是团队间可以通过增加、减少建筑构件或施加外力，尝试让其他小组亭子倒塌。

图1 搭建亭子模型

活动一的问题设计：搭建亭子的过程中会遇到哪些常用的力。让学生在探究实验中了解摩擦力对物体的作用，认识牛顿第三定律——支撑力和压力这一对作用力和反作用力如何达到二力平衡。活动二的问题设计：哪些构件对力的传导起到关键作用，还有哪些力可以改变亭子的状态，让学生在探究实验中了解亭子如何承重，以及风、地震等外力对建筑的破坏作用。

实践体验是课程中的核心环节，以"基于实物的体验"和"基于实践的探究"的设计思路，让学生以实践学习概念知识，将力学原理与生活密切联系起来。

第五阶段：评价与探讨

学生分组互评，打分评出最佳作品。留一个作业：让学生写一封给"太后"的信，围绕主题：200多年后的今天，我给双环亭评评"理"。

互评既是围绕已完成的实践活动进行复盘，也是对本次课程的再一次学习，让学生通过发言，勇于表达自我。作业让学生将知识进行转化，把知识带回生活，培养了学生的科学家态度。

2.7 课程分析

运用课程分解表（见表3）对课程进行分析，直观了解社会科学和自然科学内容在各环节的应用，同时分析出可以达到哪些学习效果。

表 3　课程分解表

课程环节	科学观点	学习效果	教学时常
任务单预习	自然科学	打好基础，了解学习目的	10分钟
讲述双环亭故事	社会科学	激发学生兴趣，文化育人	10分钟
分析双环亭模型结构	自然科学	初步了解力学原理	10分钟
对比中西方论著	自然科学 社会科学	了解到我国古人的智慧和古代建造水平	5分钟
活动一：组队动手搭建亭子	自然科学	了解搭建亭子的过程中会遇到哪些常用的力	10分钟
活动二：改变构件和增加外力破坏亭子稳定性	自然科学	了解外力可以改变亭子的状态	5分钟
课堂互评和探讨作业	社会科学	培养学生团队协作，培养科学家态度	10分钟

3　科学课程探究实践的路径与思考

3.1　以学生为本作为出发点

科学发展观的本质和核心是以人为本，教育的本质是"以学生为主体"。馆校合作的教育目标是人才的培养，科学课程开发应以挖掘学生的需求和兴趣点为出发点，以促进学生发展为主要原则。课程内容做到精准送达，针对不同年龄段的学生，充分做好学情分析，根据其兴趣点、认知特点和学习习惯，确定活动框架和课程设计，设计分层教学。课程中重点落实"激发学习兴趣，加强探究实践"的教育理念，利用讲故事、动手做、分组等多种互动形式融入趣味性，让学生自主学习，在实践中获取知识。

3.2 突出科普展项特点，深度融合科学课程标准

科普展项科学课程是基于实物的课程，围绕展项本身的特点是开发科学课程的基础，应利用不同环节潜移默化地将多学科知识进行融合，同时深度结合《科学课程标准》，全方面确保内容紧密联系课程标准，同步更新教材版本，使课程有助于教师教学，有助于学生对知识点的掌握和成绩的进步。学生通过在场馆的实践学习，也能进一步掌握观察、设计、实验和分析运用信息的能力。

3.3 科学整合场馆资源

科学整合场馆资源为馆校结合创造教学新环境，为学校定制个性化学习场所。《义务教育科学课程标准（2022年版）》指出，要注重场馆资源的开发和利用，发挥各类场馆的作用，因地制宜地设立科学教育基地，补充校内资源的不足。科普展项是场馆在馆校结合中发挥的最大优势之一，也是场馆最大的教育资源。藏品和展项恰恰是科学家科学实验、科学考察、技术发明的对象或原型，其实验、考察、发明的过程也是科学探究的实践过程，科学家正是从这些对象或原型身上获得"直接经验"，实现了科技的发现和发明。利用好场馆的科普资源，为学生像科学家一样思考、一样做事情提供了广阔空间。

3.4 构建"馆校家"结合共同体

科学课程的开展过程应构建"馆校家"结合共同体，注重馆前馆后学习，让课程形成一个整体，不孤立成为一个课外活动。首先明确学校的主导位置，其次发挥好场馆的服务属性及强化家庭的阵地作用。课程研发时可以邀请学校教师共同参与，和学校建立起师资队伍的合作机制，真正实现场馆教育与学校教育的有效衔接。同时，不可忽视家庭的作用，在馆外学习和课程评价中多引入家长参与，鼓励家长利用课余时间再次走进场馆，在学生学习的同时，也引导家长做到终身学习，回归场馆教育本质，提高馆校结合科学课程的价值。

3.5 发挥数字化手段

数字化建设是做好科学教学的重要手段。场馆可通过引进数字化设备，拓展科学教育手段达到虚拟场景与真实场景相辅相成的效果。借助互联网传播优势，将课程录制科普视频在科普平台进行视频推送，更加积极推广科学课程，增加与受众互动沟通的机会。

4 结语

"双减"背景下做好科学教育加法是时代赋予场馆的新使命,在未来的探究和实践中,科普展项科学课程要进一步挖掘展项特征,发挥场馆教育优势,开发出更多吸引青少年的优秀作品,助力科学教育水平的不断提升。

参考文献

[1] 中华人民共和国教育部.义务教育科学课程标准[M].北京:北京师范大学出版社,2022.

[2] 常利梅.义务教育课程标准(2022年版)课例教学解析——科学[M].福建教育出版社,2023.

[3] 朱幼文.馆校结合中的两个三位一体——科技场馆"馆校结合"基本策略与项目设计思路分析[J].中国博物馆,2018(4):91-98.

[4] 朱幼文.馆校结合项目评价标准与设计思路分析[D].面向新时代的馆校结合·科学教育——第十届馆校结合科学教育论坛论文集,2018:322-326.

[5] 朱幼文.科技场馆展品承载、传播信息特性分析[J].科学教育与博物馆,2017(3):161-168.

[6] 鲁文文.像科学家一样想事情、做事情——基于科技馆资源的馆校结合科学教育课程开发思路[J].自然科学场馆研究,2019(3):43-48.

数字化博物馆时代展教资源的形态改变

于思颖　闫晓白 *

（中国铁道博物馆，北京，100000）

摘　要　在科技不断发展的今天，馆校合作走向了新的模式，数字化博物馆已成为时代发展的必然趋势，博物馆的定义和影响因时代的变化而不断演进和完善。博物馆承担的传播优秀民族文化、树立民族自信之责愈加彰显。如何进一步在数字化博物馆时代为馆校合作的相关工作机制变革，提供更好的展览和教育资源。馆校合作在新的发展阶段下面临更多的机遇与挑战。数字化时代展览与教育资源的形态改变促使"馆校结合·科学教育"的合作模式，进入了崭新的阶段。

关键词　数字化　博物馆　馆校结合

博物馆作为文化传播的重要场所，对于信息的传播模式更应符合时代潮流。随着数字化的不断发展，大量的信息每天进入人们的日常生活中，博物馆数字化时代的到来已成为必然趋势。如何在展览和教育资源方面更好地实现数字化发展，成为博物馆发展的重要方向。只有建设更加完备的数字化博物馆，才能不断提升观众的关注度，更好地发挥社会教育职能，而这些发展对于馆校合作模式的转变具有重要意义。当下，馆校合作在数字化的不断推动下进入了新的模式，我们不仅局限于博物馆或学校的教学本体，通过线上研究，共同开发，可以推进学校实践活动的开展，从而让学生完成从学习知识到应用知识的转变。

1　数字化博物馆的必然性，改变馆校合作发展模式

2021年10月，国务院办公厅印发《"十四五"文物保护和科技创新规划》，要求坚持科技创新引领，全面深化文物领域各项改革，激发博物馆创新活力。[1]博物馆的重要特征之一是以文物为基础开展各项业务工作，在文物的基础上进行展览展示、开展社会教育活动等。在传统博物馆展览模式下，实物加解说词的展览形式不能完全展示出时代背景及历史特殊性，在数字化的信息技术的帮

---

* 于思颖，中国铁道博物馆馆员，研究方向为科学教育；闫晓白，中国铁道博物馆馆员，研究方向为科学教育。

助下，文物得以全方位、多角度呈现在观众面前的同时，还可以增加背景复原使历史场景得以重现，从而增强观众的感官体会，提升博物馆展览的吸引力。以"红色地图——走进中国铁道博物馆，感悟先烈精神活动"为例，它打破了传统的馆校合作模式，改为带着"博物馆文物"进校园，为学生在学校设置课程走进中国铁道博物馆，通过网络、图片等数字化方式，让文物活起来，让学生更好地了解展厅内的文物，并根据每位同学所喜爱的展厅展品布置课下认知任务，让博物馆与学生的时空距离得到极大缩短，也让馆校合作的模式得到改善。

1.1 博物馆举办虚拟展览的技术应用促进"云"课程的发展

博物馆想要成功举办各种虚拟展览，VR 技术和三维图形技术是必不可少的。虚拟展览是利用网络来呈现展厅的真实实物及在空间上展示相应的展览内容，[2] 它通过数字化在真正实现了人与物的结合、抓住了博物馆作为社会文化现象的属性的同时，符合时代发展特点和规律。从以展品为主的展览形式，到以观众为中心的展览设计方式，其对于主题的突出、背景的描述、历史的烘托及文物的保护与呈现形式都提出了更高要求。交互博物馆以藏品信息为核心，以保管文物、专业研究、宣传教育等目标建立博物馆数据库，利用现代技术提高藏品的保管和利用水平。[3] 凭借文物自身的历史价值，以及交互信息技术实现了文物与观众的零距离接触，做到提高意境、感染力，从而减轻了展览与观众的距离感，更好地将展览主题传达给观众，体现了科普展览知识和传递科学思想的重要意义。"云"观展对于有一定基础的观众更加实用，也成为学生拓展知识的重要渠道，博物馆老师通过"云"展览的内容向学生讲述策展思路和文物背后的历史知识，让"云"课程的内容不断充实，从而实现跨学科知识的实践应用。

1.2 博物馆举办虚拟展览的技术应用

基于数字化技术的信息交互模式的优化升级，提升观众感知和体验效果，是博物馆藏品数字化创新的基本原则和重要基础，主要包括：通信技术类主要靠移动互联网技术、局域网技术、信息技术、蓝牙传输技术，以及移动端设备操作来进行系统展示；传感器类通过对压力传感器、红外传感器、温度传感器进行收集，使用户信息达到交互的效果；基于显示技术，通过对数字化的复原呈现运用成像技术，实现信息传达的效果。[4] 信息交互数字化的应用，使博物馆在社会学中的发展领域得到延伸，利用网络技术及新兴技术，博物馆对于展览形式、社教活动的开展和信息的反馈汇总都起到了至关重要的作用。

1.3　交互式体验在馆校结合中的发展

博物馆中的文物是对历史的最好见证，穿越时空、场景复原，并不断改进和提高陈列水平，让观众通过声、光、电等现代科技展示辅助手段，让进馆的学生通过视觉、听觉、触觉多维度地参与到博物馆的展览中，从而让博物馆展览传递出的信息更容易被观众所接受。博物馆是承载艺术、文化和历史的场所，它的发展深受社会主流思潮的影响。[5]观众对于博物馆展览形式要求的不断提升，推动着数字化博物馆展览形式及科普教育活动开展方式的改变。伴随着博物馆的不断发展，作为重要的校外实践场所，学校对博物馆发展也提出了不同的要求，尤其是对学习知识原理的剖析。以学校为主体，结合自身的教育教学、办学条件、周边可利用的文化资源与博物馆合作，成为当下新的馆校结合方式。基于一定的校内课程，经历分析情境、确定课程目标、选择与组织课程内容、实施课程、评价与修订等动态循环的过程，将潜在的博物馆文物资源进行转化，拓宽课程资源，丰富校本课程内容，从而提升学校整体的办学质量。

2　数字化博物馆时代馆校结合中相关工作机制的改变

展览展示的方式成为博物馆与观众沟通的重要桥梁，博物馆所拥有的大量文物、藏品通过展览与观众见面。展览展示的形式可以更好地体现出展品的历史价值、艺术价值和科学价值。随着新媒体时代的到来，我们已经进入AISAS模式，同时这种模式也影响到博物馆的展览展示，推动着交互博物馆的发展。

2.1　数字化博物馆的含义

关于数字化博物馆的定义，《数字博物馆概述》将其定义为："数字博物馆是一种多媒体数字信息组织，指使用电子计算机数字系统来处置、组织需要展出的藏品，把它连接到互联网上，供社会广大观众预览和观看。"[6]博物馆展览中最为重要的对于美学的构架、博物馆实物的表现形式、展出方式及营造氛围都具有重要作用。而多维的交互体验应用则更为重要，常见的方式有VR、AR、MR技术等，使参观者具有一种沉浸式的体验。"沉浸"状态是指在某个节点中二者处于平衡状态时，体验者会进入一种注意力高度集中、全身心投入、活动顺畅且高效的状态，这是一种人类生活的最优体验，更容易带来美的满足。[7]通过参观者与虚拟情景之间的互动，可以更多地了解文物背后的故事，剖析历史环境，体现文化价值从而达到更好的学习效果。

2.2　AISAS 模式在博物馆展览中的应用

随着新媒体的不断发展，观众的认知程度可分为（见表 1）：

表 1　观众认知程度

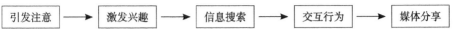

| 引发注意 | → | 激发兴趣 | → | 信息搜索 | → | 交互行为 | → | 媒体分享 |

AISAS 模型主要有以下 5 个环节：注意（Attention）、兴趣（Interest）、搜索（Search）、行动（Action）、分享（Share）。交互博物馆通过互动体验引起参观者的好奇心，对博物馆的主题产生兴趣，并主动进行互动搜索，以新的数字化方式传播博物馆主题，这种交互博物馆相比传统博物馆更具有互动性和参与性。[8] 博物馆陈列展览的目的是进行知识传播和公众教育，对于博物馆如何更好地运用数字媒体技术提出了更高的要求。合理巧妙地运用数字媒体技术，往往会起到事半功倍、画龙点睛的功效：不仅能梳理博物馆展览中纷杂的信息，而且能生动直观地阐释展品、表现展示内容，更加形象有效地传播展示信息；不仅能增强展示的表现力度，使展示手段突破传统的实物加文字、图片说明的做法，而且能强化信息的传播和交流；不仅能让文物生动起来，让历史故事再现出来，为展示注入活力，而且能制造悬念，激起观众的参观兴趣；不仅能增强展示的生动性、参与性、交互性和趣味性，塑造一个生动活泼、参与性高的参观学习环境，而且能激发观众主动探索和学习，使观众的参观体验更加丰富多彩；还能让博物馆走出围墙，进行远程传播，将博物馆展览和教育活动延伸到更广阔的空间和更广泛的观众。[9] AISAS 模式在展览中的应用，进一步提升了博物馆与观众利用媒体进行传播的诉求，极大地推动了博物馆展览的宣传效果，利用媒体资源、微信等可以更加直观地对展览进行传播和解读，为观众留下更加深刻的印象和理解，从而进一步推动博物馆教育职能的不断发展。

2.3　展览的形态改变

2018 年在中华世纪坛举办的"传统 @ 现代——民族服饰之旧裳新尚"展览，是中国民族博物馆策划的"传统 @ 现代"系列展览第一部，这是以服饰为媒介借助现代化的历史进程传达人类学观念的展览。[10] 传统与现代的反差，以时间为主线，记录着时代的变迁和生命的延续。通过幕布中浮现的神秘服饰符号，再配合音乐，可以很快将情感传递给观众，引导观众去寻找问题的答案。服饰与空间利用感知、生活、构想去实现对人类学的阐释。对观点、思想、知识和信息的传播是博物馆展览的目的，要明确自己对观众传递知识的重要意义。只有明确展览的目的才能深挖内容，达到对于观众的教育目的。青少年群体是目前博物馆的主要观众，在当代朋友圈，文化已经成为一种语言，博物馆的陈列展览形式也要向读图时代不断靠拢，将服饰内容配以新的陈列展览形式，从而更能吸引观众，发挥展览的作用。文物中符号、语言的放大、投影方式的体验、探秘主题的推出都在阐释着交互式展览对于现在博物馆内展览展示的重要意义，对于沉浸式体验也提出了更高的要求。这同时也对展览的策划者提出了更高要求，不仅对文物的剖析与解读，对艺术设计人员更要进行数字化处理，这样才能更好地形成观众的感官效果。随着"云观展"的不断推出，展览的视线逐渐从线下走到线上，从而改变了展览形态，但每个展览主题所蕴含的文化背景内涵都是不一样的，所推出的文物必然有其重要的历史价值，虽然形式改变，但文物和博物馆内的展览依然是最重要的主题，随时代的发展而不断改变。走进观众的生活中，带来沉浸式体验仍然是展览形式中最重要的主题。

2.4 以"红色地图——走进中国铁道博物馆，感悟先烈精神"馆校活动为例

馆校合作的机制在数字化的大背景下得到了改变，从传统的教学模式，到现在的以兴趣为出发点、更好地实现学生所学知识在实践中的应用，数字化切实拉近了学生与博物馆的距离。AISAS 模型的建立，实现了课程设计内容，并将其服务于实践教学之中。博物馆老师进校园作为最传统的形式，无法满足当下学生想要掌握学习能力的需求，必须将所学知识内容落实到课程内容中。学生首先通过"云"观展和"云"课程方式，在学校任课老师及博物馆科普老师的配合课程内容中，掌握了相关红色知识点后，再去进行实地探索，以便形成自己的实践感悟，真正做到将科技与学习、感悟与能力相结合（见表2）。

表2　"红色地图——走进中国铁道博物馆，感悟先烈精神"馆校活动课程表

AISAS 模型	课程内容	实践成果
注意	在馆校活动中，学生探索问题，你最想了解什么？探讨展览的思路，清楚重要红色知识点	完成学习单相关内容
兴趣	学校成立学习兴趣小组，提供菜单式的博物馆红色教育课程供其选择，使其产生浓厚兴趣	参与兴趣小组，拓宽视野，由兴趣产生爱好，深入生活实践
搜索	针对你感兴趣的内容进行北京红色线路搜索，完成学习单	形成搜索材料，进行交流分享
行动	走进你想要了解的博物馆	利用课余时间走进红色地图
分享	形成自己的社会实践成果	形成自己的学习感悟

博物馆展览馆形式的改变，让馆校结合中的相关工作机制也发生了翻天覆地的变化，学生视野不断开阔，但如何让学生真正将所学知识得到落实，还是要通过实践。实践课程对于跨学科的学习具有重要意义，让学生自己学习领悟进而交流分享，让学生乐于走进博物馆，让"云"观展更好地应用于馆校合作之中。

3　教育资源的形态改变，馆校合作面临的机遇与挑战

博物馆内的馆藏文化能够培养青少年的探索意识，博物馆在开展宣传教育的过程中，学生会对博物馆内的陈设展览及文物留下更为深刻的印象，数字化的辅助手段，可以增加探究式教学、主题式教学等方式，进一步提升青少年的探索意识，实现健康成长。

3.1　教育方式从线下到线上

多样化的线上参观形式已成为博物馆发展的新的方向，也为博物馆科普社教活动的开展拓宽了思路。传统意义上的线上参观主要依托互联网平台。随着科技的发展，线上参观逐渐拓宽了"线上"范畴，除了线上展览（虚拟展览）外，各种线上工坊、线上节目、博物馆直播等线上参观活动日益受到观众追捧，尤其在新冠疫情影响之下，线上科普活动得到了更大的发展空间。[11] 教育研究中的理论可以分为背景理论与目标理论两种类型。背景理论是一种已经形成的、比较完善和成熟的理论，为研究活动提供了一套理论分析框架。目标理论是研究者通过科学研究活动期望形成的理论，是教育基础研究和教育理论研究的目的所在，[12] 教育研究中的理论和数字化发展的线上教学具有重要意义，对跨学科的哲学理论、社会学、文化学、系统论，以及教育学科内部的理论学习都具有重要的意义，成为科普活动发展的必然选择。

3.2　社会教育得到更大的发展

博物馆教育的主体已经由博物馆工作人员转向了受众，从而更加强调了以人为本的社会地位。在博物馆内开展社会教育活动更注重实现观众的自主性，即完全依托观众自身的喜好和年龄特点设计教育活动的形式（见表3）。

表3　个性发展阶段特征 [13]

幼儿（1.5—6岁）	人生的启蒙阶段，充满好奇心，更喜欢彩绘等活动
童年（6—12岁）	人生的奠基阶段，在认知源上从以口头语言为主过渡到以书面语言为主
少年（12—16岁）	更加注重逻辑思维的阶段，主动追求社会文化和探究精神
青年（16—30岁）	有较强的社会责任感，观察、分析事物的能力和解决问题的能力较强
成年（30—60岁）	成年人比较注重亲子活动及对兴趣爱好的延伸
老年（60岁以上）	对学习知识的热情，在书画等方面热情较高

特别是面向于我国青少年群体，博物馆作为校外教育的重要阵地，对新媒体下的交互体验有了更高的要求。真、善、美是艺术的本质，也是学校素质教育的要求，对于美学的体验过程，王一川在《审美体验论》中所提出的审美体

验结构包括 3 个基本层次：一是过去的历次经验的层次；二是临景感受的层次；三是预购的未来感受的层次，体验美的瞬间是 3 个层次的有机统一。[14] 在博物馆中培养学生的美学修养，对于数字化的应用是十分重要的，尤其对于感官的体验，通过现代技术可以更好地复原场景，从而实现感官体验的愉悦性及对于历史事件和文物的情感共鸣。

3.3 数字化博物馆促进馆校结合中学生科学素质的养成

科学素质科普，主要内容是提高全体公民的现代科学素质，包括科学知识、科学方法、科学对社会的影响，以及提高公民参与科学决策的意识和能力。[15] 数字化博物馆的发展推动着科普活动方式的转变，更加注重探究式教育模式，尤其是对于科学学的教育研究和简单试验逐步走进人们的视野，将原本复杂的物理学知识进行解析，更加有利于学生的理解。中国铁道博物馆在设计科普活动的过程中更加注重科学与技术、社会文化的关系，数字化的呈现方式，可以更好地实现对于科学原理的剖析，从而让学生在探究科学的同时掌握学习方法，领悟学习精神，实现对于学生科学素养的提升。学校利用博物馆文化资源开发实践育人活动课程，以理论教学辅助实践教学。学校设置了经典诵读、博物馆老师讲座、趣味学习单、手抄报等形式，对理论教学和实践教学的优化整合，关键在于落实执行，在具体的实施过程中应该设置更为完备的组织机构，从而更好地实现实践育人的教育目的，最终形成学校特有的实践育人活动课程体系。通过让学生、家长、学校充分了解博物馆特色，做到有所学习、有所了解、走访解惑、有所感悟，最终形成完备的学习体系，在实践中成长，在活动中锻炼，形成家校社协同育人新形式。

4 结论

随着新媒体不断涌入人们的生活，博物馆如何实现自身的转型从而更好地发挥教育职能，成为当下数字化时代下的研究方向。数字化时代除了带给我们便捷生活以外，也催生了新的展览形式和社交方式，这些方面的改变更好地带动了博物馆宣传等方面的不断发展。展览不仅仅是对文物的展示和说明，更重要的是侧重感官体验及对于美的感受，社会教育要以受众群体为出发点，改变博物馆多年的传统教育模式，提升校外教育的阵地作用。设计主题教育要注重针对不同年龄段提出不同的教育理念和教学方法，特别是对于科学素质的提升，也成为博物馆的必然使命。相信通过数字化的不断发展、博物馆和学校的强强联合和真正做到"1+1>2"的教育加法，以及教育职能的发挥，及形态的改变，能推动我国青少年科学教育的发展，使校外生活更加丰富多彩。

参考文献

［1］国务院办公厅关于印发"十四五"文物保护和科技创新规划的通知 [J]. 中华人民共和国国务院公报,2021（33）:16.

［2］马春红. 博物馆数字化展示技术的应用及虚拟展览研究 [J]. 商展经济,2021（18）:14-16.

［3］韩模永."光韵的回归"——论超文本文学的数据库结构及美学意义 [J]. 广西社会科学,2014（11）:153-157.

［4］李明辉. 博物馆藏品数字化发展趋势与路径探讨 [J]. 信息系统工程,2021（9）:22-24.

［5］汤晓颖,莫绮玲,董博文,等. 数字化背景下博物馆交互叙事美学研究 [M]. 武汉:武汉大学出版社,2021.

［6］张卫,宁刚. 数字博物馆概述 [C]. 北京博物馆学会第三届学术会议文集,2000:378.

［7］张娟. 博物馆陈列展览中的交互设计研究 [D]. 湖北:湖北工业大学,2020:23.

［8］汤晓颖,莫绮玲,董博文,等. 数字化背景下博物馆交互叙事美学研究 [M]. 武汉:武汉大学出版社,2021.

［9］陆建松. 博物馆展览策划:理念与实务 [M]. 上海:复旦大学出版社,2016.

［10］王思渝,杭侃. 观看之外:13场博物馆展览的反思与对话 [M]. 北京:文物出版社,2020.

［11］董艳. 科学教育研究方法 [M]. 北京:中国科学技术出版社,2020.

［12］赖亭杉. 让文物活起来:数字化助力博物馆的融合传播 [J]. 传媒,2022（2）:34-36.

［13］北京博物馆学会,博物馆社会教育 [M]. 北京:燕山出版社,2006:38.

［14］王一川. 审美体验论 [M]. 天津:百花文艺出版社,1999:86.

［15］姜联合,袁志宁,马强 .[J]. 科普研究,2010（6）:5-13.

［16］黄晓. 体现科学本质的科学教学——基于 HPS 视角 [J]. 华东师范大学,2010（12）:170.

馆校结合大背景下人工智能技术应用路径探讨
——从人工智能科普角度出发

姜思宇　洪施懿*

（青岛市科技馆，青岛，266000）

摘　要　当今社会，伴随着数字科技的迅猛发展，人们的生产生活方式迎来了重大变革，人工智能等前沿技术也广泛应用于馆校结合科学教育活动中。在 STEM 教育理念盛行的当下，人工智能技术在馆校结合科学教育活动中不仅被用作教学活动的辅助手段，也常常被视作独立的科普项目，出现于各类科普活动中。本文从人工智能技术科普角度出发，深入研究人工智能科普过程中馆校结合的必要性，并进一步探索馆校结合背景下人工智能技术的科普路径。

关键词　馆校结合　STEM 课程　人工智能　前沿技术　科普教育

1　馆校结合推动人工智能技术科普必要性分析

1.1　STEM 课程导向

1.1.1　STEM 教育理念

STEM 是科学（Science）、技术（Technology）、工程（Engineering）、数学（Mathematics）英文首字母的缩略语，这一教育理念最早是由美国国家科学基金会提出，后慢慢被世界众多国家所接受，并在此基础上延伸出诸如 STEAM（科学、技术、工程、艺术和数学）、STREM（科学、技术、阅读、工程和数学）等多种形式。[1]

相比传统素质教育，STEM 教育更加倾向于跨学科、跨学段教学。相较于传统教育模式中对于理论知识的培养，STEM 教育在重视理论教学的同时，更为倡导受教育者在实践过程中能力的提升，倡导在真实的任务中学习，提升自身核心素养。

1.1.2　我国 STEM 教育推行现状

在我国某些行业的部分关键核心技术掌握在其他国家手中、发达国家在前沿科技领域占据领先优势、我国高水平技能人才严重缺乏的大背景下，STEM

---

* 姜思宇，青岛市科技馆展教辅导员，主要从事校本课程及研学活动开发设计；洪施懿，青岛市科技馆展教主管，主要从事展教活动及研学活动开发设计。

教育理念的引入，为我国高素质创新型科技人才队伍的培养注入了一剂强心针，深圳、成都等地也已陆续开展 STEM 教学试点工作。[1]

然而，现如今学校内已有的教学思路、师资力量、设施设备等，尚不足以支撑这一教育理念的普及。目前，我国 STEM 教育尚未形成完整且系统的教学方案，各学段、各学科内容及教学目标难以形成衔接，同时各类机构、组织各自为政，并没有形成良好的联动机制，这就使得 STEM 教育在我国的推行举步维艰。

1.2 馆校结合

1.2.1 馆校结合优势简述

馆校结合可以理解为馆校合作，主要是指科普场馆和学校进行深度合作交流，充分利用科技场馆丰富的教育资源、完善的硬件设施和开放的教育活动空间，是与学校的教育资源优势互补、相互配合而开展的一种教学活动。科技馆可以成为学校科普教育的有益补充，让科技馆成为中小学生的第二课堂，实现场馆与学校的双赢。[2]同时，馆校结合可以提高学生的科学素养，拓宽学生的视野，激发学生的创新思维和探究能力。

1.2.2 馆校结合难点分析

受限于馆校双方教育重心的不同，校方更多关注的是基础学科知识理论方面的培养，教育活动不可避免以升学为导向；而馆方多为科普类教学，且科普内容常常包含多种学科，与校内课标内容联系度不高。因而，馆校结合活动中常会出现馆方积极度较高，而校方迫于升学压力、时间不够等多方面因素影响，行动稍显滞后，致使馆校结合在实际实施层面上推动困难。

1.3 STEM 教育理念下的馆校结合

在 STEM 教育理念盛行的当下，学校不仅要承担起基础学科教学任务，同时还需承担起前沿技术科普、跨学科教学等任务；校内教育也不仅仅只局限于理论教学，更多地向动手实践、提高核心素养方面转变。

在这一背景之下，校方不可避免地承担起人工智能这一前沿技术的科普工作。但是受限于校内设施设备更新速度慢、课程设置针对性不足、师资团队专业度欠缺等种种因素，校方在人工智能这一前沿技术科普上遇到了重重困难。而此时，科技馆作为科普实践场地的优越性就凸显了出来。

与学校相比，科技馆作为专门的科普机构，有着专业的课程研发及教师团队，且能够根据科普内容需要，设计并制作各类展品展项，用以搭配科普课程完成内容展示，这无疑大大缓解了校方在进行人工智能科普时所遇到的困境。

馆校双方开展馆校结合科普活动，科技馆可以作为学生的"第二课堂"，校方将科普授课场所由校内转移至馆内，学生们可以在实地体验中完成科普教育活动，缩短科普教育周期；依托馆方建立系统化设计的课程群，打通学科、学段，实现学生综合素养的提升。

2 人工智能技术与教育融合现状

人工智能作为一项前沿科技，通过研究、开发相关理论、方法、技术及应用程序等，以期实现模拟、延伸和拓展人的智能。时至今日，人工智能的应用已涉及众多领域，其研究方向则主要分为机器人、语言识别、图像识别、自然语言处理、专家系统等几个方面。以自然语言处理为例，通过内置算法，人工智能可以分析并学习不同人的语言习惯，模拟人类思维方式，还原人类思考习惯，从而实现与用户的对话及沟通。同时，它还可以快速实现全平台检索及资源整合，极大降低用户用于信息收集的时间成本。在教育领域，人工智能的应用也不可忽视，其作为一项前沿科技，既可作为辅助完成教育活动的工具，又可作为一门独立学科引导整场教育活动。

2.1 强调人工智能应用场景，辅助教学

现阶段，在教育领域，人工智能往往被视作一种教学辅助手段，被用在教育活动的各个环节，完成智能教育评价、智能教师助理、智能教学环境搭建、教育智能管理与服务、智能学习过程支持等多项任务。

但这些过程，往往忽视了人工智能这项技术本身。学校作为授课场所，在利用先进技术辅助教学的同时，并未对这项前沿科技本身投入过多关注，这就造成了学生只会使用而不知原理、知其然而不知其所以然的现象，并不利于STEM教育理念的推广及国家创新型、高水平技能型、领军型科技人才的培养，前沿技术的科普已势在必行。

2.2 着眼人工智能技术本质，推动科普——人工智能科普实例研究

人工智能技术的飞速发展，在全球范围内掀起了一场影响人类的深刻变革。随着技术进步与理念更新，我国科普工作也已经进入了新的发展阶段，社会化科普工作大格局正在逐渐形成，人工智能领域相关科普工作也在慢慢开展。常见的人工智能科普方式主要分为展品展示及教学体验两大类。

2.2.1 展品展示类

时至今日，全国已建成科技类博物馆或科学技术类展馆大大小小近2000所。众多科技馆建成时间不等，且主题不一，有综合类科技馆，也有许多特定主题科技馆。在人工智能科普工作逐步开展的大背景下，不同的科技馆也有不同的应对方式。

2.2.1.1 原有展品展项调整——以临平科技馆为例

临平科技馆作为一所综合性科技馆，建成时间较早，在展馆建设初期，并未规划人工智能相关科普展项。随着人工智能科普大热，展馆原有的展品展项已无法满足前沿技术科普需求。面对如此局面，临平科技馆将部分展品进行迭代升级，开辟出了人工智能专区，以互动展品的形式将人工智能技术融入其中，让游客在展品体验过程中感受人工智能技术在日常生活中的奇妙应用，以此达到科普目的。

以"与 AI 一起画画"展品为例，游客在屏幕上随手勾勒几笔，人工智能就能以此为底稿对画作进行美化升级，并在此基础上填补细节，形成一幅震撼人心的精美画作，这实际上就是人工智能深度学习能力的体现，也是 AI 图像处理技术的一个应用分支。

而馆内的另一展品"动态画廊"则是 AI 图像处理技术的另一个应用分支。它能够将一张具有艺术特色的图像风格，迁移到一张普通的图像上，使原有的图像在保留原始内容的同时，又具有独特的艺术风格。

以上两项展品的设置，从两个不同的角度为游客展示了 AI 图像处理技术的应用场景。区别于单纯的文字及视频展示，它让游客亲身参与、体验，并通过 AI 技术在极短时间内完成效果呈现，在短短几分钟内就可实现由理论知识向实践认知转化的过程，这极大地加深了参与者对此的认知程度。同时，同一技术不同应用场景的对比，也能够将图像处理技术的不同应用分支直观地展现在参与者面前，促使游客在体验中潜移默化地完成科普教学活动。

2.2.1.2 人工智能主题科技馆开设——以科大讯飞（青岛）人工智能科技馆为例

伴随着科普教育方面的政策倾斜、科普经费的增长及前沿科技应用的蓬勃发展，许多前沿科技主题科技馆应运而生。其中，众多高新技术企业也顺势开始了科技创新资源向科学教育资源转化的新探索，并在此基础上开设了各类科普展馆，尝试走出以企业为核心推动力的馆校结合新路径，科大讯飞（青岛）人工智能科技馆（以下简称科大馆）正在此列。

不同于已建成展馆对于原有展品展项的调整，此类新建主题性展馆对于人工智能科普有着新的思路。此类展馆在建成初期，就有针对人工智能科普方式的明确规划。人工智能作为贯穿整个科技馆的灵魂，不仅体现在展品展项上，更体现在参观游览的整个过程。

以科大馆为例，整个场馆以"人类与智能·社会与生活"为主线，按照"遇见'AI 新伙伴'成为'AI'新人类"的故事线索，进行展区展项规划，层层递进，逐步开展对人工智能基础知识、感知智能和认识智能原理、人工智能核心技术、产业化应用及未来前景的介绍，更加顺应科普教学逻辑，增强展厅参观的体验感和沉浸感。

在正式进入展厅参观游览之前，我们就能够看到科大馆的门前伫立着一台十分可爱的智能 AI 机器人。而进入展厅中，入目所见均为人工智能相关展项。例如其中的一件泡泡树状展品，当游客说出"蓝色"一词，泡泡树会变成蓝色；而当我们说出"彩虹"一词，泡泡树就会变得五颜六色，这实际上是人工智能中语音识别及语义分析技术的直观表现。即使游客并未说出确切的颜色类名词，人工智能也能够对接收到的词语进行分析，并计算出词语相对应的颜色。[3] 在此区域，参观者即可完成学习人工智能基础知识、感知智能这一过程（见图1）。

图 1　泡泡树状展品

在感受过人工智能技术的直观表现后，后续展项则为游客展示了不同技术的应用场景及对于后续发展的畅想，打造了一个循序渐进的科普教学场景，这也是此类人工智能主体性科技馆区别于综合性科技馆的一大优势。

综合性科技馆因受限于场地、展品数量、场馆主题等多方面因素，为保证科普的直观性，人工智能等技术的科普往往采用互动展品的形式，对于其技术原理的介绍往往较少，单纯图文展示很难取得良好的科普效果，科普形式直观化与科普内容全面化之间的矛盾难以避免，而人工智能主题类场馆往往不存在此类烦恼。相比综合类科技馆，此类场馆有着更为广阔的发挥空间，从最初人工智能基础知识的图文展示，到技术的深度体验，再到核心技术的原理分解，最后对相应技术的未来展望，由浅入深，由理论到实践，环环相扣，层层递进，科普内容展示形式多样，也更加顺应人们的学习及思考方式，因而相比于综合类科技馆单纯对于相关技术展品的展示，此类科技馆往往能够取得更佳的科普教育效果。

2.2.2　教学体验类——以厦门科技馆为例

人工智能相关展品的更新迭代及主题场馆开设往往需要投入较多时间、空间、财力和人力成本。因此，人工智能科普方向也有许多科技馆另辟蹊径，寻找到了新的思路。将学生作为主要科普对象，开发人工智能相关课程也是多数科技馆选择的方向。

以厦门科技馆为例，厦门科技馆于 2008 年成立培训中心，运营至今，已经组建了专业的课程研究团队及教师团队，并借此开发出了众多课程。随着人工智能大热，厦门馆也顺势开发出了"创 E 机器人"等系列课程，并推出了以人工智能为主题的研学营队活动。

不同于校内单学科教学理念，此类课程更加注重学科知识间的综合性，强调理论知识向实践的转化，这也恰恰契合了 STEM 课程思路。以"创 E 机器人"课程为例，课程融合物理科学、机械原理、电子传感、数理逻辑及编程控制五大知识模块，通过搭建、变成、调试、创作等过程，将学生在校内收获的各类单一学科知识通过实践手段进行串联，填补了学校科普教学环节中的空白（见图 2）。

图 2 创 E 机器人课程体系

此类人工智能研学课程开发的科普思路及方式，对于各类成本的需求大大降低，可实施、可操作性极强。同时，相比于单纯的馆内参观，更具有针对性的研学课程的开发往往能够使参与者完成学习重心聚焦，从而获得更好的科普教育成果。又因为课程普适性强、覆盖面广且并非要求固定场地，这就大大缓解了部分地区因不存在人工智能科技馆而难以开展人工智能等系列前沿技术科普工作的窘境。而若是将此类研学课程实施场地，放在人工智能主题场馆之内，搭配场馆内的优质设施，无疑能够获得一加一大于二的效果。

3 馆校结合下的人工智能科普现状分析

如前文所述，在人工智能科普愈演愈烈的当下，科技馆已纷纷做出行动。无论是老馆的迭代升级，还是新馆的规划建设，其最终目的都是推动人工智能这一前沿技术的科普。而考虑到人工智能这一技术所具有的入门门槛高、更新迭代速度快等特性，同时从国家创新型人才培养角度出发，此类前沿技术科普对象更多集中在学生群体。

现如今，校方受 STEM 教育理念指导，急需推进人工智能科普工作，却苦于无相应的配套设施及师资团队；馆方有专业的教学团队及教学环境，却缺乏适宜的科普人群。二者相结合，优势互补，无疑是人工智能科普的绝佳思路。

3.1 馆校结合的优势与机遇

3.1.1 馆方作为校方科普教学环节末端,承接实践活动

在学校的科普教学活动中,受限于校内设施设备,像人工智能等前沿技术,校方只能进行文字、图像及视频的展示,难以进行效果呈现。科技馆的存在,及时填补了这一短板。

在科普教学活动中,校方作为理论知识的传授方,能够通过文字讲述及视频展示等形式,让学生对人工智能等前沿技术的概念有所了解。许多科普过程中涉及的教学器材,因为制作困难、费用昂贵、安装所需空间大、技术门槛要求高等因素,难以快速在校内推行。

科技馆作为承接科普实践活动的场所,很大程度上缓解了这一难题。在设施设备方面,馆方有相应政策及科普经费支持,在一些科普展项,尤其是人工智能等前沿科技展品展项的设置方面有着得天独厚的优势。与此同时,许多高新技术企业也开始了从科技创新资源向科学教育资源转化的新探索,优质企业的入场为人工智能科普带来了新鲜血液。

相比校方,馆方能够组织专业团队,以人工智能为主题进行相关展品展项的设计、开发,以科大馆为例,通过开设人工智能主题科技馆的形式,设置故事线,为参观众人讲述人工智能这一技术的前世今生,这也是学校教育所难以实现的。而校方也可以将科普教育的场所转移到科技馆中,在实地体验中完成相应知识的讲授,以达到科普教学目的。

3.1.2 校方可依托馆方师资团队,完成针对性科普课程的打造

为加强国家创新型、高水平技能型人才培养力度,STEM教育理念越发盛行,校方对于前沿技术类科普需求日益提高。同时,得益于学校教育的普及性,这使得学校教育覆盖范围更广、涉及年龄层更多、课程设置思路更加大众化,但也导致科普教育活动的推进难以具有针对性,实现精细化。在如此大背景之下,学校现有课程体系及师资力量已远远无法满足日益增长的科普需求,依托馆方专业师资及教研团队,打造更具有针对性的人工智能科普课程,不失为校方推动人工智能科普的新思路。

科技馆又被称为学校之外学生的"第二课堂",与学校相比,科技馆拥有着科普领域更加专业的课程研发及师资团队,也有更加先进的科普教学环境,能够根据不同的科普主题、科普需求定制不同的科普及研学课程。同时,不同于学校应试教育下单一学科知识的传授,科技馆的课程更加注重学科知识间的串联及应用,以厦门科技馆"创E机器人"课程为例,通过搭建、编程、调试、创作等过程,鼓励学生利用校内学到的知识,探究现实问题并提出解决方案,培养学生动手实践能力、解决问题能力、逻辑思维能力、空间想象能力、创造

创新能力及团队协作能力，提高学生的工程及信息素养。

馆校双方合作，由学校进行科普人群输送，科技馆进行课程的设计、开发及实施，能够极大缓解校方无专业科普人才及馆方科普人群缺失的窘境，加快人工智能技术科普进程。

3.2　馆校结合活动实施困境

3.2.1　馆校双方教学目标不匹配，无法实现资源整合

当今社会科普虽然已经逐渐向全民化方向转变，校方也逐渐承担起了科普任务。但是，升学仍是校方教学的头号任务。同时，教育部印发的《义务教育课程方案和课程标准》中，并未对学校科普教学工作及相关课程设置做出明确规定，没有形成系统化的 STEM 教学标准。这就导致科普教学在学校教学计划中所占比例相对较少，校内学生的主要重心仍然放在基础学科的理论学习上。

校方与馆方教学目标不匹配的现象，导致多数在校学生更倾向于将可支配的学习时间放在与升学相关的学科知识学习中，用于课外拓展的时间被大幅度压缩。同时，这一现象还导致在 STEM 教学理念推动过程中，馆校双方各行其是，没有形成联动机制；二者不仅没有完成资源整合，反而出现了资源浪费的情况。

不同于基础学科知识科普，人工智能等前沿技术科普对于科普设施、科普人员要求较高，单纯依靠学校力量很难完成此类前沿技术科普，此类科普不得不依靠科技馆的力量。然而，迫于升学压力、可支配时间不够等多方面因素，科技馆往往很难与校方达成长期合作，人工智能等前沿技术的科普往往停滞不前。

3.2.2　人工智能类科普展馆展项数量不足

教育部发布数据显示，2022 年全国共有各级各类学校 51.85 万所，各级各类学历教育在校生 2.93 亿人。[4] 然而，科学技术部最新数据显示，2021 年全国科技类展馆数量为 1677 个，2022 年此类展馆数量预计可达 2000 个，每座地级市都拥有一个科技馆的目标尚未实现。显然，现阶段科技馆的数量远远无法满足如此之多的学生的科普需求，更遑论其中部分科技馆并未开设人工智能相关科普项目。

在全国各类科技馆中，有的分布在北上广等超一线城市，有的则分布在经济相对落后的地级市；而有的展馆占地面积大、设施全、设备新，具备人工智能技术科普的能力与实力；有的展馆则偏居一隅，设施设备陈旧，师资力量薄弱，想要进行人工智能科普却心有余而力不足。

实体科技馆建设和发展的不平衡、中小科技馆服务能力相对薄弱、科技馆优质科普资源有效供给不足，以及全国科技馆资源共享不足等因素，都导致人

工智能技术科普想要在科技馆间普及都举步维艰。而即使这所科技馆有能力并就此开发出了人工智能展项，甚至开设了人工智能展厅，开发出了人工智能相关课程及研学活动，科技馆自身建筑体量、人员数量等因素都决定了其只能承担庞大待科普人群中极少数人群的科普教学工作。

4　馆校结合背景下人工智能科普路径展望

4.1　人工智能进校园

科普进校园活动一直是科技馆推进科普工作的常用手段，对于不方便来馆参观的学生群体，这一方式能够有效扩大科普范围和科普活动覆盖人群，也能够有效缓解科技馆因为空间限制无法承载大量人流的弊端。人工智能此类前沿技术科普也可沿用此种方式。

以广东科学中心开展的"机器人进校园"活动为例，该活动采取以教师培训培养各校骨干教师，再由骨干教师回校培训本校教师和指导本校学生设计、制作机器人，最后根据各校特色开展科技课程、创客小组、机器人兴趣小组、校内比赛等多种活动形式，实现"馆校结合"机器人进校园。自2019—2021年，在3年时间内，此项活动在全省范围内成功普及学校369所，直接间接普及师生达29万人次，各校开展活动1750多次，已成为广东省馆校结合科普育人的典型案例。[5]

参照此类成功案例，科技馆可尝试以校园科技周、机器人大赛等系列人工智能相关活动为契机，推动人工智能进校园，借此机会进入校园宣传人工智能相关知识，并依照不同学段、不同水平学生定制多样化科普课程，满足不同学生群体的科普需求。以公开课的形式进行科普宣传工作，在进行人工智能技术科普的同时，调动学生探索先进技术的好奇心与积极性，将科普行为从被动转为主动。

4.2　人工智能进"课本"

人工智能技术其实并非与学校课程毫不相关。在校内，根据课标要求，学校已经开设了计算机教学相关课程，除了基础的计算机软件操作教学外，也教授计算机基础编程知识。人工智能技术，实际上就是计算机编程的升级应用。

以甘肃省计算中心为例，中心根据以往科普参观活动中青少年学生兴趣点，结合中心特色，开发并完成了"云渲染——动画制作背后的发动机""动作捕捉技术发展史"和"我们身边的超级计算机"3门科普课程，并取得了惊人反响。[6]

在此基础上，馆方可以加强与学校间的沟通联系，以校内计算机课程为切入点，优化升级现有课程内容，调研不同年级学生的知识结构与知识体系，开发相应的课外延伸课程，打造"校内教学＋课外拓展"的科普模式，让学生通过相应的延伸科普课程，对课堂学习的理论知识进行更加深入的思考与探索，以达到人工智能技术科普目的。

4.3 人工智能搭平台

如前文所述，相比较庞大的学生群体，全国科技馆数量少且人工智能展厅、展项稀有，这限制了人工智能此类前沿技术的科普。就目前互联网技术成熟度及人工智能技术特殊性而言，相关技术的科普不应当仅仅局限于线下科技馆。科技馆可尝试与学校合作，搭建互联网科普平台，将人工智能技术科普由线下转至线上；充分结合当代流媒体主要特点，开发各类短小精悍、趣味性强的科普内容。

以视频、图文科普为例，越来越多的科普博主入驻微博、抖音、B 站等平台并产出了一系列高质量科普文章、视频。研究此类案例，不难发现，他们题材多样，形式也各不相同，有从时事热点出发的随机科普，也有专刊类型的系列科普。但无一例外，此类科普内容都有着极高的播放量或阅读量，以"博物杂志"为例，其在完成科普教育工作的同时，更激发了群众参与科普的主观能动性，覆盖人群范围广，科普效果显著。

得益于互联网实时性、便捷性、无地域性等特点，人工智能网络科普平台的搭建，能够打破实体科技馆展项数量、游客承载能力等诸多限制，实现同时间段大批量人群在线科普教学。与此同时，馆校双方可以依托互联网平台，在馆与馆、馆与校、校与校间搭建起跨地域资源共享平台，实现优质科普资源传递，进一步增强中小型城市科普教育力量，以达到全民科普的目的。

参考文献

［1］王素.《2017 年中国 STEM 教育白皮书》解读 [J]. 现代教育，2017（7）：4-7.

［2］叶影. 浅谈基于馆校结合的科技场馆科学活动开发 [J]. 科技通报，2019（6）.

［3］廖红. 科大讯飞人工智能科技馆：AI 走入寻常百姓家 [N]. 科普时报，2021-7-16.

［4］2022 年全国教育事业发展统计公报 [EB/OL]. 中华人民共和国教育部.

［5］吴志庆，许玉球，傅泽禄. 广东省"馆校结合"创意机器人进校园活动实施效果与优化策略初探 [J]. 广东科技，2022，31（8）：58-61.

［6］赵志威，屠晓光，蒋应举，等. 计算机前沿技术特色科普基地的建设与发展思考——以甘肃省计算中心为例 [J]. 甘肃科技，2022，38（6）：62-4+83.

馆校结合提升青少年科学教育实效实践现状及发展策略探析

——以广州青少年科技馆为例

苏华丽　吴珺悦　彭冠英*

（广州市科学技术发展中心，广州，510091)

摘　要　科学教育的演变和发展，与国家战略需求密切相关。馆校结合科学教育相关政策的密集发布，为我国培养高水平科技人才，实现中国式现代化提供了重要助力。本研究报告了广州青少年科技馆以"请进来""走出去"双向馆校结合互动提升青少年科学教育实效的实践现状，对分众实践、科学教育课程体系、馆校长效合作机制等方面的发展续力空间进行了深入研究，提出了分众精准服务评估流程、本土化改良 SIMBL 科学课程开发模型、补益补强科学教育效能方法、精准施策建立建强科技辅导员队伍、评价奖励提振长效合作机制等系列发展对策建议。

关键词　馆校结合　青少年　科学教育

科普场馆作为科普和校外教育的重要阵地，在青少年科学教育和科技创新后备人才成长中的作用日益凸显，是开展青少年科技教育实践活动的有效平台，是弘扬科学精神、普及科学知识、传播科学思想和科学方法的重要载体。[1]高质量馆校结合，成为我国培育具备科学家潜质、愿意献身科学研究事业的青少年群体的重要平台和途径，是我国实现高水平科技自立自强，彻底解决"卡脖子"战略的必然要求。本文结合广州青少年科技馆实施馆校结合提升青少年科学教育实效的实践经验，深入分析，总结探析提质增效模式路径，为馆校结合的科学教育高质量发展模式提供参考。

1　高质量馆校结合科学教育是服务国家战略的必然要求

1.1　国外科学教育改革与国家战略需求的关联

纵观在科技馆展教理论和实践方面引领国际潮流的欧美国家的展教功能演

---

* 苏华丽，广州市科学技术发展中心研究发展部部长、信息系统项目管理师，研究方向为科学教育、科学科普、科普理论研究与实践；吴珺悦，广州市科学技术发展中心研究发展部，专业技术十一级，研究方向为科学教育、科学科普；彭冠英，广州市科学技术发展中心系统集成项目管理工程师，研究方向为科学科普。广州市科学技术发展中心副主任张政军对本文亦有贡献，在此一并致谢。

变过程，不难看出，其均与当时的社会发展的迫切需要密切相关。美国在南北战争结束后，工业大生产迅速发展，除了需要大量的科技人员，更需要有一定技术、能动手操作的大批产业工人，杜威适应了当时社会的现实需要，提出了"教育即生活"的主张，创办了"杜威实验学校"，进而提出"做中学"的理论。美苏冷战期间，特别是苏联人造卫星上天，在空间技术上赶超美国，使得美国国民对其国家的强大产生了怀疑和恐慌，约瑟夫·施瓦布于 1961 年提出了"探究学习"的概念，拉开了美国第一次科学教育改革序幕。20 世纪 70 年代末 80 年代初，美国在经济、科技领域的世界优势地位开始降低，追根溯源发现是因为科学教育已经远远不能适应科技革命和社会经济发展的需要。为了确保在 21 世纪的国际经济和军事竞争中能够立于不败之地，美国于 1985 年启动"2061计划"，强调以科学探究为中心，解决科学教育的普及问题，引发了第二次国际科学教育革命，促使科学中心的教育活动不再仅限于观众"动手做"的探究活动或实验，而是在了解观众已经形成的原有观念的基础上，帮助他们不断修正和扩充自身的概念图式，形成真正理解并应用科学概念的能力。[2]

1.2 我国科学教育改革与国家战略发展的关联

我国现在已经进入"十四五"的高速发展期，科技创新在广度、速度等方面迅猛发展，科普事业也蓬勃发展，科普内涵外延不断标高深化，迭代出新。党的二十大鲜明提出以中国式现代化全面推进中华民族伟大复兴。科普事业的高质量发展是实现中国式现代化的必然要求，是赋能中国式现代化的土壤，是推进公民科学素质现代化的动力，是夯实培育青少年成为社会主义建设者和接班人的战略基础。国家把科普放在与科技创新同等重要的位置。科普作为国家创新体系的主要组成部分，是科技创新之基，其中青少年的科学教育，要坚持面向世界科技前沿，面向经济主战场，面向国家重大需求，面向人民生命健康，要培育大量具有较高科学文化水平和科学素养的未来公民，有能力和实力承担起应对国家战略发展需要的时代使命。这是我国实现高水平科技自立自强彻底解决"卡脖子"问题的必然要求。科技场馆作为青少年校外教育的重要阵地，馆校结合科学教育的高质量发展模式的构建，越发重要和迫切，国家也相应发布了系列政策。

2 我国馆校结合科学教育科普政策概况

科普政策是党和国家为促进科普事业发展、实现高水平科技自立自强、建设世界科技强国而制定并付诸实施的权威性行动准则，是确定科普与科技创新协同发展方向的战略和策略原则。馆校结合科学教育科普政策是我国科普政的重要组成部分，对规范和调节馆校结合科学教育工作具有重要作用。我国馆校结合起步较晚，2006年发布的《关于开展"科技馆活动进校园"工作的通知》，是推进馆校结合的里程碑。[3]随着我国科技体制改革的不断深化，科普事业也蓬勃发展，提升公民科学素质的系列科普政策也相应出台，其中涉及馆校结合提升青少年科学教育的政策内容越来越多。

"十三五"期间发布的《全民科学素质行动计划纲要实施方案（2016—2020年）》《科技馆活动进校园工作"十三五"工作方案》，推动了馆校结合促进科学教育的合作机制的政策内容导向，由"探索、倡导"阶段提升到了"建立、推动、拓展、加强"阶段，并开始关注吸纳社会各界的资源，通过成立联盟等，推动科学教育更紧密、更广的合作。

"十四五"伊始，馆校结合科学教育政策密集出台，数量大幅提升。2021年，《全民科学素质行动规划纲要（2021—2035年）》明确了科普场所、高校等企事业单位、科技工作者等主体实施馆校合作行动的责任和义务。配合国家"双减"政策，《现代科技馆体系发展"十四五"规划（2021—2025年）》明确探索建立馆校结合长效机制，提出开展馆校结合区域试点。同月，教育部办公厅、中国科学技术协会办公厅联合发文，对满足课后服务的科普课程等科普资源提出了具体要求。2022年，中共中央办公厅、国务院办公厅联合发文，提出加强新时代科普工作意见。2023年，教育部等十八部门提出"请进来""走出去"的双向互动，明确细化了馆校结合的具体内容要求。

总体来看，馆校结合科学教育相关政策内容与时俱进，目标定位越发清晰精准，馆校结合机制标高到了"长效"阶段，对科学教育的各实施主体的实施途径和实施成效，也做了明确的指导和规范。

3 广州青少年科技馆实施馆校结合科学教育实践现状

2022年9月，广州市科学技术发展中心成为中国科技馆"科技馆里的科学课"首批示范试点单位，配合国家"双减"政策，坚持政府主导，依托所属的广州青少年科技馆的展教资源，深入践行"请进来""走出去"双向互动实践原则。一方面，筑牢广州青少年科技馆基地作用，通过更新策划专题常展和临展，邀请科技专家、科技辅导员到馆互动讲座，开展主题科学教育活动、青少年科技志愿服务、科学实验秀等路径，凝聚"请进来"科学教育的内涵和魅力。另一方面，联合拓展共享资源，在中国科技馆强力支持并提供院士科学人文课等"三课"科教资源的基础上，充分发挥试点单位的组织优势和科普能力，联合院士专家校园行、科普大篷车、广州科普开放日等自主品牌活动和科普资源，联动实行"走出去"科学教育路径，满足青少年学生课后服务需求。

初步探索建立的"请进来""走出去"双管齐下合作路径模型，有力推动了新时代广州地区青少年科学教育向更高质量发展，取得了显著成效。在第三十七届全国青少年科技创新大赛中，广州青少年再创佳绩，斩获大赛最高奖项"中国科学技术协会主席奖"，并取得了 13 项青少年科技创新成果作品获奖、2 项科技辅导员科技教育创新作品获奖的优异科学教育成果。

3.1　坚持政府主导，深化内涵，夯实"请进来"基础

广州青少年科技馆于 2005 年开馆，是广州地区唯一以青少年为展教对象的科技馆，在广州市委、市政府的有力主导下，不断深化内涵，打造科学技术协会党校党史学习教育基地、科学家精神基地、青少年科技主题展览中心和青少年科技互动体验中心，大力推动实现老馆新活力、小馆大作为，夯实将青少年"请进来"开展高质量科学教育的基础。主要做法：一是在开展青少年需求调查的基础上，开设相应的航海科普展、科学家主题展、院士专家书画摄影作品展等常展和临展，深受青少年喜爱，团体及个人的日均接待量都接近接待容量上限。二是整合社会资源，联合科创企业、公共服务场馆、科普基地、医疗机构、科普志愿者协会等单位和组织，在馆开展"我是创客 +"无人机科普和飞行体验活动、人工智能体验、都市科技农园暑期系列活动、绿美广州科普读书会、"岭南恐龙之谜"科普宣传活动、青少年应急救援培训、青少年科技志愿服务等形式、内容丰富的科学教育活动。三是邀请科技专家、科技辅导员到馆开展有关卫星科技、爬行动物、造纸等主题的讲座，以美好生活解读科技发展意义，引导帮助青少年以科学的视角认知世界。四是举办"科学实验秀"挑战赛，设置青少年儿童组别，融入舞台剧、小品、脱口秀等表演形式，围绕生活中有趣的科学现象，编排演绎经典科学实验，通俗形象展示前沿科技成果。五是开展"科技馆里的科学课"示范校科学教师培训交流活动，提高科学教师的科学素质。

3.2　拓宽服务模式，共享资源，提升"走出去"实效

联合中国科技馆、教育部门、区政府，多渠道汇集、共建、共享科学教育资源，提升"走出去"实效。在中国科技馆的指导支持下，为试点内示范校师生提供院士科学人文课等"三课"科学教育资源，以及"我问科学家问题征集令"等主题科学教育活动。联合教育部门开展广州"院士专家校园行"，邀请院士等优秀科技工作者走进中小学校，为青少年提供科学教育服务，为学校与院士专家搭建起沟通桥梁，提升学校教师的科研意识和科学素质。发挥"科普大篷车"的科普"轻骑兵"作用，配合中小学校的科技节等科学教育活动，输送共享科普展品、展板等科学教育资源，开展无人机、人工智能等互动体验；与蕉岭县教育局签署合作协议，建立长期合作机制，为蕉岭县中小学青少年送科普；与

从化、增城、花都、白云、番禺、南沙、黄埔等区合作共建，开展"乡村少年宫"公益科普活动。

3.3 坚持大科普格局，以点带面，推动构建科普生态圈

发挥试点单位的组织优势和科普能力，以广州青少年科技馆为基点，广泛发动社会资源，通过整合资源、协同配合、系统联动、共同参与等措施，推动广州地区科技、科普资源开放共享，提升大科普格局，推动建设科普生态环境。经周福霖院士提议、国内首创的"广州科普开放日活动"，由广州市科普工作联席会议办公室牵头，发动符合开放条件的国家级或省级重点实验室、高新技术企业、广州科普游项目承担单位、相关科普资源单位，免费向青少年等公众开放，为馆校结合开展青少年科学教育提供了更广阔的平台和资源。

4 馆校结合科学教育发展的蓄力空间思考

在与来馆青少年的访谈交流、对展教讲解员讲解情况的观察、到兄弟场馆的参观学习、试点示范校的总结反馈等方式中，发现广州青少年科技馆在开展馆校结合科学教育的工作上，资源内容和活动形式丰富，成效凸显，路径模式的探索也取得了很大进展，但也存在发展蓄力空间，还需加大力度补齐短板、提高实效。

4.1 科学教育分众实践有待深化

"分众化"（demassification）是在现代传播学中产生的、与大众传播（mass communication）相对应的概念，意指将媒介供给进行细分以满足不同受众群体需要的传播方式。[4]在科学教育工作中，分众是提高科学教育效果的重要手段。广州青少年科技馆受现有软硬件条件限制，分众上目前只有团体和个人接待的粗略划分，尚未能细化实施分众教育，对来馆青少年对于展教活动的期待、兴趣、已有知识的掌握程度、参与态度等方面的前置评估也不够充分或尚未实施。

4.2 科学教育课程体系尚未形成

科学教育活动尚处于探索期，对于青少年科学教育的针对性和适合度仍有待提高。在馆开展的教育活动大多以参观、讲座、体验、竞赛、志愿服务等传统形式为主，基于常展临展的青少年科学教育还是以常规讲解为主，尚未建设专业的专兼职科技辅导员队伍。总体来讲，基于场馆展教活动的研究性学习课程开发体系尚未形成，未能全面满足有兴趣的青少年长期、深入、系统地开展科学探究与实验的需要，通过与来馆青少年访谈交流，我们也了解到，他们希

望能有更多的课程式指导或科学探究任务的认领及达成反馈。

4.3　与试点示范校的长效合作机制有待完善

4.3.1　直播课程时间安排与学校教学计划时间安排还不够契合

试点内的各示范校普遍反映，直播活动安排，包括时间、专家、链接等宣传内容，在预告已经发出后仍会经常变更调整；直播课程的预告提前量不够，往往是活动时间紧随活动预告，使得学校来不及调整教学任务安排；直播活动多安排在周末和节假日，不便于学校统一组织学生观看。

4.3.2　直播课程内容与青少年科学教育精准需求的匹配还不够契合

试点内的各示范校普遍反馈，直播课程资源尚未形成体系化，内容和形式缺乏丰富性，对示范校的参与度产生了一定影响。比如，几期科学课搭配了科技节或启动仪式类的其他环节，活动时间也较长，可能持续半天或者跨中午，不利于学校的科学教育课程安排；在主题内容上，某些类别的主题活动在一段时间内比较集中，内容虽好但同质化程度太高，也不利于学校的科学教育课程安排。示范校均表示希望能提供更体系化的直播课程资源，获得更多、更好、更丰富的青少年科学教育资源。

4.3.3　单向菜单式的资源输出方式，对示范校的约束力和向心力较弱

试点单位在组织管理实践过程中发现，现行的单向菜单式资源输出方式，对各示范校实施试点项目的约束力有限，也较难形成较强的向心力，需加强顶层设计，谋划、建立、完善试点单位与示范校馆校结合的长效合作机制。

5　策略探析与建议

馆校结合科学教育的高质量发展，既要充分发挥科技场馆资源优势助推"双减"工作，提升"请进来"的科学教育实效，又要提升"走出去"的科普资源质量，在教育"双减"中做好科学教育加法，同时，要建立长效馆校结合机制，增强馆校结合的深度、广度和黏度。

5.1　树立分众意识，做好全流程评估，指导分层分级设计科学教育内容

分众化理念的运用，是科技场馆科学教育精准服务的基础，也是提高科技场馆科学教育服务水平的重要方法。实操中应树立分众意识，对科学教育内容进行针对性分层分级设计，统筹做好前置评估、形成评估、总结评估的全流程评估工作。

前置评估：启动展览或教育活动的策划前，应结合前期实施的经验及发现的问题，做好分众需求的前置评估工作，摸清分众青少年对展览或教育活动的期待、兴趣等精准需求，以及先前知识、态度等现有认知程度。进而依据前置

评估结果，一方面对展览或教育活动的整体框架、内容简略、动线设计等进行精准策划；另一方面，根据分众的接受能力和理解能力，提供针对性的分层科学教育课程教案设计。

形成评估：对分众青少年在馆接受科学教育的效果维度进行评估，达到动态调整分层科学教育课程教案设计内容、完成展览或教育活动的策划方的自我提升的目的。一般可以采用观察、访谈、问卷等方式，对来馆青少年的动机、行为、体验、反馈等方面进行评估。

总结评估：展览或教育活动结束后，对整个项目进行总结性评估，形成总结报告，为后期的展览或教育活动提供参考，也可做基于案例的经验推广、揭示改进建议等评估成果转化用途。

5.2 加强顶层设计，紧密部门间合作，科学规范设计科学教育课程体系

科学教育课程的设计，应与教育部门紧密合作，对标新课标、结合展馆展教活动，开发系列科学教育课程，形成科学教育课程指南。科学教育课程的设计需注重课程的规范化、体系化，一方面，要做好顶层设计，提前规划好课程安排，使整体的课程具有连续性，循序渐进、引人入胜；另一方面，要注重科学方法和科学家精神等教育内容的教学设计，让青少年在参与中真正去实践和探究，依托该过程中正向反馈促进青少年科学方法和科学家精神的培养。[5]此外，科技场馆需要进一步升级改造，以适应结对学校的实践需求。

5.3 注重理念创新，推广 SIMBL 改良模型，提升科学课程设计普适性及易操作性

提升科技馆"请进来"科学教育实效的标高要求，离不开科学教育理念的创新，需要借鉴先进、适配、易上手的科学教育理论。作为 SSI-TL 的典型工具，社会性科学议题与建模教学（socio-scientific issue and model based learning，SIMBL）更具有普适性和易操作性，科技辅导员、科普工作者和有兴趣的家长，均易上手，方便实操。SSI-TL 是指基于社会性科学议题的社会性、科学性、争议性、不确定性等特征设计教学，让学生在社会文化情境中获得论述、论证、探究、决策、评价信息来源的能力和素养，进而培养学生成为具备社会责任的未来公民的教学。[6] SIMBL 包含探索相关科学现象、参与科学建模、考虑议题系统动态、媒体与信息素养、对比多种观点及阐明自己的立场 / 方案 6 个模块。[7]

进行本土化改良后的 SIMBL（见表 1），与青少年的高效科学教育有着天然的亲和力和适用性，可成为助推我国培育大量具有较高科学文化水平、较高科学素养的未来公民的重要有效途径之一。

SIMBL 模型本土化改良后的操作说明：[8]（1）依据青少年对趣味性的需

求，激发青少年好奇心，嵌入模块一"探索相关科学现象"，创设锚定现象，引入科学概念，激发青少年学习动机。（2）依据青少年对科学知识和原理的需求，嵌入模块二"参与科学建模"，引导青少年引入相关展教活动的科学概念进行模型构建、评价、修正等循环操作，将现象观察与潜在理论相联系，发挥模型作为科学推理认知工具的作用，促进青少年更好地理解科学概念。（3）依据青少年对综合能力的培养的需求，一是嵌入模块三"考虑议题系统动态"，引导青少年运用马克思哲学关于联系的观点，综合考虑不同学科、视角、立场的观点，统筹判断问题；二是嵌入模块四"媒体与信息素养"，引导加强锻炼青少年对信息获取、识别、判断、整合与使用的技能，增强其综合辨析能力，倡导其有理有据地解决问题。（4）依据青少年对科学思维和方法的需求，嵌入模块五"对比多种观点"，培养青少年的批判性思维能力，引导青少年能站在不同角度审视问题，综合考量不同利益方产生不同态度的原因，综合不同立场做出客观、理性、全面的判断。（5）依据青少年对互动性的需求，嵌入模块六"阐明自己的立场／方案"，科普展教活动主办方创设灵活多样的小结模式，鼓励青少年阐明自己的观点，或针对问题提出有效的解决方案。

表 1　SIMBL 模型本土化改良后各模块内容说明

模块	内容说明
探索相关科学现象	以青少年的好奇心为切入点，通过科技馆等科普基地、科普资源单位等，给予青少年探寻相关联的科学现象的机会和平台，创设锚定现象，引入科学概念，激发青少年学习动机
参与科学建模	引导青少年通过前述引入的科学概念进行模型构建、评价、修正等循环操作，将现象观察与潜在理论相联系，发挥模型作为科学推理认知工具的作用，促进青少年更好地理解科学概念
考虑议题系统动态	运用马哲关于联系的观点，引导青少年对待问题要综合考虑不同学科、不同视角及不同立场的观点统筹判断
媒体与信息素养	适应现代信息社会，加强锻炼青少年对信息获取、识别、判断、整合与使用的技能，增强综合辨析能力，倡导有理有据地解决问题
对比多种观点	培养青少年的批判性思维能力，引导青少年能站在不同角度审视问题，综合考量不同利益方产生不同态度的原因，综合不同立场做出客观、理性、全面的判断
阐明自己的立场／方案	综合上述 5 个模块的科普效果，创设灵活多样的小结模式，鼓励青少年阐明自己的观点，或针对问题提出有效的解决方案

5.4　明确目标定位，坚持搭台添薪，补益补强青少年科学教育效能

科普场馆的科学教育是学校正规教育的重要补充，馆校结合是实现科教资源共建共享助力"双减"目标实现的有效载体。本文作者于 2022 年 8 月主持

开展的广州青少年科技馆服务需求调查的结果也显示，广州地区教师对科技馆学校教育或科技老师提供的资源的认可度中，辅助教学的展览展示、活动场地或平台、第二课堂探究活动、科技培训／交流等功能的认可度最高，分别为77.0%、61.2%、59.7%、53.8%，对相关证明的功能认可仅为14.3%。可见，在馆校结合中，合作各方要明晰定位，明确合作目标任务。科学教育资源的供给服务，只有与学校教学计划相适配，与科学教师实际需求相适配，才能高效实现重要补充和有效载体的效用效能。

直播课程在主题内容的策划设计上，着重加强与示范校的有效衔接，根据示范校科学教育需求进行规范和整理，提前规划全年科学课程选题方向、筛选主题内容及主讲导师；活动时间的安排原则上尽量避开周末和节假日，为方便示范校提前做好全学年的组织安排，可设定一个相对固定的周期时段（如每个月某个完整自然周的某天），如直播时间在两相适应上确实有困难，不便实现，则可以提供清晰、顺畅的回播／重播路径，实现推送时间和学习时间的机动性和灵活性。

集合多方优势打造科学教育资源包，如深入开发院士专家校园行、广州科普大讲坛、科学实验秀等现有科普品牌的内容，二次研发科普绘本、漫画、科学桌游、微信小游戏等教学资源，通过文创营运、委托专业机构等方式，深入学校服务青少年学生，作为课后托管科学教育服务的有益补充，发挥好科学教育传播效能，激发青少年学生参与科学的兴趣和热情，增强青少年学生持久性学习的原动力。

规范在馆科学教育活动的引入标准，引导、培训、审核相关活动的科学教育设计内容，并对科学教育活动效果适时实施有效检查评估，形成成果反馈，进而循环指导完善引入标准。

5.5 聚焦核心能力，精准施策，建设建强专兼职科技辅导员队伍

科技辅导员是联结青少年与科学教育的重要媒介，直接承担着传播科学知识、启迪科学思维，激发青少年好奇心、想象力和探求欲的重要作用，是实现科学教育课程体系功能发挥的核心关键。科技馆要提高"请进来"实效：一是要成立专业的专兼职科技辅导员队伍，建立科学合理的分级认证机制，在推动科技辅导员队伍专业化发展的同时，也能提升科技辅导员对职业的认同感。[9]二是要聚焦科技辅导员核心能力，强化分众化理念的运用，明确培训目的，优化培训内容，发挥好本土化SIMBL改良模型的实践效用。三是要丰富培训方式，实现科技辅导员能够具备根据学校科学教育的特点、需求，相匹配地设计、组织、实施科学教育的能力。

5.6 建立评价奖励机制，树立典型，助力馆校结合科学教育长效发展

能否解决示范校约束力和向心力较弱的问题，关系到馆校结合能否长效高质量发展。建立健全评价激励机制，树立典型，有助于提升馆校结合的凝聚力和长效发展。一是从顶层设计上获得有关部门或政策上的支持，让示范校的试点工作不成为学校、老师眼里额外增加的工作，而是成为能激发示范校能动性的本职工作；二是建立示范校的准入准出制度、考核管理制度，严进严出，打造项目标准化的闭环管理方式；三是出台切实有效的系列激励措施，激发示范校或者项目负责老师参与试点工作的主观能动性和积极性。

6 结语

青少年科学教育是一项长期而艰巨的工程，馆校结合的长效机制也需要在实践中不断磨合完善。科技辅导员、科学教师犹如"摆渡人"，需要不断实践、培训来提升自身科学素养和科学教育能力，进而在馆校结合中提升青少年科学教育工作实效；科普场馆好比"护卫舰"，其功效的发挥需要健康科普生态持续供给强大"武装"；科学教育理论恰似不竭能量的源泉，适应新时代科普发展需求迭代更新。加强科普能力建设服务国家战略，应进一步推动一体化高质量发展，强化组织领导和协调监督，共同为应对新时代使命提供强有力的人才保障。

参考文献

[1] 中国科学技术协会办公厅,中央文明办秘书局,教育部办公厅.关于印发〈科技馆活动进校园工作"十三五"工作方案〉的通知（科协办发青字〔2017〕15号）[EB/OL].2017-04-10.

[2] 龙金晶.科技馆展教功能发展的社会背景及教育思想研究[J].科普研究,2013,8（4）:27-32.

[3] 周丽娟,王京春.馆校结合——助力小学生科学学习的有效途径[C]//第十一届馆校结合科学教育论坛.2019.

[4] 邢致远,李晨.博物馆社会教育与服务的分众化研究[J].中国博物馆,2013(3):57-63.

[5] 孙小莉,何素兴,吴媛,等.有效提升科技馆科学教育活动成效的路径探析[J].高等建筑教育,2021,3（3）:181-187.

[6] BYBEE,RODGER W. NGSS and the Next Generation of Science Teachers[J].Journal of Science Teacher Education,2014,25(2):211-221.DOI:10.1007/s10972-014-9381-4.

[7,8] 李诺,柯立,李秀菊,等.社会性科学议题教学促进学生科学素质水平提升[J].科普研究,2022,17（6）:60-6674,111.

[9] 马华.浅谈探索科技馆辅导员队伍素质提升策略[J].科技风,2021(12):171-172.

指向核心素养的馆校结合科学教育活动效果评价研究

杨雪怡[*]

（重庆科技馆，重庆，400020）

摘　要　在做好"双减"中科学教育加法的背景下，馆校结合科学教育活动是培养学生核心素养的良好手段之一，以核心素养为指导进行馆校结合科学教育活动设计与实施，是改进与解决当前非制式科学教育教学中新模式和新问题的关键。"从知识到素养"的观点引导着科技馆中教育活动改革的目标和方向。本文以核心素养要求的科学观念、科学思维、探究实践、态度责任为目标，设计了馆校结合科学教育活动评价的基础模型，通过情境化试题改进总结性评价、融入竞赛驱动的项目式学习与表现性评价等方法为馆校结合科学教育活动效果评价提供了改进方案。

关键词　馆校结合　核心素养　情境化试题　科学论证　项目式学习

1　研究背景与问题提出

1.1　科学教育与科学素养的发展背景

科学教育作为基础教育中重要的组成部分之一，近年来其发展愈受重视。2023年2月21日，习近平总书记在主持二十届中共中央政治局第三次集体学习时强调，要在教育"双减"中做好科学教育加法，激发青少年好奇心、想象力、探求欲，培育具备科学家潜质、愿意献身科学研究事业的青少年群体。[1]当今世界，科学技术的井喷式发展对如何培养应对未来挑战的公民提出了更高要求，亟须面向未来的科学教育，提升公民的科学素养。

1.2　国内外学者对科学素养的研究

美国学者克洛普弗列述了科学素养的3个要素，即理解科学的主要概念与原理、理解科学探究的过程、理解科学与一般文化的相互作用。国内学者钟启泉认为，克洛普弗所概括的涵盖了现代科学素养的全部范畴。[2]另一位研究者王素综合英、美、加、泰与中国的科学教育观点后，将科学素养概括为4个

---

*　杨雪怡，重庆科技馆科技辅导员，研究方向为科学教育与科学传播。

核心因素：对科学技术的理解，包括理解科学技术的性质、概念、原理、过程；对科学、技术、社会三者关系的理解；科学的精神和态度；运用科学技术解决日常生活及社会问题的能力，包括运用科学方法的能力、判断和决策的能力、与他人合作交流的能力、自我补充和继续学习的能力。[3]

1.3 核心素养的确立与馆校结合活动评价面临的问题

科技馆作为非制式科学教育的重要环境之一，要做好"双减"背景下的科学教育加法，更需完善馆校结合科学教育活动（以下简称"馆校结合活动"）的相关设计内容。学生如同完成校外活动任务一样"网红打卡"式教学活动不可取，而与学校等制式教育同质化严重的"照猫画虎"类教学活动则会造成教育资源的浪费。随着突出育人导向的《义务教育科学课程标准（2022年版）》的落地实施，其中核心素养的确立不仅引领着学校课程设计的方向，[4]也指导着馆校活动的开发与设计。ADDIE（Analysis，Design，Development，Implementation，Evaluation）通用教学设计模型最早由美国教育专家加涅提出，在国内外教学领域及其他领域均有广泛应用，分为分析、设计、开发、实施、评估5个阶段。在ADDIE教学设计模型中，评价是影响分析、设计、开发、实施4个方面的核心步骤。因此，要发挥评价对教学的导向功能，以核心素养要求的科学观念、科学思维、探究实践、态度责任4个方面为馆校结合活动效果的评价设计方向，不仅有助于馆校结合活动的发展与提升，还势必事半功倍。如此，研究问题则变成在科技馆中，怎样设计指向核心素养的馆校结合活动评价。

2 核心素养导向的馆校结合活动效果评价设计

核心素养是教育要培养学生应对当下与未来发展的重要能力与素质。由此，在评估馆校结合活动效果时，评价要从考知识向考素养转变，将核心素养转换为可观察的外显表现。[5]需要注意的是，改进评价并不是不需要总结性评价，也不是对以往的评价方法全盘否定，而是在原有的基础上进行改进，采用更科学、更符合培养目标的方式进行评价。科学教育专家罗星凯教授曾提到，评价本身就是学习的过程，而不只是排队选拔。

故设计馆校结合活动评价方案时，要从多方面出发，根据活动具体实施内容与侧重点，对接国际、国内前沿研究成果进行评价设计，并采用总结性评价、过程性评价、表现性评价等多种方法有机结合的方式评估活动效果，从而让教学者进行有效反思，同时达到指导活动本身再次优化的目的，助力馆校活动迭代升级（见图1）。

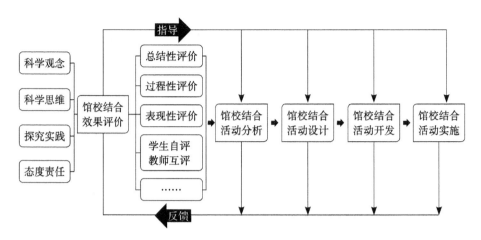

图 1　基于 ADDIE 的馆校活动评价设计模型

2.1　评估科学观念：基于展品的情境化的"绿色试题"

纸笔测验作为经典的总结性评价方式，往往是学校教育中验证科学教育活动是否有效的主要方法。在制式教育中，学校常用纸笔测试来评价学生所学知识，并一度成为唯一的评判标准。但是，在评价方式上，要改变过去考查技能或程序的记忆性考试方式，关键就在于创造"情境"，在情境中学生必须"使用"而非"识别"探究技能才能解决问题。[6]

自国际学生评估项目（Programme for International Student Assessment，以下简称 PISA）开展以来，研究者逐渐发现情境化试题在纸笔测试中的重要性。PISA 旨在测试 15 岁左右，即将完成学校义务教育阶段的学生是否具备适应现代社会时的关键知识和能力，科学素养即为其中核心测试的领域之一。故情境化试题需要精心设计一个能够暴露学生前概念的情境，引出并挑战学生的前概念，激发认知冲突，使学生处于一个转变的准备状态。[7]

作为非制式科学教育场景，科技馆的科学教育活动同样可以应用以纸笔测试为载体的总结性评价。与此同时，科技馆具有天然的情境化优势，其环境较于学校教育环境更为真实、更为"接地气"，也更有利于基于展品为学生创建真实情境，从而考查学生运用科学观念来解决生活中真实问题的能力。因此，在馆校结合活动中，开发基于展品的情境化"绿色试题"来测评学生对科学观念的掌握情况，不失为改进总结性评价的良好办法之一。

以"离心现象"展品（见图 2）为例，在学生进行完以离心现象为主题的馆校结合活动后，要评估学生是否拥有"认识离心现象，了解生产生活中的离心现象及其产生的原因"等科学观念时，可以基于科技馆已有展品为学生创造以下情境化试题。

图2 "离心现象"展品

例1：静止情况下，我们可以观察到铁球静止在水管底部，乒乓球悬浮于水管顶部。按下中间的按钮，我们会发现在底盘高速旋转时，水管中的铁球到达顶部，而乒乓球却在水管底部。停止旋转后铁球再次缓缓落至底部，乒乓球上升至水管顶部，恢复原状。

如果在转盘静止情况下，此时有一颗小球静止悬停于水管的中间部分，那么按下中间按钮使水管高速旋转后，请你设想并回答：

①这颗小球会发生什么变化？

②底盘旋转停止后，这颗小球会发生什么变化？为什么？

设计情境化问题时，应避免选择、填空、计算、有标准答案等结构良好的问题，而是倾向于使用半开放的简答或论证题，让学生进行开放性回答，将"命题作文"变成"材料作文"，如果只是让学生做一道填空题，让学生填写"产生'旋转后铁球上升，乒乓球下沉；停止旋转后铁球下沉，乒乓球上升'的原因是什么？"这一问题的答案，假使大部分学生写出了"离心现象的存在"这样看似满分的回答，但这样的测试无法了解学生对本次活动所要达到的科学观念的掌握程度。

题目设计为由简至繁的多层次设问，不仅可以让学生基于展品的真实情境，运用自己所学知识来展现解决问题的能力，作为馆校结合活动的设计者与实施者也可了解活动真实效果如何，是否还需要做针对性的改进。在情境化试题的评估标准制定中，应将学生的答案分为不同等级。以上题为例，如学生只正确描述出小球变化，但是并没有表述出为什么会产生这样的变化，则为低水平的回答；学生正确描述出了小球变化，同时对变化产生的原因进行了解释，但解释只有部分正确，此种回答可以分类为中水平的答案；而学生同时正确描述出小球变化并进行了正确解释，此种回答可以归类为高水平的答案。既没有正确表述小球变化，也没有对变化做出解释的，可以归类为其他答案。

将学生对情境化试题的答案分类后，研究者可依次对答案进行其他、低、中、高水平的编码，以便进行后续的量化分析处理，评估学生是否达到本次馆校结合活动的培养目标。比起以往只简单判断对错、打分数等评估方式，情境化试题下的分水平等级答案不仅可以了解学生对科学观念的掌握情况，还可了解到学生在此科学观念方面存在的具体问题，如是否受前概念影响等更深层次、更详细的原因，从而为评估本次馆校结合活动效果提供研究依据，为馆校结合活动后续的改进提供明确的方向。

2.2 评估科学思维：融入论证教学的过程性评价

纸笔测试的结果可以帮助馆校结合活动教师量化分析学生的科学观念，分析其在经过科学教育活动后是否达到了所期望的水平。而核心素养导向的其他方面，则需要多种非总结性评价的方法来进行评估。关于科学思维这一核心素养，其指向有 3 个角度：模型建构、推理论证与创新思维。有关科学思维的评估探索，国际上的研究如 PISA 非常重视解释，国外也有学者曾研究证明，分析学生的科学论证能力可以提供许多信息，比如学生如何理解科学内容，学生的科学推理能力，学生的科学认识信念，学生是如何与他人交流并且辩护自己观点的，等等。[8]

综上所述，科学论证能力是科学思维中的重点，在实施科技馆中的馆校结合活动时，一样不能忽视论证能力的评估。科学论证的要素主要包含主张、证据、理由、反驳 4 个方面，参照科学论证整体水平及质量表现评价标准，在活动过程中，要有意识地设计并加入论证环节，同时识别出学生在此环节中表现出的论证要素。[9] 以"离心现象"为主题的馆校结合活动为例，可以进行以下一系列问题的设计，在学生回答过程中进行记录，提供评价依据。

Q1（指向证据与主张）：当底盘旋转时，左边的水槽出现了什么样的现象？为什么会出现这样的现象？

Q2（指向理由）：水面中间"凹陷"，外圈"提升"，能不能用今天所探究所得的知识来解释这个现象？

Q3（指向反驳）：你不同意 TA 的理由，那你对这个现象的解释是什么？

在馆校结合活动中引入融入论证教学的过程性评价，需要在活动中更多地将话语权交给学生，学生在面对教师提问时，有时不能仅凭一次回答而直接给出答案，此时教师可以对问题进行适当的分解或追加问题，并根据实际情况有意识地引导学生质疑，利用所有的证据解释自己的主张。鼓励学生之间的互动，同时注意把控课堂氛围，确定学生是基于证据而辩论，为科学思维的发展提供良好的活动氛围，在学生表现良好的时候适当给予肯定，从而达到更为良好的活动效果。

2.3 评估探究实践：引入竞赛驱动的项目式学习与表现性评价

项目式学习（Project-based Learning，简称 PBL）英文直译为"基于项目的学习"，除此之外还有多种叫法，如项目式教学、项目学习等，本文采取最常见的定义名称，即项目式学习。核心素养中探究实践素养指向着目的是科学探究能力、技术与工程实践能力、自主学习能力。可见，项目式学习正是强调实践活动的一种教学活动，在维果茨基的活动理论的支持下，主客体、交互、分工等思想贯穿了项目式学习的每个环节。

国内学者周文叶认为，表现性评价是评价那些能综合运用知识并能进行评价与创造等高阶认知目标，完整的表现性评价由三部分组成。一是目标；二是任务；三是评分规则。[10] 从表现性评价的角度出发，应用活动理论设计的项目式学习符合表现性评价的设置和出发点，主客体综合评价而非单一评价的方式使学生得到了更全面的反馈，对自我的认知更加清晰，有助于全面提升学生的探究实践能力。与此同时，引入竞赛驱动的项目式学习则更易设置明确且不易引发争议评分规则。

拥有开放性场馆与多种展品的科技馆同样具备开展项目式学习的先天优势。近年来科技馆也多采用项目式学习进行馆校结合活动设计，但是其中一些活动忽略或者没有凸显表现性评价的作用，缺少相应环节，导致调动学生积极性不够明显。尤其是场馆内区别于学校的新鲜环境易使学生注意力发生转移，使得学生动力不足，缺乏学习的兴趣和热情。

同样以"离心现象"为主题的馆校结合活动为例，若加入学生利用离心现象的竞赛环节，使学生自制"链球"，进行小组内合作、小组间竞争的 PK 赛，让学生通过实际应用感受离心现象的影响，深刻认识离心现象，利用所学离心现象相关知识达到目的，即在项目式学习的过程中完成对学生的表现性评价。

生活中的诸多场景都离不开离心现象的应用，就比如奥运会上我们常看到紧张激烈的田径赛事之一——链球比赛。现在大家已经知道了影响离心现象的因素，那么现在请各小组利用刚刚所学知识和教师提供的材料进行一次小型"链球"比赛，看谁扔得准、得分高。

学生活动："链球"比赛

活动场地布置示意（见图 3）：

1.在活动区域展项中间空隙挂好防护软绳网，留出 U 形投掷口；

2.U 形投掷口对面架设 A、B 两种内外区域得分毛毡靶；

3.准备若干毛毡球，若干棉线。

比赛规则：

1.投掷进内圈得 5 分，投掷进外圈得 10 分，压线取平均分。

2. 每组选派一名代表进行比赛，有两次试投机会和两次正式投掷机会，最终得分为两次正投得分相加。

3. 每次投掷时间要在 30 秒以内，超出时间不得分。

4. 教师担当计分员，其他小组成员共同监督。

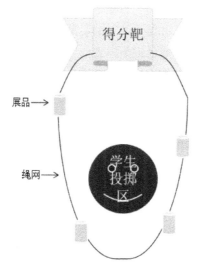

图 3　"链球"比赛场地布置示意

馆校结合活动大部分面对的是义务教育阶段的学生，考虑到此阶段学生活泼好动，同时具有乐于进行动手操作探究的能力，引入竞赛驱动的项目式学习，在项目式学习中进行表现性评价，学生的学习热情得以调动，组内合作、组间竞争的荣誉感被激发。同时，教师在学生动手操作时不应"看热闹"，在"热闹"的活动中应注重引导学生思考，观察学生进度和小组情况，鼓励学生相互交流，使学生积极主动学习，同时培养合作意识，达到核心素养中探究实践素养要求。

2.4　评估态度责任：融入科学精神和科学家精神的自我评价与教师评价

核心素养中要求的态度责任主要提到了科学态度与社会责任两个方面，属于层次较高的素养要求。[11] 因此，在馆校结合活动中也应着重培养态度责任这一核心素养。从国际学者常用的测评角度看，可于成熟量表基础上开发适合本次馆校结合活动的师生态度责任评价量表，检验其信度、效度后于活动结束时发放，再基于定量研究软件如 SPSS 等分析学习者的自我报告，通过学生自我评价量表了解学生在活动前、后态度责任的变化。需要注意的是，使用态度责任量表的目的是更好地发挥评价的诊断功能，帮助学生更好理解所学科学观念及合理调整馆校结合活动内容。

除开发量表外，还可运用多种方法进行学生自评与教师评价，如使用课堂观察法。课堂观察法是一种观察和记录课堂教学情况的方法，从教师角度出发，可以观察到学生的学习、教师的教学、课堂的环境等。[12]馆校结合活动应充分发挥校内教师作用。校内教师对学生更为了解，通过对学生的表情与语言进行观察分析，可观察了解学生在科学态度与社会责任中的表现水平。

随着科技创新的不断发展，新时代科学家精神正被大力弘扬。科学家精神是几代科学家的成长与中国科技发展的实践同频共振的结晶，蕴含了长期科学研究中积淀的科学规范，体现了科学家浓厚的家国情怀与强烈的社会责任感。[13]馆校结合活动设计可以结合科学史的发展，融入弘扬科学家精神的活动内容。仍以"离心现象"主题的馆校结合活动为例，活动内容可沿"哥白尼之前对圆周运动的认知，到伽利略分析曲线运动，笛卡儿提出涡旋假说，认识到物体的离心趋势，到惠更斯量化笛卡儿惯性力概念，开普勒设想向心趋势，到牛顿真正明确并定义向心力的概念"这一科学史发展脉络，让学生感受追求真理、实事求是的科学精神；同时结合近年来浙江大学"国之重器"之超重力离心模拟与实验装置的研发与启动，在我国科学家的不懈努力下，使得中国在这一方面的科学技术达到了国际领先的地步，从而让学生感受爱国、创新、求实、奉献、协同、育人的科学家精神等。

3　研究反思与展望

自教育学诞生发展以来，关于评价的讨论与研究一直是重点，随着时代与科技的变革，教育理论不断更新，主流教育观点和培养目标也随之变化，教育评价同样也在不断丰富和发展。从学到教，从学生身份到教师身份的转换，可以感受到研究教学活动评价与实际的活动开展中，教与学的双方都在共同学习与进步。馆校结合科学教育活动作为20世纪晚期才逐渐迈入成熟阶段的教育活动，[14]无论是活动本身还是活动评价均有非常广阔的研究发展空间。受馆校活动开展时长与地点限制，学生心理状态会与日常教学有较大区别，师生双方"日抛式"磨合等都是馆校活动中的"双刃剑"。实际活动中，还存在科技馆教师如何引导利用学生在校外课堂的状态达到教学目标，在不熟悉的情况下做到有的放矢、关注学生，在活动结束后及时收集学生反馈等，这些细节都是今后可以注意并改进的部分。

良好的评价可以有效促进和完善馆校结合活动，科技馆需结合自身发展现状、与学校的合作情况等选择适配自身活动的评价体系，从而达到更好的活动开展效果，不断提升科技馆对国家发展和社会进步的服务能力。本文试图开展以核心素养为导向的馆校结合活动评价研究，但因笔者自身能力有限，实证证据不足，没有在更多活动内去实践，结论不够完善，还需在今后更多馆校结合活动中检验。今后的工作中应扩展活动展品范围，增加活动设计数量，将评价应用到更多年级中，并不断调整细节，以适应不同学段学生。

参考文献

［1］央广网.习近平在中共中央政治局第三次集体学习时强调 切实加强基础研究夯实科技自立自强根基 [EB/OL].https://china.cnr.cn/news/sz/20230223/t20230223_526162414.shtml.2023-02-23.

［2］钟启泉.国外"科学素养"说与理科课程改革 [J].比较教育研究,1997（1）：16-21.

［3］王素.科学素养与科学教育目标比较——以英、美、加、泰、中等五国为中心 [J].外国教育研究,1999（2）：5-9.

［4］胡卫平.在探究实践中培育科学素养——义务教育科学课程标准（2022年版）解读 [J].基础教育课程,2022（10）：39-45.

［5］褚宏启.推进"素养导向"的义务教育课程建设 [J].中小学管理,2022（5）：59-60.

［6］钟媚,苏咏梅.国外情境性试题对科学探究测评的启示 [J].现代教育科学,2010（12）：35-137.

［7］罗星凯.学生面对情境性试题为何如此失常 [J].人民教育,2010（11）：32-35.

［8］DOUGLAS B,CLARK&VICTOR D,SAMPSON.Personly-Seeded Discussion to Scaffold Online Argumentation[J].International Journal of Science Education,2007,29(3):253-277,DOI:10.1080/09500690600560944.

［9］陈运保,刘青,杨兆媛.初中生科学论证思维的评价研究 [J].物理教学,2022,44（11）：35-38.

［10］周文叶.表现性评价的理解与实施 [J].江苏教育,2019（14）：7-11.

［11］田晓梅,何文,英华,等.基于化学核心素养之"科学态度与社会责任"的评价与思考——2019年高考（天津卷）理科综合化学部分的分析与启示 [J].考试研究,2020（2）：59-70.

［12］马芸芸,周景坤.课堂观察法在高校适应型教师绩效评价中的运用 [J].教育评论,2015（10）：76-79.

［13］罗方述.科学家精神 为科技强国凝聚磅礴力量 [EB/OL].http://www.moe.gov.cn/jyb_xwfb/moe_2082/2021/2021_zl26/kxjjs/202301/t20230112_1039095.html.2023-01-12.

［14］宋娴,孙阳.西方馆校合作：演进、现状及启示 [J].全球教育展望,2013,42（12）：103-111.

"双减"政策背景下馆校结合开展小学科学课堂游戏化教学策略初探

余盈佳[*]

（华中科技大学教育科学研究院，武汉，430074）

摘　要　"双减"政策背景下，提升小学科学课堂教学质量和课后服务质量是备受关注的问题。通过馆校结合，统筹科学优势资源，将科技场馆的教育游戏良性融合于小学科学课堂之中，提升课堂教学质量与效率。同时，将科学教育游戏延伸至学生的学习环境中，构建高质量科学学习大环境，有助于实现"双减"政策背景下科学教育加法的愿景。

关键词　馆校结合　小学科学　游戏化教学

1　研究背景

1.1　教育游戏为科学课堂教学开辟新路径

物质生活的富足促使人们更多地追求精神文化世界的快乐。当前，网络电子游戏深受我国小学生群体的喜爱，但是，众多科技场馆中的教育游戏有时却"无人问津"。小学生对电子游戏兴趣盎然甚至上瘾，然而对学习的关注度却"断崖式"下降，甚至产生严重的抵触情绪。因此，电子游戏给教育界带来了巨大的挑战，但是也产生了教学改革的机遇。将电子游戏和科技场馆相融合，将融合后的电子游戏引进科学课堂，对激发学生科学学习兴趣和科学课堂活力有所助益。电子游戏给教育教学带来了挑战，也成为推广游戏化教学的新机遇。

1.2　馆校结合助力实现"双减"背景下的科学教育加法

"双减"政策出台以来，各类学校不断寻求丰富学生课后、课外服务的新方式。因此，近年来，科技馆与学校的合作越发密切。馆校结合也成为学校开展科学教学、科普活动的重要方式之一。随着馆校合作的深入，科技场馆和学校越发能够统合彼此优势资源进行优势互补。社会上的优质科学教育资源下沉到学校的课堂教学中，为学生的学习生活注入新动力；科技场馆在

---

[*]　余盈佳，华中科技大学教育科学研究院硕士研究生。

深入学校科学教学活动中也能够对已有的展览创设进行切合性革新，提升科技展览的吸引力和知识性。因此，科技场馆在"双减"背景下的学校科学教育中不再是科技活动的提供者，而是学校科学教育的参与者。学校科学教育的基础性、知识性与科技场馆活动提倡的综合性、实践性相整合，共同助力科学教育加法。

2 馆校结合开展科学课堂游戏化教学的意义

2.1 促进小学科学课堂教学改革

小学科学课堂中的知识传授停留在基础性理解和应用层面，教师授课也大多聚焦于知识点讲解、问题提问和讨论，而学生大多处在被动学习和机械性接受学习层面，缺乏主动发现和思考的过程。这种科学教学环境下极易形成灌输式的课堂环境，科学知识本就深奥难懂，教学内容、形式又呆板枯燥，缺乏互动。因此，小学生对科学知识缺少独立性、自主性的理解与思考，难以激发科学课堂的活力，实现学生间的探究与合作学习。因此，小学科学课堂教学亟须通过游戏化教学发生变革——融合科技馆的教育游戏，增加知识传授和学习过程中的趣味性和体验性，改变学生当前的学习方式，提高课堂的质量和效率。在适宜的教学环节和教学内容中使用游戏化教学，建立起游戏活动与课程内容之间的联结，在教学设计、实施和评价环节融合游戏化的理念，提升课堂的趣味性和学生学习的主动性。此外，传统小学科学课堂中的小组合作探究环节，仅仅是学生间以对话形式展现自己思考的过程与结果。而游戏化教学倡导过程化、开放式的合作学习和探究学习——将合作任务镶嵌在真实意义的环境中，同时将任务布置和解决内置于游戏情景下，促使每个学生能够全身心投入去探索并合作解决问题。在此过程中，科学知识便能"跃然纸上"，科学问题的解决与科学探究相对来说会变得更容易，有助于学生提高科学素养。

2.2 提升科学知识学习的趣味性

馆校结合，利用科技场馆提供的科学活动和游戏推动小学科学教学的生动化和课堂趣味化。游戏化教学具有趣味性、故事性、情境性等重要特征。在游戏化教学中，学生能够承担不同的任务角色，团队合作、关卡挑战、积分勋章等游戏元素都能激起学生的参与兴趣。游戏化教学通过将学习内容置于一种接近现实世界或真实问题的情境中，促使学生能够在认知真实性的游戏情境中获得隐性知识和切实性的具身认知。因此，小学科学课堂使用科技场馆的教育游戏，以游戏的形式进行科学学习，会带给小学生新颖和快乐的学习体验。在游戏环节的不断合作、竞争中学生也会不自主地调动起个人情绪，积极投入教学活动和知识学习，自然地构建了生动、有活力的学习环境。

2.3 促进小学生科学学习深度化

科技场馆的科学探究活动呈现跨学科性、综合性、实践性等特点，与学校探究活动的知识性和基础性形成互补之势，相互契合。馆校结合的过程中，要推动小学课堂探究教学的生活化和深度化。在游戏化教学环境中，学生可以获得沉浸式游戏化学习体验，对促进智力发展、增进社会性发展和情感发泄与满足都有积极影响。儿童在游戏中能感知与操作物质世界，积累大量的生活经验，发展创造思维能力和语言能力，并培养分析问题、解决问题的能力。在游戏中，儿童有一定社会角色而且可以作为集体中的一员，这有利于小学生竞争、合作与规则意识的培养。同时，游戏在儿童情感的满足和稳定方面有重要价值。游戏能使儿童克服紧张情绪、消除愤怒，有利于始终保持积极乐观的态度。

3 馆校结合开展小学科学课堂游戏化教学的相关策略

3.1 把握学生心理，设置教学目标——馆校资源共享

分析、了解学生心理状况是馆校结合下开展小学科学课堂游戏化教学的第一步。充分了解小学生的心理发展现状，选择适宜的教育游戏和活动，才能提升游戏化教学的适宜性。这个过程需要科技场馆和学校开展紧密、切实的资源共享。游戏化教学大多以小组的形式进行，划分小组应以互补性为原则。小组中要囊括各种性格特点的学生，推动其在活动中学会合作与竞争，享受团队奋斗的快感，鼓励个性发展的同时兼具社会性发展。同时，对于水平较高的学生，可以设置富有挑战性的教学目标，使学生在挑战中证明自己；对于水平较低的学生，游戏任务难度要根据学生的已有水平设置，使学生在最近发展区内开展渐进式的游戏挑战。准确把握学生的游戏心理，学校需要借助科技场馆的力量。科技场馆便于统计大量各学段学生在游戏时的心理数据，如学生游戏时耐心程度变化、注意力强度变化，以及学生开始游戏的顺序、采取的通关方式等。对这些数据进行统计学的分析能够得出学生的游戏偏好、成就动机水平，还能分析出不同学段学生的思维方式。这为小学科学课堂设置游戏化教学目标提供了客观参照，也为游戏化教学目标得以贴近学生个性和心理发展状况提供了数据支撑和科学依据。因此，科技场馆的工作者和学校科学教师可以通过线上网络、线下研讨等方式定期地共享资源，便于馆校两主体深入了解学生的科学知识水平、把握学生的游戏心理和兴趣焦点。这样，一方面有助于科学教师及时把握

学生心理发展变化、游戏偏好转变；另一方面也有助于科技场馆及时更新展览内容，为学校的科学知识提供契合的教育游戏。

设置分层、合理的教学目标是馆校结合下开展小学科学课堂游戏化教学的第二步。教学目标的设置基于明晰的教学对象心理特征分析，而教师设立教学目标需要以清晰的课程目标为基础。但是，当前许多小学教师倾向于设置长期性教学目标，着眼于整个学期或整个课程单元，相对忽视了将每节课的教学目标明确化、具体化和分层化，导致学生在课上没有明确的目标，只是被动地接受学习。实际上，游戏中会根据不同玩家的喜好设置多层级目标，既有"战胜终极 BOSS"的远期终极目标，也有短期性的"提升等级""升级装备""获取资源"等附属目标，玩家通过达成一系列小目标而推进游戏，直至终极目标的达成。因此，小学科学课堂中的游戏化教学可以借用科技场馆中游戏的目标设置方式，结合总体教学目标和学段目标，对每个学期、每个单元、每节课设立更加具体、分层、合理的教学目标，使学生在每堂课上都能明确自己应达成的学习任务。同时，设置教学目标的过程中也要注重知识、技能、情感三者的平衡。在游戏化教学中，知识学习、技能获取和情感陶冶三者密切相关，无法割裂。所以，不能将教学目标简单地分割成三大领域，要遵循学生心理特点和本堂课的目标，更多设置"全身心投入课堂自主获取知识""增强问题解决能力""增强创新意识"和"增强主动学习意愿"等素质化目标，将游戏化教学目标和传统教学目标相区别。

小学科学教师在进行游戏化教学的过程中要能够摆脱传统的目标设置理念，转变科学教学目标制定的三维体系，参照不同种类的游戏设计逻辑，将科学素养和能力培养融合到小学科学课堂的游戏化教学目标中，力图通过游戏化教学实现学生科学素养和探究能力的发展，打造有趣生动的科学课堂。

3.2 融合游戏元素，丰富教学过程——馆校协同互助

首先，寻求科技馆中游戏元素与学校教学活动的融合是馆校结合开展小学科学课堂游戏化教学的关键。在进行小学科学课堂游戏化教学活动设计的全过程中，最重要的是将学校内的教学、学习活动及科技场馆中的教育游戏元素进行整合和改进。这就需要科技场馆和学校加深联系，当前的馆校中的科学教育开展仍是"各自为政"，缺乏深入且有效的沟通交流，如若能统筹科技场馆的优秀人才，在小学科学课堂中担任"助教"或"评委"等角色，将科技场馆中的实践导向科学教育理念和游戏设计方式吸纳到知识导向的小学科学教学环节中，协助科学教师设计出理论与实践相结合的游戏化教学过程，能使小学科学课堂更加生动有趣。

无论是科技场馆中的游戏，还是小学科学课堂中的游戏化教学，都应关注游戏化的核心——游戏元素。这是游戏化的关键，也是开展游戏化教学活动的基础。小学科学教师可以借助科技场馆工作者的经验，充分熟悉科技场馆常设的游戏元素。准备游戏活动时，针对不同类型的活动纳入学生可接受的游戏元素。积分（Point）、徽章（Badge）和排行榜（Leaderboard）是竞技类游戏中最为常见的玩家激励手段，也是科技场馆教育游戏广泛使用的游戏元素。在游戏化教学中，"积分"的增长能够给予学生知识累积的实际感受，获得努力学习的收获感；"徽章"的累积代表教师的认可和肯定，不仅丰富学生的成就体验，还能增强小学生的学习积极性；"排行榜"直观地表现出单个学生在特定群体范围内学习水平和现状，维持小学生学习的持续性动力。以上3种手段更能激发学生进行游戏的欲望，达成以玩促知、以玩促学的目标。比起"各自为营"，小学生群体更喜欢"组队游戏"，团队游戏中分工明确，目标一致，共同努力，学生渴望战胜对手，也期待得到队友的认可，提升段位，共享快乐。然而，科技场馆中的游戏大多以单人或双人的形式呈现，因此在课堂中就要对相应的教育游戏进行改进。教师可以将"团队、分工"与"积分、关卡、奖励和排行榜"等游戏元素相融合。

其次，通过馆校优势结合，共同开发适合多元科学知识、概念的游戏化教学过程，设置完整、有趣并富有层次的游戏化教学活动也十分重要。设计完备的游戏化教学过程需要将游戏元素贯穿始终——注重构建生动的游戏化情境、预备相关的游戏化教学资源及明确游戏化教学活动设计，共同构建完善化、体系化的小学科学游戏化教学环节。

第一，游戏化情境的构建要基于真实的游戏故事情节设计。将科学学习内容置于逼近现实世界或真实问题的具体情境中，促使学生能够在认知真实性的游戏情境中获得隐性知识，增强学习体验。在设计游戏故事情节时，科学教师要深入了解学生的日常游戏偏好，把握当前学生喜好和流行的游戏活动，并且结合科技场馆已有的游戏活动，评估游戏应用难度和学生的接受度，进而筛选相互契合课堂教学内容和学生兴趣的游戏。同时，设计游戏化故事情节要能够融合科学课堂教学的核心任务。教师在分析教学内容、整理教学任务的过程中，通过寻找或者创设能够整合当前教学内容的游戏情节，明确学生扮演的玩家角色，确保能够将学习任务整合到游戏情境当中，毕竟游戏化教学的核心仍然是通过游戏化的方式完成既定的教学任务和目标。

第二，准备游戏化教学资源，其中包括科学技术资源和科学教学辅助资源。在游戏化教学中，信息技术手段可以达到更加吸引学生注意力的效果。在课堂教学的各个环节，教师可以活用教室内的已有技术资源，通过幻灯片、视频和简单教育游戏等手段,快速集中学生的注意力;通过"积分"或"抽签"等随机性的游戏元素,保持学生注意力的集中。而教学辅助资源则需要教师根据每个学生的心理特点提前划分小组,准备好"积分"或"徽章"的奖励,设置明确的奖励机制并制定"排行榜",以确保学生能够进行组内的合作与互补、明确课堂游戏开展的规则,并保持竞争和奖励的良好心态。学校和科技场馆加强合作,学校在科学技术资源方面寻求科技场馆的平台、数据库资源支持,科技场馆也可因此直接收集到学校中学生的游戏偏好和心理倾向,借以改进自身的数据建设和游戏设计。

第三,设计游戏化教学活动环节。教学活动的设计和安排是整个游戏化教学过程的核心和重点。根据具体的科学课程教学内容,思考运用游戏化教学的可能性和有效性。之后,利用科技场馆优势,在已经创设的游戏化故事情节下,将游戏元素有效结合到学习任务当中,打造出有趣的游戏任务。例如,在创设的"愤怒的小鸟"故事情节下,教师操作演示和学生模仿的传统学习活动可以加入如竞赛、积分、奖励和闯关等游戏元素,设计为小猪和小鸟双方团队对抗,将学习任务按照难度的递进设置到层层关卡中,积分和奖励元素可以自然地结合到关卡当中,打造出关卡、对决等游戏任务。最后,在主要游戏任务基础上,按照游戏故事逻辑完善游戏环节,例如在关卡、对决等游戏任务基础上,加入游戏组队、新手指南等衔接环节,确保游戏活动按照逻辑循序完整地连接起来。[1]

综上所述,游戏化教学过程设计要重视创设游戏化故事情节并明确游戏化活动环节,正如快乐的时光总是短暂的,游戏的时间也总是飞逝的,教师要能"收放自如"地合理安排活动展开的节奏,以确保游戏活动的完整性;通过游戏化情境建构,使教学活动足够吸引学生投入和参与,以实现游戏活动的趣味性;通过设置不同难度层级的目标和任务,推动学生的组内合作和组间竞争,以达成游戏活动的层次性。科技场馆可以积极广泛参与,派遣相关人员深入小学的科学课堂,提供硬件资源支持、传播科技场馆的科学教育理念,并在此基础上获取学生科学学习的一手数据资源,用以改进场馆建设和科普工作。

3.3 运用游戏奖励,进行教学评价——馆校同向反馈

科技场馆中的游戏在体验者通关之后会立即给予正向反馈。小学科学课堂更应该对通过游戏的学生给予直接激励与正向刺激。游戏化教学活动开展结束后,如果学生能够达到教学目标的要求,教师应及时给予刺激性的奖励。奖励应根据实际需求进行灵活调整——可以是物质性的(如文具等小奖品),也可

以是口头表扬，抑或是将积分累计至期末进行统一奖励。同时，教师在给予学生直接性的激励之后也要进行反思与总结，对整体活动开展和学生表现都要做出针对性的评价，让游戏化教学的效果深入学生知识性的发展而不是短暂性欢乐的获得。

科技场馆的正向反馈与激励形式多样。小学科学课堂中依旧要学习科技场馆的长处与优势，设计出完善的游戏化教学评价方式。首先，以过程性评价为主导。游戏化教学评教中使用的"排行榜"等元素不仅能够激励学生，提高其参与活动的内部动机，同时给予教师了解学生知识掌握情况的直观参照，便于教师及时调整教学策略，把控游戏活动进度。其次，以即时性、正向评价为核心。科技场馆的游戏中充满了对玩家的即时评价，比如，消消乐类型的闯关游戏——每当玩家通过相应关卡后会立即给予金币或分数奖励，奖励源源不断且花样众多。而在当前的小学科学课堂教学中，教师往往会忽视对学生活动的及时反馈，关注学生取得的或大或小的学业成绩，甚至只关注学生的学业错误或不足之处，这种思维习惯落实到课堂教学中，将不利于学生接受及时正面的强化和引导，难以培养学生的学习兴趣，相反，可能会增加学生的学业心理压力和负担，导致学生出现更多的学业错误和失败，形成学业发展的恶性循环。[2]最后，适时、适当地给予学生合理奖励。学期中段可以给予学生少量物质奖励，学期末端的奖励可以更加开放和大胆。譬如，对学生以"放权"的方式进行——奖励学生成长"科普活动主办方"。小学生担任主办者，召集班级其他学生，以科技场馆为活动场地，在科技场馆工作者、科学教师的共同协助下，举办面向全社会的科技、科普活动。以学生为主体、创作者的活动更贴近学生的兴趣和喜好，更有号召力和感染力，更能够广泛吸引社会人员的好奇心，活动的内容也更深入人心。这样的馆校结合活动，不仅在学校科学教育建设上提供助力，也能在社会科普环节中贡献力量。

综上所述，中小学课堂教学可以借鉴电子游戏的反馈模式和科技场馆的奖励形式。不仅在游戏过程中持续给予评价和反馈，同时要注重反馈的方式——及时地给予正向反馈；教师的眼光不应仅局限在一节课的知识学习和收获，更应该重视学生在整个学期取得的学业成绩并正确对待学生出现的错误，及时地给予学生正面评价；适时地给予实质性奖励，多方面、全方位引导学生充分体验科学的乐趣。

4 总结

"双减"政策背景下通过馆校结合，发挥馆校各自所长，将科技场馆的教育游戏引入小学科学课堂教学的教学活动之中，将科技场馆的信息技术融合到小学科学网络平台建设之中，将科技工作者的工作经验和科学教师的教学经验相结合，共同构建起情景性、信息化、完善化的小学科学课堂游戏化教学环节。这不仅提升了科学课堂的生动性和趣味性，更能将科学教育游戏延伸至小学生的整个学校生活中，构建立体、真实、多维的科学学习环境和氛围。在"双减"的政策下，实现科学教育的加法的宏伟蓝图。

参考文献

［1，2］姚计海，邹弘晖.电子游戏对中小学课堂教学的启示：基于心流理论的视角[J].教育科学研究，2023（4）：8.

基于科技展示的弘扬科学家精神载体设计
——以湖州籍"两弹一星"功勋科学家精神展为例

姚建强*

（湖州市科学技术馆，湖州，313000）

摘　要　为大力弘扬科学家精神，培育和践行社会主义核心价值观，湖州市科技馆深度挖掘地方优质科学教育与科技展示资源，策划设计了以"荣耀、激励、传承"为主题的"湖州籍'两弹一星'功勋科学家精神展"，集中展示钱三强、赵九章、屠守锷3位湖州籍著名科学家的生平事迹、科研成就和精神风貌，构建弘扬科学家精神的有效载体，促进了地方文化建设，营造了科技创新氛围，获得良好的社会效益。本文以此次展览为例，从主题选择、资源挖掘、设计布展、社会效果等角度综合分析，提出策展设计、创新理念、资源开拓、价值实现等方面的实践体会与思考。

关键词　科技展示　科学家精神　载体　设计

科技展示集展示、教育、科普等功能于一体，是弘扬科学精神、传播科学思想、营造崇尚科学氛围的重要载体。成功的科技展示，可以引导对科学精神的具象化表达，并做出深刻的学习、思考和理解，凝聚共识和激发创新动力，实现思想引领、价值引领、示范引领。基于此，湖州市科技馆研发设计"湖州籍'两弹一星'功勋科学家精神展"。展览以"荣耀、激励、传承"为主题，分为序厅、两弹一星、无上荣耀、精神传承、尾厅五大板块，通过110多份照片、档案史料、模型实物，以及影像视频、多媒体等载体，重点展示钱三强、赵九章、屠守锷3位湖州籍科学家在"两弹一星"研制过程中的重要作用和巨大成就。

展览共分两个阶段。第一阶段，在市中心档案馆免费向公众开放，历时3个月，接待党政机关、企事业单位、社会团体、学校等团队。第二阶段，根据展览内容做可拆装结构的设计，进入湖州城区及周边市、县中小学校巡展。到目前为止，已进入中小学校5所，接待参观约3万人次。展览期间，时任中国科学技术协会党委书记、副主席张玉卓，中国科学技术协会党组副书记、

---

*　姚建强，湖州市科学技术馆展教部干部、助理研究员，研究方向为科普教育。

书记处书记束为，时任浙江省委副书记、政法委书记黄建发等人专程参观，并给予了充分评价；湖州籍陈旭院士等科技工作者也前来参观。省市媒体进行广泛报道，公众对3位著名科学家的湖州生活经历十分感兴趣，普遍认为是一次科学精神的极好宣传，也是湖州地方文化的完美展示，起到了良好的宣传效果，社会效益明显。同时，这次成功的策划展示，也给科技场馆科学教育提供了新的思路。

1 策划设计的思路特点

1.1 聚焦弘扬科学家精神的严肃主题

科学家精神是广大科技工作者在长期科学实践中积累的宝贵精神财富。探索弘扬科学家精神的方法，使之具体化、可视化和实效化，让精神力量直达人心，可见、可听、可感、可悟，"看得见""摸得着""在身边"，具体落实在历史环境、人物活动、成长经历、鲜活事迹、平实语言、重大成果等细节之中一直是弘扬科学家精神的重点和难点。策划设计"湖州籍'两弹一星'功勋科学家精神展"，集中展示3位著名科学家的非凡经历、渊博学识、爱国情怀和巨大成就，能够激励新时代科技工作者践行科学家精神，勇攀科技高峰，引导青少年赓续红色血脉，传承科学基因。策展主题鲜明，立意高远，富有新意，是一堂生动形象的科学家精神教育课。

1.2 整合开发科学传播的优质资源

"两弹一星"精神，是科学家精神的重要体现，是新中国科技发展史上最耀眼的成就，奠定了新中国科技大厦坚实的基础。在受到党和国家隆重表彰的23位"两弹一星"功勋科学家中，钱三强、赵九章、屠守锷3位湖州子弟赫然在列。湖州一个城市拥有了3位"两弹一星"功勋科学家，在各省市中绝无仅有，成为湖州最值得自豪骄傲的名片。3位科学家或生于斯，长于斯，或从祖父辈起，在湖州大地上留下了深刻的历史印记。科技馆在策划"湖州籍'两弹一星'功勋科学家精神展"中，与宣传、教育、档案等部门合作，精心谋划，确保呈现展览效果彰显人文新湖州特色。通过查找档案、调研故居、走访老同志等方式，挖掘整理钱三强、赵九章、屠守锷的素材，让历史重现光彩，如赴浙大图书馆找到了钱三强在浙江大学的《发扬"求是创新"精神》演讲手稿；通过赵九章的工作单位，发现了他亲手起草的关于中国科学院建立研究生院的建议手稿等珍贵史料；通过屠守锷的亲友，找到他工作的照片和回复故乡的书信。还在湖州与"两弹一星"相关的企业中发现了有价值的线索，如发现的铀矿标本、火箭实验的大型设备等，延伸和拓展"两弹一星"的故事，使展览内容更加丰富和真实可感。

1.3 展现设计布展思路的创新理念

展览突出"荣耀、激励、传承"主题，分为"序厅、两弹一星、无上荣耀、精神传承、尾厅"五大展览板块30个章节，通过多元展示载体，充分展示钱三强、赵九章、屠守锷3位科学家科研成就和他们身上体现的"两弹一星"精神。他们以自己的聪明才智、雄才大略，勇攀科学高峰，创造人间奇迹：研制核弹，掀起沙漠惊雷；发射卫星，遨游浩渺天穹；铸就利箭，捍卫巍巍国土。共和国的历史上镌刻着湖州儿女的英名。他们的传奇业绩，为绚烂的湖州文化增添了新的荣耀，让每一位湖州人感到无比的自豪与骄傲。将3位科学家进行集中专题展，在全国是首创，这无疑是一次成功的尝试，更是展览理念的创新。通过展览，弘扬科学家精神和"两弹一星"精神，展示湖州悠久灿烂的传统文化，激发湖州人民强烈的自豪感、荣誉感，激励青少年爱祖国、爱科学、爱家乡，续写科技创新新篇章。展览专设"深山里的找铀人""国家工业遗产——中国航天科技集团有限公司806所"等板块，讲述湖州儿女正以实际行动抒写和铸就新时代科学家精神。

1.4 体现赋能人文新湖州的现实要求

科学精神与人文精神的融合，是科学精神在具体科学家身上的人格化体现。一代又一代的科学家，以追求客观真理为目标，自由探索、理性质疑、执着求新，为人类的进步、幸福和自我解放而不懈奋斗，展示了科学精神对塑造人类精神世界的引领作用。湖州地处长三角核心地区，素有"丝绸之府、鱼米之乡、文化之邦"的美誉，历来崇文重教，人才辈出，自唐宋以来便有状元19人、进士1500多人。从近现代科技视角看，湖州籍"两院"院士（学部委员）43名，其中不乏有重大影响的科技大家，蕴含着丰富的科技文化元素，是科学传播最值得深挖的一座富矿。守好"红色根脉"，讲好科学家故事，营造"为科学家喝彩、向优秀人才致敬"的人文环境，赋能品质新湖州、人文新湖州，是科学技术协会组织的使命所在。深入实际，整合资源，创新载体，举办湖州籍"两弹一星"功勋科学家精神展，是大力弘扬科学家精神，激励科技创新的重要举措。

2 展览效果的实现途径

2.1 加强部门合作

展览以"荣耀、激励、传承"为主题，在充分展示钱三强、赵九章、屠守锷的科研成就和他们身上体现的"两弹一星"精神的同时，强调了科学精神的传承。展览得到了多个市级部门的支持与配合，得到了中国科技馆、北京航空航天大学守锷书院、浙江省科学传播中心、上海航天动力技术研究所等单位的技术支持。优秀团队的加盟，以实际行动书写科学家精神。

2.2　创新展示载体

以公众需求为导向，通过喜闻乐见的形式，化抽象为具体，如文物档案、展板、图片、图表、模型、实物，影像、视频、多媒体、戏剧、科学家传记电子阅读等十几种展示手段。注重公众的参与、互动与体验，设置触屏查询、自动问答、与科学家合影、发放专家资料等，实现从单向传播变为互动传播。以模拟技术再现原子弹爆炸景观、趣味答题等，观众在展览中仿佛置身于特殊的历史时期，走进了科学家的内心世界，深刻感悟两弹一星研制的艰辛经历和巨大影响。观众在留言簿上写下不少感言，真诚地表达了展览给他们所带来的教育意义，抒发了对祖国热爱和对科学家敬佩的真情实感。

2.3　扩大传播空间

主展与巡展结合，主动下沉科普资源，服务基层社区和学校，在当地的安吉第五小学、湖州第四中学、湖州师范附属实验小学等巡展，吸引了大量中小学生参观体验；开辟线上"云展厅"，以360度全景视角立体呈现，浏览量5540余人次，扩展展示空间，丰富传播方式。同时配合展览，采用"云科普"教学模式，组建小小讲解员团队，讲述湖州籍院士的科研人生故事；开设《您好，科学家》少儿微视频电视栏目，不断丰富弘扬科学家精神形式。展览与活动结合，配合展览，深入基层开展科学家精神宣讲活动，演红色故事会，打造科学家故事精品"微课"；组织青少年参观梁希森林公园、王启民故居等科学家精神传承地，讲述科学家故事，传承科学家精神。

2.4　拓展传播内涵

为更好传承科学家精神，实现展览效果最大化，科技馆下基层，进学校，走企业，服务社会，服务学校，服务企业，让参与"两弹一星"重大工程的湖州相关企业参展，续写科技创新新篇章，诠释了"荣耀、激励、传承"的主题意义。此次活动同时注重加强媒体宣传，扩大展览影响，先后在学习强国、《中国档案报》、澎湃新闻、科技武林门、南太湖号等中央及省市平面媒体及新媒体上进行宣传报道，扩大了展览的影响力。

3 科技展示的策划思考

3.1 创新展示理念

新时代科学家精神的弘扬，需要由内及外，由浅入深，由抽象到具体，更需要调动多方资源，不断创新形式，在探索中实践，在实践中发展，让科学家精神见人、见事、见物、见精神，可敬、可亲、可感、可学习。湖州籍'两弹一星'功勋科学家精神展，注重题材挖掘与资源集成，具有独创性。由于之前基本没有单独举办过3位科学家的事迹展，许多人对他们的科研故事已经淡忘，对他们的重大科技成就缺少了解，科技馆将原先分散的资源进行了有效整合，成功开发了科学家精神展这一主题活动。

3.2 探索合作机制

以展览为契机，加强与宣传、教育等多部门的合作，履行科普社会责任。联合推进"科学家科普教育基地"建设，组建院士科普工作站，举办院士专家科普讲座、与科学家面对面等活动，让科学家精神得到有效展现。展览力求将科技、文化、人文、红色基因等元素融为一体，形成合力。展览开幕当天邀请了中国科学院陈旭院士出席致辞，通过科学家的现身说法，扩大了展览的社会效应。

3.3 体现价值引领

浙江人文底蕴丰厚，拥有浙江籍两院院士420多位和科学家故居（旧居、纪念馆）30多处，成为浙江宝贵的精神财富和科学家精神教育资源。这次展览从策划到设计、从内容到形式，实现了弘扬科学家精神的载体创新，为同类展览提供了可借鉴可推广的模式。

科技馆充分利用好全国绿色低碳创新大会召开契机，做好展览的推荐与服务，中国科学技术协会、浙江省委领导现场参观，并给予高度评价。湖州市政协委员参观展览后写下提案，促成了屠守锷故居修缮工作，使展览的社会效益得到进一步体现。展览期间，对参观公众进行了问卷调查，获得对"两弹一星"科学家精神等主题宣传的建议意见，为今后科学家精神展的策划设计提供了思路。

3.4 满足科普需求

展览的主体受众是青少年，科技馆对此进行了专题调查，发现约60%的学生对"两弹一星"的第一印象局限在如原子弹、氢弹等核武器上，对核电技术的应用缺乏了解；近40%学生对科学家精神陌生，希望有机会通过参观、实地考察、听科普讲座、与科学家面对面交流等，进一步了解科学，了解科学家的科研人生。同时发现，他们普遍认为"两弹一星"精神、科学家的人生经历，对自己学习、生活有积极影响，有助于激发学习动力，激发兴趣爱好。可见，从身边科学家入手的传播活动，能激发真情实感，更为公众理解和接受，这为后续开发如"林学名家梁希——陈嵘事迹展"及湖州市科技馆新馆建设布展等提供了新思路。

参考文献

［1］中国科学技术协会.中国科学技术协会事业发展"十四五"规划（2021—2025年）[R].北京:中国科学技术协会,2021.

［2］王茂枝.新时代弘扬科学家精神的实践探索——以中国核工业科技馆弘扬"两弹一星"精神为例[J].中国辐射卫生,2022,31（2）:255-258.

［3］李枭雄,彭立新,范淳钰,等."两弹一星"精神、核工业精神和"四〇一精神"的守正创新研究[M].哈尔滨:哈尔滨工程大学出版社,2020:2-10.

［4］葛子红.新时代科普场馆科普教育和创新文化融合发展研究[J].科教汇,2021（36）:190-192.

［5］洪晓婷.馆校合作:搭建青少年科学教育"新平台"[J].科技风,2020（31）:44-45.

馆校合作促进学生跨学科概念建构的实践研究

高颖颖　罗　炜*

（北京市东城区和平里第四小学，北京，100000）

摘　要　本文首先分析了馆校合作、跨学科概念对学生进行科学教育的重要性，然后以在不同学科领域融合"稳定和变化"这一跨学科概念为例，对博物馆教学进行案例分析，简述利用博物馆资源在不同学科领域中进行跨学科概念建构的方法。

关键词　馆校结合　跨学科概念　科学教学　实践研究

《义务教育科学课程标准（2022年版）》中明确科学课程设置13个学科的核心概念，是所有学生在义务教育阶段应该掌握的科学课程的核心内容。应将培养科学观念、科学思维、探究实验、态度责任等核心素养有机融入学科核心概念的学习过程中，并通过对学科核心概念的学习，理解物质与能量、结构与功能、系统与模型、稳定与变化4个跨学科概念。

跨学科概念是从不同学科领域提炼、抽象出来的共同概念。把不同学科的信息、数据、技能、工具、观点、概念和理论综合起来，有助于人们构筑一个更加综合的视角，拓展认知，提高理解问题、提出问题和解决问题的能力。解决那些不能用单一学科解决的问题，是知识和概念的整合，是思想和方法的整合。由此可见，跨学科概念的建构，对于学生科学素养的培养起着举足轻重的作用。

合理开发利用社会资源，发挥各类科技馆、博物馆、天文馆等科普场馆的作用，把校外学习与校内学习结合起来，因地制宜设立科学教育基地，可以有效补充校内资源的不足。

馆校如何结合促进学生跨学科概念的建构呢？我们在多年的博物馆课程的教学中，进行了不少实践和研究。

采用馆校结合方式，利用科技馆、博物馆等资源开展融入跨学科概念的小

---

*　高颖颖，北京市东城区科学学科骨干教师，科技先进个人、科技园丁，参与自然博物馆《生命的证据》和《用实验证明成语》等书籍的编写，北京青少年科技创新大赛及北京市金鹏科技论坛优秀辅导教师；罗炜，北京市东城区科学学科骨干教师、东城区教育系统优秀教师、"蓝天工程""社会大课堂"先进工作者、科技先进个人、科技园丁，北京市创新大赛、北京市金鹏科技论坛优秀辅导教师。

学科学教育活动，可以将学生带入特定的环境中，浸入真实的探究活动中，体验科学家的工作过程，从而深入地理解学科核心概念，有效促进学生跨学科概念的建构。

1 建构馆校合作课程体系，引导学生建构跨学科概念

课程主旨是结合跨学科概念寻找结合点，引导学生建构跨学科概念。我们通过多次深入探访多家科技场馆，挖掘场馆科学性、知识性、趣味性相结合的展品，设计多个系列的馆校合作课程，如"自然博物馆探秘课程""科学中心三生课程""地质博物馆寻宝课程""中国科技馆实践课程""故宫博物院寻踪课程"等。

表 1 是和平里第四小学部分馆校合作课程。在设计课程时，老师利用各场馆中的资源，从不同领域多次渗透跨学科概念，学生能从不同学科核心概念中了解跨学科概念，并最终理解、掌握跨学科概念。

表 1　馆校合作课程

跨学科概念	学科领域	研发课程名称	涉及场馆
物质与能量	物质科学领域	"神奇的传动"	中国科技馆
	生命科学领域	"神奇的非洲"	国家自然博物馆
	物质科学领域	"神奇的炮弹"	北京科学中心
	物质科学	"有趣的声光"	索尼探梦
结构与功能	生命科学领域	"神奇的非洲"	国家自然博物馆
	生命科学领域	"动物教会了我们什么"	国家自然博物馆
	生命科学领域	"恐龙的皮肤颜色"	国家自然博物馆
	生命科学领域	"恐龙的感觉器官"	国家自然博物馆
	物质科学领域技术与工程领域	"寻找紫禁城地下秘密"	故宫博物院
系统与模型	生命科学领域	"神奇的孕育"	中国科技馆
	技术与工程领域	"故宫的窗"	故宫博物院
	生命科学领域	"微生物探秘"	北京科学中心
	物质科学领域	"城市用水的前世今生"	北京科学中心
稳定与变化	生命科学领域	"鸟的祖先是恐龙吗？"	国家自然博物馆
	生命科学领域	"寻迹恐龙蛋"	国家自然博物馆
	技术与工程领域	"神奇的传动"	中国科技馆
	物质科学领域	"美丽的宝石"	中国地质博物馆
	地球与宇宙科学领域	"变化的星空"	北京天文馆

2 馆校合作课程促进学生科学素养的提升

下面我们以"稳定与变化"这一跨学科概念为例，阐述如何利用博物馆、科技馆资源，在多个学科领域中进行建构。

2.1 生命科学领域中的"稳定与变化"

生物的遗传与变异是"稳定与变化"在生命科学领域的明显体现。从现象上看，物种遗传是主要的，但变异是持续而缓慢的，有新物种不断产生，也有物种不断被淘汰。达尔文认为适者生存，由于环境的变化，生物会进化。因为地质环境变化极其缓慢，因此生物的进化也很缓慢，大量出土的化石便是证据。下面以自然博物馆"鸟类的祖先会是恐龙吗？"教学内容为例，进行分析。[*]

2.1.1 分析场馆资源，寻找课标结合点

学生在学习科学课程时，需要先理解各个学科的核心概念，再从不同领域的学科核心概念中逐渐领悟到共同的概念，形成跨学科概念。而博物馆里资源丰富，涉及诸多领域，学生到了场馆容易眼花缭乱，我们在选择利用场馆资源时，需要紧紧围绕核心概念。

比如，在"鸟类的祖先是恐龙吗？"这一案例中，我们需要利用自然博物馆中的资源，通过比对恐龙化石上的羽毛痕迹等相似之处找到鸟类的祖先这一活动来达成"生命的延续与进化"这一学科核心概念，那么在对场馆资源进行分析时就要介绍这一内容，例如，古爬行动物馆展区中展示了很多恐龙化石，学生置身这样的情境中，有利于激发其对恐龙研究的兴趣，为学生寻找动物进化的证据提供了有利条件，有利于对核心概念的理解及跨学科概念的建构。在科学家纷纷探讨恐龙如何灭绝的时候，一种最新的说法站了出来，一些科学家提出，恐龙没有灭绝，今天飞翔在天空中的鸟类就是现代版的恐龙。这种说法其实已经有大量的化石证据，古爬行馆2楼展出了发现于我国辽西地区的多种带羽毛恐龙及古鸟类化石，学生在此找到恐龙变成鸟飞上天空的有力证据。

我们在分析场馆资源时不可泛泛而谈，也不能没有针对性，一定要紧紧围绕教学内容和核心概念。

2.1.2 制订教学目标，聚焦跨学科概念建构

科学教育要培养学生的核心素养，在学习科学的过程中，逐步形成适应个人终身发展和社会发展所需要的正确价值观、必备品格和关键能力，是科学课程育人价值的集中体现。

制订教学目标时，需要充分利用场馆资源，逐步概括、理解、记忆和运用

---

[*] 本案例编者为北京市东城区和平里第四小学高颖颖老师。

与科学有关的概念、解释论点、模型和事实，引导学生核心素养的达成。教师设计的博物馆课程也可以包含科学观念、科学思维、探究实践、态度责任 4 个维度的目标。

在"鸟类的祖先是恐龙吗？"这一案例中，制订科学观念目标如下：发现恐龙进化成鸟的证据，知道恐龙与鸟类既有相似的地方，也有不同的地方。

学生在整个探究实践中，通过观察比较近鸟龙、小盗龙等与现代鸟类的身体特征，发现这类恐龙在进化的过程中，虽然发生了巨大的变化，但一些主要特征和内部结构是稳定的，没有发生变化，被保留下来，在鸟的身体结构上有体现，有可能是鸟类的祖先，渗透了"稳定与变化"这一跨学科概念。学生的思维在观察比较、对比与分析、讨论与交流中得到了发展，培养了学生寻找证据、实事求是的精神，感受到科学家对证据的细致研究和严谨的科学态度。

值得注意的是，场馆中的科学学习方法应该多样化，不必拘泥于"探究式"学习方法，关注概念的进阶。应加强知识的迁移和综合运用，学习过程多以演绎为主，而一般学校学习环境中的归纳过程相对较多。

2.1.3 精心设计活动环节，逐步渗透跨学科概念

活动中，首先让学生了解鸟类的身体特征，如有羽毛、爪、喙等，并以此来判断某种动物是不是鸟。在后面寻找鸟类祖先的环节中，学生在场馆中找到不同的恐龙模型，观察比较恐龙外部特征，筛选出可能是鸟类祖先的恐龙。然后进一步细致观察比较场馆中的恐龙化石，找到近鸟龙、小盗龙等恐龙化石，发现化石上有羽毛的痕迹，推测它们有可能是鸟的祖先，而翼龙虽然会飞，但是仔细观察它的化石，发现翼龙没有羽毛，从而推测翼龙不是鸟类的祖先，到这一步，探究活动还没有结束，接着还要深入研究这些恐龙的其他身体特征，与鸟类的特征进一步比较，学生在场馆内找到家鸽的骨骼标本、恐龙演化图等资源，发现近鸟龙、小盗龙的内部骨骼与鸟类的相似，从而又更进一步推测证明是鸟类的祖先。这些活动是在课堂上完成不了的，既没有仿真的环境，又没有丰富的恐龙模型和化石，场馆资源是课堂教学内容的延伸和补充，在场馆中，同学们俨然一个个小科学家，经历着像科学家一样的"考古"工作，整个活动中层层深入，围绕"生命的延续与进化"这一核心概念，渗透了"稳定与变化"跨学科概念。

2.1.4 利用学习单，帮助学生建构跨学科概念

博物馆课程不是教师带着学生在博物馆里简单地"逛"，而是要结合课标，利用博物馆的资源渗透学科核心概念，如果没有学习单，给学生的感觉可能就是参观而已，效果会大打折扣。因此，我们老师如果要使学习过程和学习结果可视化，就要重视学习单的设计，学习单既要能够促进学生思维的发展，

又要体现有研究内容和结果；既要严谨，又要有趣，要通过核心概念的学习来建构跨学科概念（见图1）。

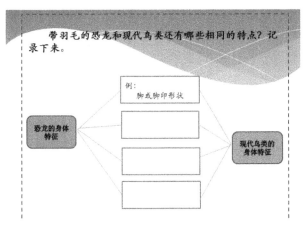

图1　体现"稳定与变化"跨学科概念的学习单

在上面的自然博物馆案例中，我们可以看到，教师将学生带入自然博物馆中，依托特定的情境进行探究活动，在活动中学生围绕核心概念"生命的延续和进化"，推测鸟类的祖先是不是恐龙，是哪类恐龙。在推测中，学生反复利用博物馆中的展品（模型、化石、图片）进行真实的探究，并在学习单的辅助下，比较鸟与恐龙的相同点和变化的点。外在的不同之处显而易见，但是通过对化石和骨骼的细致观察，发现它们都有羽毛，骨骼等身体结构也有相似之处，这些特征没有因岁月的变化而消失，被延续下来，从而体会到虽然生命的进化很漫长，生物的变化很大，但是一些特征是稳定的，被保留下来。在与学科核心概念和实践的融合中渗透了"稳定和变化"这一跨学科概念。学生在观察比较过程中，同时感受到科学家研究的细致与严谨性。

此外，在这个活动中，学生找到了有的恐龙能飞上天，具有羽毛、骨骼等鸟的特征，在环境变化的情况下，就进化成了鸟，因此也融合了"结构与功能"这个跨学科概念。

2.2　其他学科领域中的"稳定与变化"

"稳定与变化"这一跨学科概念的建构，不仅可以从生命科学领域中渗透，还可以在其他学科领域中融合核心概念反复渗透。

2.2.1　技术与工程领域中的"稳定与变化"

技术与工程领域包含"技术、工程与社会"和"工程设计与物化"两组核心概念。下面我们就以在中国科技馆开展"神奇的传动"这一活动方案为例进行简单分析。[*]

活动开始，先让学生观看一张我国古代石磨的图片，讨论它是怎么进行生产劳动的。再思考，如何让九台石磨同时转动，一起工作，学生进行思考、设计、讨论、交流，并在场馆的展品中发现"水转连磨"可以靠水的力量带动九台石磨同时转动，古代劳动人民很早就已经利用水力作为带动机器工作的动力，把人从简单而繁重的体力劳动中解放了出来。接着学生在展厅看见了"现代汽车差速齿轮装置"，这个装置也可以让很多齿轮一起转动，学生转动中央手轮，以自己的力量带动两侧车轮同速转动；而当一侧车轮被手按住时，车轮停止了转动，而另一侧的车轮却在正常转动。这是怎么回事？原来，按住一侧车轮，慢慢地转动中央手轮，车轴中部有一个大齿轮，其后连接的是相互垂直的4个齿轮。它们相对的两个齿轮大小和齿数相同，而相邻的两个齿轮刚好可以啮合在一起，这就形成了传动比，出现了差速，形成了一侧车轮停止转动，而另一侧车轮正常转动的情形。生活中，汽车转弯时，内侧车轮行走距离要短于外侧车轮，差速这个特性就运用在汽车运行中。接下来学生继续参观"机械之巧"展厅，找到了更多传动方式。科技馆的建设处处有玄机，培养学生善于观察、勤于思考的科学态度。要尽可能充分利用科技馆的资源，拓宽学生视野，让他们继续"寻找机器工作的动力"。

在本次活动之前，学生已经在课堂中学习了一些简单机械和机器组成及工作方法的知识，但大多停留在书本上，在场馆活动中，指导学生有计划、有目的地走进中国科技馆，体验机器的动力及传动部分，获得更丰富的感性认识。

在这一环节中，学生可以感受到，无论是古代的水转连磨，还是现代的汽车差速齿轮装置，以及展厅中大量的机械展品，从古代到现代再到未来，材料、机器的样子、用途虽然都发生了翻天覆地的变化，但是机械的工作基本原理是稳定不变的，逐步渗透了技术工程领域中的"稳定与变化"这一跨学科概念。同时，学生还感受到我国劳动人民的勤劳与智慧，以及现代科技的飞速发展。

为了巩固建构的科学概念，课后可以鼓励学生完成一些探究活动，给小车更换动力装置，也可设计并制作一个利用传动改变物体运动方向的玩具，还可以设计、制作一架简单机器。在本次活动之后，感兴趣的学生继续进行设计制作，有疏通管道的、保护雏鸟的，还有楼道里搬运餐箱的小车，它们都与机械这部分内容有关。这些创新发明作品在创新大赛、巴黎列宾发明竞赛、全球发明竞赛中都取得了优异的成绩。

---

[*]　本案例编者为北京市东城区和平里第四小学罗炜老师。

在这些设计作品的环节中，学生经过讨论交流，出现了各种方案，做出原型后，学生进行了反复调试，多次修改，多次实验，经历了失败—发现问题—修改—调试等步骤。这些步骤一直处于变化阶段，甚至有颠覆性的变化，直到作品完成后，就保持稳定了。学生再次感受到了技术工程领域中的"稳定与变化"。同时，正是因为有了场馆学习的过程，学生的好奇心、探究欲才被极大地激发出来，在兴趣的驱使下，才进行不断探索、发现，经历失败、失败、再失败的挫折，最后感受到成功的喜悦，这需要有极大的耐心，有坚持不放弃的信念。

2.2.2 物质领域中的"稳定与变化"

上面的案例也涉及了物质领域的"稳定与变化"。在能的转化和能量守恒这一核心概念下，学生可通过机器模型装置，感受到能量是守恒不变的，但是能量的形式是变化的。

这一案例讲解了水转连磨模型及汽车模型，以及皮带传动和齿轮传动，因此也同时融合了"系统与模型""结构与功能"这两个跨学科概念。

2.2.3 地球与宇宙科学领域中的"稳定与变化"

"宇宙中的地球"中涉及天体运行的稳定和变化，行星的位置每天都在变化，但是呈周期性的规律；太阳虽然每时每刻要消耗大量的氢进行热核反应，从早到晚，其元素成分的比例变化极其缓慢，维持几十亿年才具有很大变化。太阳很大，宇宙更大，这些内容在课堂上，已经超出学生的想象范围了，天文馆的资源正好可以弥补课堂教学的限制，是课堂的补充与延伸。学生在天文馆中，借助丰富的资源，展开想象，感受到宇宙在时间上的漫长和空间上的巨大，从而建构出"稳定与变化"这一跨学科概念。

通过以上案例分析，我们可以看到通过教师的巧妙设计，结合博物馆、科技馆等场馆中丰富的资源，在物质科学领域、生命科学领域、地球与宇宙、技术工程4个领域中进行反复渗透，在学科核心概念和实践的融合中，逐步建构"稳定与变化"这一跨学科概念。

3 结论

我们在设计教学时，可以充分利用场馆中丰富的资源，围绕核心概念，利用设计好的学习单，多次在不同学科领域中反复渗透，能够有效促进学生建构跨学科概念。

参考文献

［1］义务教育科学课程标准（2022 年版）解读 .

［2］义务教育科学课程标准（2022 年版）解读 .

［3］罗新月 . 融入跨学科概念 "结构与功能" 的博物馆小学科学教育活动设计与
实践 [D]. 重庆师范大学 ,2022.DOI:10.27672/d.cnki.gcsfc.2021.000244.

［4］马喜燕 . 中小学跨学科阅读教学 : 理念与概念框架建构 [J]. 现代语文（教学研
究版）,2016（10）:15-17.

［5］杨婷 . 基于小学科学核心概念的馆校结合活动设计与应用研究 [D]. 重庆师范
大学 ,2022.DOI:10.27672/d.cnki.gcsfc.2021.000916.

馆校结合提升学生科学探究能力的策略研究

杨朝霞　赵　茜*

（北京市宣武外国语实验学校，北京，100055；

北京市少年宫，北京，100061）

摘　要　科普场馆是学校科学教育资源的有机补充，也是科学教育课外实践的重要基地。学生如在参观场馆前在校内做了充分的调研和探究活动，在参观时会事半功倍，有更深刻的认识和体会。笔者意图在国家博物馆现有的课程基础上开辟新的视角：不单按历史顺序和年份，而是按不同乐器种类的发声原理开发相关课程。探讨馆校合作资源的开发策略，希望能够有效提升学生的科学探究能力，开拓其高阶思维。

关键词　馆校结合　科学探究能力　提升策略

义务教育阶段是培养青少年科学素养的关键时期，这个阶段的青少年对世界充满了好奇心，对一切新鲜事物都有探究的欲望，这是学好科学的最基本条件之一。如果能在接受科学教育的启蒙阶段给予良好的教育，将为他们科学素养的发展奠定最坚实的基础。众所周知，科普场馆能够帮助学生获得直接体验，为学生提供真实的情境，提高学生学习的积极性。

1　馆校结合培养学生科学探究能力的现状

我国政府对基础教育阶段的科学教育改革非常重视，近几年不断出台相关政策文件，指导科学教学改革。

国务院出台的《全民科学素质行动规划纲要（2021—2035年）》[1]中提到，倡导启发式、探究式、开放式的教学方式，融合信息技术，推行在真实场景中的体验式学习，着力提升科学教育水平。《义务教育小学科学课程标准（2022年版）》中明确指出："要发挥各类科普场馆的作用，要充分利用社会中科学教育的资源。"2021年，教育部、中国科学技术协会办公厅印发的《关于利用科普资源助推"双减"工作的通知》中指出：各地各校要以"走出去"的方式，有计划地组织学生就近分期分批到科技馆和各类科普教育基地，加强场景式、

---

* 杨朝霞，北京市宣武外国语实验学校科学教师，研究方向为物理教育；赵茜，北京市少年宫教师，研究方向为科学教育。

体验式、互动式、探究式科普教育实践活动。

场馆科普资源虽然丰富，为学生学习科学知识和动手实践提供了很多机会，但目前场馆的教育方式仍以简单参观、讲解展品为主，场馆资源并未得到充分有效的利用。同时，学校教育环境还无法实现与场馆的有机结合，馆校合作活动的开展效果并不理想。原因有以下几点：一是传统教育教学以应试教育为主，科学课程不受重视，往往流于开设了这门课程的形式；二是缺少具有课程开发能力的科学教师或者高学历人才，创新实践的教材也较少，导致科学实践活动无法系统、持续地进行；三是馆校之间没有建立起有效的协作机制，活动缺少整体、系统的规划；四是场馆没有将探究式教育活动的开展作为其发展要素，场馆科普资源没有被充分挖掘和整合；五是学校或者少年宫组织学生到科技馆参观学习的人数有限，展教活动覆盖面有限。[2]

鉴于以上原因，笔者试图研究探究式的博物馆课程，创新并开发实践新的课程。科普场馆里有许多互动型的资源，可以为学生提供实践体验的环境和自主探究、动手操作、合作交流的机会。学生若能亲身经历探究活动的过程，不仅可以调动学习的积极性，让学生了解科学知识的来龙去脉，将展品或活动所承载的知识、经验内化为自己的知识，还可以培养学生独立思考、解决问题的能力，促进学生高阶创新思维的发展。

从以上分析可以得出，科普场馆中的教育资源对学生的科学探究能力具有积极的作用。教师在进行课程教学时，可以在相关的科普场馆中寻找相应的资源作为课程资源的补充，通过馆校结合提升科学教育水平。

2　通过馆校结合提升科学教育水平的案例研究

如何通过馆校结合活动提升科学课的质量呢？下面以探究乐器发声原理为例，简述实施过程，图 1 为活动实施过程图。

2.1　博物馆资源的利用

本案例主要以中国国家博物馆展出资源为主，帮助学生探究乐器发声的原理。国家博物馆拥有丰富的馆藏资源和深厚的文化底蕴，在中国乃至世界都是位居前列的。国家博物馆是馆校合作实施效果突出的博物馆之一，其自身的教育功能也逐渐在凸显。

2.1.1　国家博物馆现有课程

中国国家博物馆结合其馆藏文物及中小学课程标准，联合北京教育科学院基础教育教学研究中心和相关学校，开发了能广泛应用于北京市中小学教学的博物馆相关课程。如"中华传统文化——博物馆综合实践课程"，以及

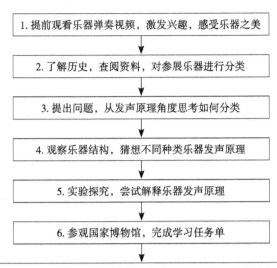

图1　活动实施过程图

作为北京市中小学生校外实践课程用书的《认知——国家博物馆课程学习绘本》等。

这些课程书籍在网上也可以购买到，是以"中华传统文化"为主题，课程具体内容包括"说文解字""服饰礼仪""美食美器"及"音乐辞戏"4部分。课程充分结合不同学生特点，进行了相关的开发设计，在每个小单元里，内容结构设置首先是"导览图"，会将中国国家博物馆的展厅示意图展示出来，并标明此单元所授课程内容的展品所在的展厅位置；在"导览图"下方，会设置"朝代尺"，以便学生进一步认识文物存在的年代位置；紧接着课程会设置"探究引航"的板块，其中的"音乐辞戏"会带领学生认识不同朝代的乐器。从新石器时代的骨笛，到唐代的九霄环佩琴，再到清代的十二律管，让孩子们开启想象之门，激发学生的兴趣。

2.1.2　教育体验活动

国家博物馆在馆内还会定期举行教育体验活动，开发了"阳光少年"系列课程，学校可通过官方网站、电话等途径进行预约。结合相关历史知识进行开发设计的活动课程，如"古代乐器""古代兵器""古代瓷器"等，同时还会呈现有关中华文化传统的一些精彩项目。在诸多的教学体验课程中，中国国家博物馆还会开展"小小讲解员"活动，"小小讲解员"在博物馆工作人员的指导下，面向来馆参观观众，进行绘声绘色的讲解，是一次美好的职业体验活动。

2.1.3　教师教学支持

中国国家博物馆还会对在校一线教师进行课程教学资源的支持。官方网站上，有"展览申请"和"服务台"的模块选项，为在校教师提供相关博物馆资源信息，如常规展陈、特别展出及参观预约等信息。在"服务台"模块中，设有"回音壁"选项，教师可以针对自身教学中遇到的问题，对博物馆提出询问，博物馆专业工作人员会在 5 个工作日内进行答复。在"资料下载"栏中，教师也可根据教学需求，下载当月展览信息，适时进行博物馆实践课程的调整。

2.2 课程开发思路及相关声学特征量

国家博物馆的相关资源和课程虽然开发得已经比较完善，但绝大部分课程是以历史年代为线索设置的，笔者尝试以新的视角，不按历史顺序和年份，按不同乐器种类的发声原理开发相关课程，对已开发的课程进行补充和完善。这样学生在参观时，能够结合对乐器分类及原理的前期学习，对所参观的展品不再走马观花，只关注其外形和历史，对其如何工作和发声有更深刻的认识和体会。

学生在活动前，须在老师带领下查阅大量资料，了解乐器的分类。乐器虽然演奏方式和音色各不相同，但所有乐器的原理都是一样的，即通过振动发出声音。[4]通过声学知识的学习，学生知道了声音的高低强弱与发声体振动的幅度、频率有关。按照乐器构造和发声原理不同，乐器可以分为打击乐器、弦乐器、管乐器、簧乐器等种类。

2.3 行前课程主要内容设计

2.3.1 声波的可视化

声音以波的形式传播。波的概念有些抽象，利用 Oscilloscope 手机示波器，通过传感器来进行声波波形测量，以波纹显示，通过对波形的观察和分析，将声波可视化，易于学生理解，便于操作，趣味性强，同时也利于声音的多样化调整。

展示实验 1：用两个材质不同的音叉，分别用不同大小的力敲击。从图像中可以看出，在相同时间内，音调高的音叉对应的声波图形的波峰数多，音调低的音叉对应的声波图形的波峰数少（见图 2 和图 3），这说明音叉振动频率越高，音调越高。[5]

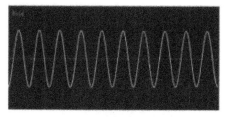 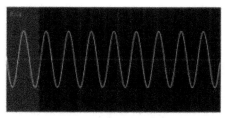

图 2　高音调音叉波形图　　　　图 3　低音调音叉波形图

展示实验2：用同一音叉使用大小不同的力拉开，波峰数相同，说明振动频率相同，但用力时振幅更大，响度更大。因此，手风琴学习中，要适度开合风箱，以保证乐音的响度（见图4、图5）。

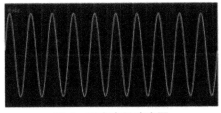 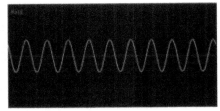

图4　重击音叉响度图　　　　　　　　图5　轻击音叉响度图

还可以用示波器展示不同乐器发声，与音叉发声、人说话时声带发声波形进行对比。体会不同材质音色不同，对应的波形不同（见图5、图6）。[6]

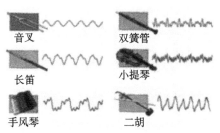

图6　不同乐器声波对比图

学生可利用手机软件对场馆内展示的乐器、身边乐器发出的声波进行观察和分析，体会不同乐器发出声波的异同。

2.3.2　不同种类乐器发声原理探究

各种乐器看似差异很大，但核心发声原理并不复杂，可以用生活中常见物品模拟发声原理，设计探究实验，促进学生多元化综合能力的发展，参观之前的科学课程中设计了以下几组简单易行的实验来模拟不同种类乐器，分辨声音的不同特性，以探究其发声原理，了解乐音的产生和特性，让学生研有所获。

2.3.2.1　弦乐器

国家博物馆展品中有很多古弦乐器，如古筝、二胡、马头琴等，主要发声部件为琴弦，通过琴弦的振动发声。绷紧的弦发声的音调较高，反之则低；弦的振动幅度越大，声音越响。

参观之前，学生先在课堂上欣赏古筝乐曲作品并观察古筝，可以利用紧绷的橡皮筋模拟琴弦，比较不同情况下发出的音调、响度。使用同样的力拨动橡皮筋，改变橡皮筋的松紧程度，比较橡皮筋发出声音的音调。控制橡皮筋的松紧程度相同，用力由小到大拨动橡皮筋，比较橡皮筋发出声音的响度。

2.3.2.2 管乐器

展品中常见的管乐器有笛子、箫、小号等，课堂中可以欣赏笛子乐曲作品片段，观察、思考发声原理。管乐器包含一段空气柱，吹奏时空气柱发声；改变空气柱长度，从而改变音调。长的空气柱产生音调越低，短的则产生高音。可设计以下实验模拟学生看到的展品乐器发声原理，生动有趣，效果很好。

实验设计：在一组相同的玻璃瓶里装上不等量的水，组成"水瓶琴"。通过敲击瓶子使得瓶内空气柱发生振动，敲击不同玻璃瓶就可以演奏出优美动听的乐曲。使用 Phyphox 软件利用手机传感器来采集数据，启用音频自相关功能。边加水边敲击瓶子，观察屏幕上频率值，结合音符与频率的对应表[6]，可准确地调制出一款"水瓶琴"（见图7、图8）。

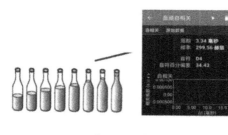

图7 水瓶琴发声示意图

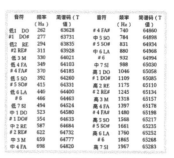

图8 音符与频率对应表

实验设计：使用水瓶琴模拟管乐器。用8个相同的玻璃瓶，灌入不同高度的水，调节注水高度。使用相同力气吹瓶口，比较玻璃瓶发出声音的音调。使用木棍由小到大用力敲击同一只玻璃瓶，比较发出声音的响度。重复多次实验，记录实验数据。

2.3.2.3 簧乐器

在老师引导同学分析了前两类乐器发声原理后，学生可自行参观声音艺术博物馆、中国工美艺术馆，用类似方法分析手风琴等簧乐器的发声原理。簧乐器发声本质是簧片振动产生不同音高的声音，通过介质传播到人耳。

学生参观后可将家中的乐器如笙、手风琴、口琴等带到课堂，观察乐器的构造，欣赏乐曲作品，可以引导学生利用不同材质材料模拟簧片发声过程，设计实验。

实验设计：利用实验器材探究不同材质簧片振动时产生的音调、响度差异。

（1）将不同的材料片磨制成大小相等、厚度均匀的簧片，将簧片固定在相同位置相同材料上，轻轻拨动或敲击不同材质簧片，观察簧片振动情况和示波器上不同材质波形，记录相同时间内的波峰数，比较音调的不同。

（2）选取长度、厚度合适的铜制簧片，改变伸出桌面长度、厚度、硬度等不同因素，保证每次抬起高度（振幅）相同，观察手示波器上波形图，记录相同时间内的波峰数比较音调的不同。

（3）选取一块长度、厚度合适的簧片，保证每次伸出桌面长度、厚度不变，改变每次抬起高度（振幅），观察波形图，比较发出声音的响度。

通过实验可以发现，簧片伸出桌面越长，振动得越慢，音调越低。不同材质的簧片音色不同，音色是由发声体本身的材料、结构决定的。

3　通过馆校结合提升学生科学探究能力的策略

3.1　利用资源，做好科学课程研发和活动策划

科普场馆中的很多展品都凝结了祖先的智慧结晶，承载着科学家的科学探究过程，只有将展品与科学探究学习紧密结合，才能更好地发挥展品的科普教育作用。因此，组织活动前需提前开发基于展品的学习单，并将其作为教育活动的学习媒介。学习单通过提出问题、操作体验等方式设计学习路线，逐步引导学生探究展品的知识原理、操作方式。[7]

实际操作过程中，往往存在学生态度不端正、仅凭兴趣体验、忽略过程探究、不深入思考等问题。设计和运用学习单时需注意以下几点：一是课程开发老师要充分了解展品，对与展品关联的科学知识进行深入挖掘，注重与学生已有知识的衔接和进阶梯度，设置的问题有针对性；二是设计时体现完整、详细的科学探究过程，即问题的提出和猜想、实验设计图、实验步骤梳理、数据收集和整理、得出结论和解释、对结论的反思和拓展等；三是教师要在活动前中后都予以学生适时、适度的指导，如创设合理情境，围绕问题及相关概念，引发学生讨论和思考，引导学生对原理进行拓展及延伸、组织学生交流和评价等。[8]

3.2　结合科学课程标准，开发设计合适的课程资源包

博物馆、科技馆蕴含了大量的科学素材，如何与校内课程完美衔接？这就需要结合科学课程标准，积极设计开发相关的课程资源包。

如桔槔是我国古代社会的一种主要灌溉机械，辘轳是中国古代常见的汲水工具，这两项发明虽在博物馆中是不起眼的展品，但它们与中国农业的发展紧密相连。教师可以对博物馆中展示的桔槔和辘轳进行进一步挖掘，开发相关课程资源包。这两项传统工具都利用杠杆原理制成，蕴含杠杆的平衡原理、机械能及其转化相关知识。通过资源包向学生展现从桔槔—费力杠杆，到汉代辘轳、定滑轮—等臂杠杆，再到金代辘轳—省力杠杆的传统汲水工具的变迁[9]，使学生通过制作桔槔模型和比较不同朝代的辘轳，探究桔槔和辘轳蕴含的科学知识。

再如，潜望镜是一种军事上常见的光学装置，常见于潜水艇、坦克等。早

在汉代，中国先民就发明了现代潜望镜的原型，博物馆中也有展品，可以结合科学课程中"光的反射""平面镜成像"和"眼睛和眼镜"中光的反射原理、平面镜成像和眼睛视物的相关内容，以潜望镜的发展为线索，向学生着重展示中国古代的潜望镜，引导学生模拟中国古代潜望镜的场景[10]，制作纸质潜望镜模型，经历解决问题的科学探究过程。

3.3　科学评价科普场馆活动效果，助力学生科学探究能力提升

开展组织科学教育实践活动，除完成探究实践任务外，活动的评价非常重要，活动效果评价既能检验学习者是否完成课程目标，又可为后续的活动改进提供重要依据。常规评价方式为记录观察、量表评价和汇报展示等，教师可根据活动主题和课程实施情况自主选择和运用恰当的评价形式。一是观察记录，学生在参观过程中要详细记录活动探究的方法和过程，记录方式可以是书写、画图、拍照、录音等。二是汇报展示，活动中要求学生撰写实验报告、科研报告或者科技小论文，也可通过汇报展示 PPT、相互座谈交流等形式检验学生的知识学习能力和科学探究水平。三是互评、自评，探究科学知识、寻找问题答案的过程中，往往需要多名学生合作，可采用学生互评或自评、教师他评等形式，促使学生团结协作、发现自身不足并加以改进。教师评价时要关注学生在探究活动中的各方面表现，如参与度、合作、语言表达、实验记录情况等，使评价更为全面客观。

3.4　运用大概念整合学科知识

教师要善于运用科学大概念整合学科知识，设计课程时考虑学科间的联系，帮助学生构建学科间的知识体系。如通过馆校结合方式探究乐器发声规律可采用跨学科主题学习，从科学方面，了解乐器的不同种类及其发声原理，为乐器设计制作和组装奠定理论基础；从编程及机器人工作原理角度，了解机械构件部分的工作模式和工作原理。从技术方面，掌握程序编写、算法及虚拟实验平台的相关知识，完成实验设计和实施。从工程方面，利用 3D 打印、激光雕刻等手段，完成乐器的部件及装饰物的制作。从数学方面，利用正弦函数分析声波的规律，利用数学知识，使用合理尺寸比例，设计美观实用的乐器部件，控制乐器的规范性。从艺术方面，利用乐理知识制作演奏出悦耳动听的旋律。

4　结语

陶行知先生是我国创新教育的先驱，他曾指出，真正的教育必须培养能思考、会创造的人。科普场馆是学校科学教育的有机补充，也是科学教育课外实践的重要基地。利用好科普场馆，通过馆校合作课程资源开发，培养学生的探

究能力显得尤为重要。笔者希望从新的角度展开课程设计，让学生在参观前做到心中有数、学以致用，发挥好学校教育的作用，加强馆校配合，从多元化、多角度的科学课程中体会探究的乐趣和获取科学知识的成就感，为国家科技教育事业贡献应有的力量。

参考文献

[1] 国务院关于印发全民科学素质行动规划纲要（2021—2035 年）的通知（国发〔2021〕9 号 ）.http://www.gov.cn/zhengce/content/2021-06/25/content_5620813.html, 2021-06-25.

[2] 郝轶超 . 加强馆校合作与互动,提升青少年综合素质——试论博物馆青少年课程开发 [J]. 中国校外教育上旬刊,2017（7）:1.

[3] 王艳丽 . 对馆校合作现状和应对方法的探讨 [J]. 文化创新比较研究,2020（6）:154-155.

[4] 施昌魏 . 《乐器的研究》课堂教学实录 [J]. 科学课,2003（3）:9-12.

[5] 李莉 . 现代乐器中的物理学常识 [J]. 中学物理教学参考,2017,46（20）:56-57.

[6] 曹宇杨,张钧玮 . 应用"手机 App"改进声学实验 [J]. 现代教育术,2021（7）:11-13.

[7] 宋娴 . 中国博物馆与学校的合作机制研究 [D]. 华东师范大学博士学位论文,2014.

[8] 廖红 . 中国科学技术馆馆校合作的实践与思考 [J]. 科普研究,2019（2）:7-8.

[9] 朱峤 . 如何提升中小学教师利用博物馆教育资源的能力 [J]. 中国博物馆,2015（3）:7-9.

[10] 张祥欢 . 初中物理教学引入传统文化的研究 [D]. 贵州师范大学,2016.

短视频传播背景下馆校合作科学教育活动的探索

贾晓阳　韩莹莹　冯玉婷*

（长春中国光学科学技术馆，长春，130017）

摘　要　在短视频蓬勃发展的背景下，科普短视频把科学知识浓缩，以更形象的方式传递给受众，讲述生动，富有趣味，互动性强，一改知识枯燥无味的外貌，缩小了受众与科学的距离。本文使用 5W 传播理论对科普短视频的传播者、传播内容、传播渠道、传播受众、传播效果进行了分析，厘清了科普短视频与科学教育活动在讲述话语、叙事逻辑、科学素养培养方面的差异。以"是真的么"互动求证脱口秀为例，介绍了长春中国光学科学技术馆开展科学教育活动的具体实践探索，让科普短视频成为开展科学教育活动的另一扇窗户，为该行业科普教育活动的开展提供了一种新思路。

关键词　科普短视频　5W 要素　教育活动

《中国网络视听发展研究报告（2023）》显示，我国短视频用户规模达到 10.12 亿，短视频人均单日使用时长超过 2.5 个小时。[1] 可见短视频已经成为公众获取及发布信息的首要渠道，并逐渐成为科学普及、科学传播的重要形式。科普短视频有效地将科学与娱乐进行了有机结合，摆脱了传统科学教育活动的模式，实现了休闲、学习两不误，在传播和普及科学知识过程中，科普短视频具有巨大的潜力和优势，成为诸多科普场馆、科研机构开展科普工作争先布局的蓝海。运用传播学 5W 模式深入挖掘科普短视频与科学教育活动的契合点，为科学教育活动的开展提供借鉴和启发。

1　科普短视频传播的 5W 要素

美国传播学学者拉斯韦尔于 1948 年首次对传播过程的 5 种基本要素归纳形成了 5W 模式，5W 分别代表英语中 5 个疑问代词的首字母，简单来说就是谁（Who）说了什么（says What）通过什么渠道（in What channel）向谁说（to Whom）取得了什么效果（with What effect），分别与传播活动的传播者、传播

---

* 贾晓阳，长春中国光学科学技术馆助理研究员，研究方向为光学科普教育、展品研发；韩莹莹，长春中国光学科学技术馆助理研究员，研究方向为光学科普教育、展品检测；冯玉婷，长春中国光学科学技术馆科技辅导员，研究方向为光学科普教育。

内容、传播渠道、传播受众和传播效果对应。[2]结合 5W 要素从传播学视角对当前大火的科普短视频自媒体进行分析，掌握科普短视频在科普工作上的优势，为今后开展科普工作提供了全新思路。

1.1 传播者

科普传播者是传播行为的发起者，通常指从事科普工作的人员、科技工作者、科技爱好者、科研机构等。随着自媒体时代的到来，科普传播者更加多元化，运用短视频开展科普的不仅可以是传统意义上的主流媒体、权威专家、学者，也可以是普通公众、网络达人。[3]像"不刷题的吴姥姥""李永乐老师""无穷小亮的科普日常"等都是热爱科普工作的"素人"，却拥有诸多粉丝的关注，在业界有一定的影响力。普通公众根据自身定位开设短视频账号，将复杂深奥的科学原理以通俗易懂的形式传递给受众，未来将成为科普传播者的主流，形成人人参与、人人科普的模式。

1.2 传播内容

科普传播的内容几乎涉及了各个科学领域，自然科学知识、社会科学知识、科学技术的推广与应用，起到了倡导科学方法，传播科学思想，弘扬科学精神的作用。科普短视频作为科普的重要途径可以迅速让科学出圈，达到帮助公众认识科学、利用科学的目的。从科普视频的内容分析，其传播的科学知识与传统课堂、科技馆的内容截然不同，通俗易懂的实验演示、极具个人色彩的说话方式、多种视听语言相结合，启发公众深思，潜移默化地加深对科学知识的理解。科普短视频的科普主题，大体上可分为科学原理技术与发明、生活百科、自然与动植物、医疗与健康、宇宙星系、冷知识等类型，其中科学原理技术与发明和生活百科类科普短视频受到了大量年轻公众的喜爱和关注。[4]

1.3 传播渠道

传播渠道是向受众传播信息实现传播活动所采用的方式或具体的手段。短视频的出现让知识从平面走向立体、从纸媒走进社交媒体，打破了早期以文字、音频、书籍为主的传播渠道，预示着科学知识传播的形式发生了翻天覆地的变化。随着互联网的快速发展，科普视频的传播渠道日趋多样化，传播的渠道包括国内主流的短视频平台：抖音、快手、微视等；社交媒体：微信公众号、微博、今日头条等；门户网站：新浪、B站、专业的科普网站等。新媒体的出现拓宽了科普视频的传播渠道，缩小了数字鸿沟的产生，人们可以跨时间、跨空间恣意浏览感兴趣的科普信息。

1.4 传播受众

传播的受众既是传播信息的接受者，也是信息的选择者和传播者。受众通过观看科普视频满足认知科普信息、个人情感共鸣和社会价值认同的需求，同时还可以利用媒体平台进行传播内容的二次生产传播。抖音平台上拥有上百万粉丝的科普账号如"不刷题的吴姥姥""中国科学院物理所""丁香医生"受众都十分明确，"不刷题的吴姥姥"的传播受众是青少年和儿童，"中国科学院物理所"的传播受众覆盖全年龄段爱好物理知识的群体，"丁香医生"的传播受众多数集中在 20—40 岁想了解日常养生科普的人群。[5]由于科普短视频的主题涉猎领域众多，传播对象范围十分广泛，几乎覆盖了不同年龄段、不同地区、不同行业的受众人群。

1.5 传播效果

传播效果是指传播者发出的信息经一定的传播渠道传至受众后，在知识、情感、态度、行为等方面发生的变化。科普短视频的传播效果可以分为个人层面和社会层面。从个人层面上看，受众在短视频平台浏览传播信息后，会分享转发微信、微博、朋友圈等各类社交平台，继而被更多的用户分享转发形成裂变式的传播效果。从社会层面上看，科普短视频具有积极正向的价值观引领作用，在无形中推动全社会形成崇尚科学、热爱科学的良好氛围。

2 厘清科普短视频与科学教育活动的差异

5W 模式同样适用科学教育活动的传播分析，图 1 是传播学 5W 要素与科学教育活动的一一对应关系。笔者认为无论是科普短视频，还是科学教育活动的传播，改变的是科普传播的传播者和传播渠道，不变的是普及科学知识，提升全民科学素质的初衷。将科学教育活动与科普短视频进行对比研究，从讲述话语、叙事逻辑、科学素养培养 3 个方面进行差异分析，取短视频之长，更好地弥补科学教育活动之短，以期更好地完善科学教育活动。

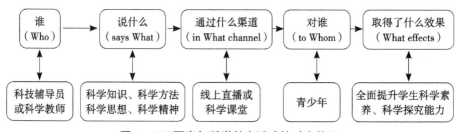

图 1 5W 要素与科学教育活动的对应关系

2.1 讲述话语的差异

科普短视频根植于网络文化的沃土，其讲述的话语具有鲜明的网络文本特性，呈现出大众文化、落地化等特征，形成了与以往逻辑严谨的学术话语迥然不同的口语化网络文本特征。从短视频平台的科普大 V 账号可以看到，无论是专家学者还是普通民众，大多采用草根式、网络流行语，甚至方言进行接地气的讲述，这也符合大众文化通俗易懂、简单直接的特点。

科学教育活动的文本属于主流文化、精英文化的范畴，同时也逐渐向融合大众文化的趋势发展。科学教育活动的话语是教化式的，呈现准确清晰、逻辑严谨、通俗简练的特点，极具精英文化气息。科学教师以教化育人为目的讲述自然界与日常生活接触的物理知识、化学知识、生物知识等，引导学生进行科学思索、理性分析，带领学生参与、完成科学实验的探究，最终学生收获了科学知识和科学思维方法。

2.2 叙事逻辑的差异

科普短视频囿于时长限制，一般摒弃了背景介绍和逻辑梳理而直奔主题，忽略故事叙事的起承转折，转向将多个爆点串联的碎片化叙事形式。[6]在极短时间内通过爆点吸引受众观看，完成内容传播。多数科普短视频围绕特定的知识点科普，注重故事和情节的叙事相对较少，呈现出散点式叙事特点，在快节奏的叙事进程中把数个科普点、吸引点串联一起，完成科学普及与科学解惑。科普内容散发式的叙事特点，意味着受众很难把碎片化的知识形成体系，建立更深层、更立体的知识框架。

相比之下，科学教育活动没有固定的时间限制，在活动中呈现出清晰的逻辑关系，整体偏向连贯式的线性叙事方式。无论是基于 PBL、HPS，还是 STEM 教育理念开展的科学教育活动，宏观上都是通过多个环节对知识点层层推进，帮助学生建立完整的知识框架，让学生知其然更知其所以然。微观上阐释科学原理或解释科学现象时，沿着提出问题—思考问题—自主探究—知识拓展的逻辑线开展活动，或沿着演示现象—引出观念—学习历史—设计实验—总结科学观念和实验结果的时间线开展教育活动。

2.3 科学素养培养的差异

科普短视频的受众群体中"90后"或"00后"的人群占大多数，这些人基本上已经受过高等教育，对基础的科学知识、科学原理、生活常识都有一定的了解，希望浏览科普短视频获得简单实用的信息，在科学素养的培养上，以最终获得实用性科学知识为导向，在泛娱乐背景下，科普短视频不仅被要求能愉悦受众，满足受众开心快乐汲取科学知识审美的需求，还要满足受众渴望获得实用价值和科学资讯指导意义的诉求。

科技教育活动的受众人群是青少年群体，这个年龄群体对未知的事物充满好奇，渴望去探索和了解，好奇心和求知欲推动他们不断尝试创造，获得更多的知识和技能。科学教育活动在科学素养培养的过程中更关注探究学习的过程，全面培养学生动手能力、思考能力和解决问题的能力，实现学生在知识融合、能力转换、实践提升、创新发展中自主成长，为培养新时代创新型人才奠定基础。不同于科普短视频简单科学方法的倡导和传授，它更侧重科学知识的系统性、完整性和科学精神的弘扬。

3 教育实践活动——是真的么

科普短视频的走红，给推进科学教育的一线教师带来了福音。科普短视频不受时空局限，能够随时暂停，适合带领学生观看、讲解、模仿；可以给科学教师带来更广阔的教学视角，像"这不科学啊"利用最简单的不透明的布和凸透镜自制超大相机；"玩骨头的卢老师"用吃过的黄焖鸡骨头还原成整副骨架，来向大家普及古生物学知识；"不刷题的吴姥姥"用铁锅演示中国天眼，用扫帚模拟宇宙射线……可以从中找到实验参考完善实验设计；科普短视频甚至扮演着课件的作用，可以进行教学或在课堂上给学生播放作为辅助教学。科普短视频让我们看到了科普的另一种打开方式，或许科学教育活动也可以因时而进，因势而新。

3.1 活动诞生的始末

科普短视频的出现就像一股清泉，有效地满足了公众对高质量科学内容的需求，但是随着越来越多的普通公众加入科普传播者大军，知识传播的门槛降低，科普短视频开始出现质量参差不齐、内容同质化严重、虚假信息和伪科学无序蔓延的问题。认知力下降的老年人和尚未具备起理性思辨能力的青少年面对充斥着虚假信息的科普短视频更容易被误导。面对真假难辨的网络谣言，公众不堪其扰。在此背景下，我馆开展了"是真的么"科学教育活动，针对短视频存在的争议话题，进行辟谣和纠错，希望青少年与老年人告别网络短视频的谣言走出误区。

3.2 教育活动形式及流程

中国光学科学技术馆的科学教育活动"是真的么"主要面向青少年群体，以新颖的互动求证脱口秀的形式开展，使学生摆脱学习科学知识枯燥无味的刻板印象，实现了内容科学性与形式娱乐性并重。活动的地点设在科学教室或会议室，时长40分钟（见图2）。科普辅导员化身脱口秀演员，两位科技辅导员相互配合，其中一位科技辅导员作为脱口秀的主持人负责调动现场气氛，另一位科技辅导员起到辅助作用，作为实验小助手帮助完成实验验证。

图 2   "是真的么"活动现场

活动开展过程中，全程用短视频来代替课件辅助教学，通过抛出话题、现场互动、实验求证、知识扩展等环节带领青少年还原事实，走近事实真相。主持人首先提出话题：近视眼不戴眼镜度数就不会增加，是真的么？与现场的同学实时互动，判断话题是真的还是假的，并了解学生这样认为的原因。其次邀请实验小助手科普人眼的结构、近视眼形成原因，通过实验验证佩戴何种透镜进行视力矫正。接下来播放视频，请出权威的眼科专家为学生进行解答。最后主持人再一次询问这一话题，请所有学生一起给出答案。下一话题也按照上述环节进行求证，直至全部话题求证结束，主持人带领学生回顾活动求证的所有话题，巩固已学的新知识。

3.3   教育活动的特色

"是真的么"互动求证脱口秀借鉴了科普短视频网络化的讲述方式，创新化的表达将科普变得更好玩、更接地气。通过绘声绘色的讲解和简单易操作的实验演示，启迪学生思考，同时巧用影视视听语言来展现科学内容，运用丰富的背景音乐、表情包和动画来营造轻松幽默的学习氛围。活动选取的话题十分丰富，如"食物掉地上 3 秒还能吃，是真的么？""光照能让风车转动，是真的么？""下雨天汽车后视镜不会起雾，是真的么？"等均取材于网络上的短视频留言，选取的话题与大众生活息息相关。科普短视频具有无可比拟的互动功能，创作者在评论区回答网友提出的问题，通过双向互动获得更好的传播效果。"是真的么"活动参考了科普视频的互动模式，改变了以往单一讲述的方式，在活动开展过程中增加了互动环节，"脱口秀"主持人与学生双向互动，及时掌握学生对科学知识的掌握程度。

4 结语

近年来，科普短视频热潮正盛，已经超越网站、微博、公众号等新媒体，成为科普工作最具潜力的新业态。借助短视频平台的全民影响力，科普短视频确实成为受众拓宽视野和增长见识的重要渠道。"是真的么"科学活动立足于科普短视频传播中谣言四起的现状，针对网络流传的谣言、伪科学，创造性地用脱口秀的形式进行辟谣。将科普短视频融入科学教育活动的开展中，用科普短视频代替课件进行教学，活动中大咖科普环节采用提前录制短视频的办法将专家学者"请进"课堂。今年"是真的么"活动已经为吉林省通化市、内蒙古兴安盟地区两地10所小学带来了科普脱口秀，获得了学校和学生的良好反馈。作为国家级专题科技馆，理应顺应新媒体时代科普工作的潮流，发挥应有的传播力、引导力、影响力、公信力，创作和拍摄适合青少年观看的科普短视频，同时根据展馆特色推出多种科学教育活动，持续为公众贡献原创光学科普内容，力求多渠道惠及广大公众。

参考文献

[1] 刘欣.网络视听成为第一大互联网应用！《2023中国网络视听发展研究报告》发布[J].中国广播影视,2023（8）:42-43.

[2] 王大鹏,周文辉,黄荣丽.自然科学类科普短视频的传播策略研究[J].青年记者,2023（2）:53-56.

[3] 张莹莹.传播学视角下移动短视频爆红原因探析——以抖音App为例[J].今传媒,2021,29（4）:21-23.

[4] 操秀英.科普类短视频发展现状及传播策略浅析[J].科技传播,2023,15（2）:74-77.

[5] 柴玥,栾格格.科研机构科普短视频传播策略研究——以"中科院物理所"抖音号为例[J].科技传播,2023,15（5）:33-37.

[6] 潘希鸣.当代中国科普电视节目与科普短视频之叙事差异分析[J].江西师范大学学报（哲学社会科学版）,2020,53（5）:96-103.

浅谈馆校结合在"追寻鸟的美"课程中的应用与思考

——助力校本课程的学习与发展

谷玺章　孙红泽　王　柳[*]

（北京市大峪中学，北京，102300）

摘　要　初中生物学课程标准以培养学生具有生物学学科素养为宗旨，在教学中关注学习过程中学生的实践经历和主动参与。课程借助博物馆的相关展览和自然保护区的鸟类，丰富学生的感性认识，在新情境中[1]深入认识生物的多样性、生物与环境的关系、生物的进化等生物学知识和观点。学生学习的过程是具体的、形象的、有趣的。学校与场馆相结合进行校本课程的开发，有利于知识体系的建构[2]，有利于生物学科素养的形成，有利于提升学习兴趣。馆校结合为学生提供了更加专业的学习资源，有助于提升学生的自我学习力。

关键词　馆校结合　校本课程　核心素养

知识的更新速度在加快，知识的相互关联在加强，传授知识正在向传授学习能力转变。场馆是博物馆、科技馆、天文馆、美术馆、海洋馆、动植物园等文化机构的统称。学校内的资源是有限的，场馆可以使教育活动空间扩大，学习资源更丰富。馆校结合可以助力校本课程的学习和发展。以下结合校本课程"追寻鸟的美"进行论述。

1　馆校结合在校本课程中的应用

校本课程以师生共同的爱好为基础，是课本内容的延伸与发展，课堂形式更容易让学生喜欢和接近。在校本课程中，教师提供了设计与辅导，学生带来了灵动与活力，场馆则提供了新鲜的甘泉，滋润着师生的发展。教师、学生、场馆三者的相互作用有机结合在一起，能够更好地培养人。

---

[*]　谷玺章，北京市大峪中学教师，研究方向为生物技术；孙红泽，北京市大峪中学教师，研究方向植物学；王柳，北京市大峪中学教师，研究方向为植物学。

1.1 教师的引领

教师是课程的设计者、参与者、引导者。首先，教师只有具备先进的知识和科学理念，才能将知识与理念设计到教学活动中，并在教学活动中不断修正。想让学生成为什么样的人，老师首先要做什么样的人，如校本课程"追寻鸟的美"围绕着"鸟"这一主题，教师整体设计相关的问题和内容，在鸟的新情境中，深入认识生物的多样性、生物与环境的关系、生物的进化，使学习过程具体化、形象化、趣味化。校本课程设计分为4部分：

第一部分："走进鸟的世界"，从鸟的种类、羽毛、食物、鸟巢、运动方式、鸟卵等多角度了解鸟类的多样性，丰富学生对鸟的认识，通过查阅资料、交流分享的方式，激发学生对鸟的喜爱。

第二部分："一切为了飞"，带着任务单去参观场馆、查阅资料。从鸟的体形、骨骼、呼吸、消化等角度与其他动物进行比较，归纳总结出鸟类适应飞行的结构特点，渗透结构与功能相适应的生命观念。尝试运用空气动力学原理，分析鸟飞行时升力产生的原因。

第三部分："探秘鸟类多样性的原因"，从遗传与进化等角度，分析鸟类多样性形成的原因。通过模拟"鸟喙的形态与食物类型的关系"等活动，明确环境和遗传等因素对生物进化方向的影响。理解生物的演化过程及生物对环境的适应。

第四部分："观鸟及摄影"，自学望远镜的结构和原理，熟练使用双筒望远镜，掌握鸟类的摄影技巧。能够在实地观鸟中通过鸟类的外貌特征、鸣声和飞行方式等进行识别与拍摄。

教师组建了校本课程团队，编写并不断改进相关的教学设计。在校内外组织观鸟活动，参加北京市中小学观鸟赛中的知识、实地、摄影3个内容的竞赛。鼓励学生参与北京市野生动物协会的鸟类志愿活动、北京市少年宫的自然笔记活动等，在活动中促进学生的学习与发展。

1.2 学校的支持

心理学常说"场"很重要。这个"场"与团队、地点、内容有关。好的"场"，让人乐在其中。校本课程的活动为学生提供了一个"场"。学校为校本课程购买了《北京常见鸟类图鉴》《中国鸟类观察手册》《鸟类行为图鉴》《鸟类学》等师生喜爱的图书、20台双筒望远镜、两台单筒望远镜。学校提供资金带领学生到野鸭湖、拒马河、国家动物博物馆等相关地点进行课外学习。请鸟类专家来校讲授鸟类知识，指导实地观鸟技巧。学校为学生的校本学习搭建了一个教室外的"场"。教师和学生可以在这个"场"中，充分学习和发展自己。

1.3 学生的灵动

校本课程比课本内容更灵活、深入、吸引人。学生在校本课程中能发挥其灵动性，如在进行探究"不同鸟喙的形态对捕食的影响"中实验中，用勺子、叉子、筷子、镊子模拟鸟喙的形态，用生的和煮熟的黄豆来模拟食物。学生思考到实验材料、不同捕食者的喜好、时间的长短等因素对实验的影响。再如在实地观鸟中，面对未知的鸟种和观鸟的技术问题，学会主动同专家老师进行交流与沟通。同伴间会交流望远镜的用法，描述鸟的位置和形态，讲述拍摄鸟类的技巧。课外也会有孩子主动询问鸟的知识，而教师也会因为学生表现出的灵动而继续学习和改进校本课程。

1.4 场馆的滋润

场馆的设计者是相关领域的专家，是拥有科技前沿的技术工作者。场馆用浅显的方式表述科学的知识和方法。场馆是一扇窗，为师生打开新的领域；场馆是一场春雨，慢慢地滋润师生。教师可以根据校本课程需要进行选择，国家动物博物馆的鸟类展，适合学习鸟的分类和识别鸟类。国家自然博物馆的各种鸟类化石和资料，适合学习鸟类的演化。场馆的一个设计，可以点燃教师或学生的灵感火花。天文馆的望远镜历史的设计，让我联想到显微镜的发展史→人眼的结构→望远镜、显微镜、与人眼成像与区别→视力的矫正。于教师如此，对学生亦如此。看似平常的看、听、说、触摸等形式，却在慢慢地滋润着学生的科学思维能力。

2 馆校结合的优势

2.1 有利于知识体系的建构

场馆的设计者对展品的设计已有建构，比课本更加丰富，如在中国国家博物馆鸟类展厅，有以"飞"展开的鸟类身体结构的特点，有以"适应"展开的喙、翼、足所发生的适应性变化及多样性，有以"繁衍"为中心的求偶、筑巢、产卵、孵卵、育雏行为，还有围绕观鸟的观鸟地及观鸟设备等。知识以建构主义的方式呈现，让学生感受到学习内容不是碎片化的、盲目的，而是有关联的。这样的氛围有助于学生建构自我风格的知识体系，了解体系里的知识分支，明白该学什么，能有目的地去阅读相关的书籍。加上场馆学习中任务单的设计，不仅让学生知道现象，还清楚现象背后的原因，让深入学习变为现实。

2.2 有利于学科素养的形成

生物学的学科素养主要包括生命观念、科学思维、探究实践、态度责任。在场馆进行学习的"追寻鸟的美"课程设计体现在：

生命观念：鸟类身体结构与功能相适应体现了结构与功能观；迁徙前后体重的增加与减少体现了物质与能量观；游禽的脚蹼、鸣禽的鸣管、攀禽的足无一例外地体现着生物与环境的适应；不同的巢、足、喙、体形、生活环境的多样性等，处处体现着生命的现象和规律。

科学思维：比较哺乳动物犬与鸟的骨骼结构，按不同分类标准对鸟类进行分类；思考不同类型羽毛的结构与功能；跨物理学科分析鸟的体形与升力的形成及望远镜的光学成像问题等，从多角度、辩证地分析问题，创造性地提出新的见解。

探究实践：设计实验探究不同形态的鸟喙对取食的影响，不同鸟卵颜色与捕食者的关系，不同捕食者的喜好对实验有什么影响，尝试从内因、外因解释鸟类具有不同的食性、喙型、巢型、足等，是什么原因造成这些差异的。从温度、食物类型、捕食者……到实验中的数据统计、实验材料的选择、变量的控制等。

态度责任：在观鸟与拍摄鸟类的过程中，感知身边野生动物的美，体会人与自然的和谐关系。增强学生对家乡和祖国的热爱，对自然和社会的责任感。在小组合作中相互学习，勇于质疑。

2.3　有利于提升学习兴趣

兴趣是最好的老师，学生在场馆的开放空间"逃离"学校教学的"静坐"模式，自由"穿梭"于不同的展品之间，用"脚"选择有价值的信息。场馆内触手可及的实体模型、材料、互动，为学生提供丰富的感性材料，对其更具有吸引力。交互式的操作设计，学生可"进入"其中，完成"体验活动"。自主选择、新鲜的学习材料、亲身参与、同龄人的交流大大提升了学习过程中的愉悦感。相比教室的纸上谈鸟，学生更喜欢走进自然，拿起望远镜进行实地观鸟。学习空间在转化，从教室—博物馆—野外，学生自己可以开阔视野，主动学习相关的知识，设计相关的实验，这些都在潜移默化地影响孩子的思维。学习不再是枯燥的，而是快乐的和立体的。

3　馆校结合课程应用中的思考

3.1　课程设计以点带面巧设留白

馆校结合中服务的共同对象是学生，学校是主体，场馆是助力。不同的场馆内容和展示方式各具特色，即使同一场馆也有不同的题材，相同的题材也有不同的侧重点。如果追求全面，则浮于表面不能深入。馆校结合要求教师要根据课程需要，选择合适的场馆进行课程设计。也就是说要有目的性和侧重点，对其他的内容则可以进行留白处理，给孩子主动学习的空间。校本课程"追寻鸟的美"对课本、跨学科内容做了如下处理：校本课程内容以识别北京地区常见的鸟、会使用望远镜野外观鸟，并尝试以拍摄鸟的生态照片为主。对于课本涉及的动物的运动和行为、鸟的特征、生物的进化、生态系统等内容，在课程中进行侧重介绍，并渗透生物学学科素养。对于鸟的起源和跨学科的望远镜的光学原理和升力的形成则进行留白，鼓励学生自学。

3.2 课程评价科学合理化

学习过程中，空间的改变和学习广度的增加，激发了学生的学习兴趣。要想获得更好的效果，活动后的分享、探究与评价尤为重要。这不仅是完成任务单或者一个实验设计，分享过程中的语言表达、思想碰撞、小组间相互学习是学习后的升华。"追寻鸟的美"课程的内容，学生通过PPT、海报、情景剧等形式，将收集到的鸟类资料进行分享，通过评价的方式调动学生的团队意识，促进学生表达、甄选信息的能力（见表1、表2）。

表1　资料分享评价

评价内容	评价指标	建议或疑问
内容全面		
条理清楚		
科学准确		
创造性地表达观点		
备注	评价指标：4-非常符合，3-符合，2-基本符合，1-不符合，0-无	

表2　任务单和实验设计评价表

评价内容	评价标准	点评
科学性（符合探究实验原则）		
完整性（语言简洁，表述清楚、图文并茂）		
可操作性		
创新的表达		
综合等级		
备注	评价标准：A-非常符合，B-符合，C-基本符合，D-不符合或无	

3.3 双方持续发展

在场馆学习的过程中，孩子一方面发现馆内资源或环境的不足，比如，场馆光线或暗或亮，使参观者感到不适；地面或展台有安全隐患；展示的内容没有吸引力，缺乏互动，等等。另一方面，一些知识上的疑问，不能在参观过程中得到很好的解决。这就需要馆校进行对话，丰富线下和线上的资源，满足不同层次学生的需要，为学生开展个性化服务，为教师构建丰富的教学资源库和全面的技术支持。

馆校结合充分发挥场馆的资源优势，为校本课程助力，让课程拥有勃勃生机，让枯燥、抽象的知识，以更生动、直观的形式展现出来，激发学生主动学习和深入学习。馆校结合为学生埋下一颗未来的种子，将科学思维、人文素养充分发展，滋润学生的一生。

参考文献

［1］鲍贤清.场馆中的学习环境设计[J].远程教育杂志,2011（2）:84-88.

［2］王乐,涂艳国.馆校合作教学模式的理论探索[J].开放学习研究,2017（10）:14-32.

新课标核心素养发展视域下的馆校合作
——以国家动物博物馆鸟类展厅为例

李雅馨[*]

（北京市东城区东四十四条小学，北京，100007）

摘　要　课程标准是国家和地方教育行政部门推行基础教育课程改革的重要依据，也是规范基础教育课程运作的纲领性文件。通过提高学生的核心素养，课程标准有力地推动了教育行政部门推进课程改革行动的进程。基于教材内容和课标达成开展的馆校结合教育活动，具有独特的教学方式和育人价值，有效地解决了中小学校与社会各方教育资源联动不足的问题。馆校结合在课堂学习内容、资源、空间等方面进行提升，切实做到在"双减"背景下做好科学教育加法，更加有利于学生核心素养的提高。

关键词　课程标准　"双减"　馆校结合

1　新课标素养发展下馆校结合的背景

1.1　"双减"背景下课标达成的重要性

小学科学课程目标立足于学生核心素养的发展，主要是指学生在学习科学课程的过程中，逐步形成的适应个人终身发展和社会发展所需要的正确价值观、必备品格和关键能力。[1]核心素养涵盖了知识、能力和态度责任等多方面的要素，这些要素的结合构成了学生在个人终身发展和社会发展中所需的关键素养。在这些素养中，科学思维无疑是最重要的部分之一。科学思维不仅在科学探究中发挥关键作用，同时也是学生在真实情境、个人发展和社会发展中必备的关键能力。模型建构、推理论证、创新思维等方法是科学思维在科学探究中的具体运用。因此，教师在教学过程中应当高度重视学生科学思维的锻炼，通过科学探究等方法帮助学生提升核心素养，以达到提升学生核心素养的目标。

---

* 李雅馨，北京市东城区一线科学教师，具有多年科学教学经验。

1.2 馆校结合的核心优势

1.2.1 馆校结合在弥补校内资源不足方面的优势

《义务教育科学课程标准（2022年版）》中指出："要发挥各类科技馆、博物馆、天文馆等科普场馆和高等院校、科研院所、科技园、高新技术企业等机构的作用，把校外学习与校内学习结合起来，因地制宜设立科学教育基地，补充校内资源的不足。"[2]从广义上看，科学教育既包括学校正式学习环境中的科学教育，也包括校外非正式学习环境（如家庭、工作场所、博物馆、社区等）中的科学教育。[3]在"双减"背景下，科学教育的加法应当从馆校结合学习的角度出发，通过在各类场馆内开展校内课程的联动学习，将学习空间拓展到课外，为课内知识提供更多的资源和支撑。这样做的目的是增强学生的实践能力，弥补校内课程资源和功能不足的问题。学生在学习过程中，通过视觉、听觉、触觉等多感官的体验，实现自我认知，进而达成课程目标。

1.2.2 馆校结合在核心素养提升方面的优势

馆校结合在提升学生核心素养方面具有显著优势。在场馆内开展以课标达成为目的的学习活动，学生可以借助多视角的观察和充分交流，提升归纳分析能力，提出独到的见解。学生学会提问并从场馆资源中寻找证据，举一反三，进而提升核心素养中的关键能力。各类场馆通过科学观念的纵向介绍，有效拓展了学生的知识面和锻炼能力。这些场馆还注重培养学生的知识渴求、对自然的热爱和责任感，以及对事实和他人见解的尊重等必备品格。这种馆校结合的学习方式，不仅有利于提升学生的核心素养，还进一步培养了学生的人文情怀和科学素养。

2 馆校结合：新课标优势的探索与实践

2.1 馆校结合：新课标背景下的挑战与机遇

馆校结合的学习模式在实施过程中面临着一些挑战。例如，学校和教师在精力、时间、经济、政策等方面可能限制了馆校结合学习的持久性，导致其往往只是短期内的尝试。博物馆与校内课程的连贯性和整体规划可能不足，影响了课程的深度和广度。尽管如此，各类场馆资源的丰富性为科学教育的拓展提供了可能性。如何将这些资源转化为有效的学习工具，依旧是在新课标背景下我们需要探讨的重要问题。

2.2 馆校结合开发课程的教学策略

2.2.1 以场馆布局体系助力课程教学

各类场馆的展厅规划往往功能区分明，展览动线顺畅合理，空间上有序列性，并且具有一定的主题性，可以根据不同的知识结构进行布展。在场馆活动过程中，课程设计可以依据场馆的布局进行进阶型概念建构，与学生概念建构从简到难，从单一到系统相匹配。以场馆体系开展教学活动，可以为学生提供多元视角的学习材料，使科学知识更加直观易懂。教师利用场馆内的专业设备和场地，亲自指导或辅助学生开展各种科学实验和实践活动，让学生在实践中学习和探索科学知识，进一步提升学生的实践能力和科学素养。

2.2.2 场馆内容作为课堂教学资源的有力补充

在常规的课堂教学中，教师有时候需要向学生展示一些资源，通常会使用图片、视频等载体。然而，这种形式具有一定的局限性和单一性。相比之下，各类场馆具有丰富的资源，能够提供很多真实、生动的素材，可以作为教材内容的有力补充。教师可以根据教材中的知识点，到各类场馆中挖掘与之相关的素材，将其融入课堂教学中，让学生身临其境地感受和理解科学知识。这种方法不仅可以丰富课堂教学的内容，还可以节省学生往返于场馆的时间和精力。

2.2.3 场馆资源成为课程教学的辅助与延伸

除了以上两个方面的应用，教师还可以利用场馆资源进行课前体验和课后实践活动的开发。在学习某一科学内容之前，教师可以带领学生到相应的场馆中进行参观，让学生通过实地调查和信息收集，了解相关的背景知识和科学原理。各类场馆通常会设有一些新颖、独特的趣味实践项目，学生在掌握课堂学习内容后，教师也可以带领学生走进场馆，参与这些实践活动，将所学知识进行应用和巩固。同时，学生能够在课前、课堂、课后连贯性地学习，有助于巩固对课堂内容的认知，提高动手实践能力。这样不仅有利于培养学生的科学素养和创新精神，还可以增强他们对科学世界的兴趣和热爱。

3 基于场馆布局体系实施课堂教学实例

以国家动物博物馆鸟类展厅结合课标概念"动物外貌适应环境"学习活动为例。

3.1 国家动物博物馆资源背景

国家动物博物馆隶属于中国科学院动物研究所，是集科研、标本收藏与科普于一体的国家级学术机构。国家动物博物馆展出的标本能够实现参观者近距离观察，在视觉和体验上效果极佳，受到广大动物爱好者和学生的喜爱。通过与学校教学的结合，国家动物博物馆提供了丰富的学习资源和实践机会。由于博物馆中的资源丰富，与校内教学的结合度非常高，这为教师提供了设计实践探究活动的广阔空间。这种校内外结合的学习模式有利于提高学生的学习效果，促进知识的深度理解和实践应用。

此外，鸟类展厅的布局也充分体现了鸟类的分类和进化关系。左侧的几大展柜按照猛禽、涉禽、游禽、攀禽、陆禽、鸣禽进行分类展出标本，这种布局有利于学生观察和总结各类鸟类的共同特征和演化趋势，从而深入理解生物分类和生物进化的概念。国家动物博物馆鸟类展厅与课堂教育的结合，对于学生学习和理解"动物外貌适应环境"这一学习活动具有极大的帮助。通过实地参观和学习，学生可以直观地了解到动物如何通过改变自身来适应环境的变化，从而深化对课本知识的理解和实践应用。

3.2 教学背景与学情分析

3.2.1 教学背景分析

"动物的外貌适应环境"对应课标 13 个核心概念中的第七个，即生物与环境的相互关系，在于探究身处真实的、变化的环境中的动物，有着怎样不同的表现及背后的原因何在。在校内教学中，我们主要通过引导学生收集、整理信息和资料，培养他们的系统思维能力。通过设计、实施对比实验，我们希望学生能更深入地理解生物与环境的关系。

本次实践活动结合校外社会资源——国家动物博物馆，带领学生走进鸟类展厅，观察不同展柜中的鸟，归纳发现同一展柜中的鸟存在相似的外貌特征，分析某些外貌特点的功能，从而推理出动物可能的食性和栖息地，感受鸟的某些结构是如何帮助其维持自身生存的，建构动物外貌特征适应环境的概念。

3.2.2 学情分析

本次活动结合课标"动物外貌适应环境"进行开展，对象是四年级的学生。通过低年级的学习，学生了解到动植物存在于大自然环境中，身上的各种感官与外界相接触，对环境的变化有感觉、有反应。通过本次实践活动，学生将有机会利用所学的分析与推理方法，去推测自然界中其他动物的外貌特征如何有利于生存。这将帮助他们更深入地理解"适应"的概念，并进一步巩固他们对生物与环境相互关系的认识。

3.3 活动目标

科学观念：

学生能够准确识别猛禽、涉禽、游禽等几类鸟的主要外部形态特征，理解这些特征在维持鸟类生存中的重要作用。学生了解鸟类喙、足、翼等部位的功能，理解这些部位的外貌特征如何帮助鸟类适应其生活环境。

科学思维：

学生能够观察并描述这 3 类鸟的主要外部形态特征，理解这些特征的共同点及其在鸟类生存中的重要性。学生能根据鸟类喙、足、翼的特征，合理推测其可能的生活环境和食性。学生能通过类比的方式，从生活中找到类似猛禽的喙、游禽的蹼等功能的事物。

探究实践：

学生能够初步掌握描述鸟类外貌特征的方法，并能根据这些特征分析其功能与所处环境的联系。学生能够清晰地描述自己通过鸟类外貌特征推理出其所在的生活环境的思维过程和依据。

态度责任：

学生能尊重事实，准确记录自己的观察信息，并基于这些事实表达自己的观点。

3.4　活动开展与实施

活动导入：

教师对国家动物博物馆的资源和鸟类展厅进行简单背景介绍。学生跟随老师的脚步，参观国家动物博物馆鸟类展厅，对场馆结构、资源简单了解。

对鸟类展厅各展柜进行观察，找到猛禽展柜中的鸟类共同点。

教师谈话：刚刚我们看到，鸟类展厅中有成百上千的鸟类标本。老师在参观的时候发现，有些鸟类被分类在了一个展柜中。你们认识吗？（以猛禽展柜举例）

学生虽然不能完全认识每一种猛禽，但会认为猛禽展柜中的鸟都是鹰。通过再次细致观察猛禽展柜中的标本，学生发现这些鸟类的外貌有相似之处：弯钩形的喙、锋利的爪、宽大的翼、身上的暗色……

教师提出问题：这些鸟类共同的外貌特征对它们的生活有什么作用呢？你能推测出它们可能存在的食性和生活环境吗？请给出合理的解释。

学生进行分析推理：可能与它们爱吃的食物或生活环境有关。

食性推理：它们可能吃肉，因为锋利的爪有利于抓住小动物，喙容易撕咬猎物、划开皮肤。

环境推理：宽大的翼利于滑翔，所以可能是在比较高或较为宽阔的地带，如悬崖、森林等。

自主学习：

继续观察其他展柜中的鸟类标本，分组开展观察活动，不同小组分别找到"涉禽、游禽、攀禽、陆禽、鸣禽"的外貌共同特征，并分析推理其可能存在的食性和生活环境，做出合理的解释。

不同展柜开展观察小组进行汇报，为同学们讲述观察结果及推理解释。

教师针对不同展柜间的鸟的相似特征或生活环境发出疑问，比如：游禽和涉禽这两类鸟，你们推测它们都生活在水边，有什么区别呢？学生展开对比分析，发现有些鸟类生活环境可能相似，但基于它们的外貌特征差异，依然能够分析出细微的不同之处。

（设计意图：本次实践活动结合课堂内容主要落实课标中核心概念的学习，并提升学生的核心素养。学生走入真实情境中，观察比较不同类别的鸟的结构差异，通过分析推理认识到鸟的结构和其所具备的功能是相适应的，并能够运用类似方法分析自然界中其他生物的外部形态和生活特点表现出的适应性，锻炼学生从局部到整体、从单一到系统认识生物，形成对生命领域中生物体各部分结构之间存在紧密联系，并相互配合得以完成生命活动的意识，有助于形成"结构与功能相适应"这一跨学科观念。

设计本次实践活动时，考虑到学生不仅要对"结构与功能相适应"观念进行建立，还需要意识到生命体与环境之间的适应关系，将视野放大至整个自然界。因此，学生在活动中需要学会分析鸟类的外部形态和生活特点对其生活环境加以推理，如学生观察猛禽的翼都很宽大，有利于滑行，所以推理猛禽所处的环境应是地势较高、较宽阔的地区，从而理解自然环境对于生物结构与功能的影响，初步感受生命科学领域中进化的思想。

学生需要运用一至三年级所掌握的科学思维参与到活动中，如：观察归纳鸟类的外貌特点，分析推理其具备的功能和鸟类所处的生活环境，比较不同类鸟的特点，并解释其生活特性和环境信息。学生通过合作与交流，外化自己的推理过程，并从自己的角度发现问题，解决问题，强化了学生科学思维的锻炼。此外，学生在探究实践时能够近距离观察、接触标本，调查探究所需信息，从真实的标本而非图片中获取能够支撑自己猜想的证据，并基于证据分析鸟类结构与功能和环境的关系，得出结论，准确表达自己的观点，提升探究实践的能力。）

总结：

我们通过观察和分析发现，在不同环境中，一些动物的外貌特点，更有利于它们在所处的环境中生存，我们说这些鸟类的外形能适应它的生存环境。建构核心概念"动物外貌适应环境"。

教师带领学生来到"鸟类的适应性辐射"展板前，了解更多关于鸟喙、翼、足适应环境的例子，再次深入对"动物外貌适应环境"的理解，感受环境对鸟类生存的重要性。

（设计意图：在本次活动结束后，学生通过感受鸟类"结构与功能相适应"和"结构、功能与环境相适应"，意识到生命体与环境间的紧密联系，环境是生命生存的家园，产生保护环境的社会责任感，形成爱护鸟类、热爱动物与自然的正确价值观。）

3.5 活动效果与评价

本次活动过程聚焦学生的科学思维能力，通过倾听学生观察和描述结果，了解他们的观察和归纳能力。关注学生的推理和分析推理过程的能力，以及他们对信息的整理和综合能力，评价学生在科学思维方面发展的能力。

利用国家动物博物馆鸟类展厅的资源，将校内外学习有机地结合在一起，在直观教育方面具有很大的优势和条件。营造良好的学习氛围，开阔学生的视野，并着重培养学生的自主、综合和创新能力。强调学生应认真观察，实事求是地进行学习。

4 结语

在当前的教育格局中，馆校合作已逐渐成为推动青少年科学教育发展的重要力量。在社会资源与学校力量的大力支持下，以及教学课程的不断创新与拓展中，我们期待看到各类科学文化场馆能够与校内课程展开更为深度和持久的合作。这种合作不仅将为青少年提供更加丰富多元的实践与探索机会，激发他们对科学的浓厚兴趣与热爱，同时也将促进社会各界资源的高效共享，推动学校教育的全面发展，为实现世界科技强国的宏伟目标注入新的活力。

馆校结合的实践活动，无疑将成为推动青少年科学教育发展的有力引擎。这种结合方式不仅能够让青少年在实践中学习科学知识，而且可以在实践中培养他们的创新思维和实践能力，从而切实提升青少年的核心素养。这些能力对于他们今后的发展和成长至关重要，有助于他们成为未来社会的中坚力量。

进一步来看，这种馆校合作模式也将有助于打破教育资源的局限性，实现教育资源的优化配置，将校内外的教育资源进行整合，能够为青少年创造一个更加开放、包容的学习环境，让他们在更加宽阔的天地中探索科学的奥秘，体验科学的魅力，培养科学的精神。这不仅有助于青少年个体的全面发展，也将为国家的科技创新和社会进步提供源源不断的人才支持。

参考文献

[1,2] 义务教育科学课程标准（2022年版）.

[3] 王晶莹,吕贝贝,尹迪,等."双减"政策下的科学教育加法:背景、内涵与路径[J].中国科技教育,2023（5）.

探索馆校合作新路径，共建科学教育新绿洲

周文倩*

（宜兴市科技馆，宜兴，214200）

摘　要　本文通过科技馆科学教育特征的深入分析，突出亲身体验、跨学科融合与思维启发等要素，引导学生走向科学的奇妙世界。馆校合作在共同构筑科学教育绿洲方面具有重要价值，倡导"走出去"与"领进来"相结合，推动双向教师提升，并强调资源共享平台的搭建。未来，政府、教育部门应协同参与，深化活动内涵，推动馆校合作向纵深发展、向馆外延伸，进一步促进馆校合作常态化，切实发挥科技馆在科普教育中的重要职能作用，助力"双减"教育工作，共建科学教育新绿洲。

关键词　馆校合作　科学教育　创新路径

科学教育在培养人才、推动社会进步和培育创新能力方面具有重要的作用。而科技馆和学校是科学教育的两个重要阵地，二者的合作将为培养学生的科学素养和创新思维提供更广阔的舞台。[1]从 2007 年我国进行"科技馆进校园"试点开始，至今已近 20 年，取得有目共睹的成果。未来，馆校合作将呈现新的发展趋势。科技馆可以结合自身的优质科普展品资源，不断深化科学教育活动，为学生提供更丰富的学习机会。同时，丰富多样的活动形式将提高馆校合作的广度和深度，使学生在实践中获得更全面的科学教育。最终，馆校合作将形成常态化，为学生构建一个全面而富有活力的科学教育新绿洲。

1　科技馆科学教育的特征

1.1　亲身体验、感官刺激，让学生走进科学的世界

在科技馆里，学生可以亲身体验科学实验和展示，通过触摸、观察、倾听等感官刺激，深入感受科学的奇妙之处。他们可以进行亲手实践探索，通过动手操作，了解科学原理，培养科学探究能力。

1.2　跨学科融合，综合思考，培养学生的综合素养

科技馆的展品和展览往往涵盖多个学科领域，如物理、化学、生物等，学

---

*　周文倩，现任宜兴市科技馆科教活动部部长，在科普一线工作至今已 7 年有余，曾荣获"2021年度长三角优秀科技志愿者""宜兴市第八届青年科技英才"等 27 个奖项。

生在参观时需要进行跨学科的融合思考。他们通过综合分析、综合运用不同学科的知识，提升自我综合素养，培养解决问题的能力。

1.3 启发思维，培养创新思维，激发学生的学习热情和创新潜能

科技馆开展的科普实践活动常常引发学生的思考和探索欲望。他们在观察和实践的过程中，不断思考、提问，并寻找创新的解决方法。科技馆激发学生的兴趣和激情，培养他们的创新思维和问题解决能力，为未来的科学探索奠定坚实的基础。[2]

2 馆校合作的科学教育价值取向

一是拓宽学习视野，深化学科理解，增强学习兴趣，馆校合作为学生带来全面的科学教育体验。通过馆校合作，学生有机会走出传统的教室环境，进入科技馆这一科学知识的宝库。[3]在科技馆中，学生能够接触到丰富多样的科学展品和实践活动，拓宽他们的学习视野，加深对各学科知识的理解。这种全面的科学教育体验可以激发学生的学习兴趣和对科学的好奇心和探索欲望。

二是培养实践能力、创新思维、解决问题的能力，馆校合作促进学生综合素养的全面提升。通过与科技馆的合作，学生有机会亲身参与实践探索和科学实验，培养他们的实践能力和动手能力。[4]在这个过程中，学生需要运用科学知识和创新思维解决问题，培养自己解决问题的能力。馆校合作不仅培养学生的学科素养，还注重学生的综合素养，使他们具备跨学科思维和解决实际问题的能力。

三是促进交流合作，拓展人际关系，增强团队意识，馆校合作培养学生的合作能力和社交能力。在馆校合作中，学生需要与科技馆的工作人员和其他学生展开交流与合作。通过与他人的互动和合作，学生拓展了自己的人际关系，培养了良好的沟通与合作能力。此外，馆校合作还鼓励学生以团队为单位进行科学实践和项目探索，增强学生的团队意识和合作精神。

3 共筑科学教育绿洲的馆校合作路径

共筑科学教育绿洲需要馆校紧密配合与协同发展，既要实现走出去开展"第二课堂"科学教育活动，又要领进来开展丰富的科学教育实践活动，同时还要搭建资源共享平台，促进双向教师提升。[5]在这方面，宜兴市科技馆交出满意答卷，在2022年启动了"科学无边际，馆校零距离"的合作项目，通过与红塔小学、城中实验小学等多所学校的合作，结合科技馆资源，拓展科学教育的深度和广度。

3.1 走出去：开展"第二课堂"科学教育活动

以科技馆为载体开展"第二课堂"科学教育活动，是当前以"双进"服务"双减"的重要方向。科技馆作为科学普及和教育的有力助手，具备丰富的教育资源和专业知识，可以深入学校，为学生提供多元化、实践性的学习体验，充分调动学生对爱科学、学科学、用科学的热情。

一方面，科技馆应制定合适的教育计划与内容。在科技馆进校园的过程中，首要任务是制定符合学校教育课程特点、学生年龄特征和学科需求的教育计划。科技馆应深入了解学校的课程设置与教育目标，以确保所提供的活动内容与学校教学大纲相契合。结合教育学、心理学等学科的理论与研究成果设计并调整活动，确保其科学性、系统性和实践性。这样的活动应涵盖多个学科领域，包括物理、化学、生物、地理、自然等，以满足学生多方面、多层次的知识需求。在这方面，宜兴市科技馆与红塔小学、城中实验小学等多所学校的合作案例提供了具体的实践范例。宜兴市科技馆与学校合作开展了多种类型的科学教育活动，其中的科学脱口秀"能复活灭绝的生物吗"引发了学生对生命科学的思考，通过生动有趣的方式，让学生直接参与到科学问题的讨论中，激发了他们的学习热情和创新潜能，学生通过亲身体验，深入了解了复杂的生命科学知识。市科技馆还开展了"共享科学 + 课堂"活动，如"认识万磁王"和"听，这奇妙的声音"等，通过跨学科融合的方式，培养了学生的综合素养，学生不仅学习了科学知识，还学会了综合思考和解决问题的能力。

另一方面，建立有效的合作与交流机制。科技馆进校园需要与学校建立良好的合作关系，形成长期稳定的合作模式。这种合作应建立在平等、共赢的基础上，明确双方的责任与义务。科技馆可以安排教育专业背景的辅导员到校园内，与学校教师合作，共同设计、组织并实施科学教育活动。科技馆可以开展丰富多样的科学展览、实验和互动体验项目，为学生提供参与科学实践的机会。还可以举办科学讲座、科学脱口秀等形式的科普活动，引发学生对科学问题的思考和讨论。通过这些路径，学生可以走出课堂，亲身接触科学，激发科学兴趣和热情。同时，建立定期交流、沟通的机制，以不断改进活动内容和方法，提高活动的质量和针对性。此外，还可以通过邀请学校教师参与科技馆内的展览、研讨会、学术讲座等活动，促进双方的相互了解与合作，形成教育资源的共享与整合。

总的来说，科技馆走进校园是促进学校教育创新和学生综合素质发展的有效途径。通过制订合适的教育计划与内容，以及建立有效的合作与交流机制，科技馆可以在校园内展现其丰富的科学教育资源，为学生提供更加丰富、多样的学习体验，促进学术知识与实践技能的结合，培养学生的创新精神和实践能力。

3.2 领进来：开展丰富的科学教育实践活动

在构建科学教育新绿洲的过程中，开展丰富多样的科学教育实践活动是不可或缺的一环。这一路径不仅让学生置身于新兴科技的奇妙世界，感受其身临其境的魅力，同时也深度融合多学科要素，拓展知识的边界。科技馆作为科学教育的重要阵地，有着丰富的科学资源和专业知识，应该充分发挥其优势，为学生打开科学奇观的大门。[6]

首先，引入新兴科技是丰富科学教育实践活动的必由之路。科技馆作为科学教育的重要阵地，着眼于丰富科学教育实践活动，不可或缺的是引入新兴科技。当前，新兴科技以其飞速的发展和广泛的应用，成为学生极为关注的焦点。科技馆应积极引入最新的科技成果，如人工智能、虚拟现实、增强现实等前沿技术。通过精心设计的展览、示范和体验活动，科技馆让学生可以近距离感受到这些科技的奇妙，引导他们深入了解科技的前沿与未来。在科技馆中，学生不仅能够看到科技成果的展示，还可以通过亲身实践，身临其境地体验到科技的应用。例如，在虚拟现实技术的体验活动中，学生可以穿戴 VR 设备，仿佛置身于一个全新的虚拟世界。这种引领式的科技体验，不仅使学生对科技有了直观的认识，还激发了他们对科技的浓厚兴趣和探索欲望。这种创新的科技体验方式，培养了学生的创新思维和问题解决能力，为他们未来的发展奠定了坚实的基础。总之，科技馆通过引入新兴科技，为科学教育实践活动注入了新的活力和魅力。这种引领式的科技体验不仅让学生了解了科技的最新成果，更激发了他们对科技的热爱和探求。科技馆在丰富科学教育实践活动的同时，也在培养未来科技人才的道路上发挥着积极的推动作用。

其次，开展跨学科融合活动。科技馆作为科学教育的核心场所，其使命不仅仅是传递学科知识，更在于激发学生的跨学科思维和创新能力。因此，科技馆与艺术、文学、历史等多个教育机构合作，共同设计多元化的活动，将不同学科融汇于科学的探究之中。比如，可以通过展览结合文学创作，使学生能够通过文学作品感受科学的魅力；或者通过历史的考察，了解科学发展的历史脉络，从而激发对科学的独特理解。这种跨学科的交叉设计让学生更加全面地理解和应用科学知识，培养了多元思维和创意能力，促进了学科间的有机交汇与知识的互通共享。[7]这样的举措不仅能够激发学生的学科兴趣，也能够使他们更好地理解和应用科学知识，进而为未来的学术探索和创新打下坚实基础。宜兴市科技馆在实践探索中，开展了多个跨学科融合的活动。例如，课程"植物化石"结合了地理学、生物学和历史等学科知识，让学生通过实际实验和观察来了解植物化石的形成和特点；活动"天眼之父——南仁东"涉及光学、天文学原理，结合了科学艺术的元素及科学家精神内容，引导学生动手制作望远镜，培养了学生的创造力和科学精神。

另外，科技馆还可以借助互联网和在线资源，拓展科学教育的边界。科技馆可以与学校合作，建立在线科学教育平台，提供在线实验、科学游戏、科学视频等资源。学生可以随时随地进行科学学习和实践，自主探索，并通过在线交流平台与其他学生、专家进行交流和合作。此外，还可以利用社交媒体等工具，开展科学挑战、知识分享等活动，激发学生参与和学习的热情。

3.3 搭建资源共享平台，促进双向教师提升

在共建科学教育绿洲的进程中，馆校合作通过搭建资源共享平台，积极推动双向教师提升，为教师呈现专业支援和学术涵养之契机。

一方面，科技馆作为科学教育的重要场所，承载着丰富的科学资源与专业学识。其著名的讲师团队不仅具备丰富的学科知识，更具备传授专业培训及教育引导的独特能力，可协助学校教师走向教育理念与授课方法的新时代。首先，科技馆讲师得以举办具有前瞻性的专题讲座和研讨会，传播最新科研成果和教育潮流，以精深科学的研究成果激励学校教师紧随科学前沿。其次，科技馆讲师可以提供实践指导和示范课程，引导学校教师将科学知识有机融入实际授课过程，培养学生的科学思维与实践技能。此外，科技馆可以建立在线学习平台，为学校教师提供丰富多样的学术资源和教学案例，方便他们随时随地展开学术交流与研讨，助推教学水平的提升和学科素养的进步。

另一方面，学校教师作为教育现场的主要实践者，具备丰富的教学经验和洞见，为科技馆讲师提供了宝贵的教育实践反馈，促进科技馆的不断发展与创新。首先，学校教师能与科技馆讲师开展深度合作，共同策划并实施科学教育项目和实践活动。通过密切合作的研究与实践，学校教师有机会向科技馆讲师分享学校教育的独特特质与需求，为实现馆校深度融合贡献智慧。其次，学校教师能积极参与科技馆讲师的专业培训和研讨活动，分享自身在课堂教学中的有效实践与创新经验，丰富和拓展科技馆讲师的教学方法与教育理念。此外，学校教师还有责任提供具体而有建设性的评估与反馈意见，助力科技馆讲师不断改进教学内容与方式，确保教育目标的达成。

通过精心构建资源共享平台，馆校合作不仅能够促进科技馆讲师与学校教师之间的相互激励与共同学养[8]，更能够为启动一场双向智识的交流提供契机。这种交流的纵深融合，将催生科学教育的不断创新与扬升，为学生呈现更加精彩纷呈、更为卓越出众的教育体验。同时，这一互补与共荣的关系，让科技馆

讲师和学校教师能够在这个知识交融的殿堂上相互启迪，共同实现学术水平提升与专业精进。在这共享平台上，馆校合作不仅是知识与经验的交流，更是一种思想的碰撞。科技馆讲师能够将前沿的科学研究成果与教育实践相结合，为学校教师呈现更为前瞻的教育思维与方法论。而学校教师也能够以自身丰富的教学经验和实践成果回馈科技馆，助其实现教育理念的进一步演化。这种思想碰撞和共同成长，不仅拓展了教师们的学识边界，更为科学教育的未来描绘了更为丰富的图景。

4 馆校合作发展新趋势

4.1 探索政府和教育部门协同参与的合作机制，不断深化科学教育活动

通过审视科技馆与学校之间的合作动态，显而易见，政府机构和教育部门的参与已经在促进科技馆与教育机构之间协同关系方面产生了显著的作用。目前，绝大多数科技馆归属于科学技术协会体系，而学校则受教育部门的管辖。这两个实体在平行的机构框架下运作，缺乏实质性的相互作用。[9] 相比之下，以台湾的科技馆为例，其专门致力于自然科学普及的公共场所由"教育部"社会事务司负责管理，全职员工享受教师待遇，这种模式为学校与科学场所之间的资源交流提供了流畅的渠道，为合作提供了先例。然而，大陆的许多科技馆与学校合作项目，常常是由学校管理者和科技馆相关人士基于提升科学意识或增强学校知名度和独特属性的热情所发起。这种情况下，往往缺乏科学技术协会或教育部门的整体协调参与，导致合作形式单调，合作模式不稳定，甚至会因领导层更迭等而出现波动。

值得注意的是，科技馆与学校合作中的显著成功案例往往建立在与教育部门的紧密合作和有效沟通基础之上。因此，政府机构和教育部门的积极参与对于推动科技馆与学校合作的深入发展至关重要。通过多方利益相关者的共同努力，需要共同探讨在科技领域内实现科学普及活动、学校科学教育，以及更广泛社会科学教育的有机融合的模式和运行机制，这需要制定明确而全面的制度框架。首先，政府与教育部门的积极参与将通过政策支持和资源投入，为馆校合作提供强有力的保障。政策层面，政府可以制定鼓励馆校合作的法规。资源层面，政府可以提供场地、设备、人才，并为合作项目提供资金等。以加强合作活动的实施效果。其次，合作机制的构建需要明确双方的角色和责任。政府和教育部门作为合作的主导者，应协调资源分配和活动计划，确保合作目标的一致性。科技馆和学校作为合作的主体，需要紧密配合，充分发挥各自优势，实现优势互补。而且，合作过程中的信息共享和沟通也是不可或缺的环节。政

府和教育部门应建立及时沟通的渠道，了解合作项目的进展和需求。科技馆和学校之间也需要保持紧密联系，分享教育资源和经验，促进活动的优化和创新。

总之，政府机构和教育部门在科技馆与学校合作中的积极参与至关重要。我国应积极推动政府和教育部门的实质性参与，共同探索科技馆与学校更紧密合作和融合的途径。这将有助于构建坚韧持久的合作框架，进一步提升科技教育的水平和影响力，共同铸就一个新的科学教育卓越领域。

4.2 积极开发场景式、体验式科学实践活动，提高馆校合作的广度和深度

以满足学校科学教育需求为指导，积极探索场景式和体验式科学实践活动，推动科技馆的科普资源与学校课堂教育有机结合，从而有效弥合两者之间的鸿沟。这一努力旨在不仅提升学生的科学素养，还要培养那些具备潜在科学家特质、愿意投身科学研究事业的青少年群体，进一步充分发挥科技馆作为科普主阵地的关键角色。

积极探索场景式和体验式科学实践活动，能够营造出一个身临其境的学习环境，让学生在实践中感受科学的魅力与应用。这种亲身体验不仅激发了学生的学习兴趣，也培养了他们的创新思维和问题解决能力。同时，这也为学校课堂教育提供了有力的补充，使抽象的科学理论更具有实际应用的内涵，提高了学习效果。

积极开发这类科学实践活动过程中，需要与学校紧密合作，深化馆校合作的广度和深度。深入了解学校的教学需求，能够更加精准地开发适合学生年龄和知识水平的活动，使科学教育资源得以充分发挥。同时，这种合作也有助于科技馆更好地融入学校教育体系，为学生提供更丰富多样的学习途径，实现了双方优势资源的互补。

总而言之，积极探索场景式和体验式科学实践活动的过程，不仅能够促进馆校合作的深入发展，还能够为学生打开通往科学世界的大门，激发他们对科学的兴趣和热情，为未来的科学研究事业培养出更多的有志之士，充分发挥科技馆在科普教育中的重要作用。

4.3 馆校合作常态化

未来，馆校合作将成为常态化的教育模式，这一趋势将推动教育体制的创新与进步。馆校合作不再是偶发的合作项目，而是成为学校教育的重要组成部分。未来的馆校合作将从临时性的合作转变为长期性的合作伙伴关系。学校和科技馆将建立稳定的合作机制，共同制订教学计划和活动安排，确保教育资源的充分利用和持续发展。这种常态化的合作将有助于构建起稳定的合作平台，

加强双方的互信与互动，实现资源共享、优势互补、共同提升。放眼未来，科技馆可以采用以下崭新的方式与学校合作，形成常态化的合作关系：

一是科技馆内设学校分支机构：科技馆可以在其内部设立学校分支机构，为学生提供定制化的科技教育课程和学习机会。这样的分支机构可以配备专业教师和先进设备，为学生提供独特的学习体验。学校可以将科技馆的资源融入课程中，并定期组织学生参观科技馆展览和项目。

二是跨地域联合项目：科技馆可以与其他地区的学校建立跨地域联合项目，共同开展创新的科技教育活动。通过在线协作工具和虚拟交流平台，学生可以与不同地区的学生合作，开展科学实验、工程设计等项目。这种跨地域的合作可以拓宽学生的视野，促进跨文化交流和合作。

三是深度产业合作：科技馆可以与相关行业的企业、研究机构等深度合作，将实际应用与科技教育相结合。通过与行业合作，科技馆可以提供实际案例、技术支持和专业指导，帮助学校开展实际项目和实践活动。这样的合作可以增强学生的实践能力和就业竞争力。

四是教育研究合作：科技馆和学校可以建立教育研究合作的机制，共同开展科技教育的研究和实践探索。科技馆可以提供研究课题和资源支持，学校可以组织教师参与研究，并将研究成果应用于教学实践中。这样的合作可以促进科技教育的创新和改进，提高教育质量和学生学习成果。

通过采用这些崭新的合作方式，科技馆和学校可以形成更紧密、更具深度的常态化合作关系，为学生提供更广阔的学习机会、实践经验和创新能力的培养，进一步推动科技教育的发展。

5 结论

总而言之，馆校合作是促进科学教育发展的重要途径。本文提出走出去、领进来和搭建资源共享平台等路径，以推动合作的创新与深化。同时，展望未来，结合优质科普展品资源和丰富活动形式将成为新趋势，而常态化的合作将成为科学教育的主流。探索馆校合作的新路径，能够为学生提供丰富的学习机会，培养其创新能力和综合素质，共同努力构建一个充满活力与创新氛围的科学教育绿洲。

参考文献

［1］莎仁高娃,徐开,崔敏杰,等．推动科技馆科学教育创新发展:美国探索馆经验与启示 [J].科学管理研究,2022,40（5）:154-162..

［2］陈奕喆．面向青少年科学职业理想培养的场馆科学教育研究——来自英国两

家科普场馆的启示 [J]. 自然科学科技馆研究,2022,7（4）:63-72.

［3］陈小红. 对场馆课程资源开发的馆校合作的思考 [J]. 科学咨询（科技·管理）, 2022（1）:232-234.

［4］樊文强,左什. 馆校合作科学教育评估指标体系构建研究 [J]. 科学教育与科技馆,2021,7（3）:238-246.

［5］孙小莉,何素兴,吴媛,等. 有效提升科技馆科学教育活动成效的路径探析 [J]. 高等建筑教育,2021,30（3）:181-187.

［6］陈飞. 浅论馆校结合科学教育的与时俱进——基于浙江省科技馆的实践与探索 [J]. 科技通报,2021,37（5）:131-134.

［7］赵成龙. 研学旅行活动下科技馆"馆校结合"科学教育的发展 [J]. 科技视界,2020（33）:1-3..

［8］洪晓婷. 馆校合作:搭建青少年科学教育"新平台"[J]. 科技风,2020（31）:44-45.

［9］黄子义,唐智婷,姜浩哲. 馆校结合视角下科普教育的治理逻辑——以上海自然科技馆"博老师研习会"项目为例 [J]. 科学教育与科技馆,2020,6（Z1）:92-97.

［10］鲁文文. 像科学家一样想事情、做事情——基于科技馆资源的馆校结合科学教育课程开发思路 [J]. 自然科学科技馆研究,2019,4（3）:43-48+94.

馆校合作在初中生物跨学科实践的应用

——以软体动物为例

朱瑞燕*

（南城阳光实验中学，东莞，523000）

摘　要　本文依据初中生物的教学要求与内容，结合东莞市博物展览馆的数量与特点，设计和开发出以解决初中生物核心概念为主要任务的跨学科实践活动，让学生在活动中掌握软体动物的主要特点，同时了解家乡的历史，拓展对软体动物的用途认识，提升学生的核心素养，为馆校合作提供了新的思路和方法，对解决新课标的跨学科实践开展的难题有借鉴意义。

关键词　馆校合作　初中生物跨学科实践活动　软体动物

1　馆校合作的概念及实施意义

馆校合作指场馆与学校为实现共同教育目的，相互配合而开展的一种教学活动。[1]各个地方的展览馆面向大众开放，一般属于政府支持的非营利性机构，以游览性、教育性和欣赏性的目的为主，为社会的教育和发展服务，也是当地一种直观、便利的教育资源。馆校合作能将学校与博物馆、科技馆、美术馆等场馆联系起来，使学生的活动空间扩大，教师的课程资源更加丰富，教育的内涵也变得充盈。2016年以来，由于国家对科普工作的重视，馆校合作教育活动迎来了新高潮，小学科学科目在馆校合作教学活动中有着独特的优势，因此开展的数量和项目比较多。初中则以历史、美术科目为主开展馆校合作，生物、化学、地理等科学教师也有人开展馆校合作活动，但是数量较少。

2　馆校合作与跨学科实践的关系

《义务教育生物学课程标准（2022年版）》中，明确提出跨学科实践的要求，每个学科必须有10%的跨学科实践。[2]跨学科实践活动是在课内开展，还是课外开展，如何开展才能更有效地结合相关学科，解决学科的主要问题，同时兼顾学生其他学科的发展，全面提升学生的核心素养，是每位教师要思考

---

* 朱瑞燕，初中生物副高级教师，研究方向为初中生物跨学科实践。

的问题。馆校合作教育活动为教师组织跨学科实践活动提供了良好的思路和方案。无论是考古类型的展览馆，还是科技科普类型的展览馆，产品的展出和设计都不是单一学科能解决的，需要众多学科的参与。以古生物化石展览为主的博物馆为例，一件展品的挖掘和展出需要有考古学、古生物学、历史学的背景知识。对展品的年代测定需要物理学、化学等相关学科的参与。

3 馆校合作在初中生物跨学科实践应用中的实例

3.1 实践活动所依托的博物馆资源

东莞是广东省的历史文化名城和近代史的开端之地，文化底蕴深厚，全市共有大大小小博物馆 21 所。其中南城蚝岗遗址属新石器时代晚期贝丘遗址，距今约 5000 年，内有保存完整的古人类遗骸，以及陶器、石器和蚌器等。该遗址还出土了大量的蚝壳，说明古代的东莞曾经是一座海岛，岛上的居民以捕鱼和捕捞海上的软体动物生蚝为主要食物。蚝又称牡蛎，自古以来就是珠三角沿海居民的食物之一，其最早的食用记载可追溯至南北朝时期。刘恂的《岭表录异》一书中记载"惟食蚝蛎，垒壳为墙壁"，这里的"蚝蛎"就是生蚝。《东莞县志》中也有关于渔民插竹养蚝、采蚝的详细记载。蚝除了可以食用外，蚝壳含有丰富的碳酸钙，是一种建筑材料。明清时期的岭南建筑常用蚝壳砌墙，有防盗的功能。用蚝壳提取的灰叫牡蛎灰，是泥塑的材料之一。蚝壳还可被磨成薄片，有一定的透光性，可镶嵌在窗上。蚝的食用、生长养殖及蚝壳的应用，体现了岭南的海洋文化特色。经过笔者的调查，可园建筑内有蚌壳窗、灰塑，逆水流龟村堡中有蚝壳墙，沙田博物馆中有渔民建造的蚝壳屋的模型。虎门炮台在建造的过程中也应用了蚝壳炮制的牡蛎灰，虎门、沙田是东莞古代重要的养蚝基地，许多地名与蚝的养殖、捕捞有关。

根据以上历史资料，笔者设计了以生蚝为主题的莞邑蚝情实践活动，帮助学生有目的、有计划地参观东莞市的博物馆和遗址，在掌握生物核心概念的同时，了解东莞养蚝的历史、东莞地理的变迁及蚝壳的建筑用途，全面提升核心素养。

3.2 实践活动的课标依据

从生物分类来说，生蚝属于无脊椎动物软体动物门双壳纲珍珠贝目牡蛎科。生蚝所属的类群软体动物的特点在人教版初中生物八年级上册第五单元第三章有详细的介绍。这一教学内容在介绍软体动物的代表动物时，出现过生蚝的图片。软体动物的主要特征及用途，是这一章节的重要概念，需要学生通过解剖实验来掌握。以生蚝为主题的跨学科实践活动能帮助东莞等沿海教师落实课标，为解决 10% 的学科实践难题提供一定的方向和思路。

3.3 实践活动的开展过程

跨学科实践活动主要是让学生内化核心概念,完成主要教学任务。首先确定该实践活动的主要任务是通过实践活动掌握生蚝的形态结构,了解生蚝在东莞历史发展中的地位和蚝壳的作用。然后确定本实践活动的主要学科是生物,相关学科是历史、地理、美术,在此基础上将该实践活动的课程分成以下三大部分来进行。

3.3.1 课堂导学,激发兴趣

课堂是教师开展教学的主要阵地,也是引领学生进行课外实践的重要基础。笔者在课堂上进行"软体动物"这一章节的授课时,设计生物、历史跨学科教学。导入新课时,以蚝岗遗址博物馆为切入点,展示博物馆内挖出的蚝壳,让学生去猜,这是什么动物?属于什么类群?这一类群的动物有什么特点?讲解软体动物的作用时,引导学生思考,珠三角沿海地区人民在古代大量食用生蚝,那么古代东莞的历史发展与生蚝有什么关系?古代东莞人民是如何养殖生蚝的?蚝壳又有什么作用?通过生动具体的问题激发学生调查的欲望,了解生蚝与东莞历史发展、民俗风情的关系。接着布置课后游览博物馆的作业,让学生利用网络资源、博物馆资源围绕生蚝与东莞为主题开展相关的调查活动,并以小论文和手抄报等形式进行总结展示,激发学生进一步投入活动的兴趣。

3.3.2 周末亲子共学,了解生蚝与东莞的历史

对于生蚝与东莞历史的调查不能仅停留在书面表达,如何让学生深入了解生蚝的结构和功能及应用?在国庆长假期间,我布置了参观蚝岗遗址与可园博物馆、虎门逆水龟流城堡活动。

3.3.2.1 参观虎门逆水流龟村堡活动

(1)莞邑养蚝知多少活动:让学生观看场馆内与生蚝有关的资料,了解东莞生蚝养殖的历史,让学生认识常见不同生蚝品种的特点与分类。

(2)蚝的结构与解剖:让学生在博物馆内观察生蚝,尝试解剖生蚝,对照生蚝结构图了解生蚝的结构与功能。

(3)根据课本中珍珠形成的原理,讨论生蚝是否能产生珍珠?生蚝产生的珍珠与其他珍珠有什么区别?

(4)探讨蚝岗遗址中古人类的食物特点:当时的古人类除了食用生蚝,还可能食用哪些食物?古代的东莞可能有哪些海洋生物?

(5)学以致用:参观完后学生回家自行购买生蚝,再次进行解剖,录制成讲解视频,并烹饪生蚝,以图片的形式展现,撰写参观及烹饪生蚝的心得体会。

3.3.2.2 参观可园博物馆活动

而在可园博物馆时，让学生重在领会可园内与生蚝有关的建筑艺术，如灰塑、蚝壳窗。因此在让学生参观时，结合馆内的资源进行了以下研学活动：

（1）拍一拍：给可园内的各个灰塑拍照，观察灰塑的艺术内涵，这些灰塑建在什么朝代？有什么特色？

（2）找一找：可园内具有蚝壳窗多少个？为什么要用蚝壳装饰窗户？具有哪些优势？

（3）看一看：观察可园博物馆内的蚝壳墙。想一想：蚝壳砌墙有什么好处？蚝壳墙从哪个朝代开始流行？

（4）做一做：尝试设计一个能代表可园的文创艺术品（利用黏土或者橡皮泥）。

通过以上一系列丰富多彩、动脑又动手的博物馆研学活动，学生对东莞的文化特色、历史起源有了更全面、深刻的了解。

3.3.3 第二课堂拓展延伸

跨学科实践的基本要求是要含括两个以上的关联学科。理解生物核心概念的任务主要在生物课堂上完成。课堂时间与内容毕竟有限，而其他学科的渗透在第二课堂开展，因此笔者在第二课堂还进行了以下活动，以提高"莞邑蚝情"跨学科实践活动的深度和广度。

3.3.3.1 地理学科融合实践活动——东莞地理位置的变迁调查

东莞以前是一个海岛，四周临海，而现在的东莞临海面积很小，这个变化是怎么产生的？与什么因素有关？鼓励学生查阅资料写出小论文，关注东莞地理变化。

3.3.3.2 历史学科融合实践活动——东莞贝丘遗址调查

既然东莞以前是个海岛，除了蚝岗遗址是贝丘遗址，还有哪些遗址属于贝丘遗址？这些遗址出土了什么文物？有什么价值？贝丘遗址区别于其他遗址的特点是什么？第二课堂上以东莞的贝丘遗址为主题开展调查活动，让学生查阅资料并做成PPT，在课堂上讲解、展示。

3.3.3.3 美术学科融合实践活动——蚝壳工艺品制作

学生吃剩的蚝壳带回学校后进行清洗、晾晒、漂白，然后利用这些蚝壳加工成以下几种工艺品：（1）蚝壳滴胶。在蚝壳上加上干花、小贝壳、小彩珠或者彩砂等装饰品，调制好AD胶，将AD胶铺满壳。待胶冷却后，一个装饰品就完成了。（2）蚝壳绘画。利用画笔和乙烯颜料在蚝壳上绘画。（3）蚝壳立体工艺品。根据蚝壳的大小或者形状，用胶水把蚝壳粘成灯座、花瓶等饰品。（4）蚝壳蜡烛。首先在蚝壳上加入小装饰品点缀，然后把蜡烧成液体状，倒入壳中，插入烛芯。学生利用这些废弃的蚝壳做成工艺品带回家，加强了学生的环境保护意识，让学生进一步认识到垃圾回收的重要意义。

3.3.3.4　化学学科融合实践——探究蚝壳的主要成分

蚝壳的主要成分是碳酸钙，碳酸钙与酸会发生反应，溶解并产生二氧化碳。根据这个原理，我设计了一个化学实验让学生检测蚝壳的成分。首先让学生观看人们利用蚝壳锻造石灰的图片，讲解蚝壳能提取石灰是因为富含碳酸钙，介绍碳酸钙与酸反应产生二氧化碳气体的特点。二氧化碳气体可以用溴麝香草酚蓝检测。接着让学生把蚝壳碎片（课前先把蚝壳敲碎，可以加快反应速度）放入广口瓶，在小烧杯中加入 10 毫升的蓝色溴麝香草酚蓝溶液，最后往广口瓶加入适量的稀盐酸（盐酸溶液要淹没蚝壳碎片），立刻用装有导管的胶塞塞住瓶口，把管子通向小烧杯。观察广口瓶可发现蚝壳表面产生大量的气泡，气体通过导管进入烧杯内，蓝色的溴麝香草酚蓝溶液慢慢变成绿色，最后变成黄色。通过实验操作，学生明确了蚝壳的成分中含有碳酸钙，初步掌握了稀盐酸、碳酸钙的化学特性。

3.3.3.5　模型制作融合实践——蚝壳墙、灰塑建筑的原理及应用

模型制作需要应用到物理、数学和技术工程学等知识，蚝壳建筑模型构造则兼顾了这些学科的融合。学生参观时对蚝壳建筑应用只是停留在表面，而蚝壳墙建造的原理是什么？砌墙有什么优点？灰塑的制作过程如何？这些问题都有待学生进一步深入调查和研究。在第二课堂教学中，笔者围绕这些问题设计了 3 个系列的活动来开展：（1）蚝壳与建筑调查活动。让学生分组收集蚝壳墙、蚝壳窗、灰塑的照片和资料，查找这些建筑的原理。利用 PPT 展示分享。（2）蚝壳砌墙的模型分析及模拟制作。利用回收的旧蚝壳、硬纸板和粘胶模仿蚝壳墙的建筑原理，制作出小块的蚝壳墙，或者利用蚝壳制作渔民居住的蚝壳寮模型，通过实践体会蚝壳在建筑中的应用。（3）利用面粉或者黏土进行灰塑模造活动。

3.3.3.6　环境保护融合实践——探究海洋酸化对贝类生活的影响

海洋酸化，是指由于海洋吸收、溶解大气中过量二氧化碳而引起海水变酸的现象。海洋会吸收大气中的二氧化碳，正是这一性质起到了抑制温室效应加剧的作用。但是长年累月，海水吸收的二氧化碳不断积蓄，使本该呈弱碱性的海水逐渐向酸性变化。海洋是生蚝等软体动物的生存家园，海洋的酸化必然会影响软体动物的生存。为了提升学生保护海洋环境的意识，培养学生的科学探究精神，实践活动最后设计了探究海洋酸化对贝类生活的影响实践活动。活动开始向学生介绍海洋酸化的原因及对软体动物的影响，然后让学生调查海洋酸化可能对哪些生物的生存带来影响，让学生利用周末到虎门、沙田抽取海水进

行 PH 检测，看看海水的酸碱度是否正常。同时尝试设计实验方案以生蚝、沙白等常见的食用贝类为实验对象进行海洋酸化的实验探究。学生在这一系列调查、探究活动中，加强了对环境问题的关注，培养了科学思维和社会责任感。

参考文献

［1］王乐.馆校合作的理论与实践 [M].北京:科学出版社,2018:9.

［2］教育部.义务教育生物学课程标准 [M].北京:北京师范大学出版社,2022:4.

促进女生参与的科普场馆包容性研究

——来自旧金山探索馆的经验与启示

石国霖　鲍贤清*

（上海师范大学，上海，200234）

摘　要　"双减"政策的提出，为科学教育带来了新的挑战和机遇，也为科普场馆指明了新的前进方向——助力科学教育加法实施，保障更多群体的科学参与。在此背景下，实现包容性的科学教育，将性别平等的观点融入科学教育活动中，帮助解决科学教育中长期存在的不平等问题成为科普场馆科学教育研究与实践中应重点关注的问题。本文梳理了旧金山探索馆在场馆包容性科学教育研究领域的丰富经验，分析了探索馆在教育环境、教育内容、馆校结合及社会合力等方面实行的举措，探讨了场馆应如何利用自身优势、融合学校资源、联合社会力量设计促进女生参与的方法，以期促进我国科普场馆为女生创造更包容、更具吸引力的非正式科学学习体验。

关键词　科普场馆　科学参与　包容性　女生

近年来，随着国家对科技创新的重视，对科普能力的建设和科学素养的提升的强调，我国中小学掀起了一股 STEM 热潮。[1] "双减"政策的提出更是进一步强调了科学教育的重要性和必要性，各部门在《关于加强新时代中小学科学教育工作的意见》中系统部署了要在教育"双减"中做好科学教育的加法，一体化推进教育、科技和人才的高质量发展。[2] 这一政策的提出对于如何有效整合校内外资源、推进课堂主阵地与社会大课堂的有机衔接提出了更高要求，也为科普场馆的参与提供了有利契机和前进方向。

"教育"作为博物馆的首要职能，[3] 其特有的场域能够很好地激发大众对科学的积极情感反应，展示科学与日常生活的相关性，传达科学的本质，从而助力科学教育加法的实行。但科学教育的加法远不止形式和内容上的变化，让更多的群体更多元、更具深度地参与更是工作重点。当代女性科学参与不足仍是突出的问题，这一差异不仅体现在科学课堂上，还表现在博物馆环境中，

---

* 石国霖，上海师范大学教育学院教育技术学硕士研究生，研究方向为博物馆学习和 STEM 教育；
鲍贤清，上海师范大学教育学院教育技术学系副教授，研究方向为博物馆学习、STEM 教育。

了解性别在科学教育中的作用至关重要。[4]支持女生更好地参与科学领域的学习，并在科学领域有持续的、长远的发展是研究者和实践者共同关注的问题，我们理应将研究视野放眼于场馆中的非正式科学教育。

联合国教科文组织在2016年提出要从社会规范和定型观念上扭转女生科学学习的现状，其中强调了在非正式的科学教育活动中融入性别平等的观点。[5]帮助解决科学领域中长期存在的不公平现象，向更多的公民展示科学科普场馆的重要意识形态和目标愿景。作为重要的非正式科学学习场所，不少科普场馆都采取了相应措施，力求实现科学教育中的性别平等。

如何吸引女生走进博物馆，引起她们的兴趣，为她们提供持续和深度的输入，获得更好的发展是值得场馆教育工作者思考和探讨的问题。本文将通过分析旧金山探索馆（Exploratorium）为促进女生科学参与而实施的相关措施，探讨科普场馆如何以不同形式、从多种层面促进女生科学参与的途径，以期为我国科普场馆在面临科学教育的公平与准入问题时提供借鉴，共同为女生创造更包容、更具吸引力的非正式科学学习体验，更好响应"双减"政策下的科学教育目标，努力为我国科学教育事业添砖加瓦。

1 科学场馆中的性别困境

1.1 陈规定型的观念

受到社会资源分配和历史文化等因素的影响，对于女性的科学学习仍然存在许多陈规定型的观念，女性至今仍被视为不适合学习科学。[6, 7]这导致科学学科与研究领域中性别单一或男女比例悬殊的现象依然存在，女性群体在升学、就业、经济收入和社会地位等众多方面逊于其他群体。[8]

即使是在女性工作者居多的博物馆领域，这些陈规定型的观念所带来的影响依旧广泛。[9]场馆在展览设计、内容和活动中围绕男性中心主义，[10]使非正式科学学习对女性群体潜在的疏远和排斥得到了具象化。[11, 12]例如，女生的兴趣和身份常在场馆中被边缘化、标签化，[13]致使女生难以在场馆中感受到环境归属感，无法通过接触的展品或活动内容与自己的兴趣、生活及身份产生联结，大大减少了她们使用或探索部分学科领域（如物理和工程）展品的可能性，为她们带来了消极的体验。[14]

1.2 父母与同伴的态度

除此之外，父母与同伴的态度也是阻碍女生场馆科学参与的因素之一。家长对不同性别孩子的科学学习可能存在一定差异化对待，这会强化女生在科学领域错误的性别态度和行为。[15, 16]与此同时，如果女生的同性朋友也提供了相似的消极情绪——认为科学不适合女生，会加重女生科学学习上的负面情绪和消极态度。[17]

而上述这些态度往往会映射在他们的场馆参观过程中。研究显示，父母带女生去科技类博物馆的可能性要比带男生去的可能性更小，[18]旧金山探索馆的观众数据显示，回访者更多是拥有男生的家庭团体。[14]并且，这些来访家庭在参观过程中围绕科学有关的话题时，父母向男生解释展品所蕴含的科学内容的可能性要远高于对女生。[19]因为女生更容易受到女性同伴态度、情绪的影响，因此在竞争活动中容易产生消极的体验，减少她们对科学的参与。只有当场馆为她们提供了以团体合作的形式开展探索时，她们才能在协作、友好互动中获得更为积极的体验。[20]

1.3 自我认知的偏差

这些来自社会、父母及同伴的陈规定型观念为女生科学学习上的自我认知带来了深重的影响，就像一把禁锢女生科学发展的"枷锁"，进一步扩大了科学领域性别差异现象，阻碍了女生场馆中的科学参与。

女生在青春期会更倾向于遵循性别刻板印象下的角色塑造，[8]即使在科学学习过程中表现得比男生更好，对于自身在科学方面的学术能力的自我认同仍然较低。[21]基于这些性别上的心理考虑，女生对于是否进入科学领域会产生更多的焦虑和误解，并且这样的影响是长远的。随着年龄的增长，女生对科学的兴趣会逐渐降低，男生和女生对科学的态度差异会越来越大，[22]以至于影响到她们在成年后对博物馆参观的选择。女生会普遍认为科普场馆是不适合自己的场所，会产生不舒服和不被欢迎的感受，放低自己对参观的期待。[23]

2 场馆科学教育的包容性愿景

随着社会、文化的不断发展，场馆在非正式科学教育中承担的责任越发重要，各国政府部门陆续出台了相关报告，以倡导形成更为包容公平的场馆科学教育环境。早在 2009 年，美国国家研究委员会（United States National Research Council，NRC）就在报告中重点强调了博物馆的社会责任——助力解决在历史与社会中一直存在的科学教育的不平等问题。[24]因此，寻求一个能创造更为包容、平等的科学学习机会的平台是研究者和实践者一致的目标与愿景，也契合博物馆的"包容性"使命。

作为世界上最著名的科普场馆之一，旧金山探索馆一直致力于开展观众研究以更好满足青少年的学习需求、发现场馆科学学习的难题——促进女生参与，创造更为开放、包容和公平的学习机会已然成为探索馆的前进目标。让女生能够在非正式科学学习空间中分享并重视自己的知识、价值观和经验，对她们的归属感和科学身份至关重要。[25]只有当女生的身份、知识和行为都受到足够重视并在非正式科学学习的空间中反映出来时，他们才能更好地参与并学习。

2.1 包容公平的科学教育指导方法

华盛顿大学教授吉内娃·盖伊在 2000 年提出了文化响应式教学（Culturally Responsive Teaching），以挑战学校和其他机构存在的不平等现象，将每个人的身份、背景和文化作为教学工具，让每个人都能获得学术空间中的归属感，带来更好的学习参与度。[26]旧金山探索馆在此方法的基础上，结合后现代女权主义将场馆内的科学学习与女生在文化历史上的身份、背景和实践经历相关联，了解女生的真实需求，响应女生的科学身份，以一套更具包容公平的方法来指导场馆科学教育的开展[14]，通过有吸引力且更具针对性的方法来解决女生所面临的困境，在场馆内实现更具包容性的科学教育。

这种包容公平的方法能确保女生也能同其他群体一样，通过场馆里的科学教育获得相同的资源和支持。该方法通过联结女生现有的经验、兴趣，鼓励她们在场馆中进行探索，激励和吸引女生参与科学学习，帮助她们意识到科学学习与个体的相关性、价值和意义。[27]这是一种强有力的语言，在帮助场馆扩大非正式科学学习经验、应对科学教育中的性别困境、实现科学教育包容性愿景中发挥了积极作用。

2.2 建立科学联系，鼓励职业发展

研究显示，对科学更持有积极态度的女生主要是因为她们成长过程中的校外科学经历，[28]这些经历能为女生提供一个向"科学是男性化领域"的旧有性别模式发起挑战的讨论空间，促进女生展开如何将科学融入自我身份认同的对话。[13]因此，旧金山探索馆非常重视在自身场域中呼应女生的身份，为女生提供真实的科学体验和实践机会，帮助她们建立起更为紧密的科学联系以支持她们大胆探索。

在场馆中增进女生和科学领域的关联性感知是重要的前提，女生身处场馆中时会寻找所参与的活动和日常生活的关联性，看到自己的身份在科学实践中得到反映时，才能更有效地学习科学。[12]探索馆重点强调了要在场馆中为女生提供与展品和活动之间有意义的联系，代表女生的身份和兴趣，从而吸引更多女生的参与。

美国劳工统计局（U.S.Bureau of Labor Statistics）在 2020 年关于 STEM 行业的统计数据显示，女性从业人员仅占到了 STEM 领域劳动力的 28%，在一些未来增长最快、收入最高的行业中性别差异极大，[29]这主要是由于女生接收

到的职业发展信息少，获得的帮助和建议尚且不够。因此，除了在场馆中积极响应女生的兴趣和需求，建立她们与日常生活的联系外，帮助并鼓励女生在科学领域的职业选择和发展也是促进女生参与，使她们在未来有更长远发展也是科普场馆实现包容性科学教育目标和愿景的有效方式之一。

值得注意的是，在科普场馆这样的公众空间中实现促进女生参与的包容性科学教育，绝不只是扩大受众范围和使受众多样化，更要重新审视博物馆在社会中的目的和功能，改变视角和姿态，增进"与之合作"，形成一个随时间推移而发展变化的"工具箱"，以更好满足女生的兴趣和需求，引发她们的共鸣，为她们的未来科学发展提供机会。

3 促进女生科学参与的实施路径

为了实现包容性愿景、解决女生面临的困境，在上述方法的指导下，旧金山探索馆就促进女生科学参与做出了不少积极尝试。这些不同形式的做法都显示出了一个关键所在——促进女生的科学参与需要多层面的变革，因此场馆将自己作为一个中心枢纽，将家庭、社区和学校联结起来，形成多方合力的路径，以积极促进非正式科学教育中的性别平等问题的解决。

3.1 教育环境的重新建构

性别是一种以生理性别为基础的社会建构，女生可以根据周围环境，或是在与同伴或成人互动过程中来"重塑"自己，[30]尤其是当科学活动的主题包括实际应用，如解决社会问题、改善人和动物的生活或探索环境问题时，女生会表现出更大的兴趣。[31]因此，场馆可以从自身的场域出发，结合女生科学学习的兴趣和特点，为女生创造一个具有归属感、响应她们身份的学习氛围，构建出吸引女生参与并引发共鸣的科学教育环境。

探索馆为了响应女生兴趣与需求，更好地开发吸引女生参与的教育环境，提出了女性响应设计框架（Female-Responsive Design Framework，FRD）。[14]该框架的核心理念是通过创造开放的互动空间，为女生在操作展品、探究科学时提供社会化的互动和合作机会，创设一定情境中的内容，以帮助女生建立有意义的联系，尽可能展现女生的身份和兴趣，向她们释放包容的信号。探索馆进行了大胆尝试，很好地将这些理念融入进场馆科学教育环境的建构，以此设计和开发了更能促进女生参与的展览和活动。例如，最近推出的大型互动特展"伟大的动物乐团（The Great Animal Orchestra）"，将主题聚焦到了生态环境、人与自然的话题上，通过在空间中赋予色彩绚丽的视效、动听真实的音效，将自然科学与艺术结合起来，通过大型可交互的空间，将参观者拉入贴近真实的环境中去了解动物的生存现状、习性，从中学习到自然科学知识，该特展的教育环境就是对女性响应设计框架的有力诠释。

除了特展外，在常设展区——例如"扭曲的房间（Distorted Room）"中也很好体现了女性响应设计元素，这也是探索馆中女生观众高度参与的一个互动展项。该展项利用了真人比例的视错觉来说明人类感知的特点，空间中能同时容纳 3 人及以上的观众，设计风格天马行空、趣味盎然，参观者可与同伴同时在其中互动。研究者对于进入该展区的女生观众的展品使用率、花费时间、回访率及交互行为进行了评估，均得到了很好的反馈。[32] 除了旧金山探索馆外，和其合作的多家科普场馆也在延续着女性响应的设计框架下的原则，以更好完善场馆中的展品，重构场馆内的教育环境，响应女生的身份和需求。

3.2　馆校合作提供实践机会

一项针对六至九年级的学生科学学习情况调查显示，青少年即使认可科学学习的重要性，并认识到科学家对世界的作用，但他们想要成为科学家的意愿却并不强烈。[33] 尤其对于女生来说，由于各种原因，部分女生在小学高年级时期就已开始失去对科学的兴趣和对自己科学学习能力的信心，[13] 对科学职业感兴趣的女生不到男生的一半，[34] 这主要是因为她们缺少对科学的真正理解，难以与科学产生共鸣。研究者认为，让女生能提前接触到真实的科学学习环境，了解当下的科学动态是能促进女生科学参与的方法之一。

首先，探索馆尝试联合科学领域的专家和高校实验室，以科学研讨、课后服务等形式为女生提供真实参与科学的项目和活动，拉近了女生和科学学习及职业的距离，以求改变女生对科学的态度。探索馆推出了为女生举办的"科学研究所（Girls Science Institute）"，每一期都邀请了从事科学研究的女性学者和女生一起围绕 STEM 相关领域的话题进行实践和探索，在活动的过程中女生可以了解到这些对科学行业带来重大影响的女性学者的日常和工作内容，能有和她们面对面交流的机会，在真实的实验室环境中动手实践并获得专家的支持和帮助，在课程最后还能通过参加小组挑战赛获得相应的奖学金。为了更好地为女生提供服务，让她们有更多动手实践的机会，探索馆还成立了"Tinkering工作室"，和华盛顿大学合作开设了女生科学俱乐部，为女生带来丰富的课后体验活动，通过活动真正了解这些女生，并根据她们已有的知识、现有的实践及公平性和包容性来不断调整探索馆的教学方法，华盛顿大学的研究团队还围绕这些活动持续探究女生从中到底获得了什么，了解她们的成长变化。

除此之外，探索馆还和中学进行了合作，让中学生有机会成为一名探索馆的"高中解说员（High School Explainers）"，该实习计划是面向所有高中生群体的，非常欢迎和鼓励女生的加入。通过该活动，女生有机会以博物馆工作者的身份承担起博物馆与观众之间的主要联系人的重要责任，更详细了解探索馆的所有展品，促进游客与展品之间的互动，并且可以带领参观团队进行科学演示的工作。参与该计划的一名 16 岁女生反馈道，"这个活动能让我获得更多的机会，成为一个更加独立的人。在这个过程中我发现自己曾经有很多刻板的印象，但是这个活动让我打破了这些不好的观念。这是一个很好的学习机会，当你投入了什么你就可以收获什么"。

学校和场馆进行合作，能延伸学校有限的科学学习空间，以科普场馆独特的具身性与情境性为女生提供更加深入和真实的科学学习经历。同时，高校的科研团队和专家学者的加入能以更具研究性和学科专业性的视角，为女生带来既富有趣味性又充满现实意义的科学活动，并能通过这些活动让女生有机会提前接触到大学里的科研氛围，了解科研工作者的日常生活，增进她们对科学职业的深刻了解，以便为女生呈现未来的更多可能和选择。

3.3 社会资源助力女生发展

科普场馆除了利用自身的独特场域建设吸引女生参与的教育环境，为女生自身参与科学实践提供教育活动和资源支持以外，也在逐步成为一个社会合力共促女生科学参与的沟通桥梁和重要窗口。相关领域的从业者、研究者或企业组织，尤其是以杰出科学界女性为代表的群体可以利用场馆这一重要平台发挥对女生科学参与的引导作用。

"科技桥女孩（Techbridge Girls，TBG）"是探索馆"Tinkering 工作室"的长期合作伙伴，作为一家拥有多年女生科学学习经验的社会组织，持续地向探索馆提供了大量的志愿团队、课程资源和社区服务，联手开发了系列面向性别敏感问题的女生课后服务项目。这些项目均是围绕女生的现实生活经历和兴趣展开的，在活动过程中，工作人员带领女生运用科学知识去创造性地解决社区中的真实问题，帮助女生树立起科学学习的信心。

探索馆还和社群媒体进行了深度合作，为教育工作者们提供了获取包容性科学教育方法的社交平台，通过社交平台，许多参与过探索馆相关项目和研究的教师、研究人员、工作人员，分享和交流了对于女生科学学习的经验、案例及反思，帮助一线的教育工作者和场馆工作者不断改进自己的教学方法和工作。

科学领域的性别失衡现象也可能受到缺乏女性榜样的影响，女生能从媒体和流行文化中了解女性科学家和工程师的机会非常有限。为了让女生能有更多和这些杰出女性接触的机会，探索馆自己的官方页面上，发布了很多女性科学工作者的经验分享帖。还和"The KAMLA show"合作推出了"STEM 中的女性"

系列访谈,女生可以通过聆听这些来自科学领域的女性工作者和科学家讲述的她们和科学有关的故事,了解到目前女生在科学领域中可以获得的广泛机会,发现从事科学职业可以给人带来的快乐和满足感。

综上所述,旧金山探索馆致力于解决女生科学参与的难题,以场馆为核心主体,寻求广泛支持以获得更具包容性的科学教育举措。研究人员融会贯通了过去用于挑战教育不平等问题、解决学生参与度的教学方法,结合了后现代女权主义的观点和理念,针对场馆内的包容性科学教育展开了缜密的理论研究,在此基础上提出了用以指导教育环境和活动建设的女性响应设计策略,并在美国西海岸、中西部和西南部3家大型科普场馆展开了实证研究,调查了900多名参观者对于该策略支持下的展品和活动设计的反馈,确定了场馆科学教育中吸引女生参与的九大属性,用以指导科普场馆的科学教育工作,以促进女生科学参与。[35]同时,探索馆还为女生带来了系统的课后服务课程,帮助女生在校外空间中进行科学学习,增进她们与科学的紧密联系。探索馆积极响应了博物馆的包容性使命,在公平开放的科学教育方法指导下,从教育环境、教育内容、馆校结合及社会广泛力量等维度深刻塑造了促进女生参与、帮助女生建立科学联系和鼓励其自主探索的科普场馆包容性科学教育实施路径,形成了一套系统的科普场馆开展包容性科学教育举措(见图1),从理论与实践上为我们提供了成熟的经验,为女生科学学习提供了更为广阔的平台,响应了女生"被听见和看见"的心声。

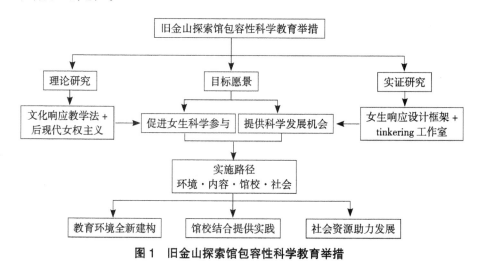

图1 旧金山探索馆包容性科学教育举措

4 经验与启示

在"双减"政策实施的背景下,科普场馆对于公众的教育需求、科学教育活动的目标、方法和内容迎来了全新的解读和机会。面对新的机遇,科普场馆作为科学传播的重要载体和科学研究的重要平台，不仅要承担起科学知识的传播和普及的社会责任，更应该重视科学方法、科学思想与理念的呈现，促进公众尤其是青少年对科学的兴趣和参与，[36]为中小学持续输送优质的校外科学教育服务。

科普场馆作为具备包容和多样化的学习领域和场域，从各个方面反映社会的多元化和对于广大群体可访问性的保障是其开展科学教育的重要前提。响应女生需求的方法和举措不应该是简单地、一味地特殊化女生，而是应该把女生拉进场馆的环境中，让她们真正走近科学，和其他群体获得相同的体验和感受，这些方法和举措应该是具有普适意义的，是对博物馆包容性和多样性的全新诠释和不懈追求。

通过对旧金山探索馆开展包容性科学教育的目标愿景和实施路径的系统梳理，我们可以发现，探索馆在包容性的教学策略指导下，支持女生群体以多元学习方法了解科学、参与科学，并体验科学职业情境，掌握科学知识和技能，树立科学抱负。这为我国科普场馆包容性教育的发展提供了良好的经验与有益的参考。

4.1 丰富活动设计，促进女生参与

科普场馆内的教育活动一直以来都是青少年参与校外科学学习的主要形式，[33]旧金山探索馆在其活动的内容、情境、视效设计、主题策划及教学团队上，充分利用了特有的资源、整合社会的力量，提供了丰富且独特的教育活动。这既响应了女生的学习需求和多元兴趣，又适应了不同发展阶段，开发了囊括科学领域多学科主题的活动和项目，在组织形式上也积极创新，并通过社交媒体扩大其传播和影响力，跨越时空限制，使女生能更为全面地参与到科学学习中来。

在"双减"政策的指导下，科普场馆应跳出过去传统的以藏品为中心、参观浏览为主要学习方式的科学教育策略。[33, 37]一方面，科普场馆可以借助国内外成熟的包容性科学教育策略，结合自身的教育理念和场域特征，从教育空间的重新构建、活动的设计开发、场馆教育队伍建设、技术融合和设施设备更新等维度为促进女生科学参与创造条件；另一方面，要注重场馆中科学学习的自主探究性，不能将学校内的教学模式简单复制到场馆的环境中，尽可能还原女生真实生活情境并联系在地文化，让她们在解决真实存在的社区问题中开展学习，拥有科学探究的主动性和自信心。

4.2 构建多元体系，实现包容性教育

探索馆拥有众多长期合作交流的伙伴对象，包括从事研究工作和带来教学经验的学校和科研所、提供志愿服务和社区资源的机构组织、跨地域合作的科

普场馆和具有社会影响力和宣传功能的企业及社交媒体，凝聚多种社会力量以形成共促女生的科学参与教育体系结构。

　　场馆和学校合作既能顺应课程标准，开发适合各年龄学段的课程内容，又能获得充分的教学经验，联结课堂内外的学习内容。机构组织的加入则是为场馆源源不断输入社会资源，尤其是走进社区为女生带去丰富的课后服务，了解女生的生活情境，帮助她们获取社区资源，建立起流动的"女生科学俱乐部"。和其他科普场馆开展合作能促进跨地交流分享，赢得共同进步，为场馆带来更多元的文化和视野注入新鲜活力，听到和看到更多女生的声音。企业和社交媒体能进一步加强场馆的社会影响力，让更多人和组织关注到女生科学学习的困境，一起助力女生的发展。

　　促进女生的科学参与、实现场馆的包容性科学教育、助力做好科学教育加法是一项系统性的任务，需要更多社会力量的广泛关注与大力支持。科普场馆作为一个能够延伸校内科学学习空间，增进女生非正式科学学习体验的重要场所，应充分利用自身的优质教育资源，做好科普共享，为构建多元体系、形成教育合力积极贡献。期待我国科普场馆在科学教育领域开展包容性科学教育，减少性别差距，激发女生对科学领域的兴趣和参与度，为女生群体在 STEM 领域的未来发展提供长足的支持和鼓励。

参考文献

［1］潘士美,吴心楷,赵秋红.培育学生科学资本:英国教学理论、实践与启示 [J].比较教育学报,2020（6）:132-144.

［2］教育部等十八部门.关于加强新时代中小学科学教育工作的意见 [EB/OL].（2023-05-26）[2023-07-08].http://www.moe.gov.cn/srcsite/A29/202305/t20230529_1061838.html.

［3］国务院.博物馆条例 [EB/OL].（2015-03-02）[2023-07-10].https://www.gov.cn/zhengce/content/2015-03/02/content_9508.htm

［4］DAWSON E,ARCHER L,SEAKINS A,et al.Selfies at the science museum:exploring girls' identity performances in a science learning space[J].Gender and Education,2020,32(5):664-681.

［5］UNESCO.Measuring gender equality in science and engineering:The SAGA science,technology and innovation[R].Paris:UNESCO,2016:4.

［6］翟俊卿,张静,袁婷婷.为实现更加包容的 STEM 教育——联合国教科文组织推动女性参与 STEM 教育的实践与反思 [J].比较教育研究,2023,45（4）:22-33.

［7］Paechter C.Educating the other:gender,power and schooling[M].Falmer Press,1998.

［8］范妮.社会性别视角下的小学生科学学习性别差异研究 [D].华中科技大学,2022.

［9］ American Alliance of Museums, National Museum Salary Survey[R].Crystal City：Amer-ican Alliance of Museums, 2017：19.

［10］ Middleton M.Feminine exhibition design[J/OL].Exhibition, 2019, 38(2)：82–91[2023-07-12].https：//www.academia.edu/40660101/Feminine_Exhibition_Design.

［11］ TOPAZ C M, KLINGENBERG B, TUREK D, et al.Diversity of artists in major U.S.museums[J]. PLoS ONE, 2019, 14(3)：1–15.

［12］ ARCHER L, DEWITT J, OSBORNE J, et al. "Balancing acts"：elementary school girls'negotiations of femininity, achievement, and science：femininity, achievement, and science[J].Science Education, 2012, 96(6)：967–989.

［13］ 鲍贤清,石国霖,王梦琦.促进女孩的 STEM 参与：科技类博物馆的包容性设计 [J]. 自然科学博物馆研究, 2023（3）：8–16.

［14］ DANCSTEP NÉE DANCU T & SINDORF L.Creating a Female–Responsive Design Framework for STEM exhibits[J].Curator：The Museum Journal, 2018, 61(3)：469–484.

［15］ CROWLEY K, CALLANAN M A, JIPSON J, et al.Shared scientific thinking in everyday parent–child activity[J]. Science Education, 2001, 85(6)：712–732.

［16］ 罗萍萍,刘伟民.新时代我国STEAM教育的性别差异探析：从"因性施教"到"敏感教育" [J]. 贵州师范学院学报, 2020, 36（7）：59–67.

［17］ DASGUPTA N, STOUT J G.Girls and women in science, technology, engineering, and mathematics：STEMing the tide and broadening participation in STEM careers[J].Policy Insights from the Behavioral and Brain Sciences, 2014, 1(1)：21–29.

［18］ BORUN M.Gender roles in science museum learning[J]. Visitor Studies Today, 1999, 3(3)：11–14.

［19］ CROWLEY K, CALLANAN M A, TENENBAUM H R, et al.Parents explain more often to boys than to girls during shared scientific thinking[J].Psychological Science, 2001, 12(3)：258–261.

［20］ SHABY N, ASSARAF O B Z, TAIL T.The particular aspects of science museum exhibits that encourage students'engagement[J].Journal of Science Education and Technology, 2017, 26(3)：253–268.

［21］ PINTRICH P R, ZUSHO A.Student Motivation and Self–Regulated Learning in the College Classroom[M].In：Smart, J.C., Tierney, W.G.(eds) Higher Education：Handbook of Theory and Research.Higher Education：Handbook of Theory and Research, 2002, 17：55–128.

［22］ KOTTE D.Gender differences in science achievement in 10 countries：1970/71 to 1983/84[M].Lang, 1992.

［23］ DAWSON E. "Not Designed for Us"：How science museums and science centers socially exclude low–income, minority Ethnic Groups[J].Science Education, 2014, 98(6)：981–1008.

［24］ National Research Council.Learning Science in Informal Environments：People, Places, and Pursuits[M].Washington, DC：The National Academies Press, 2009：13.

［25］REZNIK G,MASSARANI L,CALABRESE BARTON A.Informal science learning experiences for gender equity,inclusion and belonging in STEM through a feminist intersectional lens[J/OL].Cultural Studies of Science Education.(2023)[2023-07-17].https://link.springer.com/10.1007/s11422-023-10149-4.

［26］GAY G.Culturally responsive teaching:theory,research,and practice[M].2nded. New York:Teachers College,2010.

［27］ARCHER L,DEWITT J & KING H.Improving science participation:Five evidence-based messages for policy-makers and funders.UCL Institute of Education[R/OL].(2018-05-22)[2023-07-20].https://ioelondonblog.wordpress. com/2018/05/22/improving-science-participation-five-evidence-based-recommendation

［28］BAKER D,LEARY R.Letting girls speak out about science[J].Journal of research in science teaching,1995,32(1):3-27.

［29］U.S.Bureau of Labor Statistics.Employed persons by detailed occupation,sex, race,and Hispanic or Latino ethnicity.Labor Force Statistics from the Current Population Survey,Table 11[EB/OL].(2020)[2023-07-20].https://www.bls.gov/ cps/cpsaat11.html.

［30］GODEC S.Home,school and the museum:shifting gender performances and engagement with science[J].British Journal of Sociology of Education,2019,41: 147-159.

［31］RIEDINGER K,TAYLOR A."I could see myself as a scientist":The potential of out-of-school time programs to influence girls' identities in science[J].Afterschool Matters,2016,23:1-7.

［32］DANCSTEP(NÉE DANCU)T,SINDORF L.Exhibit designs for girls'engagement: a guide to the EDGE design attributes.[R/OL].(2016)[2023-07-21].https://www. exploratorium.edu/sites/default/files/pdfs/EDGE_GuideToDesignAttributes_v16.pdf.

［33］陈奕喆.面向青少年科学职业理想培养的场馆科学教育研究——来自英国两家科普场馆的启示[J].自然科学博物馆研究,2022,7（4）:63-72.

［34］CATSAMBIS S.Gender,race,ethnicity,and science education in the middle grades[J].Journal of Research in Science Teaching,1995,32(3):243-257.

［35］DANCSTEP(NÉE DANCU) T,SINDORF L.Exhibit Designs for Girls' Engagement (EDGE)[J/OL].Curator:The Museum Journal,2018,61(3):485-506.

［36］施波文."双减"背景下博物馆科学教育的馆校协同路径探析——以浙江自然博物院为例[J].科学教育与博物馆,2023,9（3）:26-31.

［37］周佳."双减"政策背景下博物馆教育潜能释放路径探究[J].教育科学, 2022,38（1）:35-40.

"虚实融合"创新教学模式赋能场馆学习

——以中学航天科普教育的实践探索为例

龙　城　陈　欣　田　震*

（重庆市南开两江中学校，重庆，401135）

摘　要　作为场馆学习的重要支撑，虚拟现实技术具有强大的情境创设功能，为综合实践课堂提供了持续的驱动力，同时也为开辟航天创新人才培养的新模式提供了契机。本文探讨了虚拟现实技术与场馆学习的融合对中学航天课程的推动作用，并针对"核心概念—实践创新—高阶思维"的多维成长目标，提出了以"虚拟丰富现实，实践印证理论，聚焦素养提升"的方式开展项目式学习，将多元化评价有机地嵌入学习过程，以助力学生的个性化发展。

关键词　场馆学习　虚拟现实技术　中学航天课程开发　虚实融合

2023年5月30日晚，神舟十六号成功升空发射，6位航天员在太空中完成了"空间会师"，这一历史性时刻无疑显示了中国航天事业的强大实力和中国人民的伟大创造精神。如今，中国航天事业正在高速发展，因此迫切需要大量具备创新能力的人才来支持其发展。此时，各级学校应该逐步履行"为党育人，为国育才"的责任，全心推进航天科普教育工作，并致力于完善早期模式以培养新型创新人才，为中国航天科技的发展注入源源不断的后备力量。以北京市八一中学为代表的全国航天特色学校开始逐步探索航天创新人才的早期培养模式，将航天科普教育纳入多层次、立体化的课程体系中，开设航天特色选修课程、社团课程、综合实践课程等。

为响应习近平总书记发出的"发展航天事业、建设航天强国"号召，重庆南开两江中学秉持国家拔尖创新人才战略，将立德树人的育人理念贯穿于教育实践中，致力于推动学生综合素质的全面提升。学校充分发挥社会创新资源的优势，以多点联合的方式，致力于打造一流的航天科技教育与交流平台（见图

---

* 龙城，重庆市南开两江中学教师，研究方向为人工智能与创新教育；陈欣，复旦大学化学系研究生，重庆市南开两江中学校化学教师，中学一级教师，研究方向为创新教育；田震，重庆市南开两江中学校科创实验中心主任，中学一级教师，全国航空科普专家，研究方向为科创教育；重庆市南开两江中学校副校长、中学高级教师、重庆市骨干教师、重庆市教育学会德育专委会秘书长李南兰对本文亦有贡献，在此一并致谢。

1），为学生提供更深入了解航天科技、开阔眼界、提升创新能力的机会。此外，打造该平台还为学校与产业、科研机构和高校建立了紧密的联系，促进了区域科技创新和经济发展。探索航天教育的开展形式时，如何利用场馆学习策略，发挥航天课程资源的潜力，建构理论与实践课程新体系，则成为当前亟须解决的问题。本文以虚拟现实技术（Virtual Reality，VR）融入场馆学习（Museum learning）为切入点，研究 VR 技术在航天教育中的应用，分析其在航天科普教育中的建设意义，探究场馆学习视域下的"虚实融合"创新教学模式实践策略。

图 1　南开两江中学航天馆

1　虚拟现实技术赋能航天科普教育

1.1　中学航天科普教育的价值意蕴

随着人工智能、大数据、云计算等先进技术的飞速发展，航天科技也在不断创新，并迈出巨大的步伐。航天科普教育不仅传授知识，而且启发和激励人们去了解并探索宇宙的历史、成就及最新的航天技术进展，从而认识自然规律，把握科技前沿，并积极参与到科技创新和社会建设中。航天科普教育的普及和深入，无疑是推动科技发展和社会进步的重要手段之一。只有让更多的人参与到科技普及和航天科普教育中来，才能实现人们对未来探索和创新科技的美好愿景。

根据 21 世纪核心素养 4C 模型，魏锐等人综合了具有人文特色的"文化理解与传承"素养，提出了"中国方案"——核心素养 5C 模型。[1]该模型注重核心素养的相对独立性与交叉性，并以"文化理解与传承"素养为核心，旨在全面促进学生发展。如图 2 所示，基于此模型，可以深入分析中学航天科普教育的价值意义。其中，"两弹一星"精神、载人航天文化基因和航天文化自信是中学航天科普教育不可或缺的要素，也是"为国育才"的直接体现。[2]学生在不断探索未知领域的过程中，不仅可以深入理解、逐步掌握解决问题的能力，而且可以将科技成果实际应用于社会。这不仅可以促进个人高阶思维的发展，塑造创新人格，更能够推动创新创业和经济发展，甚至有可能推进航天事业的发展，增强国家的核心竞争力和安全能力。此外，航天科普教育还可以促

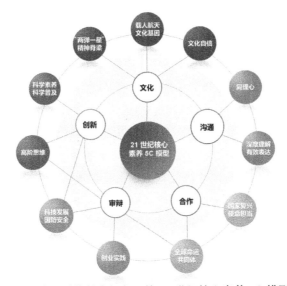

图 2　航天科普教育视角下的 21 世纪核心素养 5C 模型

进国际合作和科学交流，提高我国在国际科技舞台上的话语权和影响力，从而为构建全球命运共同体做出积极贡献。

1.2　智能时代航天科普教育的困境

我国航天科普教育虽然已初步建立固定场馆和网站平台，通过主题巡展、新闻速递和科普短视频等方式向大众宣传，但仍有不足之处。网络平台虽然提高了科普传播的速度、范围和影响力，但科普内容缺乏专业性和系统性，呈碎片化分布，缺乏清晰的知识脉络和相互联系。同时，科普活动形式缺乏感染力和体验度，学生缺乏深度思考和创造性思维的启发。因此，需要进一步优化航天科普教育内容的质量和形式，以便更好地激发学生对航天知识的兴趣和探索。

1.3　智能时代航天科普教育的有效延伸载体

1.3.1　场馆学习

针对探索航天教育的开展形式，作为一种外部资源，利用场馆学习被广泛认为是一种极具潜力的教育模式，有助于在课程学习外部扩展时间和空间。在此背景下，博物馆、科技馆和航天馆等文化场所成为新型的教育场所，为学生提供课堂外的有益延伸和培养学生创新能力的又一重要途径。

场馆学习项目不仅是传统学习形式的延伸，更是教育创新的一次有益尝试。随着教育形式的不断多样化和融合发展，场馆学习项目已成为重要的教育载体之一，它融合了多种因素，包括个体、社会、科技和文化等。该项目能够跨越学科壁垒，有效衔接正式和非正式学习，通常被纳入学校综合实践活动体系，旨在寻求个性发展和深度融合教育。[3] 学生将获得实践性、体验性和交互性的知识运用技巧，这不仅满足学科学习需求，而且能够培养创造性思维和解决实际问题的能力。场馆内有多样化的学习工具和符合认知的真实情境，这能够充分激发学生的求知欲，提供自主选择、安排、思考和行动的学习与实践平台，体现个性化发展理念。学生作为场馆学习的主导者，可以结合已有的学习经验，通过观察和实践的方式获得隐性知识和抽象认知，并在真实情境中逐步具象化，将其融合到学科知识、社会经验和逻辑推理中，构建出新的认知体系。

传统场馆的科普教育存在多重局限：（1）教育方式单一，常常只是讲解员向参观者简单介绍展品的基础信息，难以让参观者留下深刻印象。（2）知识内容过于简单，缺乏深入的研究和解释。（3）缺少互动性，讲解员只是单向传递信息，缺乏学习者与讲解员之间的互动交流。（4）时间、空间和资源有限，只能在特定时间和空间内进行，难以满足不同参观者的需求。（5）无法满足多样的需求，从而无法达到真正的教育效果，因此，需要寻求新的优化和整合方式，以更好地满足不同群体的需求，提升科普教育的效果。

随着《加快推进教育现代化实施方案（2018—2022年）》的颁布实施，基于多种信息技术的协调与配合的虚拟仿真实验教学项目对场馆学习的推动力有所提升。这些项目运用虚拟现实技术、增强现实技术（AR）、混合现实技术（MR）等，将虚拟与现实深度融合，为学习者打造出沉浸式的学习环境。这种创新和发展不仅提供更丰富的学习体验和更深入的理解，也为场馆学习注入了新的活力和动力。

1.3.2　虚拟现实技术

开发中学航天科普课程需要从学生的实际需求和目的出发。VR技术是一种具有交互性、自主性、沉浸性和多感知性的交互式计算机仿真系统，它通过数字化立体环境生成多感知模拟和实时动态视角，打破传统场馆环境的时空局限，为用户提供沉浸式体验服务。[4]随着硬件升级与算法迭代，VR技术已经成为场馆学习的重要支撑之一。学生头戴显示设备和体感手柄，能够产生身临其境的真实感知和自由的交互认知，体验自由漫游、观看科技展品、与科普人工智能进行无缝交流和完成虚拟仿真实验等学习活动。VR技术还能够数字化再现航天科普教育，为学生提供生动、直观、实践性强的学习内容和全方位、多元化的学习方式，并满足学生个性化学习的需求，使得课堂更具有趣味性和视觉冲击力，更易于学习和理解。在VR技术的加持下，航天科普教育的趣味性和新颖性显著提升，有助于激发学生的学习兴趣，促进学生综合素质的发展。

1.3.3　"虚实融合"创新教育模式

"虚实融合"是一种结合虚拟现实技术和场馆学习的创新教育模式。该模式既具趣味性，又具实际效益。以VR技术为基础，创设不受现实条件限制的虚拟环境，将虚拟与现实空间融合，提供高度还原的感官体验，传递更直观、真实的有效信息，便于学生理解知识内涵，掌握专业技能，拉近学生与航天科学的距离。在与环境深度交互的学习体验中，学生行为由简单接收信息进阶为主动探索，逐步简化复杂的理论知识并将其具象化，加速核心概念的吸收转化。[5] 在这种模式中，学生可以通过 VR 技术体验虚拟的科学现象，如宇宙奇观和航天器等，同时也可以通过实际场景学习科学知识。"虚实融合"创新科普教育模式还能够促进学生的创新思维和实践能力的发展，让学生通过实践探索和发现新的科学问题和现象，进一步提升学生的综合素质和创新能力。

此外，"虚实融合"教育模式还可以为教师提供更为丰富多彩的教学手段和方法，使教育更加具有创意和趣味性，提高教学质量和效果。通过实践"虚实融合"教育模式，教育科研人员也能够更深入地了解学生的学习需求和心理状态，为科学教育的发展提供更准确、更有力的支持。因此，"虚实融合"创新科普教育模式不仅拥有广阔的应用前景和推广价值，而且为科学教育和教育技术的发展带来新的思路和可能。

航天科普教育是一项非常重要的教育任务，VR 技术的应用为教育提供了全新的思路和方法，但是教师需要注意课程体系的整体架构，确保学习主题的明晰与统一。开展教育活动时，应聚焦"核心概念—实践创新—高阶思维"的多维成长目标，从而使学生具备更综合的素养和技能。教师应科学地综合利用场馆已有的资源和虚拟情境，创造有利于学生学习的虚拟—现实融合环境，让学生在其中自主探究科学问题，并在实践中不断发现和解决科学问题，实现全面、多维度的成长和发展。

2 "虚实融合"模式下的中学航天课程实践探索

2.1 紧扣时代主题，明晰课程目标

为了更好地引导学生的价值观、塑造时代观念，促进文化传承和提升核心素养，课程专注于培养航天专业后备人才，运用 VR 技术将我国航天领域的科技成就和奋进历程等要点融入虚拟环境中，全新地展现核心概念。同时，结合个性化的实践创新项目，采用深度体验模式，助力学生理解航天精神的价值核心，促进学生的开放型人格和完整学习观的塑造，并最终建构出符合个人发展需求的知识框架和认知体系，从而激发学生对航天领域的热情和研究热忱，为我国航天领域的持续发展注入了新的活力。

2.2 VR 教学资源的深度挖掘与开发管理

场馆中的 VR 设备通常具有出色的普适性和专业性，但它们的功能大多是

固定的，应用模式也相对单一。此外，VR 设备之间的功能关联度较低，难以满足航天科普的系统化需求及场馆学习的个性化需求。因此，结合对虚拟资源的使用情况分析，可以从以下几个方面开发虚拟教学资源。

2.2.1 深度整合 VR 设备功能，细化内容分布

将复杂的理论知识体系分解为小的知识元并结合活动主题、关联并重组知识元的方法，实现 VR 资源的深度融合，从而开发出新的虚拟应用场景，以满足多样化需求。以"功能模拟卫星探究与制作"课程中的项目学习为例，在构建未来火星基地建设的虚拟项目背景的基础上，引导学生利用现有的 VR 设备功能来解决火星探测任务需求，进而实现火星探测问题的转化和解决。这种方法能够将庞大复杂的知识体系转化为易于理解的小知识元，并将其与活动主题相结合，从而使学习效果更为深入和长久。在该项目学习中，学生团队的任务目标是利用地形地貌数据采集技术，实现对火卫一表面特征图像的智能化识别。为了更好地实现这一目标，团队利用学校航天馆中的月球模拟环形山漫游功能，对月球表面基坑进行了虚拟考察、数据采集和信息整合，提取出关键参数。随后，通过将这些参数与火卫一的高清照片相结合，团队成功建构出适用于火卫表面基坑特征识别的算法模型。在特定主题的项目式学习过程中，团队积极探索任务主题与设备功能之间的关系纽带，双向推进了任务需要与 VR 功能的适配，有效解决了项目学习中遇到的实际问题，具体情况见表 1。

表 1　"功能模拟卫星探究与制作"课程中的项目学习与 VR 功能的适配

项目	创新点	主要功能	VR 功能的适配
基于图像识别的火卫探测器	特征图像识别	地形数据采集	月球表面环形山模拟
拼插式卫星结构设计	拼插式结构	即插即用 快速组装	卫星运行轨道、卫星变轨
搭载仿生柔性机械臂的空间在轨服务卫星	仿生柔性机械臂	在轨修复	探测器操作、电推进装置展示
集群策略下的火星遥感监测卫星设计	集群策略与子母结构	卫星防御 多任务并行	卫星星座分布、卫星防御模拟

2.2.2 探索大数据 VR 资源共享链，建立虚拟资源共享平台

随着云计算技术的飞速发展，虚拟现实资源展现出比实物资源更高的移动性和兼容性。为了提高虚拟现实资源的利用率，重庆南开两江中学联合中国航天科技国际交流中心、重庆大学、重庆理工大学、明月湖国际智能产业科创基地等单位，共同推动虚拟现实资源的集中化智能管理，能够更好地利用这些资源，促进虚拟现实技术在教学、科研等领域的广泛应用。同时，通过统一虚拟现实资源的格式，降低资源使用成本，并构建区域性的资源云共享机制，提高资源利用率，实现资源共享。这一举措的实施有望为虚拟现实资源的可持续发

展和资源利用的优化提供关键支持,并推动虚拟现实技术向更广泛的领域应用,从而更好地服务于社会发展的需要。

2.2.3 VR 教学资源的定制管理与自主开发

(1)制定多样化的 VR 应用模式,需要具备对学生的需求和情感状态的理解,以满足不同学习需要和兴趣爱好。只有在理解学生的需求和情感状态之后,才能够根据学生的特点来开发有针对性的课程资源。针对不同学科和年龄层次,设计各具特色的 VR 教育场景和课程内容,提供多种互动模式和学习方式,以激发学生的兴趣和积极参与。此外,将虚拟场景、虚拟人物、虚拟交互等多个功能整合到一个系统中,可以为用户提供更为全面的学习体验和技能训练。

(2)利用智能化技术,可以提升虚拟教学资源的智能水平和个性化程度,为学生提供更加符合学习需求和兴趣的学习体验。根据学生的学习行为和反馈信息,自动调整教学内容和模式,以实现教学的个性化和智能化。这种方法将大大提高虚拟现实学习的效果和质量,并为学生提供更为高效的学习体验。

(3)建立 VR 教学资源的管理和更新机制,以保证其时效性和优质性。结合海量数据和用户反馈,进行教学内容和方式的不断改进和优化,以提升学生的学习效果和体验。通过有效管理和更新机制,可以不断完善 VR 教学资源,使其更加符合用户需求和教学要求。

(4)虚拟场景搭建和三维建模是 VR 教学资源开发过程中的难点。为满足这一难点需求,需要选择一款合适的虚拟仿真开发平台,并利用建模工具和图形化编程等技术对预设场景和物品进行三维创意设计和交互设置,逐步完善虚拟仿真资源。表 2 汇总了一些常见的虚拟仿真开发平台和三维建模工具。

表 2 常见的虚拟仿真开发平台和三维建模工具

分类	开发平台／软件	主要功能	使用难度
虚拟仿真开发平台	3D One AI	情景仿真、图像识别、图形化编程	★
	Virtools	3D 环境虚拟实时编辑	★
	Converse 3D	支持 3Ds Max Mesh 物体、角色动画等	★★
	Unity 3D	3D 视频游戏、建筑可视化、实时 3D 动画	★★★
	OGRE	三维图形渲染引擎	★★★★
	Director	集成多种媒体资源的开发平台	★★★★★
三维建模工具	3D One	三维创意设计与 3D 打印	★
	Cinema 4D	建模、动画和渲染	★★
	Poser	三维动物、人体造型和人体动画制作	★★★
	3D Studio Max	建模、动画和渲染	★★★
	Solidworks3D	机械结构设计	★★★★

（5）学生成为开发 VR 资源的主要参与者，从学生视角出发进行创意设计与虚拟仿真，更贴合学生的认知规律和思维方式。学生在设计课程资源的过程中，需要考虑到自身的需要、兴趣和思维方式等方面，才能够开发出真正适合学生的资源。学生的直接参与能够帮助学生更好地理解和尊重他人的不同之处。课程设计应重视多元文化和个体差异，避免一刀切的观点和偏见，从而培养健康的价值观和负责任的行为准则。此外，让学生参与到 VR 资源的开发中，能够增强他们对教学资源的需求和理解，创造出更具特色和优质的资源，使其更加适应未来的知识产业和社会发展的需要。

2.3 "虚实融合"模式：VR 技术应用于航天课程

由于航天科普教育的特殊性，VR 技术常被用于实现基于场馆条件难以完成的物品展示或实践操作，创造沉浸式的体验活动。但是需要注意的是，这种活动仅仅给学生带来视觉上的强大冲击，而不能引发学生的深度共鸣，学生对于知识的理解尚处于接受层面，没有深刻地吸收和转化。因此，深度体验场馆项目学习建构应当遵循"虚实融合"原则，借助 VR 技术进一步强化学生对体验与学习过程的有效参与，统筹规划与设计"虚实"空间内的教学活动，强化学生的实践体验。

以"运载火箭的设计与制作"课程为例，分析融合 VR 技术应用于航天课程的一般流程：

2.3.1 以虚拟丰富现实，引发情感共鸣

在虚拟场景的交互体验中，学生与科学知识、真实历史之间的时空距离被缩短，对知识的理解更加透彻，更容易引发共鸣与共情，建构理论基础与思想基础。例如，介绍火箭基础理论与发展时，可以通过虚拟现实技术带领学生走进火箭发射场地，亲身感受火箭的真实大小，并通过视觉、听觉等多种感官刺激形成直观的感受和印象，有助于学生更好地理解和记忆所学内容，同时也提高了学生的参与度和学习效果。利用虚拟人物互动、多媒体演示等多种技术，开展模拟对话活动（"两弹一星"元勋、南开中学杰出校友——朱光亚与周光召），来展现"两弹一星"的历史背景，以层层推进的方式高度还原航天事业发展的艰辛历程，以航天精神与公民意识为媒介赋予爱国主义教育更多的内涵。应用 VR 实验平台，学生可以观摩虚拟火箭发射现场，深入了解火箭发射时序和基本结构，并进行模拟练习，如拆解和还原火箭结构等操作，从而形成对火箭结构及其功能的系统性认识。在这个富有感染力的虚拟情境中，学生可以体验知识的获取过程，并通过深入思考，建构个性化的航天核心知识体系。这不仅有效保证了科普内容的专业性、系统性与完整性，也提高了学生们的信息获

取效率（见图3）。

图3　VR技术在航天课程中的应用

2.3.2　融合"虚实空间"，实践印证理论

为了更好地体现"虚实结合"模式的特点，本课程将引入案例分析、实验探究、角色扮演等活动，让学生在实践中积极运用所学知识和技能，并不断实现"跨越"和"融合"。"运载火箭的设计与制作"课程整合了包含虚实空间的有效教学资源，以项目式学习的任务为核心，例如创建和优化固体燃料火箭模型等方式，促进学生对航天事业发展的深入了解。在此过程中，学生可以在VR技术的帮助下更加精准地完成操作。特别是在火箭结构拆解环节，学生完成火箭基本组成部件的数据采集，并在OpenRocket仿真平台上进行模拟分析和飞行，以产生关键性能参数。在这门课程中，学生将通过虚拟实验得到的数据，综合所学理论知识，自主设计并制作固体燃料火箭模型。此外，学生还需要亲身走访飞行环境，采集环境数据，并进行多次模拟仿真实验，逐步完善其性能参数，最终实现飞行目标。在任务式的"虚实融合"学习中，学生将虚拟空间所学理论知识融入现实空间的实践操作，充分调动学生的积极性与创造性。随着任务的推进，学生将形成自己的知识体系，并进一步促进能力转化。

2.3.3　聚焦素养提升

在本课程实践中，学生需要采集终试火箭模型的飞行数据，并结合前期基于VR设备采集的工程数据，完成工程文档或研究报告。各小组还需要交流分享设计理念与制作经验，并以海报展板的形式进行答辩展示。在答辩过程中，学生之间的思维碰撞促进了原始结构设计的进一步优化计划。综合答辩不仅可以全面评价学生的综合素养，还能有效结合他们的实践经历、理论知识和综合能力。答辩不仅考察了基础理论知识的掌握与专业技能的运用，还直接体现了学生的批判性思维能力、表达分析能力、领导管理能力、科学创新思维，以及社会价值理念等方面的发展。这样的实践锻炼和综合能力培养也有助于学生养成适应高度动态和竞争性环境要求的习惯。在未来的职业生涯中，这些能力将成为学生在相关领域中脱颖而出的优势，培养其成为具有高度专业性和人际共享能力的复合型人才。

在"运载火箭的设计与制作"课程中，"虚实融合"的课程模式有助于学生整合航天核心理论知识和技能，厘清知识脉络，厚植爱国主义情感，领悟航天时代精神。基于此，进一步展开针对创新思维的个性化进阶训练，以团队协作解决实际问题为导向，设置具有一定难度的真实任务，促进学生在任务探究实践过程中对必备知识概念的深度加工、巩固吸收与运用迁移（见图4）。

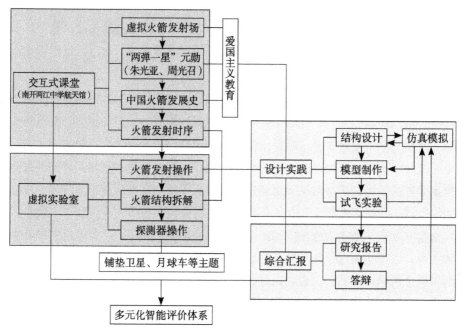

图4 "运载火箭的设计与制作"课程结构

2.3.4 多元化智能评价

在融入 VR 技术的场馆学习中，评价课程的目标应该是培养学生的核心素养，并贯穿于学生的动态化学习过程中。为了实现这一目标，可以通过设置精细化的评价点，来跟踪记录学生在虚拟场景与现实空间中的行为表现。同时，综合运用多维度评价指标，初步形成嵌入式评价体系框架。场馆学习环境的独特性也意味着评价过程应该注重学生的实际表现和所具备的实际能力，而非仅仅关注他们在一场考试中的表现。这样的评价体系多角度、多维度地对学生进行评价，更准确地、可视化地展现学生的表现和成长历程，从而更好地指导教学实践。针对不同的学习目标和需求，采用多样性的评价方式和手段，能够很好地满足学生的不同需求和能力水平。

首先，对于采用"虚实融合"模式的课程特点，需要明确课程的过程性目标和阶段性任务，以评价内容重点关注学生在知识获得、能力掌握、认知策略、创新思维等方面的成长和转变。评价标准需要具有明确性和有效性，既能反映学生各方面的表现，又能激励学生持续进步。嵌入式评价可以及时提供个性化的学习建议，帮助学生正视自身的学习策略缺陷，增强学习自信。[6] 评价过程应坚持多元化的评价方式，包括但不限于课堂表现、作业、小组项目及个人项目，通过这些方式全面了解学生的学习情况和发展水平。评价过程应该坚持透明化和公正性，确保评价标准的明确性和公正性，避免主观偏见的影响。其次，场馆学习环境与过程的特殊性决定了嵌入式评价的标准不应是规范统一的，而是应该根据实际情况进行"适异而评"。[7] 这意味着在设置课程评价标准时，应充分考虑学生的差异化特征，根据学生的不同特点和能力水平，制定符合实际的评价标准和方法，确保评价标准能够平衡"共性"与"个性"，以提高课程评价的柔性和适切性。评价过程也应及时采纳反馈，随时调整和改进评价方案。

课程评价还需要注意对个人认知、情感和价值观念的考察。评价过程中要关注整个学习过程中学生的认知、情感和态度变化，观察学生在不同环境中的表现和反应。对学生情感反应、思维方式、价值观念等方面进行综合评估，能够更全面、客观地了解学生的学习、成长状况，更好地指导学生的发展。同时，评价过程应该注重学生的内在感受和学习动机，以充分促进学生的自我发展。

最后，将学生纳入课程评价的参与者行列，实施自我评价和团队评价等多元化的组合评价方式，不仅能够深化学生对于课程框架的理解，还能够促进学生创造性思维的发展和自我意识的觉醒。[8] 在任务驱动的情境下，学习者参与课程评价能够自主探究课程各环节的设计意图和深层联系，减少对 VR 设备娱乐性质的憧憬，自我审视学习行为，调动内在动力并积极参与交互体验，从而提高学习效率。这样不仅可以提高智能评价结果的客观性、多样性和可信度，还可以推动当前课程体系结构的优化。

将 VR 技术融入学校教育的场景中，制定一套科学、准确、精细的评价体系非常必要，不仅能够帮助学生加强学习动力，激发内在的学习热情，而且还能有效地评估学生核心素养的培养效果。通过这些措施，学生将更好地掌握学习进程，逐步培养出未来社会所需的各种技能和才能，为未来的挑战做好准备。

3 结语

将虚拟现实技术引入教育中，不仅可以拓宽学生的科学视界，进一步发展高阶的科学思维，有效解决创新型人才培养与实践教学的矛盾，还可以消除传统教学场所的物理空间限制，为学生创设全时空、多方位的学习环境，进而助力教育数字化转型新发展。元宇宙概念的普及和生成式人工智能的崛起，预示着 VR 技术在新一代虚拟教育平台上将展现更加强大的生命力，产生更为深远的影响。这将推动教育教学方式的根本性变革，为学生探索更加广阔的学习领域提供强有力的支持和保障。教师应该充分认识到虚拟教育与现实教育的互补性和融合性，持续探索 VR 技术在教育领域的应用潜力，为教育改革和发展注入新的动力。

参考文献

［1］魏锐,刘坚,白新文,等 . "21 世纪核心素养 5C 模型" 研究设计 [J]. 华东师范大学学报（教育科学版）,2020,38（2）:20-28.

［2］王叶茵,王睿,张中阳,等 . 基于钱学森大成智慧思想的航天科普教育体系设计 [J]. 中国航天,2021（1）:77-80.

［3］方凌雁 . 馆校合作视域下场馆学习的意义构建和实践路径 [J]. 教学与管理,2022（33）:65-69.

［4］李敏,韩丰 . 虚拟现实技术综述 [J]. 软件导刊,2010,9（6）:142-144.

［5］魏本宏,倪清,张宗禹,等.VR 虚拟科技馆系统设计与实现[J].中国教育信息化,2020（10）:30-33.

［6］居晓波 . 嵌入式评价在信息科技教学中的应用 [J]. 现代教学,2011（10）:69-71.

［7,8］冉利敏 . 学校课程评价中的学生参与 [J]. 基础教育课程,2022（21）:27-33.

馆校结合科学教师跨学科概念培训活动研究

——以美国加州科学院的教师专业发展工具包为例

刘益宇　应孔辉[*]

（华南师范大学科学技术与社会研究院、粤港澳大湾区科技创新
与科学教育研究中心，广州，510006）

摘　要　馆校结合有效支持科学教师的专业发展是落实科学教育加法亟待解决的热点问题之一。2023 年 5 月，教育部等十八部门联合印发的《关于加强新时代中小学科学教育工作的意见》指出，用好社会大课堂，服务科学实践教育。美国加州科学院开发的馆校结合科学教师专业发展工具包，立足于美国《新一代科学教育标准》，以学校科学教师的专业发展为中心，详细解读跨学科概念，并应用跨学科概念作为分类框架和多角度分析工具，依托科普场馆资源进行有效的科学教师培训活动，为我国科普场馆有效支持科学教师专业发展提供了有价值的经验启示。

关键词　科学教育　馆校结合　科学教师　课程标准　跨学科概念

《义务教育科学课程标准（2022 年版）》提炼了科学观念、科学思维、探究实践、态度责任 4 个方面的核心素养发展要求，对于科学教师提出了在核心素养的深入理解、课程目标的制订、课堂教学的实施、学业质量的评价等方面的新要求，因为科学教师是科学课程标准有效实施的关键因素。然而，当前我国小学科学教师的专业水平难以匹配科学课程改革需求。教育部基础教育教学指导委员会科学教学专委会在全国范围内开展的调查显示，小学科学教师的专业教学实践能力、专业发展支持力度等都亟待提升。2023 年 5 月，教育部等十八部门联合印发的《关于加强新时代中小学科学教育工作的意见》指出，用好社会大课堂，服务科学实践教育。国内科普场馆如何基于科学课程新课标，有效支持科学教师的专业发展，已成为当前落实科学教

---

[*]　刘益宇，华南师范大学科学技术与社会研究院副教授，研究方向为系统科学哲学与系统方法论，HPS 与科学教育原理；应孔辉，华南师范大学科学技术与社会研究院科学与技术教育硕士研究生，研究方向为科学教育。本文为以下项目的研究成果：国家社会科学基金一般项目"社会生态系统的临界效应及方法论研究（19BZX042）"；广东省教育厅人文社科项目"可持续发展的临界动力学问题及其方法论研究（2018WTSCX018）"。

育加法亟待解决的热点问题之一，而美国加州科学院（California Academy of Sciences）馆开发的校结合科学教师专业发展工具包，根据美国《新一代科学教育标准》（Next Generation Science Standard，简称 NGSS），依托场馆资源进行有效的科学教师培训活动，为我国科普场馆有效支持科学教师专业发展提供了有价值的经验启示。

1 美国加州科学院的科学教师专业发展工具包

美国加州科学院是位于美国加利福尼亚州旧金山市的科学研究和教育机构，同时也是世界上最大、最具有创新性和最环保的自然历史博物馆之一，集水族馆、天文馆和自然历史博物馆于一体，包含世界级的科学研究和教育项目工作。加州科学院围绕可持续发展与环境教育特色，以科学与自然为主题，组织各类科普展览和互动项目，涵盖生物、地球、天文等多个领域，展示丰富的自然历史和科学文化遗产，包括数百万件标本、文物和实物，以及仿真热带雨林与珊瑚礁等。加州科学院与学校、社会、企业的关系密切，定期举行科学讲座，向公众普及基本科学知识及前沿科技发展，旨在向公众普及科学知识、提高科学素养，同时也展示了在生态保护和可持续发展等方面的一流科研成果，并将科研成果向解决现实问题转变。

1.1 有效支持科学教师专业发展

加州科学院的教育项目覆盖了从学前儿童到高中生的广泛年龄范围，开发了一系列的教育项目和资源，帮助学生探索自然、科学和环境问题。这些项目涵盖了生命科学、地球科学、环境科学、物理学和科学技术等多个领域，以及科学家的实践方法。学生可以参加加州科学院的课程计划、夏令营、暑期实习、青年发展计划等活动。此外，加州科学院还与学校合作，每年至少为1600所K-12学校的学生提供实地考察的机会，安排定制针对性的实地考察计划，通过指导性问题的设立与重点活动的参观，使实地考察更加系统与高效，减少盲目参观与无效参观，提高参观质量。[1]

针对科学教师，加州科学院有效发挥馆校结合作用，提供各种教育资源和专业发展机会，致力于提高科学教师专业能力，特别是依据 NGSS 设计相应课程与科学教案、专业发展研讨会、科学教师工作坊、定制培训计划等。此类培训活动围绕场馆资源展开，以教师"做科学"为理念，以期为科学教师解决其在教学方法、教案设计、科学规律与原则、课程实践与应用等方面所遇到的难题，提高教师培训参与度与培训成效。[2]例如，加州科学院为科学教师提供定制的专业培训计划，包括教师的虚拟体验和亲身体验，在高度互动的虚拟研讨会中，科学教师参与小组讨论和个人探索，与同事一起思考如何将想法应用到科学教学，而亲身体验活动则包括 NGSS 研讨与探索课堂等内容。加州科学院设计的科学教师专业发展支持活动的特色与优势在于，所设计活动与 NGSS 高度对标，体现科普场馆作为科学教学的"第二课堂"的地位，帮助科学教师有效理解 NGSS 并贯彻于课堂教学。

1.2　基于 NGSS 开发科学教师专业发展工具包

加州科学院所设计的科学教师专业发展支持活动中，最具有代表性的是基于 NGSS 开发的一个"科学教师专业发展工具包"。该工具包可以帮助旧金山湾区数千名科学教师理解 NGSS 的 3 个维度[3]，即科学工程与实践、跨学科概念与学科核心概念，从而实现教师的专业发展。科学与工程实践维度强调在真实世界中运用科学知识和工程技术，解决实际问题并进行创新实践，学科核心概念维度强调物理学、化学、生物学和地球与空间科学中的基本概念和理论，跨学科概念维度涉及多个学科，需要更高层次的思维和理解能力。该工具包所包含的活动都是灵活且模块化的，加州科学院可以根据自己的需要，结合原有的材料或者调整相关顺序来安排科学教师专业发展培训计划。

1.3　为科学教师解读 NGSS 跨学科概念

科学教师专业发展工具包旨在帮助科学教师深入理解跨学科概念的含义，厘清跨学科概念与科学与工程实践和学科核心概念的关系，以及与具体学习内容之间的逻辑关系，这对于科学教师来说无疑是一项挑战，需要借助外部培训来辅助科学教师理解。[4]该工具包对 NGSS 跨学科概念（见图 1）的解读如下：（1）模式，强调观察到的形式和事件的模式指导着组织和分类；（2）因果，涉及机制和解释，科学的一项主要活动是调查和解释因果关系及其中介机制，而这样的机制可以在给定的环境中进行测试，并用于预测和解释新环境中的事件；（3）尺度、比例和数量，涉及在考虑现象时，关键是要认识到在不同的尺度、时间和能量度量中什么是相关的，并认识到尺度、比例或数量的变化如何影响系统的结构或功能；（4）系统和系统模型，涉及定义所研究的系统，或者指定其边界并明确该系统的模型，为理解和测试适用于整个科学和工程的思想提供了工具；（5）能量与物质，涉及流动、循环和守恒，跟踪能量和物质的流入、流出和在系统内部的流动有助于人们理解系统的可能性和局限性；（6）结构和功能，涉及物体或生物的形状及其子结构决定其很多性质和功能；（7）稳定和变化，对于自然系统和人造系统，探究的关键在于系统的稳定条件和变化（或演化速率）的决定性因素。

图1　NGSS 跨学科概念与科学课程计划

2　科学教师跨学科概念培训活动过程分析

2.1　跨学科概念培训导入

加州科学院科学教师跨学科概念培训活动导入包括 3 个步骤。首先，培训人员利用各种例子向科学教师展现生活中对于科学的错误理解，即科学只是一个事实的集合体。在旧课标的范式下，科学知识被当成记忆的结果，学生对于未来从事科学职业的愿望不强烈。即使不从事科学职业，学生与公众也应该了解科学是如何运作的，辩证地看待社会上发生的事情。因而为了满足培养学生的核心素养需求与弥补旧课标所存在的缺陷，科学教师需要认识到 NGSS 所产生的时代意义，以及如何依据理念展开教学实践。

其次，培训人员以一个国际象棋故事作为背景，通过比较专家和新手组织信息的方式来帮助定义跨学科概念及其基本原理。一系列认知心理学研究成果已表明，国际象棋专家和国际象棋新手在组织信息方式方面存在差异。研究人员向国际象棋专家和新手展示了一个棋盘，棋盘上的棋子是随机排列的，然后要求两组人根据记忆重新还原棋子的位置。事实证明，这两组人对信息的组织方式不同。新手倾向于只记住单个棋子（车、马、主教等）及其在空间中的位置。然而，专家可以将棋子的位置与其功能、走法、战术等信息联系起来，并且在棋盘上形成了一种类似于"棋子模式"的认知结构，这使得他们能够更快地识别和记忆棋子的位置。然后专家可以使用这个框架来组织和理解棋盘上的任何棋子位置。不仅是在棋盘上，在物理学和计算机编程等其他领域也存在这种现象。一般来说，新手依靠表面特征（如孤立的事实或公式）来组织思想，而专家则开发和使用概念框架，注重事物间的联系与整体性，使用大概念或大框架对新知识进行分类整理。[5]

最后，培训人员以复原棋盘这个活动为比喻，帮助科学教师理解学习

NGSS 跨学科概念就是在科学知识的学习中为学生提供一个概念框架，从而令他们能够像科学家一样，组织自己的想法与理解，更加灵活与创造性地解决新问题。

2.2 应用跨学科概念作为分类框架

"应用跨学科概念作为分类框架"这一环节要通过"快速约会"和"站台轮换"活动来进一步帮助科学教师理解 7 个具体的跨学科概念及其定义，并将其作为一种科学方法引入课堂。

在"快速约会"这个活动中，告诉参与者，下一个活动的目标是让他们首先了解如何定义跨学科概念。以 14 个参与者为例，让每个参与者随机抽一张卡片，该卡片上分别记录着 7 个跨学科概念的标题（模式、因果关系、尺度、比例和数量、系统和系统模型、能量和物质、结构和功能、稳定和变化），以及 7 个相关定义，共计 14 张卡片。拿到标题或定义的参与者在会场中互相寻找自己的"另一半"进行"快速约会"，在寻找搭档的过程中，还可以辅以一些问题激发科学教师思考，如进行匹配时，是否有定义与标题特别难或者特别简单，为什么？或者，这些定义中的任何一个是否让您感到惊讶或困惑？帮助参与者完成配队之后便进入下一环节——"站台轮换"。[6]

这个环节将进一步锻炼科学教师对于跨学科概念的理解。培训人员将提前划分好 7 个站台，每位参与者将持有一张记录表，陆续访问这 7 个站台。在每个站点，他们将看到打印出来的 3—5 个与某个跨学科概念相关的科学内容示例。而他们的任务是确定统一"站台"内所有示例的跨学科概念，并记录于表中。注释列可用于记下有关他们如何进行匹配的任何想法，或可能适合这个跨学科概念的其他示例的想法。

以某个站台为例，在其中放入水循环图、动物头骨对比图和捕猎者与猎物种群变化图当作示例，参与者在对实例进行分析的过程中，结合上一个活动对于各个跨学科概念的定义，可能会在记录表上用"因果关系"这一跨学科概念进行总结，在后面的注释列记录自己匹配的原因，3 个示例都涉及了因果关系，以动物头骨对比图为例，羚羊的头骨与豹猫的头骨的很大的区别就是两者的眼睛分布。其中羚羊的眼睛处于头骨的两侧，而豹猫的眼睛则处于头骨的前方。这是因为在漫长的优胜劣汰中，位于头部两侧的羚羊眼睛能够提供更广的周边视野，从而更快地预警捕食者的攻击，而眼睛位于前方的豹猫作为捕食者，能够增强其视觉能力从而搜寻到更多的猎物。

参与者通过记录"因果关系"来统一该"站台"中的所有实例，从而在实例检验中对该跨学科概念有了更深层次的理解。但是，更多的参与者发现，如捕猎者与猎物种群变化图这个示例，同样可以体现"系统与系统模型""稳定与变化"等跨学科概念，并在注释列做好记录。参与者完成"站台轮换"这个活动之后，可针对每个"站台"展开讨论，并解释为什么认为这些示例代表了特定的跨学科概念，抑或是对每个跨学科概念有何其他想法。

通过此项活动，参与者能了解到 7 个跨学科概念分别是什么，以及他们可能在课堂上使用它们中的其中一种方法，即将 7 个跨学科概念及其定义作为对现象进行分类的框架。学习跨学科概念可以帮助学生远离记忆离散的孤立事实，从而转向分类理解的方法，这更像是科学家分析现象的方式。

2.3 应用跨学科概念作为多角度分析的工具

该活动分为两个部分："垂直对齐"和"跨学科概念镜头"，前者可以让参与者了解跨学科概念在 K-12 不同阶段的建构特点，后者则可以让参与者认识到对于某一内容可以利用不同的跨学科概念作为分析内容的不同角度，从而为学习者提供不同的学习成果。

"垂直对齐"是一种卡片分类活动，以 NGSS 中的附录 G 为依据，旨在让参与者了解每个跨学科概念从幼儿园到高中的发展进程，探索每个阶段之间的细节差异。伴随着学生对科学的理解加深，他们对跨学科概念的理解也会更有深度。从 NGSS 附录 G 中摘录每个跨学科概念在 K-2，3-5，6-8，9-12 4 个阶段的进展，打印出对应的卡片并打乱顺序。以"模式"这一跨学科概念为例，其在 4 个阶段的进展分别如表 1 所示：

表 1　"模式"跨学科概念分年龄段进展表

阶段	进展
K-2	学生能够认识到自然界和人类设计的世界中的模式可以被观察，用来描述现象，并作为证据使用
3-5	学生通过辨认相似和不同之处，对自然界的物体和人类设计的产品进行分类和归类。他们会识别与时间有关的模式，包括简单的变化率和循环，并利用这些模式做出预测
6-8	学生认识到宏观模式与微观和原子水平结构的性质有关。他们识别变化率和其他数字关系中的模式，从而提供关于自然界和人类设计系统的信息。他们使用模式来确定因果关系，并使用图表识别数据中的模式
9-12	学生观察不同尺度的系统中的模式，并引用这些模式作为实证证据，支持他们对现象的解释。他们认识到，在一个尺度上使用的分类或解释可能在另一个尺度上无用或需要修订，因此需要改进调查和实验。他们使用数学表示来识别某些模式，并分析性能模式，以便重新设计和改进设计系统

将参与者分组后，给每个小组下发某个跨学科概念的 4 个阶段的卡片，并给他们一定的时间来阅读和组织卡片。在完成卡片的正确排序之后展开讨论，梳理有哪些线索有助于排序卡片（例如逐渐复杂的词汇或者从具体到抽象的想

法），鼓励参与者去 NGSS 附录 G 浏览他们所教授的年级所对应的跨学科概念进程，并与自己的伙伴一起讨论心得。

查看每个跨学科概念的进程时会突出这样一个事实，即跨学科概念不仅仅是用于对内容进行分类的标签，它们还是思考内容的方式。接下来的"跨学科概念镜头"活动则是带领参与者探讨如何使用不同的跨学科概念来对同一事物进行多角度思考。通过向参与者展示一些聚焦注意力的事物，如窗外的一棵树、手上的一张照片等，并告诉参与者，他们的任务就是使用跨学科概念作为"镜头"来探索该事物。他们进行探索的时候，应辅以几个问题促进思考：我们能把这个事物与跨学科概念进行连接吗？这种连接有什么意义，能够帮助我们理解什么现象？学生能够通过该跨学科概念角度学到什么？[7]

以水循环示意图为例，我们可以从"模式"的角度去理解，水循环作为一种有规律且周而复始的运动过程，使地球上各种形式的水以一定的周期与速度更新；还可以从"系统与系统模型"的角度去理解，水循环作为一个系统，包含水的固液气 3 种形态，在太阳能的作用下，三者之间产生联系，海洋表面或者植物蒸腾的水经过蒸发与冷凝形成水汽，水汽随大气环流运动，一部分在陆地上空汇聚，形成降水。降水到达地面后，转化为地表径流或下渗为地下水，最后汇入大海，最终形成水的动态循环模式。通过建立水循环模型，揭示水在地球上的循环过程，帮助人们更好地理解水的来源、去向和分布，促进对地球水循环系统的科学研究，为气候变化和水资源管理提供基础数据和科学依据；还可以从"稳定与变化"这个角度来分析。水循环能够维持地球水资源的供应与平衡，但是人类活动会导致循环发生变化，如对于森林的大肆砍伐导致植物蒸腾的水量减少，从而影响整个水循环过程等。

"跨学科概念镜头"这一活动，体现了跨学科概念不仅可以作为分类事物的框架，还可以作为理解事物的角度。无论是在实验室实地考察，还是个人独处的时候，当学生遇到一些陌生情况时，他们需要借助某种思维模式来帮助他们从科学的角度参与并理解现象。例如，处理一个复杂现象的时候，学生可以先从模式的角度入手，观察寻找重复出现的结构、行为、过程或关系等，下一步可能会通过"系统与系统模型"对其之间的结构与相互作用进行研究。而在某些情况下，又可以通过开展调查或设置计划来研究现象发生的"因果关系"，阐明运行机制，并对另一个新环境做出预测等。[8]

3　馆校合作科学教师跨学科概念培训操作原则

加州科学院设计的科学教师跨学科概念培训活动，旨在帮助科学教师将 NGSS 的教育理念贯穿于指导学生日常学习，引导学生如何从跨学科概念的角度来模仿科学家思考，从而助推学生从一个被动的知识接受者转变为主动的成果输出者，这种馆校结合模式有效支持科学教师高质量培训，具有鲜明特点，其操作原则如下：

（1）以科学教师为中心设计专业发展培训活动。培训活动采用非结构化的活动形式，以小组讨论、互动、手工站等为主。当前仍有很多教师培训仍由教学者为主导，这些大多是各种专家学者的教学者，以"讲座""报告"等方式单方面传递知识，对问题话语权的排序为：领导＞专家＞年长教师＞青年教师。[9]并且参与者大多为教育实践者，"专家主导，集体研修"的授课模式忽略了传授参与者解决教学实践问题的知识，消磨了参与者的热情与学习动力。加州科学院对于跨学科概念培训活动的设计，很好地体现了以参与者为主体的特点，摒弃大量的讲座与报告，以小组讨论、互动、手工站等形式来开展活动，提高参与活动的意愿与积极性，在互动讨论中培养沟通能力，促进思维碰撞，分享经验和观点。

（2）依托于场馆资源设计培训活动内容。立足于具有直观性、形象化、主题化特点的场馆资源，学员能够在掌握培训内容的同时，对场馆资源的教育价值有更深入的了解，[10]为科学教师利用场馆资源开发科学课程奠定基础，也有助于校本课程研发，促进馆校合作。[11]如在"站台轮换"活动中，选取了"加州科学院可持续发展设计示意图""昆虫的完全变态发育与不完全变态发育"等示例；还有在"跨学科概念镜头"这一活动中，培训人员需要选择一个案例或者实景，让学员应用跨学科概念作为分析事物的"镜头"，而加州科学院的培训人员则选择了他们放置在生物栖息地的摄像机直播画面，让学员直观地应用跨学科概念解读事物现象，并且，随机出现的各种生物及变化的场景也创设了真实的情境，让学员在新的情境中迁移运用，为他们提出问题与创造性解决问题提供了有力支持。

（3）将馆校合作落实到真实科学课堂教学。科学教师可以参考教学活动整合场馆资源，使其最终落实于课堂。加州科学院对于跨学科概念培训活动的设计强调实践性。活动参与者均来自旧金山湾区的一线科学教师，他们怀揣着在日常教学中的困惑，希望能够在此次培训中获得解决问题的方法与知识。跨学科概念作为一个较为抽象的上位概念，通过理论阐述会导致理解上的困难，所以加州科学院采取了各种具体活动来帮助科学教师在实践中进行理解。通过小组探讨、互动提问等形式，结合科普场馆内真实、形象、社会化的真实情境，探索跨学科概念在学生学习中的作用。如在"跨学科概念镜头"活动中，参与者在讨论"教授给定内容的时候，该如何决定使用哪个跨学科概念""学生可能学习什么，如何根据他们所使用的跨学科概念而有所不同"等问题中思考跨学科概念与课堂的联系。

（4）基于"概念变化"开展有效的跨学科概念培训。加州科学院科学教师专业发展工具包的有效性体现在教师观念的转变。特里格维尔等学者认为，以"概念变化"作为视角来开设教师培训活动才算是有效的培训，教育发展本身就是教师的学习过程，有效的发展计划需要带来观念上的转变。[12]何安吉拉总结了要使任何"概念变化"活动最有效，最好按照逻辑顺序，它包括4个要素，分别是冲突的过程、自我意识过程、替代性概念的可用性及承诺和巩固变化。[13]加州科学院跨学科概念培训的重点在于科学教师的"概念变化"：①冲突的过程往往源于教学理念与教学实践的不匹配，以及现有教学概念不足之处，例如学员面临真实问题情境的冲击；②自我意识过程则是指活动的设立要克服学员潜在的趋同性，强调让他们发现冲突过程的存在，如学员产生认知冲突；③替代性概念的可用性则是为了摒弃旧概念，必须有更优质、更有效的替代性方案供学员学习，如提供关于 NGSS 跨学科概念解读与操作方法；④即使有了替代性概念的可用性，但是仍不能保证学员的概念不发生改变，这时候就需要承诺巩固变化，要在活动中加入"重新冻结"的机制，建立新的承诺巩固概念上的变化，如学员在活动中通过小组讨论、互动实践等形式巩固概念的转变，在新的情境中"冻结"跨学科概念。加州科学院科学教师跨学科概念培训充分说明，这4个要素并不是死板僵化地填充于活动的各个部分，而是在很大程度上交织在一起，共同构建出一个有效的"概念变化"培训活动。

4　结论

美国加州科学院馆校结合科学教师跨学科概念培训有效支持科学教师专业发展，所开发的科学教师专业发展工具包结合美国《新一代科学教育标准》，为科学教师提供跨学科概念深度解读和多角度分析工具，依托科普场馆资源设计并开展有效的科学教师培训活动，为我国科普场馆基于《义务教育科学课程标准（2022 年版）》设计有效的科学教师培训活动，也为我国科普场馆落实科学教育加法提供可能的实现路径。

参考文献

［1］冯楠,周辰雨.危机下的转机:博物馆教育功能的恢复与重塑 [J]. 东南文化，2022（5）:161-168.

［2］MACDONALD M,SLOAN H,MIELE E.A Science Museum's Expedition into the World of Formal Teacher Development:First Three Years of a Five-Year Action Research Study[J].2002.

［3］National Research Council.Next Generation Science Standards:For States,By

States[M].Washington,DC:The National Academies Press,2013.

[4] DEL CARLO D I.Crosscutting Concepts as a Framework for Professional Development in NGSS Curriculum for High School Chemistry[M]. //Best Practices in Chemistry Teacher Education.American Chemical Society,2019:67-81.

[5] California Academy of Sciences.Introducing the Crosscutting Concepts:The Chess Metaphor[EB/OL].[2023-07-29].https://www.calacademy.org/educators/ introducing-the-crosscutting-concepts-the-chess-metaphor.

[6] California Academy of Sciences.CCC Speed Dating and Station Rotation[EB/OL]. [2023-07-29].https://www.calacademy.org/educators/ccc-speed-dating-and- station-rotation.

[7] California Academy of Sciences.Vertical Alignment and CCC Lenses[EB/OL]. [2023-07-29].https://www.calacademy.org/educators/vertical-alignment-and-ccc- lenses.

[8] 杨东亮,张凯.初中化学区域教研及教师培训的创新研究[J].化学教育（中英文）,2023,44（7）:85-92.

[9] 赵慧勤,张天云.基于学生核心素养发展的馆校合作策略研究[J].中国电化教育,2019（3）:64-71+96.

[10] RIEDINGER K,MARBACH-AD G,RANDY M J,et al.Transforming elementary science teacher education by bridging formal and informal science education in an innovative science methods course[J].Journal of Science Education and Technology,2011,20:51-64.

[11] PROSSER M,TRIGWELL K,TAYLOR P A.phenomenographic study of academics' conceptions of science learning and teaching[J].Learning and Instruction,1994,4(3):217-231.

[12] Ho A S P.A conceptual change approach to staff development:A model for programme design[J].International Journal for Academic Development,2000, 5(1):30-41.

"科学笔记本"课程设计与应用探析

——美国加州科学院馆校结合特色课程举隅

刘益宇　卢巧钰[*]

（华南师范大学科学技术与社会研究院、粤港澳大湾区科技创新
与科学教育研究中心，广州，510006）

摘　要　如何设计馆校结合特色课程是馆校结合科学教育的重要主题之一。"科学笔记本"课程是美国加州科学院最具特色的馆校结合系列课程。课程基于美国《新一代科学教育标准》开发和设计流程，适用于 K-12 年级学生。课程内容包括设计专属的笔记本、训练科学素描技巧、学习做笔记的策略等，引导学生通过科学制图寻找原因，基于焦点问题调查探究并反思科学，致力于开发科学笔记本，作为培养科学思维的辅助型学习工具。

关键词　馆校结合　科学教育　科学笔记本　科学课程

加州科学院是位于美国加利福尼亚州旧金山市的科学研究和教育机构，同时也是世界上最大、最具有创新性和最环保的自然历史博物馆之一。基于美国《新一代科学教育标准》（Next Generation Science Standard，简称 NGSS），加州科学院设计开发了一系列馆校结合的科学课程[1]，包括理解跨学科概念的课程、理解学科概念的教育视频，以及远程课程计划等。其中最具特色的是"科学笔记本"系列课程，针对 K-12 年级学生，旨在帮助学生理解课堂内容，激发学生对科学学习的兴趣，培养学生的批判性思维，同时帮助学生了解科学家如何使用笔记本，并学习制作自己的笔记本。该系列课程致力于开发笔记本作为培养科学思维的辅助型学习工具。这为国内科普场馆开发本土特色馆校结合科学课程提供了参考和借鉴。

---

* 刘益宇，华南师范大学科学技术与社会研究院副教授，研究方向为系统科学哲学与系统方法论；卢巧钰，华南师范大学科学技术与社会研究院科学与技术教育硕士研究生，研究方向为 HPS 与科学教育原理。本文为以下项目的研究成果：国家社会科学基金一般项目"社会生态系统的临界效应及方法论研究（19BZX042）"；广东省教育厅人文社科项目"可持续发展的临界动力学问题及其方法论研究（2018WTSCX018）"。

1 加州科学院"科学笔记本"课程内容分析

1.1 设计专属的科学笔记本

科学笔记本的开发设计，需要引导学生熟悉科学笔记本的使用目的、要求，同时了解现实中科学家的工作。开发设计环节主要通过 3 项活动来帮助学生了解和熟悉笔记本的价值和用途。

（1）设计科学笔记本的封面

学生可以从装饰属于自己的独一无二的科学笔记本入手，设计出自己的专属笔记本，激发主人公意识，提高做笔记的兴趣，将科学笔记本当成自己的"小故事集"，并开始熟悉和使用科学笔记本。教师可以提前准备空白科学笔记本、彩色铅笔、可选的装饰品、标签、胶水等简易材料，鼓励学生发挥创造性和主动性，以自己喜欢的方式装饰科学笔记本。在此过程中需要注意的是，教师不应该将关注点放在笔记本是否美观、是否格式工整上面，而是应该关注学生自己的感受，倾听他们设计笔记本的思路和想法，允许"独特"的存在。

（2）观察科学家的笔记本

学习观察他人的笔记本是该课程非常重要的一个环节，通过引导学生仔细阅读许多不同科学家笔记本中的内容，观察了解科学家在科学探索和研究过程中如何记录科学笔记，找寻科学家记录他们想法的策略。示例的作者来源可以是科学家、科学教师、生物学教授等。在观察的过程中，学生思考焦点问题：科学家如何使用科学笔记本？笔记内容有什么共同特征？总结之后，学生选择希望纳入自己科学笔记本的内容和形式。通过此活动，学生不仅学习到科学笔记本中需要有哪些内容，如标题、时间、图示、疑问、特点、思考等，并且以最直观的方式告诉学生，科学笔记本没有统一的格式和标准，不必拘泥于其中特定的格式（见图 1）。

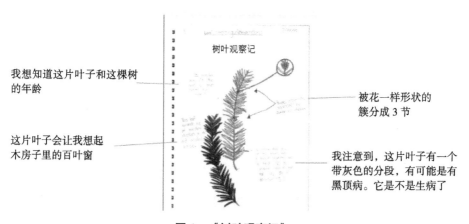

图 1 《树叶观察记》

（3）绘制科学家活动[2]

在绘制科学家活动环节中，科学教师引入问题：你认为科学家是做什么的？并邀请学生画出"我心目中的科学家"，给予学生充足的时间进行绘画。当绘画完成后，请学生在班级中四处走动，观察其他同学心目中科学家的形象，并思考：同学画的科学家有什么共同特点？缺少了什么？学生以小组的形式进行讨论和分享。通过绘制科学家的活动，学生能根据自己的经验表达对科学家的认识和科学家的工作的看法，了解有关"科学家是谁"和"谁可以成为科学家"的不同观点，打破原始的对科学家身份和形象的刻板印象。学生对科学家的长相及他们如何从事科学的看法，往往是狭隘和排他的，这也反映了几十年来美国社会对科学和科学家的刻板印象。刻板科学家的特征包括白人、男性、在实验室独立工作，并且通常使用烧杯、试管等器皿。[3]不幸的是，坚持这些科学家以此方式从事科学工作的形象，难以使学生将自己视为科学家，并使他们将科学与日常生活分开。

1.2 训练科学素描技巧

素描能为学生创造空间来描述他们的观察、问题和解释，有助于引导学生有针对性地观察与主题相关的事物，而学生的想法能通过素描技巧在纸上呈现得更加丰富和饱满。无论是大人还是孩子，都容易把素描和画一幅漂亮的画联系在一起。这种联想会限制学生对问题的表达，尤其是当学生觉得自己不擅长画画的时候。科学家画草图是为了记录和交流信息，而不是为了创作艺术。除了图纸、科学草图外，通常还包括标签和图表、问题和解释。科学教师要善于引导学生，只需要花时间仔细观察，并记录所看到的。然而，科学教师需要强调的一点是，记录所看到的和在脑海中画出所看到的画面是不同的，学生开始描绘一件真实的东西时，重要的是要把注意力集中在面前的单个标本上，而不是脑海中泛化的图像。

（1）轮廓盲画

教师选择一个物品作为素描样本，引导学生在白纸上画出物品的轮廓。在此活动进行前，教师向学生提出要求，绘图的过程中不要低头看画纸，在结束绘画前也不要将铅笔从图纸上拿走。轮廓盲画的活动目的在于引导学生画出实际看到的，而非想象中的物品，告诉学生科学素描的目的不是画出漂亮的图画，而是研究真实的观察对象，并对观察对象进行详细且真实的描绘。

（2）形状分解

将素描样本分解成基本形状，如椭圆、矩形、三角形，鼓励学生看物体，然后模糊他们的视线，突出素描样本的基本形状。学生学习拆解素描样本，再借用简单的图形组合成基本的物品形状，引导学生关注形状而非绘画细节或轮廓。形状分解的目的是使绘制图形变得更容易，增强学生的自信心，与此同时，形状拆解的方法也能加快学生的绘画速度，缩短课堂中绘画的时间。

（3）消失的图像

科学家在自然界中研究动物时，尤其是在观察动物活动的过程中，通常只有几秒钟瞥一眼。因此，科学家必须学习如何快速观察，然后凭记忆画出草图。在此活动中，科学教师在课堂上展示 3 张目标图片，每张图片单独出现 5 秒钟，一共仅显示 15 秒的图片，当图片消失后，让学生进行快速素描，引导学生将绘画重心放在基本形状、形式和周围的标志事物上。此练习的目的在于训练学生捕捉瞬间信息的能力，提高学生思维的敏捷度。

1.3 学习高效的笔记方法

"科学笔记本"课程教授学生高效地做笔记策略，引导学生了解做科学笔记的关键在于，如何在绘制概念图到解开复杂的词汇的过程中表达自己的想法，而不是机械地抄写知识点。做笔记策略总共分为 3 部分内容，即记录策略、调查策略和反思策略。

（1）记录策略

记录策略主要通过介绍一些常见的做科学笔记的框架图，帮助学生梳理在调查、实验、观察过程中所记录的数据和产生的想法。记录策略能引导学生更加规范地使用科学笔记本，避免学生将科学笔记本当成普通的"绘画书"或"日记本"。常见的做笔记的图示包括比较法、词汇策略、科学制图、搭建线路图、头脑风暴法、主动阅读策略等形式。这些记录形式无论是在课堂还是在室外开展活动和记录观察时，操作性和可行性较强，学生较容易理解。

（2）调查策略

在科学探究活动中，调查策略显得尤为重要，包括规划调查、以焦点问题为框架、收集分析数据、构建解释、学会分享。当许多教师想到科学调查时，他们会想到实验室报告或科学方法，这也是学生为完成作业而坚持的一组严格步骤。事实上，真正的科学家会跟随问题和好奇心，通常不会遵循这样的规定路径，这可能会引发科学家进一步深入阅读、研究或实验，也可能会导致他们提出更多问题。"科学笔记本"课程可以反映真正的科学家的工作，帮助学生了解科学笔记本如何支持计划和进行动手调查，从收集数据到构建解释，如何通过科学笔记本激发和加深思考。值得注意的是，该课程帮助学生了解到，科学笔记本既强调个人想法和思路的记录，也强调在整个过程中与他人之间的交流、分享和互动，具有很强的包容性、共享性、开放性。

（3）反思策略

反思策略通常出现在整个调查任务中或结束后，让学生反思自己学习的知识的正确性。科学笔记本则为学生提供了一个安全的空间来反思他们作为科学家或团队成员的工作。学生在反思的过程中了解到，不论是科学家还是老师、同学，他们都可能会犯错，学习到错误的知识，这是不可避免的一件事，学生要学会直面错误，敢于质疑。与此同时，反思的过程告诉学生，科学家获得成就的过程也是一个漫长而不断试错的过程，只有坚定不放弃，才可以获得成功，因此也有助于培养学生坚持不懈的精神。例如，可以灵活运用"321"反思策略，"我从这节课学到了 3 个知识，我有 2 个问题，我还想知道 1 件事"。类似的反思策略可以帮助学生了解他们在科学课后学到了什么知识，并有机会修改自己最初的想法。或者，某一节科学课程结束后使用句子表达："我学到了什么？我还想知道什么？我有什么疑问？"这样让学生通过文字将口头语言和内心想法进行转述，在帮助学生理清思路的同时，也提高了学生的表达能力。

2 "科学笔记本"课程设计特点分析

2.1 通过科学制图寻找原因

科学制图法是指以"溯源"的方式去推导某个现象发生的原因，可以根据课程要求进行正向推导和逆向推导，这一过程的精细步骤有很多，需要耐心讲解，带领学生进行详细推导，剖析事物深层的联系。科学制图可以帮助学生将抽象概念变得生动，如岩石循环或复杂的食物网。科学制图还可以帮助学生命名系统的各个部分及其相互作用，如人体消化系统的不同部分，或者电力如何从发电厂到家中的插座。这些过程在纸张上的呈现可以帮助学生表达他们的想法，并使难以观察的现象变得有意义。在此过程中，学生尝试用箭头、图片、色彩来描述和解释某个现象，科学制图可以作为预先作业完成，及时了解学生的知识基础。此方法也可以在单元进行的中间进行，在介绍了一些内容之后进行，或者可以在单元结束时作为评估来完成，以把握学生的学习情况。

2.2 基于焦点问题调查探究

寻找焦点问题是"科学笔记本"课程笔记策略的核心步骤。焦点问题描述了学生想要弄清楚的内容。科学调查可以为科学课堂提供非常不同的东西，这取决于集中注意力的问题。对于学生而言，了解什么是好的焦点问题是非常重要的，教师需要思考：（1）制定焦点问题时，需要注意什么？（2）参与学习活动时，希望他们想到什么问题？（3）什么问题会鼓励学生对这些概念感到好奇？什么问题会希望被理解？（4）焦点问题是否鼓励在正确答案之上进行推理？（5）能否就这个问题进行激烈的讨论？（6）是否允许与先前的知识和／或课程建立联系？（7）是否促进探究并激发思考？调查策略的使用对于学生学习科学知识起到重要作用，能培养学生善于从不同的角度发现和分析问题，追求真理，学会主动思考和提问，促进学生批判性思维的形成。在调查的过程中，学生了解什么问题才是有意义的，并根据要求制订调查计划，明晰调查过程中收集数据的流程和顺序，这会助推学生养成独立思考问题的习惯。

2.3 反思科学

"科学笔记本"课程引导学生反思科学的领域、科学家形象及职业，扩展他们谁可以成为科学家的概念，并帮助学生想象自己扮演的科学家角色。这有助于学生理解科学，并为公众理解科学及参与科学打下基础。首先，反思科学的领域，将科学学习与学生自己的兴趣和经验联系起来。例如，如果学生在学校花园里完成了一个植物单元的学习，他们可以通过写作提示进行反思，"我想从事植物学的职业吗？"在不同课程中找到兴趣所在。其次，反思科学家的形象，与"绘制科学家"的活动类似，只不过实现的时间有所差异。在开始设置科学笔记本时，学生已经画出他们认为的科学家的形象。因此，学生可以通过查看"绘制科学家清单"来评估他们最初的想法，其中包含一些他们可能没有考虑过的科学家的描述。反思科学的身份一般用于课程结束之时，来帮助学生修正和扩展他们对谁可以成为科学家的概念理解。

3 科学笔记本的功能与应用分析

科学笔记本是针对学生科学学习的一种辅助型教学工具，由自然笔记衍生和发展而来。20世纪初，美国加州大学伯克利分校的约瑟夫·格林内尔设计了一套科学调查记录方法，名为格林内尔法（Grinnell System）。这种科学调查方法能够提高科学家在日常工作中的效率，并且能保证数据的真实性和准确性。这套调查方法要求每次的笔记都要记录具体时间、日期、位置、前往路线、天气和环境，以及观察到的物种、动物行为等其他现象。[4]随后，格林内尔法的广泛使用和传播，奠定了自然笔记的前身。2001年，谢弗尔森将科学笔记本定义为，记录学生某段时期内的学习经历的汇编，通过写作的形式，学生在进行调查时展现了真正的科学思维。[5]巴克斯特和格拉泽等人认为，科学笔记写作是记录观察、概括、假设和理论化的重要工作，使用科学笔记本可以鼓励和表现出学生探究和发展知识的本质。他们将笔记本的内容板块分为：单元介绍、组织调查、标题、日期、目的、流程、观察／结果、结论、单元总结、评估活动、科学教师反馈、学生自我反思和自我评价。[6]

3.1 科学笔记本的调查辅助功能

科学笔记本作为一种实验调查的辅助工具，能帮助学生以书面形式处理信息并记录调查。NGSS强调科学和工程实践的重要性，而非统一的科学方法。[7] NGSS实践包括调查工具、分析数据和制定解释，这些科学实践涉及调查过程及科学笔记本的使用。科学笔记本作为辅助调查的工具，在指引学生聚焦科学课堂中的焦点问题的同时，也将学生对知识和调查研究的理解程度及时反馈给科学教师。笔记本由于是课堂的嵌入式部分，因此，它们是科学教师现成的数据来源，科学教师可以随时了解学生疑惑的信息，而不需要额外的时间去设计测验来进行反馈。[8]

3.2 科学笔记本的表达反思功能

科学笔记本是学生融合写作技能和科学过程技能的有效工具。科学笔记本促进学生的科学学习，并让学生有机会提高其写作水平。例如，一群孩子第一次遇到蜗牛："我看到它从壳里出来了！它的头可以伸多长？它头上有趣的东西——那是它的眼睛吗？它的外壳周围卷曲——所有的蜗牛都有相同种类的外壳吗？"随着学生在笔记本上的写作和绘画，他们会与主题进行更深的互动，学生在绘制的过程中，越来越多地使用细节，这表示学生思考的深度加强。[9] 同时，科学笔记本的使用帮助学生回忆起正确的概念。对于学业成绩较低的学生，写作是科学笔记使用过程中最困难的一部分，思考和组织文字过程让这些学生受益。这些学生必须组织他们学到的东西，并想出一种可行的办法，将知识以绘画或文字等的形式在纸上展现，这些被加工过的信息更易被储存于学生的大脑中。

此外，使用科学笔记本能够培养学生的批判性思维。作为一种工具，科学笔记本允许学生写作、绘画和反思他们的思维过程，促进他们对科学概念的理解。小学科学课中的每一小节都有可能被应用到科学笔记本，科学笔记本涉及一个完整且系统的学习过程，学生在使用科学笔记本学习时，也记录了自己的想法或观点。当结束了整个单元的学习时，学生通过翻阅自己的科学笔记本能够分辨和判断自己原先的观点的正确性，以及在学习过程中，自己遇到的问题是否得到了解决。

3.3 科学笔记本的评估功能

科学笔记本可以作为有效的形成性评估工具。形成性评估内容包括：（1）学生明白了什么？学生能用自己的文字和图片解释清楚什么内容？（2）学生不明白什么？学生的科学笔记本中是否出现错误的科学概念？（3）学生对什么内容和话题感兴趣？这种好奇心可以在课堂上得到进一步的拓展和延伸吗？

（4）学生作业缺少什么内容？怎样才能帮助学生创建更全面和有用的框架？基于上述评估要点，教师可以在每次课程学习后挑选若干本科学笔记本进行分析，找出学生（不）理解的事情、好奇的问题、作业存在的缺陷，并且在科学课堂中进行适当选择来开展教学。

同时，科学笔记本可以帮助学生进行自我评估与同伴反馈评估。首先，在科学笔记本中，学生在感兴趣的页面和需要改进的页面贴上便利贴，并且在便利贴上解释："我为什么对这一页感兴趣？""可以如何改进？""怎么才能让自己的笔记更加清晰、容易被看懂呢？"这可以引发学生反思自己的笔记产生自我评估。其次，学生之间通过科学笔记本进行同伴反馈评估。例如，学生与他人分享自己的绘画，来自同伴的反馈可能会让学生感到启发，产生新的灵感。同伴反馈也是提高学生合作和交流能力的有效策略。教师可以在学生完成一章完整的科学笔记后，在教室内划分出一个"笔记本走廊"，将所有学生的科学笔记本匿名排列。每个学生拿着笔和便签自由走动，检查、赏析其他同学的科学笔记本。教师可以提供一系列的评估问题，供学生进行相互评估及反馈。例如，当学生在观看制订调查计划的页面时，科学教师可以引导学生提问：焦点问题是什么？调查步骤有没有不清楚的地方？在调查中首先应该做什么？学生根据科学教师的问题去思考其他同学的科学笔记，与此同时可以用便签写下对自己喜欢的科学笔记的赞美，贴在对应的笔记本上。

4　结语

"科学笔记本"课程是美国加州科学院最具特色的馆校结合课程，基于NGSS开发设计课程体系和内容，通过帮助学生设计专属的笔记本、训练科学素描技巧、学习做笔记的策略，运用科学制图寻找原因，并基于焦点问题调查探究，充分发挥科学笔记本的调查辅助，表达反思与评估功能，成为培养学生科学思维的有效辅助学习工具，这为我国科普场馆开发设计馆校结合特色科学课程提供了重要参考和借鉴价值，也会进一步推动馆校结合科学教育高质量发展。

参考文献

[1] California Academy of Sciences,https://www.calacademy.org/science-at-home.
[2] FINSON K D.Drawing a Scientist:What We Do and Do Not Know After Fifty Years of Drawings[J].School ence and Mathematics,2010,102(7).DOI:10.1111/j.1949-8594.20 02.tb18217.x.
[3] BARMAN C R.(1996).How do students really view science and scientists?[J]. Sci. Child[J].34,30-33.

［4］HERMAN S G,GRINNELL J .naturalist's field journal[J].1986.

［5］RUIZ-PRIMO M,LI M.& SHAVELSON R J.(2002).Looking into Students' Science Notebooks：What Do Teachers Do with Them?[R]. CSE Technical Report.Center for the Study of Evaluation,National Center for Research on Evaluation,Standards,and Student Testing,UCLA.(ED465806).

［6］GLASER,ROBERT.An Analysis of Notebook Writing in Elementary Science Classrooms.CSE Technical Report[J].Elementary School Students,2000：35.

［7］SPARKS B M.(2016).The effect of inquiry with science notebooks on student engagement and achievement[D].(Doctoral dissertation).Retrieved from Montana State University.

［8］ASCHBACHER P,ALONZO A .Examining the Utility of Elementary Science Notebooks for Formative Assessment Purposes[J].Educational Assessment,2006, 11(3)：179-203.DOI：10.1080/10627197.2006.9652989.

［9］GILBERT,JOAN,KOTELMAN,et al.Five Good Reasons to Use Science Notebooks[J]. Science & Children,2005,43：28-32.

基于学习进阶的小学科学学习设计

——以水的主题为例

王振强　贾明娜　徐文彬*

（南京师范大学课程与教学研究所，南京，210097；南京晓庄学院附属小学，南京，210038；南京市江宁区谷里中心小学，南京，210027）

摘　要　如何结合课程标准中的跨学科概念、学科核心概念、学习内容的进阶设计等具体落实，使学习内容在核心素养上体现进阶，是学习进阶教学设计的难点。依据《义务教育科学课程标准（2022 年版）》中有关水的跨学科概念、学科核心素养的相关内容，对苏教版小学科学一至六年级中与水有关的单元、课题、活动进行梳理，结合《义务教育科学课程标准（2022 年版）》对水的主题学习进行学习进阶的教学设计。

关键词　学习进阶　小学科学　整体教学　水

研读《义务教育课程培养方案（2022 年版）》和《义务教育科学课程标准（2022 年版）》的过程中，发现跨学科概念、学科核心概念、核心素养、教学目标、教学内容、内容的学习进阶等内容。如何将诸多因素落实到课堂教学中，理解和落实课程标准，对一线老师提出了挑战。本文依据学习进阶的小学科学水的主题学习过程设计，围绕整体性架构，对苏教版小学科学一至六年级中有关水的内容进行梳理，并结合课程标准对内容进行重构，阐述基于学习进阶的整体教学设计研究。

1　一至六年级水主题学习内容的梳理和重构

基于对《义务教育科学课程标准（2022 年版）》（以下简称"课程标准（2022 年版）"）中对有关水的跨学科概念、学科核心概念进行梳理，结合苏教版小学科学一至六年级有关水的单元、课题及相关教学活动进行梳理，依据"课程

---

* 王振强，南京晓庄学院附属小学科学教师，全国高级科技辅导员，研究方向为科学教育、课程与教学；贾明娜，南京市江宁区谷里中心小学科学教师，研究方向为科学教育及科学普及；徐文彬，南京师范大学课程与教学研究所教授、博士生导师，研究方向为小学教育、课程与教学论。

标准2022年版"中的涉及与水主题有关的跨学科概念和学科核心概念相关内容进行重构。

1.1 "课程标准（2022年版）"中与水有关学科核心概念和相关内容的梳理

"课标2022年版"的科学课程设置13个学科核心概念，每个学科概念被分解成若干学习内容，对于学习内容要求由现象到本质螺旋上升，进阶设计。[1]学习进阶是以学科核心概念为中心展开的，因此，在构建水的主题学习进阶框架前，要先对所选取的学科核心概念进行梳理，整理具体学习内容。

通过梳理发现，"课程标准（2022年版）"中涉及的跨学科概念——物质与能力、系统与模型、结构与功能、稳定与变化，都与水的主题内容有关。其中"课程标准（2022年版）"中的18个学科核心概念，与水有关的学科核心概念有9个，主要有：物质的结构与性质、物质的变化与化学反应、能的转化与能量守恒、生命系统的构成层次、生物体的稳态与调节、生物与环境的相互关系、生命的延续与进化、地球系统（见表1）。

表1 "课程标准（2022年版）"中与水有关的核心概念和学习内容

核心概念	水的相关学习内容	核心概念	水的相关学习内容
1.物质的结构与性质	水是重要的物质，研究水、冰、水蒸气，观察水沸腾、水结冰，观察常见材料在水中的沉浮现象	2.物质的变化与化学反应	物质的溶解和溶液、水的三态变化
3.能的转化与能量守恒	测量水的温度，研究热对流现象	4.生命系统的构成层次	生物与非生物生物生存需要水
5.生物体的稳态与调节	植物生存生长需要水，植物的光合作用和呼吸作用、动物维持生命需要水	6.生物与环境的相互关系	描述生物适应水源等环境变化时的行为
7.生命的延续与进化	种子萌芽、开花、结果、繁殖都需要水	8.地球系统	雨、雪、露、霜等天气，河流、湖泊等主要水体类型，地球上的水循环
9.人类活动与环境	保护、节约水资源		

1.2 苏教版小学科学一至六年级水主题的学习内容的梳理

通过对苏教版小学科学一至六年级12册教科书中与水有关单元、课题及活动内容进行梳理，发现在苏教版小学科学一至六年级教材中均有内容涉及水（见表2）。

表2 苏教版小学科学教科书中有关水的内容梳理

年级	单元教材	课题	活动任务
一年级	水	水是怎样的、玩转小水轮	描述水，利用水让小水轮转起来。
二年级	关心天气	今天天气怎么样、天气的影响、四季的天气	认识雨、雪、雾，认识食盐返潮，认识春夏秋冬【水的三态】
三年级	固体和液体、地球上的水资源、植物与环境、观测天气	认识液体、把盐放到水里、河流与湖泊、地下水、海洋、珍惜水资源、水里的植物、云量和雨量、天气与气候	观察比较不同液体的性质，测量液体的体积，比较液体的质量，认识水平面，探究物质溶解快慢的因素，认识溶解量，认识蒸发、过滤，模拟河流与湖泊的形成，制作简易水井模型，制作简易海水淡化装置，体会淡水资源的有限、节约用水，观察水葫芦、金鱼藻、莲等水下植物的特点，做雨量器，比较不同地区的降水量
四年级	冷和热、生物与环境	冷热与温度、热胀冷缩、水受热以后、水遇冷以后、生物与非生物、环境变化以后	探究热水变凉过程中的温度变化，研究液体受热受冷时的体积变化，研究冰融化过程的温度变化，研究水沸腾前后的温度变化和体积变化，研究水蒸气遇冷以后的变化，研究水结冰过程的温度和体积变化，水、阳光、空气都是非生物，认识旱灾、土壤沙漠化、海水倒灌、海洋污染，分析评估鱼道的设计
五年级	热传递、水在自然界的循环	热对流、云和雾、露和霜雨和雪、水滴的"旅行"	研究热在水中的传递、人造雾、人造露和霜，模拟雨的形成，模拟大自然中的水循环
六年级	生物与栖息地、自然资源理想的家园	做个生态瓶、适应生存的本领、多种多样的自然资源洁净的水域	做个生态瓶，分析野生动物保护区的气温和降水量，认识水资源、水域污染

1.3 一至六年级水主题的学习内容的重构

"课程标准（2022年版）"中提出的与水的主题相关的4个跨学科概念和9个学科核心概念，在苏教版小学科学一至六年级教科书单元教学中均有涉及的，将科学观念、科学思维、探究实践、态度责任等核心素养融入学科核心概念的学习过程中，并结合水在学科核心概念中的物质变化中主要体现为物理变化，在物质的结构、性质与变化中，主要体现的是水的固态、液态、气态之间的变化，在能的转化与能量守恒中，主要体现的是热传递，在生命系统的构成层次、生物体的稳态与调节和生命的延续与进化中，主要体现的是生物生存需要非生物提供水，以及动植物生存、繁殖需要水，在生物与环境的相互关系中，主要体现的是环境变化对生物的影响，在地球系统中，主要体现的是水资源存在的方式，以及水的循环，在人类活动与环境中，主要体现的保护节约水资源等。通过小学阶段关于水的主题的学习，学生形成生物的生存离不开非生物水和珍惜水资源、保护水资源、人与自然和谐相处的科学观念，在参与不同内容学习活动中培养学生的科学思维、探究实践和态度责任。结合"课程标准（2022年版）"和苏教版一至六年级教科书中有关水的内容单元、课题等的梳理进行一至六年级水主题的学习内容的重构（见表3）。

表3　一至六年级水主题的学习内容的重构

年级	主题	核心概念	具体学习内容
一年级	玩转小水轮	物质的结构与性质 物质的变化与化学反应	描述水的特点 利用水让小水轮转起来
二年级	小水滴旅行记	地球系统 物质的变化与化学反应	认识雨、雪、雾 小水滴在大自然中的循环
三年级	净水装置	地球系统 物质的结构与性质 生物体的稳态与调节 人类活动与环境	观察比较不同液体的性质 认识蒸发、过滤，模拟河流与湖泊的形成， 制作简易净水模型参观当地生活污水处理厂 测试净水装置的效果
四年级	保温杯	物质的结构与性质 能的转化与能量守恒	热水变凉过程中的温度变化 热传递 不同材料的传热效果 设计并制作保温杯 测试保温杯保温效果
五年级	珍惜水资源	能的转化与能量守恒 地球系统 人类活动与环境	水在生活中的用处 污水的处理 生活用水小调查 调查报告分享会
六年级	我的生态瓶	生物与环境的相互关系 生命系统的构成层次 生物体的稳态与调节 人类活动与环境	设计我的生态瓶 制作我的生态瓶 记录生态瓶内动物和植物的变化 生态瓶成果经验交流分享

2　基于学习进阶水主题的整体教学设计

学习进阶是"对学生在一个时间跨度内学习和探究某一主题时，依次进阶、逐级深化的思维方式的描述"。[2]结合表3内容，以每个年级为1个单元进行整体教学设计，6个小的主题单元围绕水的主题单元进行目标分解，并在具体的单元整体教学中进行落实。接下来分别从明确学习单元目标、设计学习路径、设计学习进阶教学设计3个方面进行阐述。

2.1 明确学习单元目标

学习目标的制定参考布卢姆教育目标分类学[3]中将知识分别从认知过程维度分为：回忆/记忆、理解、应用、分析、评价、创造；纵向知识维度分为：事实性知识、概念性知识、程序性知识、元认知知识层面进行描述。

一年级"玩转小水轮"，整体学习目标如下：

【目标1-1】运用多种感觉器官观察并描述水的特征。

【目标1-2】制作小水轮，探究让小水轮转得更快的方法。

【目标1-3】与同学共同完成观察、实验等活动，体验动手做的乐趣。

二年级"小水滴旅行记"，整体学习目标如下：

【目标2-1】能够描述云、雾、露、霜、雨、雪等天气现象。

【目标2-2】能够借助示意图来描述地球上的水在陆地、海洋及大气之间的循环过程。

三年级"净水装置"，整体学习目标如下：

【目标3-1】能描述与识别河流、湖泊、海洋、地下水等水体类型。

【目标3-2】用实证的方法发现海水比淡水含有更多杂质。

【目标3-3】制作净水装置，测试净水效果。

【目标3-4】乐于了解节约用水的原因和做法，提出节约用水建议。

四年级"保温杯"，整体学习目标如下：

【目标4-1】知道热传递的3种方式及其特点。

【目标4-2】能运用热传递知识对生产生活中的传热现象进行说明和解释。

【目标4-3】通过选择合适的材料进行设计和制作保温杯。

五年级"珍惜水资源"，整体学习目标如下：

【目标5-1】调查生活中用水情况，分析合理情况。

【目标5-2】结合调查研究情况，提出可行性建议调查报告。

六年级"我的生态瓶"，整体学习目标如下：

【目标6-1】知道生物的生存需要非生物水提供，理解生物与非生物之间的关系。

【目标6-2】能结合生物和非生物的特点，设计并制作生态瓶。

【目标6-3】形成爱护自然中的生物，节约各种自然资源。

2.2 设计学习路径

北京师范大学郭玉英[4]物理教育研究团队在深入研究国内外关于学习进阶理论并对其进行实践研究的基础上，结合层级复杂度等相关认知理论，提出了较短时间内针对某个具体概念的学习进阶理论，建构了科学概念理解的发展层级模型，如表 4 所示。

表 4　科学概念理解的发展层级模型

发展层级	层级描述
经验	学生具有尚未相互关联的日常经验和零散事实
映射	学生能建构事物的具体特征与抽象术语之间的映射关系
关联	学生能建构抽象术语和事物数个可观测的具体特征间的关系
系统	学生能从系统层面上协调多要素结构中各变量的自变与共变关系
整合	学生能由核心概念统整对某一科学观念（如物质观念、能量观念等）的理解，并建构科学观念间和跨学科概念（如系统、尺度等）之间的联系

　　下面以小学科学课中水的主题为例，讨论依据学习进阶框架设计学习路径[5]，从学生经验出发，整合逐级发展的过程，层层递进，提升科学观念、科学思维等关键能力，在教学内容的基础上，对一至六年级水的主题的发展层级模型进行整体设计，以一年级"玩转小水轮"为例，对发展层级模型进行设计，具体如下：

表 5　一年级"玩转小水轮"发展层级模型

发展层级	具体表现
经验	知道水是无色、透明的液体
映射	知道水没有固定形状，水具有流动性
关联	能够用不同的方法让小水轮转动起来
系统	怎样让小水轮转动得更快，发现水位高低、水流大小会影响小水轮转动的快慢
整合	观察并描述水的颜色、状态、气味等特征，知道科技产品给人们生活带来的便利、快捷和舒适

2.3　设计教学过程

　　以学习路径为基础进行进阶教学过程的设计，包括"了解学生的科学前概念—图片、情境的创设—初步构建科学概念、探究实践—形成科学观念、应用生活 4 个环节。在学习进阶设计中，以学生的真实生活经验为出发点，以学生真实生活中遇到的问题为突破口进行开展探究实践。将每个主题分为 5 个水平进行学习进阶的设计。本文参考北京教育科学研究院张玉峰[6]学者基于学习进阶的物理单元学习过程设计，以小学科学水的主题中一年级"玩转小水轮"为例，进行具体的教学过程设计，如表 6 所示。

表 6　小学一年级"玩转小水轮"主题整体学习进阶设计

进阶维度	进阶水平	进阶活动设计	素养发展
一年级：玩转小水轮	水平 1：知道水是无色、透明的液体	【情境创设】列举生活中哪里需要用到水 【具体知识内容安排】水的基本特征：没有颜色、没有气味、没有味道、透明等 【主要学习方式选择】说说生活中哪里需要用到水，感知水的重要性；运用多种感官观察与比较，找一找哪一个是水，归纳整理水的基本特征	【1】【2】【3】【4】
	水平 2：知道水没有固定形状，水具有流动性	【情境创设】将同样多的水倒入不同的透明瓶子中，观察水的形状的变化 【具体知识内容安排】水没有固定形状，水具有流动性 【主要学习方式选择】自己玩水，形象感知将水倒入不同形状的瓶子，就呈现瓶子的形状，说明水没有固定的形状。用手接水和在手背上滴水活动，感知水具有流动性，从高处往低处流	【4】【2】【3】【1】
	水平 3：能够用不同的方法让小水轮转动起来	【情境创设】利用生活中的材料组装一个小水轮 【具体知识内容安排】组装一个可以转动的小水轮；通过吹、拨等方法让小水轮转起来 【主要学习方式选择】用胡萝卜和叶片组装小水轮；用嘴吹、用手拨动，使小水轮转动；调整轴的灵活性让小水轮转得更灵活	【1】【2】【3】【4】
	水平 4：怎样让小水轮转动得更快	【情境创设】用水的力量让小水轮转起来 【具体知识内容安排】水具有力量，发现水位高低、水流大小会影响小水轮转动的快慢 【主要学习方式选择】比较漏斗离小水轮高度不一样的情况，比较小水轮转动快慢，用粗细不同的橡皮管，在同一高度倒水，研究小水轮的转动	【1】【2】【3】【4】
	水平 5：科技产品给人们生活带来便利	【情境创设】人们可以借助水的力量做哪些事情 【具体知识内容安排】饮水灌溉、水力发电，知道科技产品给人们生活带来便利 【主要学习方式选择】补充视频或文本资料介绍用水的力量做的事情，学生通过讨论交流知道科技改变人们的生活	【2】【3】【4】【1】

备注：【1】科学观念【2】科学思维【3】探究实践【4】探究实践；按照不同水平将核心概念由主要到次要进行排序。

3　以水为主题学习进阶设计的创新点和价值

基于学习进阶的以小学科学水为主题的整体教学设计，是以"整体性"视角对各要素进行设计。以单元学习为起点，将学科核心素养落实到每个单元目标设计、单元学习活动、单元评价设计、教材教学方法的选用等。

3.1 整体设计创新的追求

3.1.1 紧扣核心素养，整体设计单元教学

单元教学目标设计紧扣单元学习价值分析结果、三维融合。[7]结合布卢姆的教育目标分类学对单元整体目标进行确定。采用动词＋名词描述单元学习目标，把学科核心素养中涉及的学科核心概念、跨学科核心概念落实到单元教学中。例如，六年级"我的生态瓶"，单元整体学习【目标6-1】知道生物的生存需要非生物水提供，理解生物与非生物之间的关系。涉及的跨学科概念有结构与功能、系统与模型、稳定与变化等，涉及的学科核心概念有能的转化与能量守恒、生命系统的构成层次、生物体的稳态与调节、生物与环境的相互关系、生命的延续与进化等。

3.1.2 基于学习进阶，精选学习内容

深度学习具有程度性、累积性和发展性等特点，它内在要求"学习进阶"。[8]布鲁纳明确提出了"进阶"思想。他写道："为掌控这些基本观念，有效使用它们，需要人们持续深化对它们的理解，而这源自学会以进阶式的、更加复杂的形式使用它们。"[9]在"课程标准（2022年版）"课程理念中遵循"少而精"原则，聚焦核心素养。同时在"课程标准（2022年版）"中对内容提出要求由浅入深，由现象到本质，螺旋上升，进阶设计。这样设计的目的就是充分体现学科核心素养的发展与儿童的心理特征相符合，让课程更好适应学生发展需要。对苏教版小学一至六年级有关水的主题内容进行梳理，并结合课程标准中的跨学科概念和学科核心概念精选主题突出的系列学习活动，这些学习活动来源于学生的生活经验，基于学生的经验进行真实情境的探究实践。例如，"保温杯"单元整体教学中，先基于冬季学生取暖的不同方式，联系到喝水要考虑到热水降温的情况，结合学习热的传递内容，选择不同的材料设计和制作保温杯，并测试效果，最后改进自己的保温杯。

3.1.3 强化过程评价：重视教—学—评一体化

我国《义务教育课程方案（2022年版）》也根据儿童认识直接性原理确立了"变革育人方式，突出实践"的根本原则，强调"做中学、用中学、创中学"。[10]义务教育科学课程是一门体现科学本质的综合性基础课程，具有实践性。"课程标准（2022年版）"评价建议中提到过程性评价和学业水平评价，并提出重视过程性评价，强化对学生在实践探究中的主体参与、思维活动、学习方法、作品展示等进行多维度评价。例如，结合水主题中学生所呈现的制作小水轮、制作净水装置、生活中节约用水的小调查、制作生态瓶等都是学生过程学习的重要途径。学生在设计和制作、调查的过程中，教师要在过程中对学生遇到的问题及时加以指导。

3.2 价值阐释

3.2.1 对于课程标准的价值

课程标准是基于国家的要求、专家、社会等诸多因素进行编制的，虽然在课程理念、教学目标、教学内容、教学评价等方面都进行描述，但描述过于简略，缺乏可操作性的建议。学习进阶的整体教学设计结合学科核心概念进行精选教学内容，重构教学活动，它不仅具有可操作性，而且为学生的学习明确方向。基于学习进阶的整体教学设计是把学生的生活经验与学科理论实践相结合，不断检验课程的合理性，为教育理论和实践起到很好的联通作用。

3.2.2 对于教师教学的价值

美国学者赫斯认为，学习进阶对教师教学的价值在于：关注学生对知识理解的发展变化，促进教师之间的合作，认识到学习进阶是循序渐进的过程。[11]基于学习进阶的教学设计，教师在教学中会学习课程标准，并对课程标准的内容进行细化，层层递进地开展教学设计。"课程标准（2022年版）"中突出跨学科概念，就突出教师要加强合作，教师之间的合作能促进教师对教学的深刻理解。学习进阶是一个动态的过程，基于学习进阶的整体教学设计将整体性的发展纳入教学设计中，并细分到不同的发展水平中。

3.2.3 对于学生学习的价值

研究发现，基于问题学习的学生具有更丰富的程序性知识，并能够很好地把陈述性知识和程序性知识连接起来，应用到不同的情境中。[12]问题的产生来自学生的生活经验，基于学生的生活经验进行学习活动的设计与开发，能激发学生学习的积极性，使学生在学习的过程中乐于参与探究，主动学习。学生在进行探究实践中，能结合自己的实践思考学习中的不足，帮助学生思考新知识与先前知识之间的联系。学生在学习和解决问题过程中，不断地进行自我反思，通过反思促进学生深入学习，主动参与学习。例如，学生在制作生态瓶的过程中，难免会出现各种各样的问题，这就需要结合实际情况不断探究其中的原因，理解自然界生态系统的复杂性。

基于学习进阶的小学科学水的主题整体教学设计是一种新的尝试和探索。该教学设计对教师提出了更高的要求和新的挑战。基于"课程标准（2022年版）"中核心素养、跨学科概念、学科核心概念对水的主题进行学习进阶的设计研究，突出了从学生的经验出发，进行探究实践，突破课堂的限制，结合家校社等多方面的资源开展教学活动，同时对教师提出了更高的要求，比如教师对课程标准的解读和理解能力、教师对学习进阶水平的划分、准确判断学生是否达到相应的学习进阶水平的评价等都具有一定的难度。这些不同的影响因素在今后的学习进阶教学设计与实践中还有很大的研究价值和探索空间。

参考文献

［1］教育部.义务教育科学课程标准（2022年版）［S］.北京:北京师范大学出版社，2022.16-17.

［2］National research council.Taking Science to school[M].Washington,D.C.:National Academies press,2007.

［3］安德森.学习、教学和评估的分类学［M］.皮连生,译.上海:华东师范大学出版社,2008.

［4］郭玉英,姚建欣.基于核心素养学习进阶的科学教学设计[J].课程·教材·教法，2016（11）:64-70.

［5］黄小琴.基于核心素养的小学科学进阶教学设计研究[D].石河子大学,2021.

［6］张玉峰.基于学习进阶的物理单元学习过程设计[J].课程·教材·教法，2020（3）:50-57.

［7］王金辉.小学科学单元教学各要素目标达成一致性的实施路径[J].上海课程教学研究,2023（2）:22-27.

［8］GARDNER H.Five Minds for the Future[M].Boston:Harvard Business Press，2008:3.

［9］BRUNER J.The Process of Education[M].Cambridge:Harvard University Press，1977:13.

［10］教育部.义务教育课程方案（2022年版）[S].北京:北京师范大学出版社，2022.

［11］KARIN H,VALERIE K,LINDA H.Reflections on Tools and Strategies Used in the Hawaii Progress Maps Project:Lessons from Learning Progressions [EB/OL].http://tristateeag.nceo.info/attachments/022-HI1.pdf,2010-08-09/2013-07-08.

［12］R.基思·索耶.剑桥学习科学手册第2版上册[M].徐晓东,杨刚,等译.北京:教育科学出版社,2014:311.

"互联网+"北京天文馆自主学习活动方案

赵胜楠[*]

（北京市第八十中学，北京，100020）

摘　要　在当今社会，互联网的普遍应用，特别是大数据、云计算和移动互联等技术的发展，正深刻地改变着教育的面貌，推动教育向数字化、网络化和智能化方向发展。国务院《关于积极推进"互联网+"行动的指导意见》指出，要"探索新型教育服务供给方式"，鼓励根据市场需求开发数字教育资源，提供网络化教育服务，逐步探索网络化教育新模式。"互联网+"模式下的学生自主学习活动设计，旨在利用"互联网+"思维和手段，提供高质量、高水平的实践活动，推动移动学习背景下的学生场馆学习模式不断创新。

关键词　"互联网+"　网络化教育　自主学习活动

1　方案的背景

1.1　"互联网+"

2015年7月1日，国务院颁布《关于积极推进"互联网+"行动的指导意见》指出，"'互联网+'是把互联网的创新成果与经济社会各领域深度融合，推动技术进步、效率提升和组织变革，提升实体经济创新力和生产力，形成更广泛的以互联网为基础设施和创新要素的经济社会发展新形态。"通俗地说，"互联网+"就是"互联网+传统行业"，利用信息通信技术及互联网平台，让互联网与传统行业深度融合，充分发挥互联网在社会资源配置中的优化和集成作用。

"互联网+教育"是在尊重教育本质特性的基础上，用互联网思维及行为模式重塑教育教学模式、内容、工具、方法的过程，推进教育内容、模式、评价的变革。无论是学生教育还是教师培训，都势必以此为技术背景，"互联网+教育"将成为时代发展的必然趋势。

1.2　"双减"政策

我国正在全面推进"双减"工作，这个减法不是说让学生什么都不学，什么都不做了，而是学业负担减，培养综合能力的事情要加。学生因为高质量实

---

*　赵胜楠，北京市第八十中学科技教育办公室主任，长期从事科技教育、综合实践和青少年科技创新人才培养工作。开发多门科技特色课程，指导学生获省部级以上奖励千余项。先后荣获"全国科技创新名师""北京市十佳科技辅导员"和"朝阳区最美科技工作者"等称号。

践活动提高了学生自主学习等多方面能力，掌握了更好的学习和思维方法，将会促进学科学习。另外，在各项活动中，学生逐步发现自己的特长和兴趣爱好，制定了未来的职业目标，让课内学习也有了动力。

2　方案的指导思想

本方案的设计，致力于发展学生核心素养，通过活动内容培育和践行社会主义核心价值观，实现《中小学生综合实践活动课程指导纲要》中提出的各项课程要求。

2.1　社会主义核心价值观

党的十八大提出，倡导富强、民主、文明、和谐，倡导自由、平等、公正、法治，倡导爱国、敬业、诚信、友善。2017 年 10 月 18 日，习近平总书记指出，要以培养担当民族复兴大任的时代新人为着眼点，强化教育引导、实践养成、制度保障，发挥社会主义核心价值观对国民教育、精神文明创建、精神文化产品创作生产传播的引领作用，把社会主义核心价值观融入社会发展各方面，转化为人们的情感认同和行为习惯。

2.2　中国学生发展核心素养

党的十八大和十八届三中全会提出将立德树人的要求落到实处，2014 年教育部印发《关于全面深化课程改革落实立德树人根本任务的意见》，提出"教育部将组织研究提出各学段学生发展核心素养体系，明确学生应具备的适应终身发展和社会发展需要的必备品格和关键能力"。六大学生核心素养是：文化基础——人文底蕴、科学精神；自主发展——学会学习、健康生活；社会参与——责任担当、实践创新。

2.3　《中小学生综合实践活动课程指导纲要》

综合实践活动是从学生的真实生活和发展需要出发，从生活情境中发现问题，转化为活动主题，通过探究、服务、制作、体验等方式，培养学生综合素质的跨学科实践性课程。综合实践活动是国家义务教育和普通高中课程方案规定的必修课程，与学科课程并列设置，是基础教育课程体系的重要组成部分。

3　方案的目标

引发学生兴趣，普及科学知识，弘扬科学精神，全面提升学生科学素养。

（1）提高学生自主学习、任务驱动学习、可持续学习等多方面能力，实现早期职业生涯规划；

（2）推动学生的个性化学习，引导学生开展学科拓展性学习和研究性学习，满足学生多样化学习和全面发展的需求。

本方案的目标针对初中学段的学生制定。

4　学情分析

初中阶段是儿童向青年过渡时期，是身心发展的突变时期。渴望独立自由，自我意识增强，个人活动的欲望与集体行为准则之间存在矛盾，认知水平不足。这个时期，学生的观察自觉性逐步增强，精准度有所提高，各项能力也得以发展，知识储备增加，情感比较冲动，意志较薄弱，对于校外实践活动依然充满好奇和热情，但还停留在由学校集体组织或家长带着去的阶段，学习效果并不理想。

5　方案内容选择的依据

科学技术是现代社会的第一生产力。科学素养要从小抓起，科学兴趣要从小培养。对人类而言，宇宙浩瀚神秘，可以充分激发、容纳我们的好奇心与探索欲，是连接各学科素养的良好的媒介。因此，在中小学阶段广泛、充分地开展天文科普、天文创新实践活动，有利于营造崇尚科学、热爱科学的氛围，也有利于培养学生对于科学的兴趣。天文学是一门研究宇宙空间天体、宇宙的结构和发展的学科，内容包括天体的构造、性质和运行规律等，属于六大自然基础学科之一，是一门既古老又不断推动科学发展的重要学科。但是在国内，天文学却没有被纳入中小学必修课。家长与老师也普遍不具备足够的天文素养，无法为孩子的兴趣导航，为他们答疑解惑。

虽然，近几年随着国家经济的发展与对科技兴国的大力支持，市场捕捉到了学生及家长对于天文教育的需求，开发出了各种商业天文科普活动，不过水平参差不齐，学生及家长也缺乏对于天文课程、活动质量的辨别能力。因此，引入学校正规的师资力量，对于满足学生对天文的学习需求，正确引导学生的科学兴趣，有着重要意义。值得一提的是，许多学校已经开始重视天文兴趣课程、天文社团活动的开展，正在积极推进天文课程内容与天文设备硬件上的建设。但是不容忽视的是，中小学的系统天文科普教育在中国缺席已久，许多学校及老师都缺乏相应教学经验，课程目标与实际落地之间存在较大空间，亟待进步。本方案是一次对于天文科普教育形式的全新尝试与探索，如果成功的话，可以在很多学科领域得以实现。北京天文馆是我国第一座大型天文馆，作为国家级自然科学类专题科学博物馆，是向社会公众开展天文科普宣传、教育的重要阵地，具有较好的代表性。

6 方案的难点和创新点

6.1 本方案的难点在于活动内容的设计

其实整个信息化平台已经建立好了，只要分成不同主题往上加内容就可以，学生活动方面也是自主自愿选择，可以由学校组织，也可以学生和家长自发前往，这都不难。所以，整个方案最大的困难在于如何设计一个符合学生认知和能力，达到培养目标，并且要结合一个场馆或景点完成的综合实践活动。题目设计要符合科学性、教育性、完整性、可行性原则，难度和题量适中。

6.2 本方案的创新性

（1）利用移动端，边学习，边参观，边打卡，完成相应学习任务，让场馆的参观学习不再流于形式，沉浸感更加明显；

（2）教师能快速看到学生学习过程和效果，及时反馈，做出评价；

（3）无特定人群限制，任何人都可以应用这个方案进行自主学习。

7 方案内容

7.1 方案简介

"北京天文馆"自主学习活动方案是一项在"互联网 +"模式启发下的创新型天文自主学习活动。本方案利用现代信息技术将天文科普课程与国家科普场馆资源相结合，采取了 PBL 教学法，最大限度地激发学生在天文自主学习过程中的主动性、参与性、问题性与探索性，有利于学生对天文及科学的兴趣培养，帮助训练学生的解决问题的逻辑思维与行动能力。

7.2 方案的主要内容、设计特点、教育资源

活动知识内容的设计上，为了突破天文知识体系上广而艰涩的难点，方案结合了北京天文馆场馆特点，选取了"四季星空""日月行星""望远镜巡礼"及"宇宙学入门"等主要知识，在基本涵盖中小学阶段学生最感兴趣的天文模块的同时，引导学生由浅及深、循序渐进地进行学习。

在活动的开展形式上，方案设计了"必学"与"选学"两种模块，旨在提高自主学习与连续学习，体验探究学习与任务驱动学习。在必学的重点知识讲解上，课程所采用的媒体资源形式是音频。北京天文馆本身具备丰富的文字、图片等视觉资源及氛围，但馆内语音导览为收费项目且讲解较为刻板，经验丰富的天文老师的讲解，能有效弥补参观场馆时在这一块的不足。同时，音频讲解可以引导学生带着目标去学习、参观，方便学生抓住重点知识，提高学习效率，还可以解放双眼，降低因长时间浏览手机而跳转到其他娱乐项目的概率；同时

方便学生利用上下学等零碎时间，反复预习、复习天文知识，以解决学生精力、时间不足的问题。而在选学的课程设计上，课程采用的资源形式较为多样化，最大可能地贴合知识点本身特性，选取了恰当的教学互动形式。

再次，在课程路线上，课程结合实地学习考察的路线，共设置了 10 项学习任务。根据任务的不同特点，配套不同的媒体辅助资源，以先知识铺垫、后实践操作的基本秩序，引导学生开展学科拓展性学习和研究性学习。

最后，课程形式上，除了设计有音频、视频、图文等多种展现形式，还在实践任务中，设计了实地参观、音乐、美术、手工、人文等不同特色的活动，旨在满足学生多样化学习和全面发展的需求。

7.3 方案具体过程与步骤

活动共设计 10 个任务，具体如下：

在任务一"斗转星移之四季星空"中，必学模块通过讲解音频的形式带学生学习四季星空展区的展牌，了解容易被观测到的星座的基本情况；选学模块 3 个课题，可以帮助学生了解星座背后的恒星理论知识，引导他们将四季星空的知识与观测操作结合起来，帮助学生更好地解决问题；在实践任务中，学习四季星空歌的任务可以引导学生将音乐元素融入天文知识的学习中，提高审美情趣。

在任务二"斗转星移之星座的故事"中，必学模块全天星座的讲解音频，可以引导学生学习星座的基础知识，弘扬科学精神；选学模块 3 个课题，可以帮助学生了解天文知识背后的人文积淀，有助于培养学生的人文情怀与审美情趣；实践任务中绘图任务可以帮助学生正确记忆星座形象，乐学善学，而合影任务则帮助学生实地考察，勇于探究。

在任务三"领略月相的魅力"中，必学模块月相的讲解音频可以引导学生学习月相的基础知识，弘扬科学精神；选学模块 3 个课题，可以帮助学生思考月相的成因、形成背景及影响，有助于引导学生理性思维，勤于反思，勇于探究；实践任务中与农历对应的手绘任务，可以帮助学生理解中国古代历法与月球运转的关系，帮助他们沉淀人文知识，增强国家认同。

在任务四"探秘日月食"中，必学模块日月食成因的讲解音频可以引导学生学习日月食的基础知识，弘扬科学精神；选学模块的两个课题，可以帮助学生了解日月食在世界背景下的人文积淀，帮助他们培养人文情怀与审美情趣，提高国际理解度；实践任务中使用工具模拟日月食的任务，可以帮助他们树立借助实践解决问题的意识，同时提高技术运用与劳动意识。

在任务五"望远镜巡礼"中，必学模块天文望远镜的讲解音频可以引导学生学习天文望远镜的基础知识，弘扬科学精神；选学模块的两个课题，可以帮助学生了解望远镜的发展历史，以及国内先进的望远镜，有助于引导学生梳理人文信息，在学习历史过程中学会理性思维和批判意识，同时增强国家认同感与社会责任；实践任务中的合影任务有利于学生在学习中树立兴趣喜好，帮助他们健全人格，加强自我管理。

在任务六"探秘太阳的秘密"中，必学模块通过太阳的讲解音频引导学生了解太阳的基础知识，弘扬科学精神；选学模块的 3 个课题可以引导学生触及光谱天文学及恒星演化的相关知识，由小及大地引导他们勇于探究，理性思维；在实践任务中，通过设置查询、了解与太阳有关的神话故事的模块，引导学生了解天文知识背后所蕴含的世界人文背景，增强国际理解。

在任务七"月球漫步"中，必学模块通过月球的讲解音频引导学生了解月球的基础知识，弘扬科学精神；选学模块的两个课题，可以帮助学生了解月球背后的世界人文积淀，帮助他们培养人文情怀与审美情趣，同时了解嫦娥计划，增强国家认同感与社会责任感；在实践任务中查询了解与月球有关的神话的任务，可以增强他们的信息意识，引导他们运用现有技术丰富自己的学习。

在任务八"危险的小行星"中，必学模块通过小行星的讲解音频引导学生了解小行星的基础知识，弘扬科学精神；选学模块的 3 个课题，可以帮助学生了解与小行星相关的灾难事件，有利于引导他们勤于反思，理性思维，同时珍爱生命；实践任务中小天体分类的任务可以帮助学生树立信息意识，运用现有技术解决问题。

在任务九"行星世界"中，必学模块通过太阳系行星的讲解音频，引导学生了解行星定义变迁的基础知识，弘扬科学精神；选学模块的 3 个课题，五行模块可以帮助学生了解中国古代天文知识背后的人文积淀，帮助他们树立人文情怀，同时也有利于帮助他们破除迷信，理性思维。

在任务十"我们的宇宙"中，必学模块通过了解宇宙的讲解音频引导学生了解关于宇宙的基础知识，弘扬科学精神；选学模块中的两个课题，可以帮助学生探究宇宙的起源，学习批判质疑与理性思维，了解宇宙观背后的人文积淀，培养人文情怀。

7.4 方案的预期问题、解决预案与效果

在方案的实施初期，由于不太了解天文这门学科，部分学生可能会产生类似"学天文有什么用""天文很难"的想法，从而产生抵触情绪，影响后续学习的积极性。因此，在正式开展"北京天文馆"自主学习活动之前，建议先开展一到两次天文学习动员会，向学生介绍天文学发展的历史、天文学对人类文化的影响、天文学与我们日常生活的关系等内容，拉近学生与天文学的距离。

同时，充分利用学校天文社团的资源，以班级或者小组的形式，让天文社成员在天文自主学习活动开展的过程中引导、帮助其他学生。

在方案的实施过程中，由于活动内容相对于传统教学而言，内容新颖，教学目标也更为多维，因此，习惯于传统教学模式的学生可能会较难适应新的教学模式，在活动完成上，可能会出现"知难而退""东抄西袭""无所适从"的现象。对此，在活动开展过程中，老师可以定期开展学习活动成果讨论会，以班级或小组的形式，了解学生的困难，纾解学生的情绪，解决学生的问题，帮助学生更好地适应新的自主学习方式。此外，还可以在活动的线上平台上开设评论或投稿箱功能，充分收集学生的意见，优化活动的设计。

在方案的效果呈现上，由于天文学科缺少必修学科的学时支持，学生在了解学习天文知识后，可能会由于缺乏足够的复习及应用机会而快速遗忘。对此，可以成立自主学习交流小组；或者视学生的学习兴趣，将学生招募至天文社团，进行下一步学习；还可以将天文自主学习的内容与天文选修课程相结合，强化学生对于天文知识的吸收，持续培养学生的科学素养。我们鼓励学生以多种形式呈现学习活动成果，如思维导图、学习日志、手抄报、统计图表、演讲、辩论赛、论坛、调查报告、论文等。

7.5 方案效果评估标准及方法

在方案的实施后期，为了验证活动效果，计划以问卷的形式向全校学生及老师开展问卷调查。问卷计划分为4个部分：第一部分用于收集被调查者的基本信息；第二部分用于考核被调查者对于相应天文知识点的掌握情况；第三部分用于收集被调查者对于相应教学环节及模式的态度和评价；第四部分设置开放性问题，获取被调查者的其他想法与情绪，或其他问卷设计者未考虑到的信息。

对于收集到的问卷，可以设置小组进行筛查与整理，剔除无效问卷，如白卷、乱答卷、半数以上答案前后矛盾的问卷等。整理问卷数据时，可以采用相关统计学方法，利用计算机软件对各项数据进行正态分布分析、偏态分布分析、变量关联性分析等，最后使用多元线性回归模型对活动的效果进行评估与分析。调查问卷的设计要对应活动目标，考查学生在参与活动后是否实现了目标达成。除了问卷之外，还可以设计自评表、组评表和教师评表，总之评价方式可以多元化、多角度。

8 意义与启发

开展天文科普活动、自主学习天文知识，不仅能够满足青少年学生旺盛的好奇心与求知欲，还能开阔视野、启迪思维、培养和激发青少年探索科学奥秘的兴趣、增长才智、提高科学素养。北京天文馆自主学习方案突破了固化的校园环境和学校组织形态，采用在线教学、多媒体整合等不受时空限制的现代技术教学手段，实现了信息化与天文学科的融合，在提高教学效率的同时，能够做到真正地以"学习者"为中心，满足学生在学习时间、学习路径、学习氛围、学习成效等方面的不同要求，有利于青少年才智的培养。在课程架构上，秉持以循序渐进为核心的培训原则，引导学生在学习知识时，不断探索，不断深入，可以满足学生在课程学习、课程拓展等方面的不同需求，也有利于培养学生的科学素养。当然，活动过程中可能会出现一些问题，如难度与学生能力不符、作业批改问题、反馈问题等，但总体可控。

科技馆、博物馆作为新型的社会教育事业，已在多个学科领域开展了丰富的联合教学活动，其成功性也是有目共睹的。这种联合，对于没有专业的学科背景及学习经验的学生而言尤为难得，是不可忽略、不容错过的重要支援。我们天文教育工作者，在此时期应该知难而上，在立足本职工作的同时，努力创新课程、解放思想；在秉承实事求是态度的基础上，勇于探索新道路，不断前进，肩负起自身在我国构建素质教育体系、建设学习型社会中的重大使命。

最后，望我们能砥砺前行，共勉奋进，仰望星空，脚踏实地；望国内的各类科普教育事业欣欣向荣，人才辈出。

附录：

北京天文馆课程任务设计与参考答案

任务名称	任务描述	参考答案	成果形式
A馆四季星空	找到并拍照上传四季星空，解释为什么北京不同季节的同一时间的星空是不同的	（图片略）原因与产生四季的原因相似，都是由于地球公转。由于地球公转，在一年的不同时间里，我们和太阳的相对位置是一直在发生变化的，这就使我们在不同日期的同一时间、同一地点看到不同的星空	图片+文字
A馆活动星图方向	注意观察活动星图上的方向标识，和我们常见的地图有何区别，为什么	活动星图是上北下南、左东右西，而一般的地图是上北下南，左西右东。原因是在看位置的时候，我们是低头往下看的，此时前面是北，后面是南，左边是西，右边是东。在看星星的时候，我们是抬头往天上看的。此时后面是北，前面是南，左边是东，右边是西	文字
A馆活动星图使用+星等	将活动星图调到12月20日晚上10点的星空，拍照并上传。为什么星图上的星星有大有小？估算此时你能看到的最大星星和最小星星的亮度差	（图片略）原因是亮度/星等不同。星等每差一等亮度差2.512倍，此时看到的最亮的星为天狼星，亮度为−1.5等左右，最暗的星4—5等，星等差为6等，亮度差约100倍	图片+文字

续表

任务名称	任务描述	参考答案	成果形式
A馆日出日落	拍照并上传极地地区太阳出没演示器。思考仪器中的3条环线分别代表一年中的什么时间？（提示：北极和南极的情况是不同的）	（图片略）北极：上面是夏至，中间是春分秋分，下面是冬至。南极：上面是冬至，中间是春分秋分，下面是夏至	图片+文字
A馆黄道星座	拍照并上传黄道星座演示仪，解释黄道星座的科学定义，说明为什么黄道星座有13个而不是12个	（图片略）黄道星座指的是黄道穿过的星座，而黄道指的是地球绕太阳公转轨道在天球上的投影。根据这个定义，黄道穿过的星座有13个。而常说的"黄道12星座"源于古希腊的"黄道12宫"，这个说法并不是严格按照科学的黄道星座去规定的，所以黄道有13星座	图片+文字
A馆恒星月朔望月	一个朔望月（从一个新月到另一个新月）的时间是29.53天，一个恒星月（月球绕地球公转一周的时间）的时间是27.32天。请解释这个时间差。（提示：地球公转）	由于地球公转，月球在每个周期都必须多公转一点才能来到和地球、太阳相同的相对位置。在月球公转一周的时间里地球大约转过了25度，所以以月球的公转速度大约要多转两天的时间	文字
A馆月相	拍照并上传月相演示器，并写出新月、上弦月、满月、下弦月分别对应点农历日期	（图片略）初一，初七，初八，十五，二十二，二十三	图片+文字
A馆日月食成因	拍照并上传月相演示器简单说明日月食的形成原因	（图片略）日食：月球挡在地球和太阳中间，月食：月球进入地球的阴影	图片+文字
A馆日月食	解释为什么有日环食，但是没有月环食	因为在地球上看月球和太阳大小相当，由于地球和月球的轨道是椭圆轨道，所以地月和地日距离都会有波动。根据透视原理，月球和太阳的视大小也会变化。发生日食的时候，如果月球恰好比太阳小一点，就会出现环食，而地球的阴影比月球大很多，所以月食没有环食	文字

参考文献

［1］陈琳,王蔚,李冰冰,等.智慧学习内涵及其智慧学习方式[J].中国电化教育,2016（12）:31-37.

［2］贺斌.智慧学习:内涵、演进与趋向——学习者的视角[J].电化教育研究,2013,34（11）:24-33+52.

［3］庞维国.论学生的自主学习[J].华东师范大学学报（教育科学版）,2001（2）:78-83.

［4］孙鹭.论库伯"学习圈理论"的价值内涵及对成人教育的启示[J].中国成儿教育,2017（11）:19-21.

馆校结合助力北京中轴线申遗
——以"'知中轴·爱北京'老城楼模型搭建活动"为例

于秀楠　高　婕　段可争*

（北京市东城区青少年科技馆，北京，100009）

摘　要　中国传统文化底蕴深厚，蕴含着科学基因和求真精神，深入挖掘中华优秀传统文化中的科学精髓，以传统文化赋能科学教育，可以有效拓展科学教育的深度和广度，有利于培养学生的社会责任感，坚定文化自信。以北京市东城区青少年科技馆为代表的公办校外教育单位，积极主动作为，通过馆校结合的方式，以北京中轴线申遗工作为契机，借用多方力量，强化校内外教育结合，开发了"知中轴·爱北京"中轴线研学科普活动，本文以其中一次"北京老城楼模型搭建活动"为案例，探讨此次科普活动设计的背景、理念、实施、评价和反思，以期为公办校外教育单位与学校合作开发科普课程提供借鉴和参考。

关键词　馆校结合　科学教育　传统文化　模型搭建

1　背景

随着《关于进一步减轻义务教育阶段学生作业负担和校外培训负担的意见》《关于加强新时代中小学科学教育工作的意见》等文件的陆续颁布，中小学生的科学教育在促进学生健康成长和健康发展中将发挥越来越重大的作用。《中小学德育工作指南》文件强调，要让学生"了解中华优秀传统文化的历史渊源、发展脉络、精神内涵，增强文化自觉和文化自信"[1]。《关于实施中华优秀传统文化传承发展工程的意见》强调，要"深入挖掘中华优秀传统文化价值内涵，进一步激发中华优秀传统文化的生机与活力"[2]。将科学教育与传统文化相结合，从中华民族五千多年文明史中汲取文化养分，以传统文化赋能科学教育，可以有效地拓展科学教育的深度和广度。

《全民科学素质行动规划纲要（2021—2035年）》强调，要"建立校内外

---

*　于秀楠，北京市东城区青少年科技馆高级教师，研究方向为科普教育；高婕，北京市东城区青少年科技馆教师；段可争，北京市东城区教育科学研究院教师。

科学教育资源有效衔接机制"[3]，要实施馆校合作行动，这为校内外一体化教育增添了新的动能。北京市东城区青少年科技馆（以下简称"东城科技馆"）是北京市东城区教委直属的教育事业单位，东城科技馆多年来致力于馆校结合教育探索，其"'馆校社'协同推进校外研学旅行课程的开发与实践"教育成果获得北京市人民政府颁发的基础教育教学成果奖二等奖（2021年）。东城科技馆立足首都功能核心区的战略定位，将科普教育与传统文化教育相结合，以北京中轴线申遗工作进入冲刺阶段为契机，基于馆校合作设计"知中轴·爱北京"中轴线研学科普活动，让学生了解、学习中轴线相关知识，在参与助力中轴线的申遗活动中，增强社会参与，培育"责任担当"素养。

2 研究对象

一般来讲，馆校合作是指科技馆、博物馆等社会资源单位与学校的合作，通过馆校合作开发课程资源，主要是为了满足学生校外教育的需求。[4]本研究以东城科技馆与周边4所小学合作开发的"知中轴·爱北京"中轴线研学之北京老城楼模型搭建活动为案例，揭示依托研学实践教育，通过馆校合作的方式，将校内与校外有效衔接，从而为校外教育单位和学校进一步利用身边的社会资源、多措并举打造"馆校结合课堂"提供参照。

北京中轴线是世界上现存最长、保存最完整的古代城市轴线之一，从被列入世界遗产预备名录至今已经10多年，现阶段，北京中轴线申遗进入关键阶段，北京市各级单位围绕助力中轴线申遗组织了很多活动。东城科技馆基于《义务教育课程方案和课程标准（2022年版）》导向下的"大单元教学"理念，以"助力北京中轴线申遗"为主题进行内容分析、整合、重组和开发，统筹规划，科学设计，开发了"知中轴·爱北京"中轴线研学单元课程（见图1）。本单元课程以"为北京中轴线申遗建言献策"为任务，共设计了4次活动。第一次活动是"通过书本看中轴——科学阅读课"，让学生通过阅读对中轴线有初步的认知；在此基础上，设计第二次活动"团队合作搭中轴——模型搭建课"，通过建筑模型学习中轴线上的建筑科学知识和人文历史知识；设计第三次活动"跟着模型探中轴——参观考察课"，学生前往中轴线近距离观察、测绘，进行研究性学习；最后，将前3次活动进行总结，设计第四次活动"创想实践助中轴——建言献策活动"，鼓励学生撰写科学建议、活动设计，从学生的角度思考如何为北京中轴线申遗贡献力量，完成单元学习任务。

本文是以单元课程中的第二次活动"团队合作搭中轴——北京老城楼模型搭建"为案例，让学生感受北京古老文化的深厚底蕴，体味中华优秀传统文化中的民俗艺术、建筑科学，增进文化认同，坚定文化自信（见图1）。

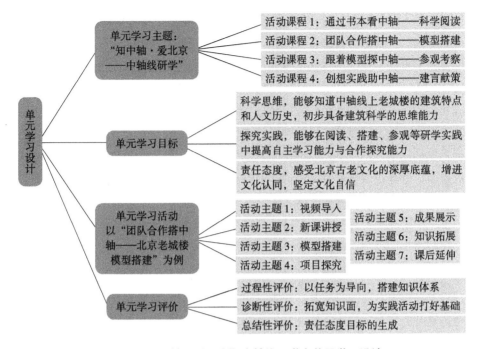

图1 "知中轴·爱北京"中轴线研学大单元学习设计

3 内容及实施过程

3.1 理论依据

本次活动设计基于PBL项目式学习理论，"项目式学习在国外称为'PBL'（Project-Based Learning）或'PL'（Project Learning），不仅在美、英、法等西方发达国家，而且在许多发展中国家都已普遍开设"[5]。根据美国巴克教育研究所的定义，PBL项目式学习是以课程标准为核心的一套系统的教学方法，"是对复杂、真实问题的探究过程，也是精心设计项目作品、规划和实施项目任务的过程，在这个过程中，学生能够掌握所需的知识和技能"。[6]在常规的教学中，PBL一般是指"基于课程标准，以小组合作方式对真实问题进行探究，以此获得学科知识的核心概念和原理，提升创新意识和实践能力的教学活动"。[7]本次活动基于PBL的理念，围绕"动手做"搭建模型这一富有挑战性的学习主题，给学生提供一个直观的具象认知，以建筑模型实物为媒介代入历史，设计任务单，提出探究问题，让学生以小组为单位深度探究，体味中华优秀传统文化的内涵和人文精神，从而获得发展，提升学生的核心素养和能力。

3.2 设计思路

根据巴克教育研究院在《PBL项目化学习的黄金法则——经过验证的严谨课堂教学方法》中提出的PBL项目的设计七大要素，即"富有挑战性的问题；持续探究；真实性；学生的话语权和选择权；反思；评价和修改；公开成果展示"[8]，本次活动基于此环节进行设计，结合北京中轴线申遗这一真实的时事背景，提出了有挑战性的问题，进行小组分工与合作，借助模型的搭建与任务单的完成，进行了持续的探究，最后进行成果展示，交流搭建过程中遇到的困难，分享小组探究过程中的学习收获，在课后延伸活动中不断反思，突出学生主体地位，注重成果分享交流，形成自主探究的学习氛围（见表1）。

表1 基于PBL的"知中轴·爱北京"老城楼模型搭建活动环节设计

项目设计核心要素	课程环节	具体内容
真实性	视频导入	北京中轴线申遗宣传片
具有挑战性的问题	新知传授	中轴线古建筑的科学知识、人文历史
持续探究	模型搭建	以学校为单位分组，每组搭建一座中轴线上的古建筑模型
学生的发言权和选择权	项目探究	基于任务单的问题，对本组搭建的模型进行探究和讨论
反思	成果展示	以小组为单位面向全体进行项目探究成果的展示
评价与修改	总结评价	开展学生自评和互评，在评价中对本组探究成果进行修订
成果公众展示	课后延伸	以"北京市科学建议奖"为展示平台，鼓励学生为助力北京中轴线申遗建言献策

3.3 教育目标

基于本次活动的设计思路，结合《义务教育科学课新课程标准（2022年版）》，将活动的教学目标从"科学观念""科学思维""探究实践""态度责任"4个方面进行设计：

科学观念：学生能够知道位于北京中轴线的老城楼的位置、规制，能讲述这些城楼的建筑特点和人文历史。

科学思维：学生能够通过老城楼模型理解微观结构，掌握模型搭建的基本方法，初步具备建筑科学的思维能力。

探究实践：学生能够借助视频教学，完成老城楼模型搭建，提高自主学习能力与合作探究能力。

态度责任：学生感受北京古老文化的深厚底蕴，认识到保护古建筑遗产的重要性，增进文化认同，坚定文化自信。

3.4 主要内容

3.4.1 学情分析

参与本次活动的学生是来自东城区分司厅小学、和平里第四小学、和平里第九小学、安外三条小学等 4 所小学的 20 名五年级学生,这些学生都是本校科技社团的学生,本次活动从以下 4 个层面对学生做了详细的学情分析。

从学生原有的知识基础方面分析:4 所学校均位于中轴线附近,学生已经在学校听了多场"北京中轴线申遗"主题的专家讲座,对北京中轴线上的建筑及人文历史知识有了一定认识。

从学生现有的认知能力方面分析:本次活动的学生以小学高年级为主,已具备了较强的动手能力和使用互联网能力,能够通过网络检索、收集、处理信息。

从学生现有的生活经验方面分析:学本次活动的学生均为东城区学生,生活在北京中轴线周边,对老北京城楼都有直观的认知。

从学生的情感分析和身心特征方面分析:小学高年级学员对动手操作、参观实践和参与真实的社会事件有较浓厚的兴趣。

3.4.2 重难点分析

重点:学生进行小组合作,完成探究任务,进行成果汇报。

难点:学生在没有图纸的情况下,通过对老城楼建筑科学知识的学习与认知,掌握老城楼模型的基本结构,完成模型搭建。

3.4.3 教学准备

教师准备好要搭建的老城楼建筑模型套材(永定门、正阳门、崇文门、宣武门)。预先将已经搭建完成的内九城其他老城楼模型放在教学功能区上展示。教学功能区桌椅分布为长方形,如图 2 所示。教师提前录制搭建教学视频,准备 PPT 课件、iPad 设备、印制学习任务单、拓展资料等。

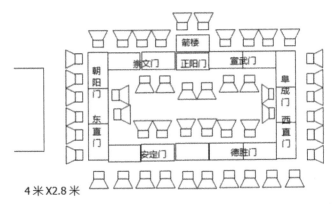

图 2 "知中轴·爱北京"中轴线研学——北京老城楼模型搭建课教学功能区布置图

3.4.3 活动过程（见表2）

表2 "知中轴·爱北京"老城楼模型搭建活动过程

教学阶段	教师活动	学生活动	设计意图
1. 视频导入	展示：组织学生观看北京城中轴线申遗资料短片，引导学生对中轴线上的建筑有初步认识	观看，记录，了解北京中轴线的历史文化，完成学习单第一部分的内容	激发学习兴趣
2. 新课讲授	讲述：通过PPT展示中轴线上的15处文化遗产，重点介绍老城楼讲述的历史知识、建筑科学	学习老城楼的相关的知识，仔细观察并记录北京老城门楼的结构特征，结合实际生活回忆城楼的现状，完成学习单第二部分内容	明确新授知识点，达成科学观念和科学思维的目标预设
3. 模型搭建	引导：学生进行小组内部分工，在过程中循环播放搭建微视频，教师现场指导、纠正完善、鼓励引导、协助搭建	通过教师讲解和观看视频，了解模型的结构和搭建的方法，以学校为单位，5人为一组，共分成4个小组。每组选出组长、研究员、工程师、发言人等，形成小组分工，同伴合作，各自完成不同的老北京城楼的模型搭建过程：第一步，每一类字母是一个城楼的一部分，各部分按照编号组装后再整体组合。第二步，按字母寻找相应构件进行分类，以A1对A1、B2对B2这样的形式来进行拼插。第三步，根据城门结构，按城台、城墙、城楼3个部分顺序搭建再进行组合。第四步，将各部分整合成完整城楼模型。第五步，搭建说明台（G部分），搭建全部完成后，拿到讲台进行模型合拢	通过学生动手操作，培养学生的思维能力和动手实践能力，达成探究实践目标预设
4. 项目探究	记录：给每组发放拓展资料与一台iPad，提醒学生完成任务单，记录每小组完成全部任务的时间	在搭建的过程中，安排一名成员（研究员），通过iPad检索信息，了解本组所搭建的城楼的知识，完成任务单相应部分的填写	提高学生信息检索能力和归纳总结能力，达成探究实践目标预设
5. 成果展示	点评：鼓励学生展示活动的成果，从作品完成时间、团队合作情况等方面进行点评，完成教师评价	完成模型合拢，面向全体学生进行小组成果展示交流，介绍本组搭建城楼的历史知识；反思搭建过程中的尝试与纠错过程，完成学生自评和生生互评	培养学生的语言表达能力与逻辑思维能力，突破教学重难点
6. 总结评价	总结：总结活动，并展示两项学生助力中轴线申遗作品（北京市中小学生科学建议奖），为学生参与"助力中轴线申遗"活动提供参考和借鉴	充分认识北京中轴线申遗的重要意义，结合资料思考参与助力北京中轴线申遗的可能性，提高社会参与意识	激发学生参与探究性学习的兴趣
7. 课后延伸	引导：布置课后探究任务，评选优秀作品参加"北京市中小学生科学建议奖"比赛，为学生成果寻找展示出口	课后，与家人分享"知中轴 爱北京"研学成果，为北京中轴线申遗活动建言献策，在过程中传承中华优秀传统文化，坚定文化自信	达成责任担当的目标预设，同时调动学生进一步学习的积极性，为本单元课程的下一次活动做准备

4 实施效果与评价反思

4.1 教学评价

本次活动强调核心素养的培养,在整个活动中由始及终,评价贯穿始终,每个环节都有自评、互评、师评,有意识进行核心素养的培养,学生的语言表达能力、动手能力得到全面呈现。

教师评价:课前,根据学情分析,确定课程目标、授课方式与重难点,进行诊断性评价;课中,对学生任务完成情况即时点评,进行过程性评价;课后,为学生成果寻找展示出口,进行成果性评价。

学生自评:学生在成果展示环节,结合任务单的完成情况,对自我学习的成果进行评估,并进行生生互评。

家长评价:通过与孩子探讨课后作业,提出合理化意见和建议,完成家长评价。

4.2 效果检测

学习效果方面:从发言情况来看,部分学生对北京中轴线申遗有了深入的了解,课堂上积极举手发言,有自己的见解,教师及时给予口头表扬评价;从合作学习情况来看,在规定时间内,4 个小组中有 3 个小组完成了模型的搭建,在遇到困难时,组内会积极讨论,相互帮助。

教学效果方面:学生课堂参与度比较高,基于任务分工,每个学生都能充分"动"起来,突出了学生主体地位;师生间、生生间互动交流良好,课堂气氛活跃,在互动中有效地突破了重难点。

4.3 创新点

4.3.1 基于"北京中轴线申遗"这一真实的社会事件开展设计活动,让学生获得社会参与感

"我们必须让所有学生,无论他们是在哪个(教育)阶梯上,接触与他们生存有关的真实问题,这样一来,他们才会发现他们想要解决的问题。"[7]东城区的学生很多居住在中轴线辐射范围内,通过媒体、宣传栏等途径,对北京中轴线申遗情况有了一定的了解,通过"知中轴·爱北京"中轴线研学单元课程可以对北京中轴线进行更详细、更深入的学习,理解中轴线申遗的价值与意义,获得社会参与感,增强社会责任感。

4.3.2 基于北京深厚的历史文化底蕴,引导学生进行跨学科学习实践

根据 2022 年新课标要求,跨学科学习将在基础教育阶段占据越来越重要的地位。本次活动以北京老城楼模型为载体,以"动手做"搭建模型为手段启

迪兴趣，以实物造型为媒介代入历史，将建筑科学、人文历史等知识进行交叉融合，让学生在跨学科的学习中进行深入思考与探究。

4.3.3　基于 PBL 项目式学习理念，让学生产生自我驱动力

本次活动在最开始就以小组为单位进行了任务的设定，开展了组内分工与合作，借助任务单，学生对项目进程和需达到的目标认知清晰，之后顺利完成任务，并进行成果展示，在课堂小组讨论和课后延伸活动中，不断反思。突出了学生主体地位；师生间、生生间互动交流良好，课堂气氛活跃。

5　结语

本文描述了东城科技馆与学校协同，基于助力北京中轴线申遗主题，设计的"知中轴·爱北京"中轴线研学之北京老城楼模型搭建活动，但是由于项目实施范围的局限，本文的研究资料有待进一步拓展和增加。2018 年 9 月 10 日，习近平总书记曾在全国教育大会上强调"办好教育事业，家庭、学校、政府、社会都有责任"。[9] 2021 年 11 月 10 日，联合国教科文组织发布《共同重新构想我们的未来———一种新的教育社会契约》报告[10]，提出了教育应成为"全球公共利益"理念，倡导国家政府、社会组织、学校和教师、青年与儿童、家长与社区等教育的相关利益方共建人人参与、多领域协作的未来教育，从中也可以反映出推进科技馆与学校、与社会资源单位深度合作，促进教育更高质量发展，符合新时代教育现代化建设的需要和 21 世纪世界教育发展的大趋势。以东城区青少年科技馆为代表的公办校外教育单位，应该积极发挥"桥梁""纽带"作用，与学校课程资源进行大力整合，开展广泛合作，建立校内外一体化科学教育共同体。

参考文献

[1] 教育部.教育部关于印发《中小学德育工作指南》的通知 [EB/OL].（2017-08-22）[2017-09-05].http://www.moe.gov.cn/srcsite/A06/s3325/201709/t20170904_313128.html?eqid=b85a8798000135f7000000026427e6c1.

[2] 中共中央办公厅 国务院办公厅.中共中央办公厅 国务院办公厅印发关于实施中华优秀传统文化传承发展工程的意见 [EB/OL].（2017-01-25）[2017-01-25].https://www.gov.cn/gongbao/content/2017/content_5171322.htm.

[3] 国务院.国务院关于印发全民科学素质行动规划纲要（2021—2035 年）的通知 [EB/OL].（2021-06-25）[2022-05-04]. http://www.gov.cn/zhengce/content/2021-06/25/content_5620813.htm.

[4] 金荣莹.馆校合作课程资源开发策略研究———以北京自然博物馆为例 [J].科普研究,2021,16（3）:91-98.

[5] 胡红杏.项目式学习:培养学生核心素养的课堂教学活动 [J].兰州大学学报（社

会科学版）,2016（6）:165–172.

［6］巴克教育研究所.项目学习教师指南——21世纪的中学教学法 [M].北京:教育科学出版社,2007:4.

［7］张华.课程与教学论 [M].上海:上海教育出版社,2000:191.

［8］LARMER J,MERGENDOLL J,BOSS S.Setting the standard for project based learning[M].1nd,Chicago:ASCD,2015.

［9］习近平.坚持中国特色社会主义教育发展道路 培养德智体美劳全面发展的社会主义建设者和接班人 [EB/OL].2018–09–10.http://www.moe.gov.cn/jyb_xwfb/s6052/moe_838/201809/t20180910_348145.html.

［10］UNESCO.Reimagining our futures together:A new social contract for education[EB/OL]. https://en.unesco.org/futuresofeducation/.

企业利用科技资源开展科学教育活动的现状研究

——以广州市企业类科普基地为例

赵慧敏[*]

（广州市科学技术发展中心，广州，510091）

摘 要 加强中小学科学教育要求用好社会大课堂服务科学实践教育，为了解广州市企业开展科学教育活动现状，对广州市科普基地中的 103 家企业进行抽样调查，在现有统计资料的基础上，分析广州市科普基地中企业拥有科技资源的情况，同时走进 34 家企业体验科学教育活动，深度访谈 8 家企业，以此管窥广州市企业利用科技资源开展中小学科学教育活动的现状特征和面临困境，并提出相应的对策建议。

关键词 企业参与 科技资源 科学教育

2023 年 5 月，教育部等十八部门出台的《关于加强新时代中小学科学教育工作的意见》（以下简称《意见》）提出改进学校教学与服务、用好社会大课堂、做好相关改革衔接等内容。[1]详读《意见》全文可知，科学教育是一项复杂的系统工程，既涉及科学课程建设、教学活动实施等学校教育改革事项，也涉及科学教育环境条件创设、场馆资源对接等社会力量整合。[2]以企业开展教学教育活动为切口开展调查研究，以期为有关部门制定政策、引导社会力量参与、有效落实《意见》提供参考。

本研究选取广州市科普基地中的 103 家企业作为样本企业，其中，国有企业 32 家、民营企业 71 家，并以现有统计资料为基础，分析广州市企业类科普基地拥有科技资源的情况，结合亲身体验和深度访谈部分样本企业，管窥其利用科技资源开展中小学科学教育活动的现状特征和面临困境，并提出相应的对策建议。

1 广州市科普基地中企业主要科技资源及参与科学教育活动情况

1.1 政府主动搭建平台多举措引导企业与中小学校协同开展科学教育活动

近年来，广州市重视校外科学教育发展，积极培育各类科学教育社会实

---

* 赵慧敏，广州市科学技术发展中心助理研究员，研究方向为科学普及。

践基地，科技行政部门也出台相应政策文件，将开展科学教育纳入基地考核指标。主动积极搭建各类社会组织作为平台，整合转化科技、教育资源，以广州市某区为例，利用区内优势科技资源，建设区内少年科学院，聘请院士科学家"组团"加入，同时依托街镇打造科普点，让区内所有孩子能在10分钟之内进入科普点享受科学教育。对外以发布科普课程研发项目的形式，支持区内中小学校、科研院所、各类企业、科技工作者等面向中小学生，开发包括光电芯片、生命健康、航空航天、新技术、新材料等方向的课程，引导科技企业参与科学教育。以培训、沙龙、专题活动等形式，为区内科技企业、科研机构、中小学校搭建需求和资源对接平台。该区通过加强平台载体建设，在整合各方资源力量，打造示范性、创新性科学教育自有品牌等方面取得较好成效。

1.2 归属广州新兴支柱、优势产业的企业投入科学教育活动的意愿强

《广州市国民经济和社会发展第十四个五年规划和2035年远景目标纲要》提出构建现代产业体系、发展枢纽型都市现代农业、培育文化产业集群等，以此对103家企业进行所属产业划分，其中归属新兴支柱产业的22家（占21%）、新兴优势产业的28家（占27%）、都市现代农业的23家（占22%）（见图1）。其中，新兴支柱产业中，以智能装备与机器人、新兴优势产业中生物医药与健康领域内的企业数量为主（见图2）。可见，在当前新科技革命和产业变革的形势下，广州企业积极主动加入科学实践教育行列，助力适应科技革命新趋势的人才培养。

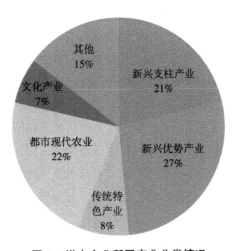

图1 样本企业所属产业分类情况

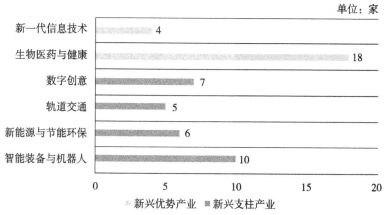

图2 样本企业所属广州新兴支柱产业、新兴优势产业数量

1.3 场馆类企业比重明显高于非场馆类企业，互动体验感强，且更受中小学生欢迎

根据《广州市科学技术普及基地认定管理办法》第一章第四条"市科普基地分为场馆类科普基地和非场馆类科普基地，场馆类科普基地指以建筑物及附属物作为科普展示场地，以有形的互动展品为主要依托开展科普的场所，非场馆类科普基地指不以有形的科普互动展品为主要依托开展科普的单位"[3]，以此为划分依据有场馆类企业93家，非场馆类企业10家，可为中小学生提供有形互动体验的资源占比达90.29%，可见，能让中小学生互动体验的场馆类企业更受欢迎，同时也表明，非场馆类企业在科学教育活动中有着较大发展空间。

1.4 科技资源较丰富形式多样，且大多数日常面向公众免费开放

如图3所示，对场馆类的93家企业所能提供的最主要的科技资源进行划分，开放自建场馆的有29家，开放营地的有25家，开放园区的有25家，开放生产线的有14家，为中小学生参加校外科学教育提供多种参观场所。非场馆类的10家企业则主要提供科学教育资源包、科学教育短视频等，如某电视台科普类的常态化栏目播出版面每天不少于两小时，并以新闻、专题等形式随时播报本地各类型的科学教育活动，发挥媒体传播优势，弘扬科学精神和科学家精神。在103家企业中，日常面向公众免费开放的有79家（占比76.69%），非免费开放的企业每年均有固定免费开放日，其他时间参观费用平均约为10元／人。

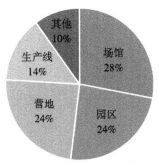

图 3　样本企业主要开放的科技资源占比情况

2　广州市 34 家企业深度调研

在前述基本数据分析基础上，为进一步深入考察样本企业在发挥社会力量参与科学教育作用的现状及需求，在实际条件允许的情况下，笔者以体验者的身份走进 34 家企业（场馆类科普基地）参加科学教育活动，并借与其他工作交叉的机会，对其中 8 家企业进行深度访谈。

2.1　以"参观+"形式为中小学校提供科学教育学习现实环境

参加的 34 家样本企业的科学教育主要的活动形式为参观+讲解、参观+讲座、参观+手工操作（面膜制作、创意画、中药香囊包制作等）、参观+实操体验（中药蜜蜡丸制作、缫丝操作、操作飞行模拟器等）。同时，如图 4 所示，受企业所在行业及规模大小影响，开展科学教育活动的形式也有所差别，其中，9 家农业科技类企业以参观+讲解、讲座形式为主（6 家），11 家工业生产类企业以参观+手工操作、实操体验为主（7 家），10 家生物医药与健康类企业以参观+讲座、手工操作为主（7 家），4 家生命科学类企业主要是参观+讲解、实操体验（4 家），如某中药饮片公司，结合公司基础设施，开放传统中药的洗、润、切、净、传统炮制及包装等全流程生产线，开设有独立参观通道，让参加活动的中小学生可直接看到传统中药加工生产过程，在现代中药服务配备全流程的透明化参观区域，让中小学生直观地了解整个流程的操作，并设计互动环节来提升对中医药文化的认识。由此可见，企业现阶段开展科学教育活动时，不仅限于日常对外开放，也会根据自身条件，增加相应体验式活动，以期引导中小学生在现实环境中体悟劳动精神、工匠精神等。

单位：家

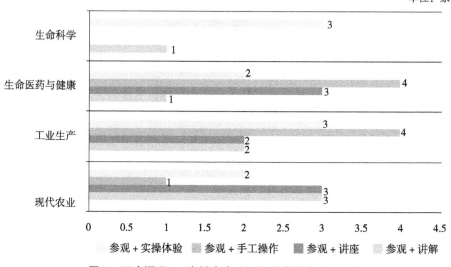

图4 深度调研34家样本企业开展科学教育活动形式

2.2 企业尝试从实践探究出发开展科学教育活动

深度访谈的8家企业都不同程度地开展科学实践教育活动，其中有4家企业的实践活动被列入《广州市中小学生研学实践经典路线100条》，如某地质科普公司在场馆中摆放真假恐龙化石，学生通过仔细观察橱窗内的真化石和抚摸化石来辨别真伪，科技辅导老师揭晓答案后，再让他们总结真化石的特征；该公司还根据岭南地质特征讲述岭南历史，并让学生深入山林体验化石挖掘，既有乐趣，又让他们体会到地质工作者不为人知的艰辛。某航空科技公司将飞行模拟器搬进场馆，让学生操作学习五边飞行；指导学生完成雷鸟飞机拼装，学习其飞行原理，掌握调试和飞行技巧，并开展放飞竞赛，增强学生的动手操作能力，提升科学探究能力。

通过访谈还了解到，该4家企业最初主要是以参观+讲解的形式对外开放，学生的反馈主要是"看到了书本上的知识"，并表示希望自己能动手体验，在此基础上企业开始尝试添加观察记录、操作实验、讨论分析等内容，并尝试开发实践活动资源包，以参加科技周等主题活动日、学校课后服务等形式走进学校。通过不断优化实践活动内容，老师和家长反馈，在参加活动中，学生完成了从胆怯生涩、自我，到表达能力提升、合作意识强化、分享意愿显现的转变。

2.3 资源互补，成为提升科学实践教育活动质量的重要路径

在深度访谈中了解到，企业受各自科技资源类型、场所、人员及时间等限制，为提高科学教育活动的质量，引导中小学生在现实生产生活环境中学习、探索、实践，部分企业共同合作开展科学教育实践活动，如某农业科技类企业对外开

放无土水培蔬菜大棚，并由专人负责讲解水培、滴灌等技术，让中小学生了解其优于传统种植技术的地方，但受场地限制，无法让学生亲身体验，为解决这一问题，该企业采取与附近农耕文化营地合作的方式，借助其场地和人员优势，让中小学生参与种植体悟劳动精神。

2.4 发展需求与面临困境

通过深度调查发现，多数企业期望能更进一步利用科技资源，提升科学实践教育活动质量，但同时也希望得到政府和社会的支持，目前在开展教育活动过程中面临一些难点，主要有以下几点。

一是大部分企业希望能得到有力的政策引导和资金支持。科学教育是一项持续性的投入工程，企业存在对于开展科学教育的前期预估不足的情况，如某产业数字化转型服务商投入千万元资金援建实践基地，提供设备、器材、图书、软件等，但在后续运营中发现，设备器材维护、软件更新等资金投入量大，运营两年后不得不暂停该项目。

二是多个企业认为跨界合作存在难度。应当加强企业间、企业与高校、企业与科研院所之间的合作，将各类资源串联起来，开展科学教育实践活动，如企业与高校合作可缓解科技辅导老师少的问题，企业与科研院所合作有利于提高科学教育实践活动质量。但是目前的合作局限于企业的自发行为，缺乏政府的引导。

三是多个企业认为与学校沟通不紧密，供需对接不畅。在讲解科学知识和引导学生观察、实验过程中，科技老师得不到学生反馈的现象时有发生，主要由于企业的科技老师不了解学生的科技知识存量，往往忽略部分知识点，致使学生无法完整接收内容，教育活动达不到预期效果，企业科技老师积极性也随之受到影响。

四是"走进校园"难以常态化，大部分企业以开放一线科技资源的方式开展科学教育，可移动的操作装置、生产设备有限，且进学校需要经过系列准备，人财物三方耗费都较大。此外，企业中的科技人才进校园的次数有限，多数是以讲授一堂课的形式，学习延续性不强。

五是专业化的教育人才缺乏，科学教育活动形式单一。企业开展科学教育的人员多为兼职人员，可投入的时间和精力有限，科学教育实践活动设计主要是向社会展示企业最新的科技成果，将科技成果以通俗易懂的方式展示出来，描述的手段形式也有限，此外，展现企业刻苦钻研、突破创新的科学精神方面还有所欠缺。

3 对策建议

《意见》明确提出"通过 3 至 5 年努力，中小学科学教育体系更加完善，社会各方资源有机整合，实践活动丰富多彩……大中小学及家校社协同育人机制明显健全……科学教育质量明显提高……"[1]，基于前文分析，为解决上述现实困难，在教育"双减"中做好科学教育加法，现提出以下建议。

3.1 强化制度保障，激发企业等社会力量投入优势要素开展科学教育

政府是科学教育的顶层设计者、政策制定者与制度环境营造者。[4]为实现科学教育的高质量发展，教育、科技等行政部门可出台中小学校与企业等社会力量结对的适应性政策文件，如要求科普基地每年结对一所学校且规定开展活动场次，并作为其年度考核指标。可结合本地科技资源情况搭建交流平台，对外发布开展科学教育的示范样板，吸引企业、高校、科研院所等各类社会力量加入，促成多方合作，合力开展科学教育。充分发挥科学技术协会的桥梁纽带作用，利用科技社团、学会协会等社会组织优势，与企业合作，提升企业科学教育活动质量。积极策划具备市场属性的科学教育优质项目，以财政投入为引导，争取社会资本投入，拓宽科学教育经费来源，如鼓励企业与科研院所联合申报，发挥双方优势，因地制宜设计开发与科学教育有关的教育资源。

3.2 科学教育资源校内外双向贯通，实现精准对接

当下，学生对科学教育的需求呈现多样化、个性化趋势，学校与企业应当双向奔赴，实现校内外科学教育资源精准对接。相比较企业而言，学校作为科学教育的主阵地，在整体化课程设计、强化知识点内在关联等方面更加专业。根据新课标要求，学校教师进行课程设计时，除课程教学外，还应结合项目式教学、主题综合实践等探究式学习，而校内能满足探究式学习的资源有限，就应"走出去"，利用好社会大课堂。但是目前校外科学教育资源也存在资源分布散乱、质量参差不齐的问题，企业、高校、科研院所等供应方，也应主动"进校园"，精准对接校内需求，以需求为导向开发科技领域的真实选题、实践条件、科技课程等教育资源。[4]同时，鼓励学校教师与科学教育机构合作，根据新标准和教学需求，共同开发定制化的校本课程或课后服务，生产标准化的课程资源包，满足学生的学习和发展需求。

3.3 以科技资源科普化促进科技企业提升科学教育活动质量

科技企业集科技创新人才、科技成果发明与应用、科技设施设备等于一身，通过科技资源科普化可有效体现科技资源投入所带来的知识分享的科学价值、对公众文化素养和社会文化品质提升的社会价值等。[5]企业可与专业化科普

组织合作，以多种手段展示重大科技成果，如数字化、可视化的形式还原，又或是通俗易懂的动漫、短视频、游戏科普创作等向公众展示科技成果的应用场景。在此基础上引导中小学生从课堂走进企业，更加直观地感受科技知识的魅力，体验新科技带来的新鲜感，激发科学探究的热情、探究实践能力等。同时，科技资源科普化有利于专业化的科学教育人才培养，让科技人才在遵循教育学的理论和方法设计科普化活动的过程中得到提升。因此，依托科普化的科技资源开展科学教育实践活动，更符合中小学生的认知和中小学科学教育阶段的特征。

3.4 利用新媒体传播等技术手段营造科学文化社会环境

科学教育要注重科学精神的培养，引导青少年形成正确的世界观、人生观、价值观。科学是一个不断向错误学习的过程，企业的每一项科技创新都经过多次试错，我们要将谋划创新、推动创新、落实创新，"从0到1"地突破过程再现，并用多种手段来呈现，在各类科学教育专栏、活动中发布，并通过官媒等在全社会广泛、深入地进行宣传，还要在全社会范围内大力宣传科学家精神教育基地，让更多中小学生参观，感悟科学家精神，在全社会形成讲科学、爱科学、学科学、用科学的良好氛围，让科学精神扎下根来。

参考文献

[1] 关于加强新时代中小学科学教育工作的意见（教监管〔2023〕2号）[EB/OL]. http://www.moe.gov.cn/srcsite/A29/202305/t20230529_1061838.html.

[2] 曹培杰.新时代科学教育的价值意蕴与实践路径[J].现代教育技术,2023.33（8）: 5–11.

[3] 广州市科学技术普及基地认定管理办法（穗科创规字〔2017〕1号）[EB/OL]. http://www.gd.gov.cn/zwgk/wjk/zcfgk/content/post_2724322.html.

[4] 郑永和,杨宣洋,等.高质量科学教育体系:内涵和框架[J].中国教育学刊, 2022（10）:12–1.

[5] 张闪闪,刘晓娟,等.科技资源服务价值度量框架研究[J].中国科技资源导刊, 2020,52（5）:35–44,101.

充分利用各种社会资源，有效提高
学校科技教育水平

杨静　王凤云*

（北京市昌平区第二中学，102299；北京市昌平区校外教育
办公室，102208）

摘　要　当前中小学开展科技教育，面临教师能力的提升难以匹配科学技术
的迅猛发展、学校科技课程资源有限、实验环境及设备匮乏等问题，要想快速提
升学校科技教育水平，不仅要守住学校育人的主阵地，更要用好社会大课堂，主
动探寻与各类科普场馆、科研机构、高校的合作途径，开拓校内外结合的科学教
育创新模式。本文总结了北京市昌平区第二中学与校外资源合作的具体措施，并
针对校企合作目前出现的问题，提出了中肯的建议，可以供广大中小学借鉴。

关键词　社会资源　中小学科技教育　社会大课堂

2023 年 5 月，教育部等十八部门联合印发了《关于加强新时代中小学科学教
育工作的意见》（以下简称《意见》）。《意见》强调推动中小学科学教育学校
主阵地与社会大课堂有机衔接，鼓励各有关部门、单位建立"科学教育社会课堂"
专家团队，开发适合中小学生的科学教育课程和项目。中小学科技教育不仅要守
住学校育人的主阵地，更要用好社会大课堂，主动探寻与各类科普场馆、科研机构、
高校的合作途径，开拓校内外结合的科学教育创新模式。《意见》明确了中小学
科学教育的改革方向，同时也为当前中小学开展科技教育面临的突出问题给出了
有效的解决建议。本文介绍北京市昌平区第二中学在科技教育实施过程中遇到的
问题、与校外资源合作的具体措施及后续实施建议，供大家参考。

1　学校科技教育遇到问题和困难

1.1　学校科学实践资源有限

科学教育重在实践，需要开阔学生科学视野，引导学生在真实世界中发现
真问题，解决真问题，并在此过程中自觉获取科学知识，培养科学精神，提升

---

* 杨静，北京市昌平区第二中学高级教师，昌平区信息技术学科带头人、青年科技教师工作室专
家委员会导师，北京市科学促进会理事，主持完成两项全国课题，出版两本图书，多篇文章获
得全国一等奖；王凤云，昌平区校外教育办公室副主任，主管昌平区中小学科技教育工作，主
持开展多项科技教育活动，发表多篇文章。

创新能力。当前中小学生缺少深入接触前沿科技的机会，缺乏科学实践探究的场所，仅靠学校的资源难以满足要求。

1.2 技术问题难以解决

学校开展科技创新活动已有 30 多年，一直强调引导学生发现真问题，有些学生能想出很好的研究课题，但在实践的过程中往往需要一些前沿的技术，特别是当前人工智能、物联网等领域技术的快速迭代，仅靠学校老师的技术储备及学习提升，很难辅导学生进行深入研究，实现学生想法，在科学方法和技术难度上限制了学校科技创新作品的水平。这样不仅使教学效果大打折扣，更打击了学生学习和研究新知识、新技术的积极性。

1.3 师资匮乏，学校校本课程和社团内容单一

学校开展科技活动教师有限，多数局限于科学、劳动、信息等技术学科老师，老师开设的选修课大多局限于机器人、3D、窗花等内容，与前沿高新技术接轨的内容比较有限。

为有效解决上述问题，学校在立足学校育人主阵地的同时，积极探寻与各类科普场馆、科研机构、高校的合作途径，进一步完善学校科学教育体系。

2 学校利用校外资源开展科技教育措施

2.1 签署协议，长期有序开展合作

为保证和校外资源单位保持长久、规范、高效的合作，昌平二中先后与昌平区科学技术协会、北京航空航天大学、中国林业大学、中国科学院京区科学技术协会等单位签署了创新人才培养战略协作体协议书。双方商定共同开发科学体验课程，利用高校和科研院所的优质师资和实验室来培养青少年科技创新人才。

学校一直和北京市科学促进会合作，杨静老师担任科学促进会理事和学校工作委员会委员，2021 年在科学促进会协助下，昌平二中成立了"STEM+"创意机器人工作室，顺利开展了"北京市调查体验活动启动仪式暨昌平二中科技节"，2023 年开展了昌平区青年教师培训，带动了昌平区科技教育的共同发展。

为了更好拓宽劳动课的课程内容，2023 年，学校参加了昌平区科学技术协会牵头的"昌平区明天小小科学家培育基地"项目，与北京农学院合作开展了"'太空草莓'的不完全发育史""太空中的黄宝石——金翅瓜 B 型"等 5 个项目的研究，学生定期去农学院种植基地开展种植研究，掌握有关劳动技术，培养了学生的劳动热情，增强了学生的实践能力，将劳动教育纳入人才培养全过程，系统推进中小学劳动教育实施，努力培养德智体美劳全面发展的社会主

义建设者和接班人。

2.2 实验室建设，开展讲座、教师培训

昌平二中与北京化工大学物理实验中心合作，利用化工大学的国家物理电子实践基地开展学生科学探究实践活动体验式培训。尹亮教授指导学生设计、绘制电路图，制作电路板，焊接电子元件，制作远程遥控自动调节电风扇、智能调节空气加湿器等作品。

学校与北京大学化学与分子工程学院合作，共同建设北京市普通高中开放性重点实验室——稀土材料化学实验室。2018 年 5 月，稀土实验室邀请北京大学化学院专家来校开展了"共享北大化学时光"科学体验活动，吸引周边 4 所学校的学生参与各项探究体验小实验，聆听北京大学教授讲座。

2.3 通过开展课题研究，提升教师的教科研能力

与高校等校外单位合作可以大大提升教师的教科研能力，也可以让学校的科技教育登上一个台阶，比如 2013 年，昌平二中完成了北京师范大学主持的国家社会科学基金"十一五"规划 2010 年度教育课题（BHA100068）"中国青少年科学素质教育提升研究"课题的子课题——"机器人活动方式与学生能力提升实践研究"，并被评为课题优秀成果一等奖。学校的机器人科技教育取得显著提升，尤其是在学生竞赛上获得优异成绩。

2018 年，学校参加了北京师范大学张进宝教授课题，引入了他们课题开发中所用的人工智能教学设备，由王继飞老师团队为机器人社团师生进行人工智能相关课程培训。2019—2022 年，学校所有科技教师在北京师范大学计算思维研究中心的指导下，完成了中央电化教育馆-英特尔"智能互联教育项目""基于机器人教育之学生计算思维提升的研究"课题研究和北京市"十三五"教育技术应用研究课题"基于 STEM 机器人教育活动中学生计算思维提升的研究"，课题研究快速提升了老师教科研能力，撰写的多篇文章获得国奖和市奖，并在国家级杂志上发表。

2.4 联合开发校本课程资源

近 3 年学校采用校内外教师合作形式，开展了人工智能、物联网、信息学编程等课程的教学工作，大大丰富了学校的校本课程内容，为学生创造了更多深入接触前沿科技的机会。

2.4.1 完善学校校本课程内容

利用校外机构丰富的资源，学校以智能控制为主线，利用多种方式和渠道开展中学机器人课程研究和实践，构建了完善的课程体系（见图 1）：

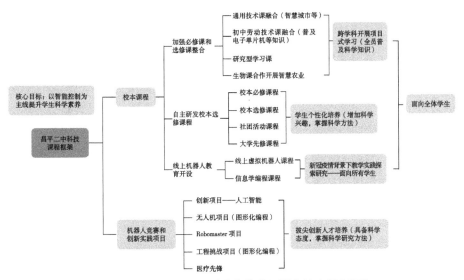

图1 基于提升中学生科学素养的机器人校本课程框架

在严格执行国家必修课程以外，加强技术课程和必修课的整合力度，以及必修课和选修课的整合力度，如学校的信息科技课、劳动课、通用技术课、研究性学习课程整合，学校利用初一劳技课，全员开展电子电路学习，学习各个电子元器件的工作原理和基本焊接方法，初二劳动课开设了单片机图形化编程，也是利用面包板学习 Arduino 单片机工作原理和各个传感器的编程方法，同时初中信息科技课学习了基本的计算机操作和原理，根据学生的认知特点和编程效率，高中阶段学校开设了代码编程，高一信息技术课开设了 Python 编程，课程中学校加入了硬件控制部分内容，拓宽了必修课的内容。

2.4.2　形成了丰富的课程资源和成果

近年来，我们在各级教育和科研院所指导下，为更好地满足不同学生的需求，学校积极整理和拓展课程资源，开发校本课程，具体做法如下：

学校整合了必修课和选修课，加深了学习的深度，比如机器人选修课开设了 C 语言编程，对于从初中直升入我校的高中生，已掌握图形化编程，熟悉基本的编程结构和思维模式，对于代码编程易上手，高二年级开设人工智能课程，学生利用必修模块学习了 Python 编程基础后，再使用 PowerSensor 控制器学习视觉识别和处理，以及语音识别、语音合成等基本人工智能的基本知识就很容易了。学校还为感兴趣的学生开设了"3D 打印与机器人""Microbit 编程技术""模型设计"等课程，为学生提供个性化的服务。

开设科技社团课程，学校利用信息技术和通用技术等技术类教师的专业优势，为对搭建编程感兴趣和具备一定发展潜力的学生开设了智能控制相关课程，例如"创意编程——Scratch 与机器人的火花""轮式机器人""Arduino

编程基础"等。

同时昌平二中还开设大学先修课程。学校和中国石油大学、北京航空航天大学等高校建立稳定的合作关系，开设了部分大学先修课程，包括"数学建模""人工智能"等，目的是给这些学有余力的学生提供更多学习机会，中学阶段就可以开展相关学科的入门学习和实践探索，培养学生学习兴趣，了解大学的相关学科知识和学习方法，从而做好高中和大学教育的衔接。

为更好开展教学，昌平二中教师根据学校情况开发了系列校本教学资源，例如初中的《创意编程——Scratch 与机器人的火花》、高中的《轮式机器人》《Arduino 编程基础》教学指导手册。2018 年，我们和某科技教育公司合作针对初高中机器人社团优秀队员开设了"人工智能与科技制造"课程，如图 2 所示，同时开发出我校创新系列图书之一——《人工智能视频识别与深度学习创新实践》（该教材于 2023 年 5 月在机械工业出版社出版），让智能控制课程最先在全区规范开设。

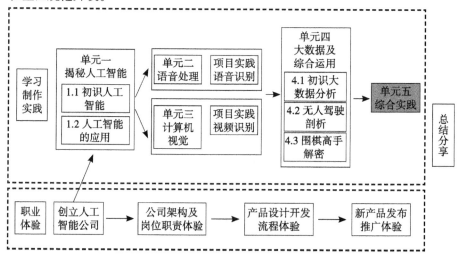

图 2　与校外机构共同开设"人工智能与科技制造"高端课程框架

2.4.3　开展线上教学实践

在近两年新冠疫情影响下，学校很多线下的机器人校本课程和竞赛活动没办法正常开展，为了响应国家的"双减"政策，减负提质，真正做到五育并举，丰富学生的课余生活和保证科技特色教育持续发展，学校开展了信息学编程课程活动和线上机器人课程。

（1）线上机器人校本课程

学校将中望 3D One AI 人工智能三维仿真软件等数字化资源引入 3D 设计选修课课堂，为学生搭建线上人工智能教育实践平台，通过开设人工智能教育课程，开展线上人工智能活动与竞赛，不断提高学生创新意识和动手实践能力，学校先后在初中和高中机器人社团中开展线上机器人、人工智能仿真活动，参与学生有 200 多人，后续自主报名参加的线上机器人竞赛活动人数达到 40 人。

借助线上 3Done 社区丰富的课程资源，学校开设了专门 3DoneAI 系列课程，帮助更多的同学了解人工智能。学校开展的线上机器人校本课程与之相应的平台都提供了比赛相应资源、系统的课程资源、教学实践案例，它们由浅入深地剖析了如何贴合新课标要求开展信息科技的教学创新，这为我们社团活动的开展提供了资源保证，推动了昌平二中在线虚拟机器人课程建设的发展。学生在各种情境中学习和探究，培养学生的科技创新意识。我们在教学实践中发现，虚拟机器人科技活动融合了编程、物理、数学几何、工程等各学科内容，正好与跨学科主题学习完美契合。借助平台资源，昌平二中形成了特色化的系列课程。

（2）信息学编程课程

学校高度重视信息科技基础教育，着力落实信息学人才梯队建设，在课程设置及设备配置上日益完善，同时，在夯实信息科技教育的基础上，开展更具深度的算法思维、编程思维的培养，对学生在科学问题的自主探索能力、计算思维实践能力的培养都发挥了重要作用。

学校为全面开展信息学编程课程，聘请了专业信息学教练团队，为热爱计算机信息科学的学生提供了优质的学习资源，搭建成长的阶梯。同时，还选用了优质线上编程教学平台，供学生自主学习，随时观看课程的回放。

线上信息编程课程主要由校内外 3 名老师上课，校外老师两名负责专业的技术授课及答疑，校内老师负责社团的组织管理，学生利用线上的智能教学系统，完成后续的练习巩固，通过线上线下结合，采用创新的"三师＋AI 教学"（课程教练＋学校教练＋习题教练＋智能教学评测系统），使学生接受最优质教学服务，科学保证教学效果（见图 3）。

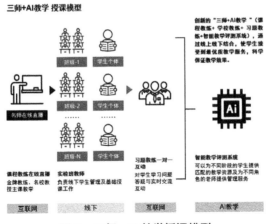

图 3　三师 +AI 教学授课模型

在信息科技教育和信息学人才梯队建设等方面，学校借力云课堂丰富的、优质的课程资源，以及在线智能教学评测系统，进一步推动信息化在学科培养上的深入实践，以 AI 双师教学为基础，为学生搭建衔接全国优质资源的平台，以数字化、智能化、网络化、平台化的现代信息化教学工具，打造服务信息学人才梯队建设的"教、学、测、评、管"五维培养体系（见图4）。

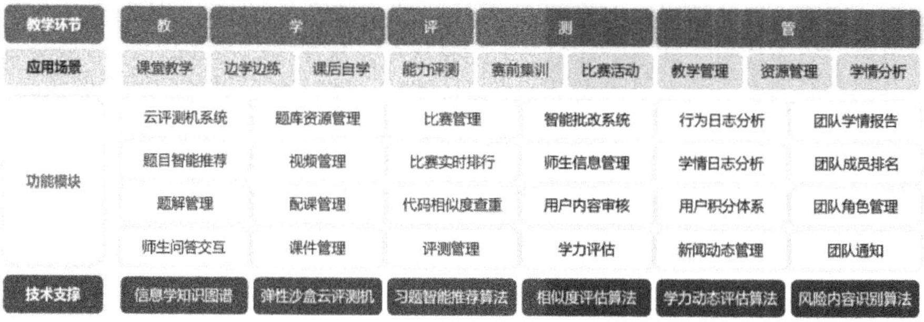

图4 信息学人才梯队建设的"教、学、评、测、管"五维培养体系

2.4.4 共同指导学生开展科技创新活动

近年来，学校充分利用周边高校、科研院所及专业单位丰富的创新教育资源，引导学生关注社会、生活中的问题，开展相关领域的科技创新活动，在自主探究、亲身实践的过程中综合运用所学的科学知识和方法解决问题，提升科学素养。

学校和中国石油大学圆形空间创新实验室合作，由温凯教授和他的大学生团队提供技术支持，帮学校解决了一些技术难题。2018 年，学校在创新作品宝石识别装置的研究开发中，一度陷入困境，温老师团队最终建议换掉 Arduino 控制器改用树莓派，及时解决了识别慢的问题，最终计徽同学的"基于深度学习的宝石识别装置原型的研究与设计"项目获得北京青少年后备人才科学探索专项资助 5000 元，同时获得的第三十九届北京市青少年科技创新大赛二等奖。

学校与北京大学历史文博学院合作，开展学生创新研究课题指导活动。胡刚教授多次带领课题小组的同学赴小汤山白浮泉实地考察，指导学生课题《都龙王庙内壁画内容考证及壁画的保护与修复》的研究。

3 结论及存在问题和未来发展建议

借助校外科技机构资源，解决了当前中小学开展科技教育课程资源不足、师资和设备匮乏等问题，提升了学校科技教育水平，快速丰富了学校科学教育资源，但也存在很多问题。

3.1 简单整合校外科技资源，教学效果一般

校外科研机构、高新技术企业、科技馆等相关单位，有丰富的科普资源及

前沿科技，但是直接用于学校的科学教育效果一般。例如，高新技术企业的技术专家的讲座内容，可能更适合成人和业内人士，并未充分考虑中小学生的兴趣方向及接受程度；科技馆的资源更多的是科学普及，缺乏深度的课题研究；这些资源对于学校来说较为零散，并没有形成教学体系，教学效果一般。

解决建议：成立课题组，根据学校科学教育规划，有针对性地选择校外合作机构，并借助学校老师的教学经验结合校外机构专业知识及资源，整合开发适合学校的教学资源。

3.2 过于依赖校外机构活动不利于学校科技活动的长足发展

学校应有自己的历史和文化，机构开展的活动大多是根据社会热点或者公司自身优势等开设，很少根据学校的特点开展，也不是很熟悉参加学习的学生，更不要说跨学段开展社团活动，学校也很难形成特色和社团活动的梯队文化。

解决建议：学校安排专门负责老师，在与校外机构合作过程中，逐步内化为学生自己的资源及学校整体校园文化。

参考文献

［1］黄晓玲．"双减"背景下校外优质资源进校园的现状、问题与建议［J］.教育与管理（中学版），2022（9）：19-22，19-23.

［2］王倩娟．新课标背景下小学科学课程校外资源开发与利用初探［J］.新课程，2020（5）：95.

［3］贺建婷．中小学校外培训机构教师队伍建设:问题与路径［J］.教师，2019（26）：117-118.

［4］孙苗苗.互联网时代教育培训机构应急管理及政府监管的对策[J].社会科学家，2021（4）155-160.

［6］教育部办公厅.中国科学技术协会办公厅关于利用科普资源助推"双减"工作的通知（教基厅函[2021]45号）[EB/OL].http://www.moe.gov.cn/srcsite/A06/s7053/202112/t20211214_587188.html.

［7］文化和旅游部办公厅.教育部办公厅国家文物局办公室关于利用文化和旅游资源、文物资源提升青少年精神素养的通知（办公共发[2022]29号）[EB/OL].http://zwgk.mct.gov.cn/zfxxgkml/ggfw/202202/t20220221_931127.html.

［8］中共中央办公厅,国务院办公厅.关于进一步减轻义务教育阶段 学生作业负担和校外培训负担的意见（中办发[2021]40号）[EB/OL].http://www.gov.cn/xinwen/2021-07/24/content_5627132.htm.

［9］王烨捷．"双减"后的课后服务如何减负不减质[N].中国青年报,2022-03-05（1）.

浅析利用媒体企业的科技资源开展科学教育的新思路

——以湖南卫视《新闻大求真》为例

孙丹桐　崔浩[*]

（青岛市科技馆，青岛，266114）

摘要　在众多科普机构中，媒体企业拥有丰富的科教资源，如何恰当利用，并结合党的二十大报告中对于教育、科技、人才"三位一体"的统筹要求，将科学教育落到实处，是新形势下媒体企业的一大挑战。本文分析了科普栏目的发展历程，总结经验，并结合当下国家对于科学教育的政策助力，提出媒体企业的发展新思路。

关键词　媒体企业　科学教育　科普栏目　科技资源

"互联网+"时代，各种类型的新媒体平台层出不穷，人们可以随时随地通过任一新媒体平台接触到纷杂的知识，这是一把"双刃剑"，新媒体虽然有着传播速度快、影响范围广的优势，但是部分新媒体缺乏相关科学资源，并不具备科学严谨性，这也导致了一些错误的科普知识广泛流传。传统媒体与之相比有较为丰富的科学资源，也更具有权威性，也在持续推进与新媒体的融合。传统媒体具有新媒体所不具备的公信力和权威性，将这一特性运用到"双减"背景下的科学教育中，是其优势所在。因此，如何运用好这一优势，合理利用媒体所具备的科普资源，并结合各年龄段学生的发展水平，有针对性地开展科普栏目，是当前媒体企业的一大挑战。

1　科普节目的发展历程

科普节目近年来较受欢迎，科普节目的最早起源可以追溯到20世纪50年代，比如BBC曾播出的一档天体知识讲解类节目《午夜星空》。早期的科普节目更偏向于知识输出型，实验操作并解释其中的科学原理，并不具有娱乐性及综艺性，节目效果也较为一般。随后BBC整改节目架构，将节目进行细化，划分了更详细的领域。英国在这一时期先后制作播出了以化学理论为主题的节

---

* 孙丹桐，青岛市科技馆展教辅导员；崔浩，青岛市科技馆展教辅导员。

目《一切有关于化学》；以小科技发明为中心的《科技发明秀》；有关生物科学、大脑组织的《在你的梦中》[1]；以破除谣言为主题的《流言终结者》。

1998 年，机器人的研究在英国成为主潮流，BBC 发现可以结合这一热点，于是创办了一档以机器人为主题的《机器人大战》节目，开启了科普节目娱乐化的新纪元，同时也掀起了科学热。同年，我国也有一部极具代表性的科普节目《走近科学》，该节目将目光锁定于国内外的重大科学事件、科技成果、科技人物等，节目播出后也受到大众的一致好评，弥补了国内科普节目数量较少和偏远地区受众少的空白。

本文梳理了部分我国有代表性的科普节目（见表 1），结合它们的发展历程，发现很多科普节目在选题上会结合身边的科学现象或新闻热点进行宣传，并逐渐增加节目的耐看性和娱乐性。

表 1　中国科普节目发展历程

年份	节目名称	面向受众	节目内容	科普方向
1998	《走近科学》	青少年	主持人将故事与科学相融合，以此阐述科学原理，进行科普宣传	改革开放时期，宣传"科教兴国"，开展科普教育
2012	《新闻大求真》	青少年	节目组选取热点新闻话题，通过主持人、求实记者实验验证，并进行科普宣传	传统媒体受到新媒体的冲击，受众需求发生变化；科学传播概念的提出，强调科学与受众的双向互动
2017	《奇幻科学城》	青少年	每期邀请一位来自不同领域的权威大咖专家讲解，以及在"超级孩子王"的带领下，为电视机前的大小观众带来一堂生动有趣的科普公开课	以百科知识为基石，以培养孩子科学兴趣为宗旨，打造科学可以很酷、科学可以很好玩、科学可以很温暖的全新节目理念[2]

2　科普节目发展现状及存在问题

随着国际上"科学节目娱乐热潮"的掀起，越来越多的科教节目加入其中。如今虽然面临新媒体的冲击，但传统媒体播出的科教节目还是具有一定用户黏性。现阶段已有的科教节目水平参差不齐，说明科教节目的市场体制不够成熟，相关部门缺少明确的政策法规，没有标准化节目制作流程；其次，节目内容和节目形式过于单一，虽然现在有很多传统媒体平台在积极融合新媒体进行创新发展，但大部分节目仍缺乏创新创意点，不够有新意；最后，已有的科教节目制作程序烦琐，由于节目设置复杂，一期节目需要投入大量精力和员工，这就导致节目制作效率低下。现有的科普节目想要融合发展，就需要正视自身问题，不断进行节目优化。

现阶段，互联网的迅速发展使传统媒体每天都面临着新的挑战。传统媒体虽然在节目上不断迭代优化，但相比之下，在现今生活节奏快的时代，人们更愿意选择可利用碎片化时间浏览更多内容的新媒体。首先是因为新媒体不受时间、地区的限制，用户可以随时随地浏览相关信息；其次是因为新媒体输出内容形式较为直接，而传统媒体输出内容形式较为复杂；最后是因为受众本身科学素养较为薄弱，大多数人并不会选择主动观看、了解科普类电视节目，所以传统媒体在进行科普宣传时具有很大的局限性。

科普节目的发展虽然受到了一定程度的限制，但传统媒体在科普类节目上还是进行了优化，近年来在节目形式、节目内容、节目审美等层面进行了多重转型，重塑了科普类节目的发展格局。科普节目在制作理念、创作实践方面不断适应新传播环境下受众需求变化的表现，体现了传统媒体节目与受众之间的关系由被动灌输转换为主动汲取。

3 《新闻大求真》节目在媒体企业科学教育中所做的突破与创新

传统媒体的科普节目想要长久存活下去，不仅需要改变自身节目结构，还需要与新媒体融合发展。以湖南卫视播出的《新闻大求真》为例，2014 年的节目形式为主持人引入开场话题，记者再进行实操并进行科普。2017 年，由于受众需求的变化，节目组将常规的主持人开场转换为情境演绎开场，这样大大增强了节目的趣味性和科普性，同时也提高了用户黏性。2022 年融媒体时代来临，传统媒体尝试从更多角度进行科普宣传。节目形式再次升级，由情境演绎转换为由热点新闻引入话题，取消了常规的演播室主持模式，并采访专家，以这种方式提升了节目的专业度，同时也增强了节目的耐看性。

3.1 打破传统节目形式，不断进行更新迭代

如何让青少年在观看电视节目中学习科学知识非常重要。首先，该档节目在选题上选取了更贴近生活的热点新闻，结合生活将其中蕴含较为复杂的科普知识更简单、直观地传输给观众，如在 2023 年 7 月 5 日播出的《什么是"食脑虫"》就是在 2023 年 6 月发生的真实案例，贵州的苗女士曾带孩子去海边游玩，随后孩子高烧不断，确认感染食脑虫。该新闻迅速在互联网上发酵，引起了社会的广泛关注。很多家长提出疑问"以后还能带孩子去海边玩吗？""海边都会存在食脑虫吗？"节目组围绕食脑虫进行了详细的答疑解惑，除了介绍食脑虫如何侵蚀人类大脑之外，还邀请专家为观众通俗地解释了食脑虫是什么，以及如何避免感染食脑虫等问题。其次，在节目编排上设置了不同的环节并进

行融合，增强了节目的耐看性和专业度。该期节目除了常规的主持人讲解之外，还邀请了相关的专家围绕感染食脑虫后的病症进行了详细的阐述。节目最后也为大家科普了如何避免感染食脑虫，如游泳时带好鼻夹、避免游野泳等，让青少年及家长在观看电视节目的同时学习相关的科学知识。

《新闻大求真》节目组在节目编排上不断进行创新与优化。首先节目的选题更贴近热点新闻，接近生活，从我们身边出发为大家进行科普宣传和科普教育，通过选取大众身边的常见新闻进行科普教育，引起大众的好奇心，吸引受众的关注，从而将被动地传输科普知识转换为让受众更加主动地了解相关科普知识。其次是在阐述科学知识或科学原理时，通过制作动画将复杂的科学原理更直观地展现给大众，对比之前主持人枯燥地阐述科学原理，动画的形式更容易被大众接受和理解。最后是采访相关领域专家，全面进行科普宣传。相比以往的节目构成，增加了专家采访，不仅增强了节目的权威性，同时也为大众正确地进行了科普，避免了一些谣言传播的可能性。

《新闻大求真》节目创办 10 年来，累计播出 2000 多期，观众规模达 8 亿人次。《新闻大求真》节目组通过收视率对受众进行调研分析，发现该时段的"00 后"人群初高中生占比 42%，学龄前观众占比 28%，两者之和占 7 成，年龄大致为 4—16 岁。这一数据更好地说明了该节目在青少年中影响广泛，同时，该节目的成功也说明了现阶段我国对于科学教育的重视，大力提倡科学教育要从少儿抓起，引发少儿的兴趣，从而更好地进行科教宣传。

3.2 下乡宣传科学教育，逐步扩大科普效力

结合媒体资源进行科普教育辐射范围广，传播速度快，即使处于偏远地区也可以完成相应的科普教学。比如，湖南卫视将《新闻大求真》节目进行了优化，增加了《科学下乡记》板块。节目组将科学教育带到地处偏远的乡村，给乡下的孩子开展科学教育。10 年来，《科学下乡记》去往除台湾地区之外的中国所有省（自治区、直辖市）的偏远小学，行程超过 60 万公里，绕地球 15 圈。2013 年湖南卫视接到贵州省罗甸县皮桶小学的邀请，给山里的学生讲解大气压原理。即使天气寒冷也抵挡不住学生的学习热情，他们渴求知识，以及盼望走出大山的愿望，更是激发着他们学习的积极性。8 年后，当时一起和节目组做实验的李双月、杨胜华、陈江龙 3 位同学已经走出大山，分别考上了大连艺术学院、上海电机学院、黔南民族师范学院。[3] 2021 年 1 月，节目组邀请了这3 位同学和他们一起再次回到皮桶小学，给学生上科学课，为皮桶小学的学生带去了新的希望。节目组通过这样的形式带动乡村科学教育，也激励了更多还在山区生活的孩子，了解科学教育，走出大山。

节目组一次次下乡与山区学生深度接触，开展科学教育，也得到了很多村委会、市政府的支持。调研发现节目开展下乡公益科普活动不仅宣传了科学教育，同时也让越来越多生活在深山的留守儿童开始接触科学，了解科学，激发了学生对科学的好奇和热爱，他们当中甚至有一部分从此立志，长大后要为国家科学技术发展贡献自己的一份力量。

2023 年 5 月起，教育部等十八部委联合印发了《关于加强新时代中小学科学教育工作的意见》，全面部署新时代中小学科学教育。中小学逐渐加强对学生科学素养的培养，开展科学教育，联合专业场馆、专业机构开展研学活动，承办相关赛事等，培养学生的科学创新能力。学校加强学生的科学教育这一做法也得到了家长的大力支持和认可。家长表示从小培养孩子的科学意识，加强孩子的科学素养，对孩子的思维逻辑能力提升也有很大的帮助。同时在网络多元化发展的今天，可以挖掘孩子新的兴趣爱好，将孩子的注意力从网络游戏转移到科学教育上来。

4　媒体企业如何有效进行科学教育的新思考

科学教育是提升国家科技竞争力、培养创新人才的重要基础。面对全球新一轮科技革命加速演进浪潮和加快建设教育强国、科技强国、人才强国的目标要求，我国科学教育还存在诸多薄弱环节。2023 年 5 月，教育部等十八部门联合印发了《关于加强新时代中小学科学教育工作的意见》，全面部署新时代中小学科学教育，在教育"双减"中做好科学教育的加法。

基于现有的成熟的科教节目，媒体企业如何利用自身科学资源，摆脱已有的传统的节目形式进行科学教育成了新的难题。媒体企业要牢牢抓住自身的影响力和公信力，与商家、机构、学校或场馆进行深度合作，开展不同的科学教育活动，应聚焦如何利用企业生产线扩大科普宣传，更好地进行科学教育。

4.1　调整节目架构，线下联合企业生产

"互联网 +"时代，传统媒体受到新媒体多重冲击，应及时调整节目编排与策划，增加粉丝黏性，扩大节目影响。首先，节目组可在原有的节目编排下，多与商家企业合作，共同承办相应赛事，并利用自身生产线制作"科普包"。商家企业可以在科普包里放置一些科普小卡片等，并在赛事后、公益日进行发放。这样既可以充分利用企业的相关资源来开展科普教育活动，又联合了各大商家企业向公众宣传科普教育。其次，商家企业可以联合媒体、科学技术协会机构共同承办研学一日游体验活动，寓教于乐，让学生自己动手操作制作生产科普包，在这个过程中既有参与感，又加强了自身的科学素养。

其次，媒体企业可以利用自己手上的科技资源多和专业机构合作，加强节目的专业性。比如，前期可以和中国科学院合作，承办相关主题赛事活动，并设置不同的奖励机制。比如，获得优胜的学生可以与相关专业的专家面对面交流，从少儿时期引导孩子多多关注前沿科技，提升孩子自身的科学知识储备。后期可以举办不同主题的夏令营／冬令营，并与专业机构达成战略性合作，邀请学生去感兴趣的场所，如航天所、海洋所等进行特定路线参观，并邀请学生感兴趣领域的专家，参加专家的部分科研活动等。

4.2　结合网络发展，线上推广科学教育

科学素质是国民素质的重要组成部分，科学普及是实现创新发展的重要基础性工作。第十二次中国公民科学素质抽样调查结果显示，2022 年我国公民具备科学素质比例达 12.93%，比 2015 年的 6.2% 提高了 6.73 个百分点，为我国进入创新型国家行列提供了有力支撑。但也要看到，我国公民科学素质提高速度虽然较快，但与西方科技强国相比还有较大差距，还存在对科普工作重要性认识不到位、落实科学普及与科技创新同等重要的制度安排尚不完善等问题。这就需要我们以更高站位、更大力度、更实举措推进科学普及工作，完善社会化、专业化、信息化和国际化的现代化"大科普"新格局，以高水平科普助力全民科学素质提升，为世界科技强国建设提供有力支撑。

"互联网＋"时代的到来使短视频平台迅速发展。当今形势下，短视频逐渐成为人们日常生活的一部分。利用短视频进行科普宣传推广的好处众多，首先是传播快，可以依托互联网迅速发酵。其次是短视频影响效力较为广泛，使得越来越多的人了解科学，热爱科学。最后就是高效运用碎片化时间进行科普推广宣传。传统媒体更要通过融媒体扩大自己的科普力度和宣传力度。目前，借助新媒体平台可以从以下几个方向着手进行推广。

一是成立相应的新媒体账号，以短视频节目的形式进行科普宣传推广，主要受众为青少年及成年人。工作人员事先准备好相关道具，在场馆内进行科普讲解、科普表演等，通过后期剪辑制作、添加字幕、动画演示等制作成节目。这样可以将一些较为复杂的科学原理更加直观地展示给观众。二是可以制作相应的科普动画，主要面向少儿。由于年龄段不同，可以选取更容易引起少儿兴趣的动画片将实验内容演示出来，方便少儿理解其中的科学原理，做好儿童科普板块。三是通过短视频平台进行直播，定时开展"云公益科普课堂"活动。依托科技馆的自身资源，借助场馆的特定场地，定期开展不同主题的"云公益科普课堂"，通过互联网快播传播将自身优势最大化体现出来。四是加强场馆虚拟化建设，利用 VR 技术，通过新媒体平台"云游览"科技馆。

如果说科学事业是一座"金字塔"，那么科学教育就是塔基。只有塔基足够坚实，才能承载雄浑的塔身，托举起高高的塔尖。习近平总书记非常重视、关心中小学科学教育工作，2023 年 5 月 31 日，他在北京育英学校的重要讲话中指出，"科学实验课，是培养孩子们科学思维、探索未知兴趣和创新意识的有效方式"，明确要求"在教育'双减'中做好科学教育加法"。

利用企业资源开展科普教育，首先，可以通过多途径宣传科学教育。依托媒体资源，各大企业助力，开展不同主题赛事活动、研学活动，利用身边多种渠道出发普及科学知识；其次，还可以联合专业机构从多种维度进行科学教育。最后多途径、多维度地提升国民科学素养，实现全民科普。

参考文献

［1，2］一文解析科学类节目的发展沿革,科学类节目玩法原来这么多 [OL].搜狐网 .

［3］戴飞 .中国青少年科普节目的创新探析——以湖南卫视《新闻大求真》为例 [J].中国广播影视,2023（7）:70-2.

［4］唐禹 ."互联网＋"时代新媒体技术在科技馆科普教育中的应用 [J].中国新通信,2023,25（11）:70-2.

［5］段淼 .新媒体环境下科普场馆与学校合作开展科学教育路径 [J].百科知识,2020（24）:23-4.

园林植物青少年科普教育的探索与实践

胡　勇　胡志勇*

（汇绿园林建设发展有限公司，宁波，315813；
中国农业科学院油料作物研究所，武汉，430062）

摘　要　科普教育是实现创新发展的重要基础性工作，青少年的科学素养关系着国家的未来。本文探讨了利用园林植物开展科普教育的优势，即具有多样化的景观艺术形态、承载着极为繁盛的文化遗产、蕴含积极向上的思想和情操，以及作为人与自然和谐共生现代化的重要路径。总结了观察一棵树、四季自然游戏及采用新媒体形式进行园林植物科普的实践探索。最后阐述了沉浸式学习和自主探索式活动两个园林植物科普教育活动的创新方向，以期为今后的青少年科普教育创新提供思路和借鉴。

关键词　园林植物　青少年科普　科学素养　自然教育

科学素质是国民素质的重要组成部分。科学精神则是国民科学素质的核心，是推动科技进步和建设创新型国家的精神动力。科学技术作为第一生产力，为人类带来了巨大的物质财富，其中蕴含的精神价值、方法准则同样对人类文明进步起着举足轻重的作用。[1]

2016年5月30日，习近平总书记在全国"科技三会"上的重要讲话中强调，科技创新、科学普及是实现创新发展的两翼。因此，科普是提高全民科学素质和实现科教兴国的重要途径。青少年是祖国的未来和民族的希望，青少年的科学素养不仅代表一个国家的教育和科技水平，而且决定了国家未来的发展潜力和发展方向。对青少年开展科普教育，不仅可以激发他们学习科学知识的兴趣，帮助他们树立正确的科学观，更有助于培养他们的科学精神与创新能力，这既是时代发展的需要，也是实现素质教育的重要举措和培养创新型人才的重要方式。[2]

---

*　胡勇，汇绿园林建设发展有限公司园林科学研究中心总工程师，宁波市林业园艺学会自然教育分会理事，研究方向为自然教育；胡志勇，中国农业科学院油料作物研究所科技传播与产业发展中心副研究员，研究方向为农业科技传播与科普教育。

1 利用园林植物开展科普教育的优势

1.1 具有多样化的景观艺术形态

我国约有 30000 种植物，是世界上植物资源最为丰富的国家之一。种类极多的花卉植物及其他具有特殊形态或功能的植物，被广泛应用于各类园林造景艺术。

植物作为园林景观营造的主要素材，不仅种类繁多，而且形态各异。植物的叶、花和果实具有十分丰富的颜色和香气，往往被作为园林景观的核心来利用。此外，植物的形状也多种多样，既有高大的乔木，也有低矮的草坪和地被植物；既有挺拔直立的，也有弯折扭曲的，或者攀缘和匍匐的；树形也不尽相同，如圆锥形、伞形、卵圆形、圆球形等。景观设计师可通过丰富的植物资源来营造不同的景观艺术，如利用植物表现时序景观、形成空间变化或进行意境创作等。

1.2 承载着极为繁盛的文化遗产

我国拥有丰富的观赏植物资源，这些观赏植物历来就被广泛地融入了民众的文化和生活。据统计，《诗经》出现植物名称近 500 次，涉及 143 个品种。[3] 在中国的各类文学创作中，园林植物一直是一个重要题材，承载了极为丰富的文化遗产。

据统计，《全宋词》诸本所辑 21203 首中，咏植物的词有 2419 首，咏花卉植物的词有 2189 首，也就是说每 10 首宋词中至少有 1 首咏花之作。[4]康熙年间编成的《佩文斋咏物诗选》，全书 486 卷，其中植物类 140 卷，占了全书的 29%。植物类中近 100 卷是富于观赏价值的植物，其中 65 卷标明属于花卉植物。这进一步说明在我国文学作品中，描写园林植物，尤其是花卉植物的作品占有非常大的比重，园林植物是我国悠久文化历史的重要载体。[5]

1.3 蕴含积极向上的思想和情操

人们在对园林植物的审美过程中，经历了感时抒情、写形得神和比德写意 3 个阶段。比德是指透过花卉等园林植物形象来寄托人的道德品格和思想情操，在我国有着极为悠久的历史和深厚的思想传统。

在人们眼中，植物具有了人的情操，如孔子在《论语·子罕》中说"岁寒然后知松柏之后凋也"，以松、柏的耐寒性比德于君子的坚强品格。屈原以芳草比贤士，作《橘颂》"行比伯夷，置以为像"，钟会在《菊花赋》中称赞"菊有五美"，以比五德。陆游在《卜算子·咏梅》中，以"无意苦争春，一任群芳妒。零落成泥碾作尘，只有香如故"来赞赏梅花不畏强权、虚心奉献、高洁清雅的情操。周敦颐在《爱莲说》中，以"出淤泥而不染，濯清涟而不妖"来赞颂莲洁身自爱的高尚品质。此外，还有松竹梅被称"岁寒三友"、梅兰竹菊被称"四君子"等，不胜枚举。这些园林植物蕴含的积极向上的思想情操，是我们进行青少年科普教育的重要资源。

1.4 人与自然和谐共生是现代化的重要路径

人类与自然是相互依存、相互影响的关系。随着经济的发展，自然环境破坏问题日益严重。在此背景下，越来越多的有识之士呼吁人类要爱护自然、保护自然，于是自然教育悄然兴起。

自然教育是指在自然中体验和学习关于自然的事物、现象及过程的认知，目的是认识自然、了解自然和尊重自然，从而形成爱护自然、保护自然的意识形态。[6]自然教育是实现人与自然和谐共生的重要途径，而园林等城市绿地是公众接触自然最容易到达的地方，园林植物更是其他动物（包括鸟类、昆虫等）生存的基础。利用园林植物进行科普教育是自然教育的核心和起点。园林植物科普教育通过观察植物生长发育的变化过程，探索生命成长发育的奥秘，以及与植物相互依存、相互影响的其他生命和环境，可以启发人们与自然相伴、尊重生命的态度和对世间万物的敬畏感。

2 对青少年进行园林植物科普教育的重要性

2.1 激发青少年探索科学的兴趣

青少年心理发展的一个特点就是对新奇的具体事物感兴趣，科普教育非常符合青少年的发展特点，有助于激发他们热爱科学、探索科学的兴趣。[7]

园林植物资源丰富，以趣味性和多样性的植物科学文化知识为核心，结合风景优美的环境开展科普教育，有助于调动青少年参与科普教育的积极性，如植物园、公园湿地等都拥有很好的植物学、园艺学和生态学等科学内涵，是进行科学知识与方法、科普教育的良好场所。不同形式的园林植物科普教育符合青少年多样性、个性化的发展需求，有助于激发青少年的学习兴趣和探究知识的渴望，对科技创新人才的培养具有重要意义。

2.2 培养青少年的创新能力

青少年是国家的未来，青少年的科学素养决定着国家未来的发展潜力和方向，因此对青少年创新能力的培养与国家的前途命运息息相关。[8]科普教育作为科技教育的重要组成，不仅能激发青少年学习科学知识的兴趣，也能提高青少年的创新能力。[2]园林植物科普教育是指对植物科学知识、园林艺术文化和科学精神等进行社会普及性的教育，对园林植物进行科学探究可以充分培养青少年的独立思考和实践动手能力，促使青少年不断思考，发现并解决问题，对培养青少年创新能力和实践动手能力，具有极其重要的作用。

2.3 树立青少年的高尚情操

青少年正值世界观、人生观和价值观逐渐形成的时期，在进行科普教育的同时，加强思想道德教育，有利于培养青少年积极向上的道德品质和高尚情操。

中国传统园林艺术源远流长，园林景观承载了丰富的传统精神文化。中国古典园林强调"园林景观的文学化、心灵化"，通过意境的营造，将自然景物的特征比德于人们的道德情操。园林植物作为重要的景观素材，在长期的发展过程中积淀了丰富的精神文化内涵，成为中华美德的物质载体，承载了丰富的情感及情操。将中国园林植物承载的"美好的品格、高洁的情操"等文化信息，通过古诗词解读、景观案例展示等方式融入青少年科普教育中，在普及园林植物科学知识的同时，培养青少年的文化认同和文化自信，进而引导树立良好的精神风貌和高尚情操。

3 利用园林植物开展科普教育的实践探索

3.1 观察一棵树

园林植物科普教育比较容易开展，城市里有各种类型的植物园、公园、湿地和绿地，农村有丰富的山林、湿地或绿化区等，总之，各种园林植物围绕在我们身边。对园林植物的认识可以从观察一棵树开始。

园林植物通常具有丰富的文化积淀，且不说雍容华贵的牡丹、典雅高贵的幽兰、凌寒傲霜的菊花，就是日常随处可见的樟树，也时常出现在各类诗词文章中，如白居易的"豫樟生深山，七年而后知"、李白的"挥手杭越间，樟亭望潮还"和韩愈的"桑变忽芜蔓，樟裁浪登丁"等，此外还有宋代舒岳祥的《樟树》、孔武仲的《至樟树店寄徐安道》、苏洞的《安隐寺诗》等。

我们以普通的樟树为例，开展观察一棵树青少年科普教育实践活动的策划见表1，根据不同的季节，有针对性地观察对应月份里樟树的生长发育特征，如3—4月春季里重点观察苞芽吐绿和樟树花等。在环节设计上，首先讲解文化历史和知识点，然后进行观察示范和指导观察，最后查看和点评青少年的观察笔记并组织交流。

表1 观察一棵树青少年科普教育实践活动（以樟树为例）

月份	观察内容	环节	青少年
1—2	1. 观察树皮、树痕、树枝、冬芽等 2. 观察分枝方式、芽鳞痕、树枝的年龄	1. 老师讲解樟树的文化、历史、古诗词及将要观察的知识点 2. 进行观察示范 3. 指导观察过程 4. 查看观察笔记 5. 交流与点评	1. 听课，说说所知道的樟树诗词、故事等 2. 进行观察前的准备工作 3. 按要求进行仔细观察 4. 记录观察笔记 5. 交流心得与体会
3—4	1. 观察樟树的落叶和新叶交替 2. 观察冬芽的苞芽吐绿 3. 观察樟树花		
5—6	1. 观察樟树果实的发育 2. 观察樟树上的鸟类育雏等		
7—8	1. 观察樟树上的昆虫，如樟凤蝶、樟巢螟、龟甲、瓢虫、叶蝉、樟叶蜂等 2. 观察樟树上的其他寄生、附生植物		
9—10	1. 观察樟树的第二次新芽萌发 2. 观察香樟果实的成熟		
11—12	1. 观察樟树冬芽的孕育 2. 观察樟树果实的构造，了解樟树精油		

3.2 四季自然游戏

游戏对青少年具有天然的吸引力，以园林植物为主题设计的四季自然游戏，将园林植物科学知识融入游戏中传授给青少年同学，既提升了科普教育的趣味性，又在游戏互动中培养了他们的创新能力和实践动手能力。

我们根据园林植物特征及四季气候特点，设计和整理了80多种四季或春、夏、秋、冬季自然游戏，主要分为手工制作类、互动游戏类和创意及其他类（见表2）。[10] 经典的手工制作类游戏有植物书签、竹节人、柳哨和叶哨、圣诞花环等，广受欢迎的互动游戏有挑木棍、树枝投壶、悬浮的豆、弹杏核、橡子陀螺等，新颖独特的创意游戏有树叶认亲、无字天书、画框自然摄影、神奇的丝网、植物盲盒等。

表2 园林植物类四季自然游戏

类型	手工制作类	互动游戏类	创意及其他类
四季游戏	植物印章、树叶小船、竹蜻蜓、树枝小人、植物书签、竹节人、树叶面具、自然权杖、做鸟窝、竹筒拨浪鼓、竹筒高跷	挑木棍、林中小窝、小松鼠找坚果、树枝投壶、站立的树枝、大树保卫战、自然演奏会	影子画、松针变变变、树叶认亲、独一无二的树、枸骨叶风车、镜中物、无字天书、树木出汗、倾听树的声音、收集雨水、画框自然摄影

类型	手工制作类	互动游戏类	创意及其他类
春季游戏	柳哨和叶哨、珍藏一朵花、有趣的豆子朋友、花朵项链、自然胸章、络石花风车	鸡蛋草木染、植物敲拓染、悬浮的豆、含羞草收队、解剖一朵花	厨房里的小农场、泡桐花兔子、水的变色魔术、多彩的樟树叶
夏季游戏	紫茉莉耳环和小喇叭、马唐草魔法棒、复叶槭小花、编蝈蝈笼子、荔枝灯笼、杏核哨子	节节草拼插、"捕虫"机关、水莎草的"预测"、叶丛寻虫痕	神奇的丝网、百变狗尾草、咬红姑娘
秋季游戏	秋果小松鼠、百变银杏叶、做眼镜、风车转起来、设计鹅掌楸服装等	树叶飘带、趣拉橘子、枫香树调色板、秋果游戏、吹野黍种子、拔老将、接落叶	让翅果飞一会儿、串联枫香果
冬季游戏	松果圣诞树、圣诞花环、松果麋鹿、自然冰饰、香椿果小鸟	弹杏核、果实对对碰、橡子陀螺	壳斗科植物的帽子店、植物盲盒、寻找冬天里的芽

3.3 新媒体形式园林植物科普

观察一棵树、四季自然游戏等青少年科普教育活动自推出以来,受到了众多青少年朋友的热烈参与和好评,然而线下活动毕竟受众面小,传播效应有限。

互联网和新媒体技术的迅速发展,为科普宣传提供了强大的技术支持。为了更好地传播园林文化,分享观察一棵树、四季自然游戏等活动的心得体会,我们积极探索了多渠道、多途径的线上宣传和分享活动,如依托壹木自然读书会进行了近300期的线上分享活动,产生了良好的社会反响。在此基础上,我们编写出版了《四季自然游戏》科普书籍,整理分享了诗集《一群人观察一棵树》等,进一步深化拓展了园林植物科普教育的影响。

4 园林植物科普教育活动创新方向

4.1 沉浸式学习

沉浸理论来源于美国著名心理学家米哈里·契克森米哈,该理论发现,人们从事自己热爱的活动时,都会很专注和投入,时间感消失,不会受到其他事物干扰,并完全沉浸于活动中,从而能够达到最满意的效果。[11, 12]

"双减"政策推行之后,学生拥有了更多的课余时间,从而使多元化的教育成为可能。植物园、博物馆等可以利用便利的场馆资源,开展丰富多样的园林植物教育实践活动。沉浸式学习是指以学习者为中心,通过巧妙参观与课程设计辅以沉浸技术,使得参观者能够进入沉浸状态,从而达到沉浸体验。在这样一种学习方式下,使"玩中学"与"学中做"相得益彰,"动手实操"与"沉浸体验"融为一体,往往能够使学习者达到更好的学习体验,获得满意的学习效果。

4.2 自主探索式活动

在知识信息更迭速度不断加快的今天,获取科学知识固然重要,但更重要的是掌握如何获取知识的能力。有调研分析发现,当下的教育偏重传递经验性认识或直接灌输知识结果,缺少激发"探索求知"的欲望,缺乏培养构建和验证理论的能力。[13]

在科普教育活动实践中,我们也发现大多数青少年在互动、学习科学知识环节表现得非常积极,但在需要发挥想象力、创造力的环节,思维不够活跃,想法几近枯竭。为更好地激发青少年的学习兴趣,引导青少年探索科学的精神,培养青少年创新能力,园林植物科普教育应重视开发更多自主探索式项目,如设计园林植物研学式项目,可以全方位提升青少年的科学素养,激发青少年探索未来的兴趣,锻炼青少年主动思考及解决实际问题的能力。

5 结语

《中华人民共和国科学技术普及法》指出,科普是全社会的共同任务,国家机关、武装力量、社会团体、企事业单位、农村基层组织及其他组织都应当开展科普工作。随着我国新时代中国特色生态文明建设的不断推进,城市公园、湿地及绿地等的建设和保护取得显著成效。当前形势下,应广泛利用社会各界力量和资源,积极探索科学性、知识性、趣味性强的园林植物科普内容,开展更多有内涵、有乐趣、有意义的科普教育活动,促进科普事业可持续发展,推动园林文化繁荣兴盛,助力科技文化强国建设。

参考文献

[1] 孔玉芳,王章豹.科学精神的时代内涵及其弘扬与普及[J].技术与创新管理,2009,30(2):150-153.

[2,9] 杨皓,方宇,郑凌莺,等.青少年科普教育对创新能力培养的重要性[J].科技视界,2021(34):41-42.

[3] 胡相峰,华栋.《诗经》与植物[J].江苏师范大学学报(哲学社会科学版),1985,11(2):63-66,39.

[4] 许伯卿.宋词题材研究[M].北京:中华书局,2007.

[5] 程杰.论中国花卉文化的繁荣状况、发展进程、历史背景和民族特色[J].阅江学刊,2014,6(1):111-128.

[6] 闫淑君,曹辉.城市公园的自然教育功能及其实现途径[J].中国园林,2018,34(5):48-51.

［7］张新宁 . 构筑科技活动大平台 培养青少年创新能力 [J]. 科学之友：学术版，2006（7）：64-65.

［8］杨皓，方宇，张继民，等 . 高校科普教育基地对青少年创新能力提升的作用 [J]. 科教导刊，2023（12）：22-24.

［10］林捷 . 四季自然游戏 [M]. 长沙：湖南科学技术出版社，2023.

［11］周碧蕾，邓铠晴，李玮，等 .“双减”背景下博物馆沉浸式体验学习实效性研究 [J]. 科学教育与博物馆，2023，9（3）：3-10.

［12］王思怡 . 沉浸在博物馆观众体验中的运用及认知效果探析 [J]. 博物院，2018（4）：121-129.

［13］陈大宇 .“双减”背景下科普场馆科教活动的创新探索 [J]. 天津科技，2023，50（6）：79-82.

科普基地科学教育活动的设计与开发

——以"传承中医文化 探秘情绪科学"科学教育活动设计为例

张添铭　张志红　李　雪[*]

（天津市医药科学研究所，天津，300131）

摘　要　为落实"双减"政策，切实提升青少年科学素质与健康素养，实施馆校合作行动已成为向儿童青少年普及科学知识、传播科学思想及弘扬科学精神的重要途径。天津市医药科学研究所青少年性与生殖健康科普基地充分利用单位优势资源，认真贯彻国家的政策文件，不断开发优质的科学教育资源，与学校合作开展科学教育活动。本文基于 ADDIE 模型，以"传承中医文化 探秘情绪科学"为例，依据分析、设计、开发、实施和评价 5 个阶段，对此馆校结合资源进行设计与开发的分析，为更好地开展馆校结合科学教育活动提供新的思路。

关键词　科普基地　中医药文化　情绪　科学教育活动　ADDIE 模型

2021 年，国务院先后印发《关于进一步减轻义务教育阶段学生作业负担和校外培训负担的意见》《全民科学素质行动规划纲要（2021—2035 年）》，明确指出"实施馆校合作行动，引导中小学充分利用科普教育基地等科普场所广泛开展各类学习实践活动，组织科研机构等开发开放优质科学教育活动和资源，鼓励医疗卫生人员等科技工作者走进校园，开展科学教育和生理卫生、自我保护等安全健康教育活动"[1]。教育部等十八部门于 2023 年 5 月联合发布《关于加强新时代中小学科学教育工作的意见》，不仅要求改进学校教学与服务，还要求用好社会大课堂，鼓励高校和科研院所主动对接中小学，引领科学教育发展[2]。由此可见，实现馆校合作、开展科学教育不仅需要学校和科技场馆，也需要科研单位与科普基地等社会大课堂的携手参与。

---

* 张添铭，天津市医药科学研究所（青少年性与生殖健康科普基地）馆员，研究方向为科学传播、青少年心理健康教育；张志红，天津市医药科学研究所（青少年性与生殖健康科普基地）主任，正高级统计师，研究方向为流行病学研究；李雪，天津市医药科学研究所助理研究员，研究方向为卫生事业管理。天津市医药科学研究所（中医制剂研究室）的张萍、傅予、陈冠、刘庆焕对本文亦有贡献，在此一并致谢。

天津市医药科学研究所（天津市医药与健康研究中心）不仅是一家医药健康类科研单位，而且拥有天津市唯一一家青少年性与生殖健康科普基地。近年来，单位深入落实国家出台的多部政策文件，积极发挥社会组织力量，结合自身的专业优势与特色，不断开发科学教育资源，主动对接中小学开展相关科教活动。科教活动的顺利开展离不开活动设计与开发，ADDIE 模型作为教学设计规范框架之一，能够为活动开发人员提供活动设计思路，指导标准化地开展活动，促进有效开展馆校结合科学教育活动[3]。因此，本文在 ADDIE 模型的指导下，以"传承中医文化 探秘情绪科学"为例，探讨科普基地科学教育活动的开发与设计策略，为社会力量开展科学教育提供参考。

1 ADDIE 模型的概述

ADDIE 模型早在 1975 年由美国佛罗里达州立大学的教育中心提出，后来发展为一套系统的教学设计模型和课程开发模型，许多教学设计人员和培训开发人员都使用这个框架进行课程设计与开发。ADDIE 模型包括学什么（学习目标的制定）、如何去学（学习策略的应用）、如何去判断学习者已达到学习效果（学习考评实施）3 部分内容。ADDIE 模型包括分析（Analysis）、设计（Design）、开发（Development）、实施（Implementation）、评价（Evaluation）5 个阶段[3]，它们之间紧密联系，环环相扣，相互制约，共同保证课程与活动的顺利进行。

2 ADDIE 模型指导科学教育活动设计的优势与意义

ADDIE 模型在进行科学教育活动设计时具有如下优势：第一，将上述活动设计的 5 个阶段整合在一起，使活动设计具有流畅性，保证活动开展过程具有系统性与科学性，避免片面性；第二，根据活动对象的需求与特点开发设计的活动方案，能够更好地满足受众的个性化需求，避免活动的无目的性，盲目地为了活动而活动；第三，活动后进行及时有效的评价，不断地改进和完善教学内容，以保障开展活动的质量与效果；第四，通过向课程使用者呈现活动设计流程，教师可根据流程进行实际操作，同时，可根据自己的需求调整和更改活动环节。总之，ADDIE 模型能够作为科学教育活动的开发与设计的指导思想，可保证活动方案的良性构建与不断优化。

"传承中医文化 探秘情绪科学"是以 ADDIE 模型为指导开发的中医药传统文化与心理科学教育活动，在传播中医药传统文化的同时，为青少年的情绪调节带来新的方法，也为同类科学教育活动的开发与设计提供参考。

3 基于 ADDIE 模型的科学教育活动设计分析

3.1 分析阶段

分析阶段是 ADDIE 模型的基础，影响着整个活动能否顺利进行，以及发展方向。此阶段主要就活动对象、活动环境和活动内容 3 部分进行分析。

3.1.1 活动对象分析

本次活动对象为小学三年级学生，以学生的思维方式、心理特征进行分析。小学阶段的思维还处于形象思维阶段，以机械识记为主，易混淆相似的事物，学生很难理解抽象的语言描述，所以开展科学教育活动时需要借助生动的描述和形象的教具向学生传递科学知识。同时，学生好奇心强且爱动，需要通过动手操作实践进行活动，在培养动手能力的同时，缓解学生课堂上的学习压力。三年级的学生正进入青春期早期，情绪稳定性差，易紧张、冲动，由于生活经验不足，自我调节能力比较差，心情的好坏易溢于言表，常为一点小事面红耳赤。因此，家长和教师需要引导学生学会调节情绪，分析活动对象的特点，为活动的设计与开发奠定基础，保证活动效果。

3.1.2 活动内容分析

科研机构设计的科学教育活动在发挥自身专业优势的同时，要避免活动内容晦涩难懂，讲解过于专业、艰深。分析活动对象特点后确定本次活动内容，利用我国中医药传统文化，与学生一起探讨情绪的奥秘，涉及情绪与中医药的关系，以及中医芳香疗法调控情绪的原理等内容。这些活动内容不仅要符合活动对象的认知与能力特点，也要结合教学大纲等理论，使学生将理论知识与实际相结合，培养运用知识解决实际问题的能力，具有实际意义与价值。

3.1.3 活动环境分析

本次活动的环境为具备常规的教学资源的学校教室，这是学生较为熟悉的学习活动的场所。教室内的移动终端、智能学习技术、环境、资源能够保证此次活动的顺利开展。本次活动环境以小组为单位，有助于培养学生的合作能力及探究性学习，促进学生的合作交流，共同进步。我单位作为医药健康类科研机构，为本次活动提供了专业的师资团队和活动材料，学生能够在教师的带领下，与同学一起辨识真实的中草药，了解每种中药的作用与特点。

3.2 设计阶段

分析活动对象、活动内容、活动环境后进入活动设计阶段，主要包括活动目标、主题、内容、流程计划等，为下一步活动的开发阶段奠定基础。

3.2.1 明确活动目标与活动主题

馆校结合下的科学教育活动基本上以单次主题活动为主，馆校双方在每次活动开展之前结合需求分析结果，确定本次活动的主题与目标，活动开发人员围绕本次活动的主题和目标设计活动的具体方案，结合学校特有的中医药百草园特色和我单位的专业优势，将本次活动主题确定为"传承中医文化 探秘情绪科学"。

"传承中医文化 探秘情绪科学"主题活动以传统的中医药文化为切入点，引导学生了解中医药传统文化与情绪的关系，认识芳香类中药材，同时通过制作情绪香囊激发学生的参与兴趣，提高动手能力，更深入地理解中医芳香疗法对情绪的调节作用，深刻感受中医药的文化特色与功效价值，增强民族自信、文化自信。

3.2.2 设计活动内容

《中小学心理健康教育指导纲要（2012年修订）》明确指出：情绪调适是小学中年级心理健康教育的主要内容，引导学生在学习生活中感受解决困难的快乐，学会体验情绪并表达自己的情绪。[4]情绪觉察是情绪调适的重要基础和先决条件，它指的是识别和描述自己和他人情绪的能力。[5]为了引导学生学会识别、描述、体验与表达情绪，本次活动第一环节设定为看电影·识情绪，在"看电影"与"你演我猜"等活动中识别与体验不同的情绪。

中医芳香疗法立足于我国传统医学整体观，以传统中医学和中药学为理论基础，根据疾病特点，运用具有芳香气味的中药材，采用适当的方法制成不同的剂型，如香熏、香囊、香脂、精油等，通过燃烧、佩戴、涂抹或服用，经由鼻腔、口腔及皮肤将药物渗透体内，起到调和阴阳、畅达气机、调节情绪的作用，从而防治某些疾病。[6]为了帮助学生真实感知中医芳香疗法对情绪的作用及二者的关系，将活动环节设置为"闻中药·品情绪"，在带领学生感受中药材的气味等特性时，讲解中医芳香疗法与情绪的关系等科学小知识。

香囊具有悠久的历史，是越千年而余绪未泯的汉族传统文化的遗存和再生，也是中医芳香疗法剂型之一。同时，绘画疗法是心理艺术治疗的方法之一，让绘画者通过绘画的创作过程，利用非言语工具，将潜意识内压抑的感情与冲突呈现出来，并且在绘画的过程中获得情绪的表达，也可以满足"欣赏自己"的心理需求。为引导学生对中华优秀传统文化的认同，将第三个环节设定为"制香囊·绘情绪"，带领学生以小视频的方式了解香囊的历史文化，并由小组老师带领学生一起制作情绪香囊，引导学生用彩笔将香囊画成自己想要的样子，并为香囊取名，写上对自己的祝福用语。

3.2.3 设计活动流程

本次活动共分为看电影·识情绪、闻中药·品情绪、制香囊·绘情绪三大环节，具体的活动流程设计如图1所示。

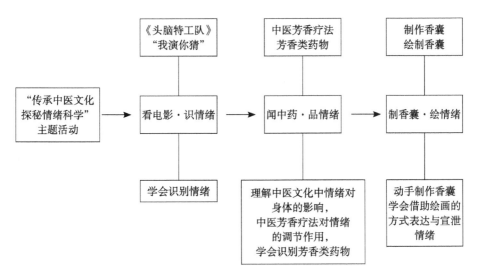

图1 "传承中医文化 探秘情绪科学"主题活动流程设计图

3.3 开发阶段

设计活动内容及流程等要素后的开发阶段重点在于开发创建与活动有关的辅助材料，如活动学习单、活动知识单、教学辅助材料等。活动材料开发之后，设计人员进行预测试，项目组根据反馈进行修订。

3.3.1 素材搜集整理

围绕上述活动内容与活动目标收集活动素材，活动素材包括文本资料、视频、音频等各种活动资源，将收集到的活动素材进一步加工、使用。本次活动使用的相关素材如下：

第一，截取《头脑特工队》的电影片段——利用卡通形象引出不同情绪的存在价值。

第二，中医七情过度致病歌谣／图片——探究情绪与身体疾病的关系。

第三，香囊、玫瑰花、薄荷等短视频——介绍香囊的历史、玫瑰花及薄荷的特性。

3.3.2 资源加工制作

本次活动制作的资源包括教案、PPT课件、短视频、游戏道具、中药材等，教案和PPT课件制作借助WPS软件进行，制作课件秉持生动形象、图文并茂、条理清晰、重点突出的原则。对于收集到的短视频使用视频剪辑王等软件进行剪辑加工，符合校方要求后方可使用。

3.3.3 准备活动材料

"传承中医文化 探秘情绪科学"活动中需要准备的环节包括"你演我猜""识中药""制香囊"和"绘情绪"。"你演我猜"环节使用的道具需要提前准备好盲盒，让学生在体验中识别不同的情绪。在团队专业老师的带领下，选取适合小学生使用的中药材，包括玫瑰花、冰片、川芎、木香、苍术、薄荷，以上这些中药材具有芳香开窍、芳香化郁、芳香安神的功效。"制香囊"和"绘情绪"的活动环节需准备容易上色材质的香囊。

3.4 实施阶段

实施阶段是 ADDIE 模型的核心阶段，在于活动项目的实施程序。正式实施之前，将设计好的活动发给教师和团队成员，这样能够让彼此了解活动安排及流程，在活动实施的过程中共同配合，灵活应对突发事件。活动实施的过程中，教师要记录学生参与本次活动的真实状态，为评估阶段做准备工作。

此次活动以"传承中医文化 探秘情绪科学"为主题，经过分析、设计、开发 3 个阶段形成活动方案。围绕情绪是什么—中医对情绪的解读—中医芳香疗法调节情绪进行逐步探究，开展中医药传统文化与情绪的深度学习，以动手制作香囊的方法提高学生的动手能力，并且真正感受传统中医药文化，在这一过程中促进学生科学素质和综合能力的发展。活动实施步骤包括看电影·识情绪、闻中药·品情绪、制香囊·绘情绪 3 部分，具体的实施过程如图 2 所示。

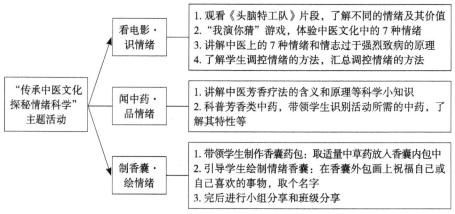

图 2 "传承中医文化 探秘情绪科学"主题活动实施流程图

3.5 评价阶段

评价阶段是 ADDIE 模型的最后阶段，包括形成性评估和终结性评估，形成性评估是在实施 ADDIE 模型的每个环节进行监督，而终结性评估通常是在活动流程全部实施后进行评估，可以对整个活动效果进行检验。借助学生自评、教师评价、社会反馈、小组互评等方式，可以反馈学生的参与情况和体验效果，促进教师不断调整活动设计，以提高活动效果。

"传承中医文化 探秘情绪科学"主题活动的评估方式包括学生自己动手

制作"中药情绪香囊",在制作的过程中,教师可了解学生的学习效果,对于学生掌握不足之处,进行一对一辅导。活动即将结束之时,教师对学生进行采访,了解学生本次活动的感受与收获。除此之外,教师对学校听课教师进行访谈,了解他们对学生参与本次活动的感受等。这些评估方式在一定程度上可了解学生对此次活动的参与度与接受度,有助于活动开发设计人员的反思与改进活动方案,提升学生参与活动的体验感。

4 结语

在立德树人、五育并举的教育背景下,如何将科普基地等社会资源与学校的学科课程有效结合,助力儿童青少年的身心健康成长和提升科学素质需要大力探究。本次活动以"传承中医文化 探秘情绪科学"为例,展示了以 ADDIE 模型为基础设计的活动方案,通过分析、设计、开发、实施、评价 5 个阶段开展活动,既有对整个活动的终结性评价,也有对每个活动过程的评价。基于 ADDIE 模型开发设计的科学教育课程更具有目标性和可操作性,有助于活动的有效实施与开展,同时使活动更具完整性。

此次科学教育活动基于 ADDIE 模型设计而成,着眼于将我国传统的中医药文化与心理健康相融合,从中医药的角度进一步拓展了学生的心理健康知识。通过动手制作香囊,同学们沉浸在自己的世界里,释放负面情绪,聆听内心的声音。这样不仅提高了学生的健康素养,也帮助学生感受到中医药的文化特色与功效价值,促使学生自觉成为一名阳光健康的新时代少年和弘扬中华优秀传统文化的使者。

参考文献

[1] 中华人民共和国国务院 . 全民科学素质行动规划纲要(2021—2035 年)[EB/OL].2021-6-3.

[2] 中华人民共和国教育部等十八部委 . 关于加强新时代中小学科学教育工作的意见 [EB/OL].2023-5-17.

[3] 尹玉洁 . 基于 ADDIE 模型的馆校结合科学教育活动的设计与开发——以"博物馆奇妙夜"活动为例 [C]. // 中国科普研究所 . 科技场馆科学教育活动设计——第十一届馆校结合科学教育论坛论文集 . 科学普及出版社,2019:271-276.

[4] 中华人民共和国 . 中小学心理健康教育指导纲要(2012 年修订)[EB/OL].2012.

[5] 林杏雯 . 情绪大侦探——小学中年级情绪辅导课例 [J]. 中小学心理健康教育,2019(24):36-38.

[6] 杨梅,晁利芹,王智丹 . 中医芳香疗法之益智助眠的临床应用 [J]. 光明中医,2022,37(3):502-504.

[7] 徐伟曼 . 新生适应性心理辅导案例探究 [J]. 智库时代,2019(4):72+79.

学校科学课程中社会资源开发与利用的策略分析

黄　真*

（北京师范大学未来教育学院，珠海高新区金凤小学，珠海，519000）

摘　要　开发与利用社会资源是科学课程资源使用的重要举措，有利于优化科学课程的实施，提高学生科学学习效果。学校科学课程在社会资源的开发与利用中存在课程目标涣散、课程内容失联、主体参与缺失和课后评价脱节的问题。研究者从课程资源管理的角度，提出了社会资源的开发与利用应遵循目标导向、须把握好适度及效度和须可持续3个原则，并根据社会资源在科学课程中出现的时间顺序和权重提出了"导入式""主导式"和"拼图式"3种社会资源开发与利用的策略，以期为科学教育工作者利用社会资源增益学校科学教育提供参考。

关键词　社会资源　科学教育加法　小学科学　"双减"

课程资源是指有助于教学活动的各种资源。《义务教育科学课程标准（2022年版》中提出对课程资源开发与利用的建议："发挥各类科技馆、博物馆、天文馆等科普场馆和高等院校、科研院所、科技园、高新技术企业等机构的作用，把校外学习与校内学习结合起来，因地制宜设立科学教育基地，补充校内资源的不足。"[1]其中，社会资源已被纳为科学课程资源，成为课程的一部分。2023年5月，教育部等十八部门联合发布《关于加强新时代中小学科学教育工作的意见》，文件中指出"用好社会大课堂"，可见社会中的科普资源已被列为加强新时代中小学科学教育的重要举措之一。

1　学校科学课程中开发与利用社会资源的现状

被纳为学校课程资源的社会资源有两大类：科普场馆和单位机构。科普场馆包括科技馆、博物馆、天文馆等，单位机构包括高等院校、科研院所、科技园、高新技术企业等。现有的研究与实践以场馆教育、馆校合作、研学形式呈现社会资源在学校科学教育中的使用。

一方面，社会资源绝对量稀缺、分布不均衡及长期被忽视、限制等问题，导致社会资源在现实课程实施中很少作为课程资源的主要形式。[2]另一方面，从课程结构的角度探析，作为学校科学课程的资源补充，现有的社会资源在开发与利用中

---

*　黄真，北京师范大学教育博士生，珠海高新区金凤小学教研主任、科学教师、珠海市优秀教师。

存在课程目标涣散、课程内容失联、主体参与缺失、课后评价脱节 4 个问题。

（1）课程目标涣散。课程目标统领课程的其他要素。很多学校利用社会资源时，未能厘清科学课程与社会资源之间的关系，导致课程的功能性缺失。在社会资源开发与利用时，出现前期规划目标不明确、资源利用目标与课程目标及学校办学目标不匹配等问题。其次，社会资源的开放性，导致科学课程管理者在课程资源利用时易倾斜于社会资源本身的目标，而忽略了科学课程作为主体的目标主导性。

（2）课程内容失联。课程用其系统、结构化的方式组织着教育内容与教育资源。场馆、单位机构与学校在课程内容上存在失联状况，导致双方失去了寻求共同目的的标准，双方的话语难以达成共识。其次，因为课程内容的失联使得学校与社会资源合作的主题难以抉择，无法确立合作的基础点。再者，课程作为育人的核心载体，课程内容的失联使得馆校合作有名无实，缺失育人内核的探讨机会。

（3）主体参与缺失。社会资源在利用中作为一种非正式教育形式，以其持有的资源将学习者置身于场域中通过参观引发其经验改造。[3]学习不是纯粹的认知，而是一种身体参与的活动。现有大多数社会资源的利用缺少学生的深度参与，导致学生不管是身体上还是思维上，都与场域独特的教育资源缺少互动。大批学生常被流水线式地安排参观，参观过程嘈杂、拥挤、仓促、草率，走马观花、浅尝辄止，难以深入参与。[4]

（4）课后评价脱节。课后学生对课程内容理解的考查、对社会资源利用体验的反馈有助于优化课程的设计与实施。但是在现实中，教师和学生从场馆或机构回到学校后，教师对社会资源利用的后续教育经常戛然而止，学校对社会资源的利用变成粗浅的外出学习，后续教育意义供给不足。课程评价的脱节反映出课程实施者对社会资源在科学课程中的定位和功能认识不足，进而会影响其对社会资源融入、深化课程的主观意向。

2 学科科学课程中开发与利用社会资源的原则

社会资源作为课程的重要一部分，在开发与利用时需要注意以下几个原则。

2.1 社会资源的开发与利用遵循目标导向

社会资源作为课程资源，应该成为保证课程目标实现和课程实施顺利进行的基础。各类场馆和机构以其得天独厚的教育资源让学习者能够沉浸其中，通过物化环境达到隐性的环境教育，通过摆件、设备、人员等直接与学生进行身临其境的交流。场馆教育与学校教育之间的天然差异，大部分教师认为，只要将学生放置于该情境中，学习就能够自然发生。由此，学生"去了就是拍拍照，听听讲课"的"旅客"身份在全国各地场馆中比比皆是。目标涣散，加之组织管理困难，场馆资源一直在学校教育中处于边缘化位置。

不是所有的社会资源都适合去开发与利用。若没有前期课程规划，社会资源的利用易滑入常见的"课程失联""主体参与缺失"境地，社会资源便成了课程中可有可无的存在。社会资源的利用必然涉及课程管理，如若社会资源的利用效果远低于课程管理的付出，社会资源的利用将会逐渐被遗弃。反之，社会资源利用的适切性取决于是否高效服务于课程目标的达成。因此，设计课程时，需要依据课程标准，推敲社会资源的利用补充或增益哪一部分的目标。

2.2　社会资源的开发与利用须把握好适度和效度

学校要有课程资源意识，让身边的社会资源成为学校教育教学的重要素材。课程研发过程中，要立足地域特色，依托国家课程，聚焦特色办学，寻找当地、周边适合的资源。首先，要熟悉科学课程标准，明确课程标准中13核心概念内容；其次，要了解地方社会资源的可获得性。然后，坚持"少而精"的原则建立课程目标与社会资源的关联，每学年开发或利用2—3次社会资源，以金凤小学为例，可利用的社会资源如下（见图1）。

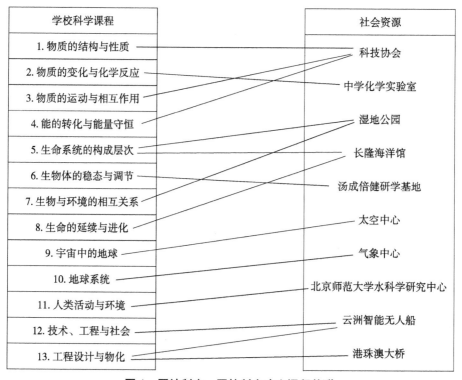

图1　因地制宜、因校制宜建立课程关联

课程关联中，可以请当地的科技协会给低年级学生开展科学魔术、科普剧等科普活动，带中年级学生到气象中心探索天气的奥秘，组织高年级学生在湿地公园研究生态多样性、到港珠澳大桥探秘世纪工程的伟大所在等。

2.3 社会资源的开发与利用须可持续

社会资源持续性的开发与利用需要学校与资源方在合作上达成共识，在实施上促进双赢。[5]早在 2010 年，《国家中长期教育改革和发展规划纲要》强调和鼓励学校"充分利用社会教育资源，开展各种课外及校外活动"，充分利用各种资源服务教育目的、丰富教育内容、开拓教育方法，已成为学校办学的策略之一。2021 年 7 月，中共中央办公厅和国务院办公厅联合印发《关于进一步减轻义务教育阶段学生作业负担和校外培训负担的意见》，在"双减"的背景下，习近平总书记提出了科学教育做加法，由此为学校和社会资源的合作提供了新的契机。

学校巧用社会资源的核心在于课程共建。课程共建需要学校和场馆或机构的老师朝着课程开发的目标共同努力，双方必须具备共同行动的意愿，形成课程资源开发的合力。首先，不管是学校的教师还是馆校讲师，双方负责人必须具备课程开发的理论知识和实践技能，为后期的合作提供对话基础。其次，学校教师要基于课程标准了解对课程资源的具体需求，到场馆考察，确定合作的内容。其次，双方定期开展主题交流会，逐步确定课程目标、课程内容、课程实施和课程评价，协商课程设置。双方协商制订课程衔接保障措施，在课程实施前及时沟通细节，保障课程安全顺利落地。最后，课程实施后，双方复盘，沟通课程设置与实施的优化改进。[6]

3 学校科学课程中开发与利用社会资源的策略

社会资源要想成为课程资源，必须经过课程实施主体自觉能动地认定、开发、利用和管理，才有可能成为潜在的资源。[7]课程资源作为课程实施的辅助，其利用上需要根据课程目标和课程内容，在利用时间和利用分量上做好规划。经过多年的社会资源开发与利用经验，结合课程资源管理的文献，笔者根据社会资源在课程中利用的时间顺序和权重，将学校科学课程中开发与利用社会资源的策略分为 3 种：导入式资源利用、主导式资源利用和拼图式资源利用（见表 1）。

表 1　学校科学课程中开发与利用社会资源的策略

策略	出现的时间顺序	在课程中的权重
导入式资源利用	社会资源在课程初始，发挥着课程导入启动功能；学校课程在社会资源之后	课程主题以学校的科学课程为主，遵照课程标准的内容实施课程
主导式资源利用	学校课程在课程初始，作为社会资源利用的导入式资源	课程主题以社会资源为主，整个课程被嵌入社会资源的情境中，以社会资源架构该课程
拼图式资源利用	课程初始既有可能是学校课程，也有可能是社会资源	课程主题既有可能是学校课程，也有可能是社会资源

3.1　导入式资源利用

导入式资源利用，即把社会资源作为课程主题的引子，利用社会资源中的真实情境让学生身临其境，以开放的学习环境激发学生学习兴趣（见图 2）。

社会资源　　　　　　　　　　科学课程

图 2　导入式资源利用

以"'鱼'你相伴"的校本课程为例，该课程的核心概念是"生物与环境的相互关系"，学生要理解"7.1 生物能适应其生存环境""7.2 生物与环境相互作用、相互协调，实现生态平衡"，此课程设置了 3 个模块的内容（见图 3）：第一模块了解如何营造有助于生物生存的环境，可考虑参观水族馆；第二模块认识并制作有助于淡水鱼生存的主要环境要素——净水器制作项目，第三模块创造一个有利于淡水鱼生存的环境——生态瓶创造项目。对目标和内容明晰之后寻找资源，聚焦课程实施。

对周边资源盘查之后，第一模块的实施可以依托社区的水族馆，基于学习资源的教学方式，让学生探查水族馆中人们如何为鱼类创造生存环境。与当地社区深入沟通课程构想后，在社区在活动时间、活动内容、课程组织形式、安全注意事项上与学校达成课程衔接共识。

导入式资源利用以科学课程为主，社会资源作为整个课程学习的大情境，学生从中生发出与自身密切相关并能引发心灵共鸣的切身体会，[8] 把学生与校外资源的互动作为之后课程学习的初始能力，为后续更深入的主题学习奠定了情境感知。

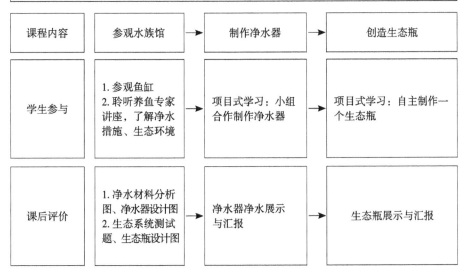

图3　"'鱼'你相伴"校本课程中社会资源的利用

3.2　主导式资源利用

主导式资源利用是将社会资源作为课程的主体，社会资源是课程设计的核心内容，课程的实施主要发生在资源所在场地，如场馆、大学、研学基地、企业单位等。学校科学课程作为辅助，在整个课程的初始位置，作为课程的"先行者"，是社会资源利用的导火索（见图4）。

图4　主导式资源利用

以汤臣倍健智能营养馆为例，首先了解该场馆的功能与价值，该场馆设有营养探索馆、营养餐厅及智能工厂。小学科学课程标准中"7.3 人的生活习惯影响机体健康"和"12.2 技术与工程改变了人们的生产和生活"内容，利用该场馆资源可以获得较好的效果。

参观前为学生进行初始课程准备，唤起学生对场馆的积极情绪。主要有 3 个内容：（1）阅读和理解场馆的场所和展品，针对主题内容进行翻转学习；（2）介绍完整课程内容与课程实施形式，建立课堂教学目标与场馆活动的联结，帮助学生理解场馆活动与学习活动的关联必要；（3）学习单指引学生熟悉所要访问的场馆。参观前向学生介绍场馆的基本信息，通过学习单引导学生提前思考与预测。

在学校学习饮食健康的基本内容后，为了实现课程目标达成的关键环节，结合场馆的资源，以问题链驱动，[9]设置了4个模块的学习内容。

问题一：智能＋营养会怎么样？

科技、智能、营养碰撞在一起会发生什么？发挥想象力，和同学说一说个人畅想。

问题二：科技带给我们什么？

观察智能工厂中营养片的生产过程。想象你是一片维生素C，你在生产流水线经历了什么？

对比以前和现在的营养片制造过程，如果你是工厂老板，你会选择哪种方式？为什么？

问题三：营养师做什么？

和营养师一起认识七大营养素和营养缺乏的内容。根据不同对象，提供不同的营养配餐。

问题四：人们的营养生活有什么变化？

走进历史长廊，比较史前时代、农耕时代、信息时代人类营养生活的差别，并畅想未来我们的营养生活如何。

带着这些问题，学生走进科技场馆，聚焦展馆里的静态展品与动态演示，自助式地与展品互动，与场馆工作人员对话，在思考中体验活动，在活动中与同伴交流。[10]场馆学习回来后，学生小组合作分别展示对4个模块内容的收获与思考。

主导式资源利用适用于自身结构体系稳定、有较成熟的内容与流程的社会资源，比较常见的是研学基地、科技场馆等。衔接工作主要在于学校依据课程标准，将资源整合进校本课程中，沟通合作共识，做好衔接保障工作。[11]

3.3 拼图式资源利用

拼图式资源利用是以课程目标为锚，学校科学课程与社会资源不分时间先后，不分在整个课程中的比重，共同服务于课程目标的实现。拼图式资源利用作为课程的有效辅助，进入课程的时机和形式较为灵活，可以在课程初始、中期、末期的任何时间出现，以科普专家进校园、学生去场馆形式开展（见图5）。

以"我的航天梦"校本课程为例，随着近几年中国航天事业的发展，航天教育逐渐深入小学教育，小学科学课程中的"宇宙中的地球"，要求学生知道"9.3

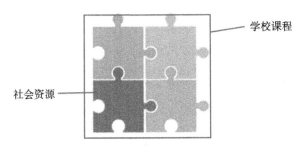

图 5 拼图式资源利用

地球围绕太阳公转""9.4 月球是地球的卫星""9.5 地球所处的宇宙环境""9.6 太空探索拓展了人类对宇宙的认知"。如果仅靠学校实验室里的模型模拟，学生很难完整、深刻地理解相关概念。为此，天文馆、科技馆等资源是该部分内容学习的重要辅助。[12]

借助当地的太空中心，设计了"我的航天梦"课程，在小学一至六年级不同时期嵌入该课程。在场馆中，学生通过 VR 体验地球在宇宙中的位置，漫游宇宙，感受宇宙的浩瀚；通过场馆中 1∶10，甚至 1∶1 的模型，零距离接触各类航天器，体验航天工程的发展与进步；在场馆的讲解员的带领下，见证人类太空探索的历程，感受人类对宇宙未知的着迷与痴狂。

拼图式资源利用适用于纵向类主题和大概念教学，学校可以根据需要随时"进入"该资源，该资源也较灵活地接纳学校的利用。

参考文献

［1］中华人民共和国教育部制定.义务教育科学课程标准:2022 年版 [M].北京师范大学出版社,2022.

［2］姜景一.校外教育协同育人,为科学教育做好加法 [J].中国教师,2023（7）:31-34.

［3］余胜泉,杨现民,程罡.泛在学习环境中的学习资源设计与共享——"学习元"的理念与结构 [J].开放教育研究,2009,15（1）:47-53.

［4］王乐.馆校合作的反思与重构——基于扎根理论的质性研究 [J].中国教育学刊,2016（10）:72-76.

［5］张磊,曹朋,李志忠.科技馆资源与学校教育——馆校合作实现双赢 [J].开放学习研究,2017,22（5）:33-38.

［6］魏艳春,倪胜利."双减"背景下馆校合作教育的价值意蕴与实践路径 [J].教学与管理,2022（11）:13-16.

［7］黄晓玲.课程资源:界定、特点、状态、类型 [J].中国教育学刊,2004（4）:38-41.

［8］曹晓婷,王乐.论场馆教育中的学生身份及其正当诉求 [J].教学研究,2017,40（6）:13-17+82.

［9］李锋,张斌.基于课程标准的学校微课程研发 [J].课程·教材·教法,2014,34（11）:23-27.

［10］张屹,高晗蕊,张岩,等.教学目标导向的小学STEM校本课程研发与实施——以"小红鹰气象站的建设与运用"课程为例 [J].中国电化教育,2021（4）:67-74.

［11］盛群力,马兰,褚献华.论目标为本的教学设计 [J].教育研究,2008（5）:73-78.

［12］张四方,周辰爽,黄盼盼,等.STEM跨学科视域下美国科学课程资源建设的分析与启示——美国科学读本 American Textbook Reading (Science) [J].化学教育（中英文）,2023,44（13）:4-11.

企业产教融合下研学活动的科学教育探索
——以厦门客车工业研学为例

洪在银*

（厦门科技馆，厦门，361000）

摘　要　《关于全面加强新时代大中小学劳动教育的意见》中提到，教育应体现时代特征，适应科技发展和产业变革，深化产教融合，改进教育方式，培养科学精神，提高创造性劳动能力。因此，充分发挥企业科技资源实现产教融合，对推动科学教育的发展具有积极的意义。本文以科学教育为立足点，分析了学校科学教育与企业开展科学教育的特点，同时以"厦门金龙客车工业研学"课程为例，对企业利用生产线开展科学教育存在的问题做了剖析，最后就如何推进企业产教融合、助力科学教育发展提出几点建议。

关键词　企业　科学教育　产教融合　研学

国务院印发的《全民科学素质行动规划 纲要（2021—2035 年）》明确提出一项重点工程——科技资源科普化，目的是要建立完善科技资源科普化机制，不断增强科技创新主体科普责任意识，充分发挥科技设施科普功能。一方面，生产线企业可以结合自身技术研发、内容及产品来做科普，在科普中追求创新，拓宽受众市场。另一方面，企业生产线中的科技资源，其科技设施可以作为科普教育功能呈现的平台、教具，对提升科学教育能力，以及推进科学教育研学的发展有着极大的促进作用。

1　校、企科学教育概况

1.1　学校科学教育特点

1.1.1　基础教育

主要依托课本，单纯讲解课程，在一定程度上要想获得良好的教学效果有待进一步提升。

1.1.2　教学多样

立足基础教育的课程教学，衍生出以灵活化、多样化的教学方式为补充，

---

* 洪在银，厦门科技馆展览教育部高级主管，主要研究方向为科学教育及科普志愿者文化。

以学校的教学多样性、教学环境的改变为拓展，逐渐提高科学教育能力。

1.1.3　教育特色

学校的科学教育注重教育过程中知识与技能培养，比起传统的强调知识的灌输，科学教育的特色更大程度侧重于培养学生科学思维及创新能力；另一方面，综合性跨学科也是科学教育的一大特色，能够有效融合，提高科学教育的效果。

1.2　企业科学教育特点

并不是所有的企业都能开展科学教育，笔者更多倾向于生产线企业开展的科学教育，利用企业生产线开展科学教育正是科技资源科普化的直接呈现，具有以下两个特征。

1.2.1　实景教育形式

企业生产线是企业进行实景教育的直观体现，具有生产线的企业向学生提供系统化的教学模式，让学生知道自己在整个企业生产线中处于哪个位置，明确所学技术的应用场景，在企业生产线里，在企业中，学生可以快速、高效地融入生产过程中，这样的实景教育是无可替代的。

1.2.2　科技资源转化

企业生产线中，其科技生产线上的资源正是最直接的科普设施，已经有不少企业能够将其衍生转化为科普展品，助力科学教育构建。

2　企业产教融合研学活动的实践——以厦门金龙客车工业研学为例

2.1　项目概况

笔者根据学生参与厦门金龙客车工业研学体验及相关材料获悉，厦门金龙客车工业研学源于2020年为挑战新冠疫情的冲击而开创的工业研学项目，工业研学游是旅游行业的一个新兴领域，项目虽然不大，但意义重大，是厦门金龙客车积极拓展对外合作，寻求业务模式上的转变和突破，在危机中求存思变，迎难而上的一次业务模式上的全新尝试。

2.2　项目服务对象及行程

2.2.1　服务对象

参加工业研学游项目的人，不仅有小学生、初中生、高中生，还有全国各地的公务员、企事业单位干部等，但主要客群还是中小学学生。学生参与到工业研学中更多的是让他们亲身感受到金龙客车的发展历程，了解金龙客车作为民族工业企业的责任和担当，提升学生的民族自豪感。

2.2.2　研学行程

其中各行程根据研学时间、主题安排有不同侧重及调整。

第一站，参观金龙客车品牌文化展厅并学习了解，比如中国第一辆客车什么时候诞生？深入了解中国客车发展史、客车工艺流程。

第二站，安全体验馆。在安全体验馆，采用数字多媒体、模拟仿真等高科技技术，通过展板展示、实景模拟、实物展示、互动体验等形式，融合声、像、光、电等效果，展示消防、交通、安全生产、职业健康等方面的安全知识和防灾避险技能。

第三站，轻客车间。这是每个研学团的必去之处。学生可以在这里看到生产一线是如何作业的，解开汽车是如何制造出来的疑惑。

第四站，体验无人驾驶试乘。在工程师的带领下，体验无人驾驶，学习现代科技，培养动手能力、设计能力和科学素养。

第五站，智慧展厅，包括智能网联客车、数字工厂的云上体验等。

第六站，搭建客车模型，培养学生的动手能力和团队协作意识。

2.3　合作形式

2.3.1　研学机构主导

比如，建发国旅集团在2022年开展的"大国智造·无人驾驶"金龙客车工业研学一日营，学生与自动驾驶工程师面对面交流，收获最前沿的科技知识，参观轻客生产线，探索工业科技走进生产一线，感受劳动之光。

2.3.2　学校组织推广

由学校自发组织，通过自主课程设计，以探索科技为主题开展研学旅程，让学生深度了解现代科技的发展与应用，激发他们的知识探索欲，感受时代文化与现代技术的融合。工业研学之行通过走访金龙客车智能科技产业，可以进一步了解工业生产流程及技艺，探究智能科技在日常生活、工作中的应用及重要程度，在潜移默化中有助于学生树立正确的劳动观、就业观、价值观。

2.3.3　企事业单位合作

主要面向企事业单位，通过深入金龙汽车的工业企业，初步了解工业生产模式，课程内容涵盖智慧交通发展历程变迁、汽车生产流程与数字化在工厂的应用、工业生产安全管理体验等，在交流学习过程中有助于培养工业企业员工的工匠精神，提升职业热情及工作责任感。

3 生产线企业开展科学教育存在问题

3.1 教育能力专业性有待提升

生产线企业开展科学教育中的讲师、人员，主要有工程师、研究人员或者企业管理人员，部分涉及企业职工，职工以科普讲解员的身份开展教育工作，存在能力两极分化问题。

3.1.1 专业能力科普化方面

企业生产线中的科研人员、工程师的钻研能力、专业能力强，具有丰富的企业生产线专业知识，但其对如何转化来开展科普工作却未做好有效衔接，科研、科技资源科普化的转化能力需要进一步完善与提升。

3.1.2 科普人员教育能力方面

主要涉及在企业展馆或生产线方面的讲解辅导人员，需要体现科普辅导的专业能力，而很多企业生产线科普辅导、讲解工作者都是企业职工，没有教育学背景和科普经验，开展科普工作、科普讲解基本是零基础。

3.2 推广能力开拓性有待提高

3.2.1 职责问题

开展科学教育的科普职能毕竟不是生产线企业的第一职责，在生产力盈余的基础上，如前案例所述，这是在新冠疫情影响下才进行延伸的一种新业态，故其影响力及推广带有一定的时间性。生产才是企业的第一要务，是确保企业经济发展与可持续发展的保障，职责问题导致企业在不同阶段对开展科学教育的推广意向带有一定的业务倾斜，重生产弱科普。

3.2.2 机会导向

因开展此块业务除了需要有生产能力、师资能力外，业务拓展能力明显不足，甚至需要构建教育性业务部门，这可能需要投入一定的人员配置及资金辅助，故生产线企业对外协作的依赖性较强，以借助第三方推广与引流为主，自身的开拓推广能力明显不足，依靠第三方的业务机会导向大。

3.3 服务能力满意度有待加强

原本的生产线服务于生产，使用人为科研人员、技术人员、工人等生产者，以企业化管理形式呈现。而其开展教育，则须考虑更多方面的内容，比如教育服务是否符合教育意义、讲解导师是否具备教育水平、生产线设备设施是否满足青少年幼儿参与体验、服务配套教学场地、公众需求等方面，也对生产线企业开展教育提出了新的挑战。如何提高科普服务水平、完善场地服务体验都是服务能力满意度需要考虑的范围。

4 企业产教融合下科学教育的反思与提升

4.1 加强协作

4.1.1 拓展政企合作

美国主流的科教企业（如 IBM 和 PASCO）在支持科学教育这项工作上，更多采用的是与政府、学术组织及其他相关团体合作的模式，集中表现为以"产学研"为主的多渠道合作，如企业、政府、科学教育专家共同提出项目计划，学校教师和学生甚至社会公众参与计划实施，最终提升了教师教学能力，提高了学生的科学水平，增强了公民的科学素养，增加了企业利润，提升了企业文化建设。[1]

4.1.2 加强馆企联动

科普场馆在开展研学及科学教育中，一方面，在展陈教育方面能够通过展品和设计感的空间，带来沉浸式的学习体验；另一方面，在非正式教育环境下，学生有更好的主观能动性，探索科学发展规律，鼓励和满足好奇心。科普场馆（如科技馆）在教育活动开发的基本目标和思路上，构建"实物体验"+"实践探究"+"多样化学习"，吻合了学校与学生的需求，也体现了当代的先进科学教育理念和教学方法，同时符合科技馆与科学教育的大趋势。笔者认为，要充分发挥企业生产线的科学教育功能，可以探寻"馆、企、校"三维合作形式，馆校结合带动馆企联动协作，带动企业生产线科学教育功能的实现，共同促进科学教育的发展。

4.2 水平提升

4.2.1 科普人才能力提升

谈到科研资源科普化、科技资源科普化，一方面，需要高素质、高水平的科普工作者支持，引入科学家、研究学者，这些人员的加入能有效提升科普教育工作的水平；另一方面，需要有教育型人才的推进支撑，通过培养科普辅导专业人才，再与专家有效结合，才能发挥生产线企业的科普效能。因此，科普人才的培养是在政策支持下开展企业产教融合科学教育的第一要务。

4.2.2 科普设施专项化

将科技资源转化为科普展品。[2]这是生产线企业做科普的直接形式，也给企业科普提供了广阔的空间。一方面，企业自身可以将生产线资源独立专项设立科普项目，避免受生产影响而无法推进科普工作的开展；另一方面，将生产线的科技资源转为科普展品能够进一步带动科普教育产品输出，其拓展的平台不仅是项目展示和开展，甚至被打造为企业的产品进行输出，扩大了科普影响力，在主题展厅、科普展厅、同行业间，都能够体现企业的经济与社会效益，是能力提升的一大呈现。

4.3 模式创新

4.3.1 拓展科学教育形式

这是前文提到的加强协作上的馆企联动，发挥科普场馆（如科技馆）的科学教育功能形式，充分挖掘科技馆科学教育潜能，拓展科技馆科学教育开展形式，更好发挥科技馆在引导青少年科学兴趣和创新能力发展方面的教育价值。[3] 科技馆的展厅可以设立生产线企业展示区，科技馆的科学教育课程研发能够依托企业科技资源进行馆校课程的融合，这是开展科学教育、进行研学活动的价值体现。

4.3.2 科普工作多元化支撑

无论是政府、企业，还是场馆、高校、科研机构等单位，把生产线企业作为科普工作平台，调动社会资源与力量，变企业被动做科普为通过营造全社会氛围与力量主动推动企业科普的运营发展模式。

5 结论

科技创新、科学普及是实现创新发展的两翼。《关于新时代进一步加强科学技术普及工作的意见》明确提出，要推动科普产业发展。培育壮大科普产业，促进科普与文化、旅游、体育等产业融合发展。作为生产线企业，也作为科技创新的主体，相信除了在政府引导与政策的支持外，科技企业只有发挥主动性，积极投身科普，加强与各类科普机构的融合，塑造良好产教融合生态，才能发挥科普对科技资源成果转化的促进作用，实现科创与科普"两翼齐飞"。

参考文献

[1] 申盼.私营企业支持科学教育的模式探讨——美国 PASCO 公司的经验与启示 [N].2021,34（8）.

[2] 范晓.科技资源科普化实践与思考 [J].学会,2021（9）:55-58.

[3] 郑永和,彭禹.科技馆助力科学教育高质量发展:框架设计与实施路径 [J].自然科学博物馆研究,2022（5）:10-17.

用 AI 解决身边的问题

——科技中学项目式学习方案介绍

赵晓东　李　芳*

（深圳市福田区红岭科技中学，深圳，518000）

摘　要　项目式学习是红岭科技中学科技创新系列课程的核心，我们在 AI 赋能教育环境下结合深圳学校实际情况在校本课程中长期采用项目式学习的教学方法，以此为抓手将学校的科技创新校本必修课同校本选修课、训练课程进行整合，采用开放式选题，多学科融合的解题模式。学生通过"发现问题、研究问题、解决问题"等环节和小组合作方式，开展科学考察和研究，既重视对学生必备品格和关键能力的培养，更重视挖掘学生的创新精神和探究意识，兼顾学生的社会责任感和团队意识的培养。评价方式上突出多维化、多元化和多样，有助于学生形成正确的自我成长观和成才观。

关键词　AI 赋能教育　项目式学习　科技创新

1　课程体系建设

红岭科技中学是一所以科技创新教育为办学特色的公办初级中学，我们因地制宜自主研发的校本课程"学会创新"，以科技创新为重点内容，九年级每班每周一课时。学生在创新课上学习创新的技能和方法，训练创新的思维和品质，然后，通过综合实践活动，加深理解，培养动手实际操作能力。在此基础上，学校还开设了多类别、多方向科技类校本选修课，内容包含科技发明、科技论文与科技实践活动、科技制作、机器人、编程、无人机操作等，打造 AI 赋能教育环境下的科技创新课程体系（见图 1）。在这一系列课程中，我们采用"七步式"教学方法，以问题作为驱动，启发学生发现问题；以 AI 作为手段，赋能学生研究问题，解决问题；以评价作为指引，引导学生进步（见图 1）。

---

*　赵晓东，中国青少年科技辅导员协会会员，广东省青少年科技教育协会代表，广东省十佳优秀科技辅导员，深圳市中小学教育信息化专家人才，福田区赵晓东教与学方式转变中学科技创新工作室主持人，现任福田区红岭科技中学副校长、科技创新中心负责人；李芳，深圳市福田区教育系统特聘博士，现任深圳市福田区红岭科技中学科创中心专职教师。

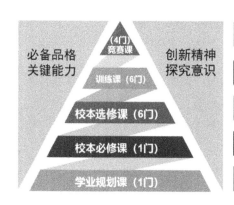

科技创新课程体系

初三年级志向明确的学生
"科技创新""机器人""无人机""场地赛车"4门竞赛课

初一、初二年级兴趣浓厚的学生
"科技创新""机器人""无人机""场地赛车"等6门训练课

初一、初二年级感兴趣的学生
"科技发明""论文""科技制作""机器人"等6门选修课

初一年级全体学生
"学会创新"必修课

初一年级全体学生
结合新学期开学宜讲和课程展示活动，对学生进行学业规划指导

图1 科技创新课程模型

2 教学环境营造

红岭科技中学建有科技创新工作室、机器人工作室、编程工作室、手工制作室、机械制作室、无人机实验室、场地赛车实验室、科技创新成果展览馆等一批科创类教学活动场地，用于学生科技创新活动的开展，并配备有大型激光雕刻机、数控机床、车床、钻铣床、VEX（IQ、EDR）机器人、BDS机器人、乐高机器人、无人机、3D打印机等教学设备，还购置大量科普读物，为科技创新教育活动的开展创造更加良好的条件（见图2）。

图2 功能室示例图

教学中，让学生发现问题是培养他们批判性思维、解决问题能力和创造力的关键组成部分，而引导他们去发现并选择"好问题"则是一项重要的任务。我们可以在课堂上帮助学生培养提出好问题和创造作品的能力（见图3），具体方法如下：

激发兴趣：首先，了解学生的兴趣，以便与他们建立联系。从学生感兴趣的主题或领域开始，更容易引导他们提出相关的问题。鼓励他们思考：什么是他们最关心的问题或感兴趣的主题?

提问技巧:教授学生提问的技巧是关键。解释什么是开放性问题,如何提出有关特定主题的问题,以及如何避免过于狭窄或模糊的问题。示范一些示例问题,以帮助他们理解。

创造性思维:鼓励学生进行创造性思维。可以使用启发性的问题或挑战来激发他们的想象力。提问类似于:"如果你可以改变世界上的一件事,你会选择什么?为什么?"这种问题可以引导学生提出独特而有创意的问题。

实践项目:将学生置于实际项目中,鼓励他们合作并解决问题。例如,让他们参与科学展览或发明比赛,这样他们可以将问题转化为创造性的解决方案。为他们提供支持和反馈,以帮助他们不断改进。

提供资源:确保学生可以访问各种资源,如图书馆、互联网和专业人士的帮助。这些资源可以帮助他们更深入地研究问题,并找到相关信息。

鼓励坚持:提出好问题和创造有创意的作品通常需要时间和耐心。鼓励学生坚持不懈,不断改进他们的想法和项目,同时也要接受挫折和失败,并从中学习。

最重要的是,要创建一个鼓励学生提出问题、探索想法和创造作品的课堂环境。通过积极的反馈和鼓励,学生将更有动力去追求他们的好问题和创意作品,从而培养解决问题和创新的能力。

图3 "学会创新"课上启发学生发现问题

3 项目式学习"七步法"(以学生项目"自巡航垃圾清理机器人"为例)

教师指导学生通过"发现问题、研究问题、解决问题"等环节学习和小组合作方式,自主开展科学考察和研究,引导学生"带着发现问题的思考去解决问题",整个项目学习过程分为分组、选题、讨论定题、知识和技术储备、材料准备、设计制作和展示 7 个环节(见图 4):

(1)分组:采取分组合作的方式,学生根据兴趣爱好和能力特长进行自愿分组,每组 3 人。每组设组长一名负责项目的整体方案制定和项目演示;程序员一名负责项目程序编写和工程笔记记录;工程师一名负责项目硬件制作及后期维护。该环节培养学生兴趣爱好,发现自身能力,在团队不同角色中寻找

图 4　学会创新项目式学习方法示例

自身价值。

　　例："自巡航垃圾清理机器人"项目小组由九年级某班 3 名学生自愿组成，3 人讨论决定根据自身兴趣和特长由 A 同学任组长，B 同学任程序员，C 同学任工程师。

　　（2）选题：采取讲授法、启发法、观察法，教师首先从科学的角度提出什么样的问题是"好问题""如何去发现问题"，引导学生理解"好问题"的特点，主动发现"好问题"，并提出发现"好问题"有哪些方法和途径。学生每天将发现的问题记录在工程笔记中，并利用周末进行相关社会调查，在课上根据平时记录来选择自己认为的好问题，并填写创意卡。该环节根据初中生问题分析认知能力较弱特点，重点培养学生发现问题、运用科学方法等方面能力。

　　例："自巡航垃圾清理机器人"项目小组在教师引导下发现公园草坪内垃圾清理困难的问题，并填写创意卡。

　　（3）讨论定题：采取分组讨论和综合讨论，每小组选出代表上台展示本小组发现的一个或多个问题，并介绍解决相关问题的途径和技术手段，其他小组对该问题进行讨论并质疑，该小组代表和成员进行答辩。根据采取分组讨论和综合讨论的结果，综合本组、他组和教师的意见确定项目题目，选取解决问题的技术手段。该环节根据初中生问题分析能力较弱、团队意识较差等特点，重点培养学生问题分析、团队合作和语言表达等方面能力。

　　例："自巡航垃圾清理机器人"项目小组通过讨论选出"草坪内垃圾清理困难"的问题作为本组的研究题目进行介绍，并回答其他小组提出的相关问题，结合教师的意见进行完善，最终决定设计制作"自巡航垃圾清理机器人"解决上面的问题。

（4）知识和技术储备：每组学生根据项目题目和成员分工结合学校科技创新校本课程宣讲，自主选择校本选修课程学习相关知识和技术，并自主学习研究项目相关知识，如小组组长多选择创新发明、科技论文和 DI 创意设计校本课，小组程序员多选择编程和机器人校本课，小组工程师多选择科技制作和校本课，每人每天将学到的相关知识记录到工程笔记中。该环节针对初中生自主学习能力弱、知识技能储备较弱等特点，重点培养学生自主学习能力，并掌握科技论文、编程、机器人等方面的知识和技能。

例："自巡航垃圾清理机器人"项目小组在教师的指导下根据设计制作"自巡航垃圾清理机器人"需掌握的知识与技能，选择参加相关的校本选修课进行学习，组长 A 同学和工程师 C 同学选择了科技制作课，程序员 B 同学选择了编程课。

（5）材料准备：学生根据本组项目技术要求，自主选择由学校提供材料和设备，或通过网络自主采购特殊材料和零件，过程中由导师和家长协助指导。该环节针对初中生自主性差的特点，重点培养学生自主意识。

例："自巡航垃圾清理机器人"项目小组围绕小组课题"自巡航垃圾清理机器人"在校本选修课上进行项目设计后，开始准备制作材料，由学校提供主板、超声波测距模块、电池、电机、轮胎、摄像头等通用部件，学生家长提供部分专用部件。

（6）设计制作：学生按照本组项目技术要求，通过之前选取或采购的材料，选用合适的设备进行项目设计和制作，并利用假期进行相关社会调查和实践活动，不断改进项目。过程中由导师和学科教师提供技术指导、安全操作规范并参与社会调查和实践活动。该环节针对初中生动手能力差、安全意识弱的特点，重点培养学生动手能力和安全意识（见图 5）。

例："自巡航垃圾清理机器人"项目小组利用校本选修课、训练课时间在教师的指导下进行"自巡航垃圾清理机器人"的材料切割、焊接、安装、调试，并利用课余时间开展关于项目的相关调研，完成工程笔记和调研笔记（见图 6）。

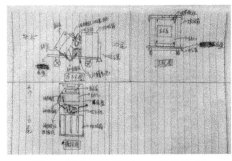 

图 5　学生项目案例——设计草图　　图 6　学生项目案例——合作组装部件

（7）展示：学生完成本组项目后，分别在课上、班级、学校校本课程成果展示活动、科技类竞赛等场合进行项目展示，组内每位成员按照分工进行学习成果展示、小组合作进行项目路演。该环节根据初中生问题分析能力较弱、团队意识较差等特点，重点培养学生自信心、团队合作和综合表达等方面能力。

例："自巡航垃圾清理机器人"项目小组完成制作后在课堂、班级及一系列科技创新比赛中进行项目作品展示，小组成员对自己的研究学习过程进行回顾，并对下一步项目作品改进和研究学习提出方案。

其中，优秀作品还会在福田区科技馆、深圳市科学馆、深圳市青少年活动中心、深圳市会展中心等场所进行展示与分享。同时，为了提升项目式学习的专业性，学校还建立了校外科普实践基地——中国科学院深圳先进技术研究院，由专业的导师对学生进行指导，让学生实地感受科研实践的魅力，培养学生的学术素养、创新思维和实践能力，进一步拓宽了学生培养渠道，拓展了学生实践空间，共同探索培养未来科技创新人才的新途径。

4 评价设计

评价方式上，评价要素的多维化——"用 AI 解决生活中的问题"项目学生素质的评价内容，能更好地诠释新课程评价的理念，评价内容不是单一的，而是多维的，包含对参与项目学生项目的评价、研究报告评价、学习过程评价、收获展示评价、竞赛活动评价等内容，既关注学生知识与技能的理解和掌握，又关注他们情感与态度的形成和发展，关注他们在学习活动中所表现出来的情感和态度，帮助学生认识自我，建立信心（见图7）。实施多元评价，在现有初中学生综合素质评价的基础上，加入科学基础素养、学习发展能力、科技创新素质、动手动脑能力评价要素二级指标评价维度，具体包括学生的领悟程度和探究能力、思维逻辑性和严谨性、资料获取与掌握能力、表达能力、创造能力、想象能力，以及系统分析能力，通过网络电子平台评价、实践评价、建立档案评价来完成。评价的多元化——"用 AI 解决生活中的问题"项目评价的特殊之处在于拥有著名科创导师和学科教师组成教师团队，并在学校微信群上建立专家教师互动平台，保证教师、学生、专家在网络上的沟通联系。学生项目的主体评价包括班主任评价、任课教师评价、年级组评价、导师评价、毕业生导师评价、学生自主评价、学生之间评价、家长评价等。评价主体的多样化有利于建立完善科学合理的学生互动和评价方式，让更多的有发展潜力的学生参与到项目式学习中来。评价方式的多样化——多元化课程结构体系必然要求多样化的评价方式，打破了以往考试评价主导的局面。采用过程性、发展性评价，全面发展学生的个性特长，对学生进行过程表现、潜能发展的评价，以及论文、实验成果等形式的评价，研究性学习课程则采用课题管理的形式进行过程性评价，要求学生认真选题，认真对待研究过程，并做出一定研究成果；社团活动课程由学生自主设计，自我管理，主要为了培养学生的个性特长，评价形式主要有优秀社团评定、学生的活动表现和展示评价（见图 7）。

图 7　参加竞赛活动也是评价方式之一

评价设计注重过程性评价、质量评价、将量化评价和非量化评价结合起来，对学生的成长产生良性的促进，对学生的学习选择有积极正确的导向，对初中学生的科学精神和科技创新素质形成有良好的自我教育功能，从而有助于学生形成正确的自我成长观和成才观。

总体来说，项目式学习方案对初中生的教育有诸多益处。它不仅可以激发兴趣，提高学术表现，还可以培养实际问题解决、团队合作和沟通等关键技能，为他们未来的成功打下坚实的基础。这种教育方法不仅关注知识的传授，还注重学生全面素质的发展。

附：学生项目案例——"自巡航垃圾清理机器人"研究报告

发现问题：我在家附近的社区公园草坪中经常看到废纸巾、包装袋、空易拉罐等垃圾，工人师傅虽然每天都在清扫，但由于这些不同材质、体积的垃圾掉落在草坪中难以被发现和清理，给清扫工作带来不便。

于是，我萌生了发明自巡航垃圾清理机器人的想法，在老师指导下我设计制作了该项目。该项目利用优控 430A 控制器（PLC）进行整体控制，结合 M415B 步进电机驱动器控制 24 伏 20 安时电池驱动两台 57J09 型电机提供行走动力，11.3 伏、5200 毫安时电池为垃圾收集箱内 600 瓦、电压 11.3 伏的涵道风扇提供动力，利用负压吸收细小垃圾；摄像头配合机械臂抓取较大块垃圾，可在复杂路面上实现自动巡航、垃圾清理及初步分类的新型清洁机械，旨在提高城市清洁工作效率、降低人力成本。

科学方法和原理：

（1）超声波测距：为了使移动机器人能自动避障行走，就必须装备测距系统，使其及时获取距障碍物的距离信息（距离和方向），超声波其实就是声波的一种，因为频率高于20千赫兹，所以人耳听不见，并且指向性更强。声波遇到障碍物会反射，而声波的速度已知，所以只需要知道发射器接收的时间差，就能轻松计算出测量距离，再结合发射器和接收器的距离，就能算出障碍物的实际距离。

（2）履带行进运动学：本项目安装有环形链带，履带由履带板和履带销等组成。履带销将各履带板连接起来构成履带链环，履带环在与地面接触的一面有加强防滑筋（简称花纹），以提高履带板的坚固性和履带与地面的附着力。

（3）TRIZ发明方法之局部质量原理：局部质量原理是技术系统不均衡进化法则的一种体现，目的是使系统资源达到最优配置。设计中将清理出的全部垃圾看作一个整体，再将垃圾通过比重实现初步分类。

（4）摄像头感应技术：通过摄像头感应技术配合机械臂实现大块垃圾自动识别清理。

（5）电磁铁、隔网：通过电磁铁和隔网对已回收的垃圾进行自动分类。

项目评价：

（1）全地形行驶，零半径转向，可适应各类路面，包括平地、山坡、沙滩、丛林等；

（2）履带车的差速转向：本清理机器人左右各两个动力轮，每个动力轮采用独立的电机来驱动，这样就省去了传统的转向传动部件，利用左右车轮的速度差实现拐弯及转向，甚至可以实现原地零半径转向，大大提高了车体的机动性能。

（3）超声波测距实现自动避障和避险：本清理机器人前后的水平方向及车底均安装了超声波测距传感器，机器人在行驶过程中实时检测路面状态，如果在前进或后退方向上检测到有障碍物靠近，就会自动改变方向，避免与障碍物相撞。如果发现车底到路面的距离突然变化超过一定幅度，如落差超过车身高度，就判断车体行驶到了悬崖边缘，立即向相反方向运动，从而避免车体坠落。

（4）根据垃圾的比重实现初步分类：路面的常见垃圾一般有树叶、纸片、塑料、织物，以及石块、玻璃、金属小物件等。先根据这些垃圾的比重实现分别清扫分类，安装双功率吸尘装置，小功率吸尘器安装在车头，首先吸入轻质垃圾，如树叶、纸张、塑料等，大功率吸尘器在车尾吸入重质垃圾，如石块、金属、玻璃等。这样将不同的垃圾收集到不同的垃圾袋中，并通过电磁铁和隔网对已回收的垃圾进行自动分类，为后续处理提供了方便。

（5）遥控或自动巡扫路面，可自动避障，设定路线自动巡扫。

（6）发送路面清扫实时视频，方便远程操作。

收获体会：

经过自己大半年的努力，在老师的帮助下，我终于完成了自己的发明项目。在这段时间里我学会了调查分析、工程设计、硬件加工和基础电路等许多知识，也得到了很多锻炼。我的发明在实际应用中真正实现了自巡航清理垃圾和垃圾分类，既美化环境，又节省人力。感谢在项目研究工程中给予我指导和帮助的辅导老师、工程师和同学，感谢你们在科技创新的道路上指引我不断进步，我会继续努力的！

参考文献

［1］克里斯 . 安德森 . 创客：新工业革命 [M]. 萧潇，译 . 中信出版股份有限公司，2015.

从乡村产业振兴视角探讨研学教育与科学教育的融合创新

郭子若*

（广西壮族自治区科学技术馆，南宁，530022）

摘　要　本文从乡村产业振兴的视角出发，探讨了研学教育与科学教育融合创新的必要性、可行性和策略，其基础是运用文献研究法、案例分析法，结合笔者驻村工作经验及教育学、传播学的相关论著，对研学教育与科学教育的内涵、特点和价值进行分析。进而通过列举国内外的成功经验和案例，提出了研学教育与科学教育融合创新的具体路径和措施，包括构建问题导向的研学科学教育模式，建立政府主导、高校支撑、社会参与、农民受益的协同机制等。

关键词　乡村产业振兴　研学教育　科学教育　融合与创新

作为乡村振兴定点帮扶后援单位的派驻工作人员，我深知乡村振兴是新时代中国特色社会主义建设的重大历史任务，是全面建设社会主义现代化国家的全局性、历史性工程。2017年10月18日，习近平总书记在党的十九大报告中首次提出，实施乡村振兴战略，必须坚持农业农村优先发展，统筹推进农业农村现代化。[1]乡村产业振兴是乡村振兴战略的核心内容，也是实现农业农村现代化的重要途径。

乡村产业振兴的实现，离不开人才的支撑。人才是第一资源，是乡村振兴的根本保障。教育是培养人才的基础工程，更是先导性工程。实现巩固拓展脱贫攻坚成果同乡村振兴有效衔接，以振兴教育赋能乡村振兴，是基层科普教育（教育）工作者的职责和使命。当今乡村产业发展，必向绿色、可持续方向迈进，而要实现上述目标，研学教育和科学教育是有效途径之一。

1　研学教育与科学教育的内涵、特点和价值

研学教育和科学教育（以下简称"两种理论"）都是现代教育领域的重要理念和模式，研学教育注重参与者在实践中探索和研究，强调参与者的主体性

---

* 郭子若，广西壮族自治区科学技术馆展品技术部部长，副研究馆员，研究方向为场馆发展运营、展览策划、文创开发、科普创作等。

和参与性，强调跨学科的学习和思考，而科学教育侧重培养科学思维和科学方法，通过科学实验、座谈研讨等形式，提升参与者的科学素养，引导其用科学的方法解决问题。[2]

1.1 研学教育的内涵、特点和价值

研学教育，即研究性学习教育，是一种强调参与者主体性和探究性的教育模式。它通过将学习与实践结合，让参与者在实际场景中进行探索和研究，从而增强参与者的学习兴趣、培养参与者的探究能力和创新精神。[3]研学教育强调参与者从被动接受知识转变为主动探究未知，通过实践活动发现问题，进而了解学科知识，并将知识应用于解决生活中的实际问题，培养参与者综合素质和自主判断能力。

1.1.1 研学教育具有的特点

实践导向、问题驱动。研学教育注重实践环节，以问题为导向。让参与者走出课堂，亲身参与实践活动，通过提出问题激发参与者的求知欲望。引导参与者通过实地考察、现场问题提出等方式自主探究和发现问题的答案，让参与者在实际场景中观察、探索、实践，增强参与者的实际操作能力和解决问题的能力，更重要的是培养解决问题的方法和思维方式。

个性化与参与性。研学教育允许参与者根据自己的兴趣和特长进行自主学习和实践，确保了参与者的个性化发展。同时注重参与者的主体地位，鼓励其积极参与学习和实践。参与者不再是被动的接受者，而是研究和探究的主体，充分发挥了参与者的主观能动性。

综合性。研学教育突破了学科界限，强调跨学科的学习和思考。参与者在研学过程中将接触到多个学科领域的知识，培养了解决复杂问题的能力。

1.1.2 研学教育的价值

通过文献研究可以看出，研学教育的价值如下：

培养参与者综合素质。研学教育不仅培养个人能力，还培养参与者的创新精神和团队合作意识。参与者通过实践活动，获得了在实际生活中解决问题的方法，提高了自主学习和自主创新的能力。

激发参与者学习兴趣。研学教育通过实践活动，让参与者在实际场景中学习，增强了学习的趣味性和吸引力。参与者在实践活动中感受到知识的实际应用，激发了学习的内在动力。

提升教学效果。研学教育强调参与者的主体地位，注重参与者的实际操作和实践活动。教师（辅导员）在研学教育中更多地充当引导者和促进者的角色，教学效果更加明显。

促进教育公平。研学教育强调参与者的个性化学习，允许参与者根据自己的兴趣和特长进行学习和实践，这能够满足不同参与者的个性化需求，促进教育公平。[4]

1.2 科学教育的内涵、特点和价值

科学教育是一种以科学知识为主要内容，培养参与者科学思维和科学方法的教育模式。[5]科学教育旨在通过教学活动，使参与者了解自然界的规律和科学原理，培养参与者对科学的兴趣和探索精神，使参与者具备科学的知识、技能和态度。科学教育涵盖了物理、化学、生物、地理、环境等广泛的科学领域，它帮助参与者了解世界，探索未知，提升其科学素养和综合能力。

1.2.1 科学教育的显著特点

实践性和应用性。科学教育注重参与者在实验室或实际生活中动手和观察，通过实践活动加深对科学原理的理解和认识，更加注重强调科学知识的应用，让参与者了解科学在实际生活中的应用价值。[6]

系统性与逻辑性。科学教育将科学知识组织为系统体系，帮助参与者全面、深入地了解科学。同时，培养参与者的逻辑思维能力，引导参与者通过推理和证明的方法解决科学问题。

探索性。科学教育鼓励参与者主动探索和发现科学现象，培养参与者的探索精神和创新意识。

1.2.2 科学教育的价值

通过总结经典科学课程效果可以得出，科学教育具有以下几个价值：

提升科学素养。科学教育帮助参与者了解科学的基本原理和方法，提升参与者的科学素养，使其具备科学的知识和思维能力。

激发参与者的科学兴趣。科学教育通过实践活动和探索性学习，激发参与者对科学的兴趣，增强其主动学习的积极性。

培养创新精神。科学教育培养参与者的探索精神和创新意识，使参与者能够在科学研究和实践中不断创新。

促进科技进步。科学教育是培养未来科学家和科技人才的重要途径，对于促进科技进步和社会发展具有重要意义。[7]

2 研学教育与科学教育融合创新的必要性和可行性

乡村产业振兴在中国现代化进程中扮演着重要角色。随着城市化进程的加速，农村地区面临着人口外流、农业产能下降等问题。乡村产业振兴旨在通过发展农村产业，提高农民收入水平，促进农村经济的可持续发展，并实现城乡

经济协调发展，而"两种理论"融合应用也将起到积极作用，因此我们有必要讨论其融合创新的必要性与可行性。[8]

2.1 研学教育与科学教育融合创新的必要性

第一，两者融合能够培养参与者的实践能力和创新意识。乡村产业振兴需要大量具备实践能力和创新意识的人才。

第二，可以拓宽参与者的知识视野和学科交叉的深度与广度。乡村产业发展涉及多个学科领域，需要综合运用不同学科的知识和技能。

第三，能够提升参与者的科学素养和科学思维。科学教育注重参与者对科学知识和方法的学习，可以提升参与者的科学素养和科学思维能力。通过实践，将科学教育与研学教育相融合，让参与者应用科学方法解决问题，提高参与者的科学实践能力。

第四，推动符合乡村产业发展需要的教育、教学模式的创新。传统的教学模式往往是以教师（辅导员）为中心，学生（参与者）被动接受知识，而"两种理论"均强调参与者的主体性和参与性，鼓励参与者主动学习和探索。将两者融合，可以推动教学模式从以教师（辅导员）为中心向以学生（参与者）为中心转变，促进教育教学的发展。

2.2 研学教育与科学教育融合创新的可行性

上述理论融合的可行性研究，可从以下几个方面体现：

首先，两种教育理念的内在契合。"两种理论"都强调参与者的主体性、实践能力和创新意识。这种契合可以相互促进，实现教育目标的统一。将两者相融合，可以让参与者在实践中运用科学方法解决问题，提升参与者的实践能力和科学思维能力。[9]

其次，两者的教育资源可以整合优化。开展研学教育与科学教育都需要充足的教育资源支持，包括实验设备、科研资金、师资力量等。将两者融合，可以实现教育资源的优化和最大化利用。例如，可以将科学实验室和实地考察资源相结合，让参与者在实践中进行科学"实验"，用"直接感受"更好地理解科学原理。

第三，都需要教育体制的创新与支持。传统的教育体制往往以考试成绩为导向，忽视参与者实践能力和创新意识的培养。因此需要创新教育体制，为参与者提供更多的实践机会和创新平台，可以通过改革课程编排和科学课标，增加研学和科学实践课程内容，鼓励参与者到实地考察和科学研究。

第四，利于教师（辅导员）的专业发展。研学教育与科学教育的融合创新需要教师（辅导员）具备跨学科的知识和技能，能够灵活运用不同的教学方法和手段。

因此，需要加强教师（辅导员）的专业培训，提高师资的综合素质。可以通过培训和交流活动，增强教师（辅导员）的跨学科教学能力，提高教学水平。

2.3 国内外的成功经验与实践

国内外已经有一些成功的研学教育和科学教育融合与创新的案例，举例如下：

（1）越南农场幼儿园（Farming Kindergarten）是一个位于越南东南部同奈市的创新型幼儿园，由越南知名建筑事务所设计，占地面积约1.06万平方米，可容纳500名学龄前儿童就读。[10]

越南农场幼儿园的研学科学教育活动主要包含以下几种：在幼儿园巨大连续的绿色屋顶上种植蔬菜和水果；小动物饲养体验；引导幼儿观察昆虫、植物、鸟类等，了解自然界的奥秘。通过自然探索，幼儿可以培养观察力、好奇心和科学探究精神；鼓励幼儿到附近的养老院献演节目，或者为社区居民提供帮助。通过社区服务，幼儿可以培养助人为乐的品质和社会责任感。

（2）美国霍桑山谷农场（Hawthorne Valley Farm）是一个位于纽约州哥伦比亚县的有机和生物动力学农场，占地约900英亩，自1972年以来，一直致力于提供高品质的农产品和教育项目，被美国《现代农民》杂志评为全美"7个最佳农家营"之一。[11]

霍桑山谷农场的研学科学教育活动主要包含以下几种：为6—16岁的儿童提供一周或两周的日间或住宿式的农场研学夏令营；有机农业原理、方法及经营体验；农产品采摘，在适当的季节，农场会开展农产品采摘活动。访客可以亲自参与采摘水果、蔬菜等农产品，通过采摘活动，参与者可以了解农产品的生长周期和采摘技巧；利用农场丰富的动植物资源，参与者可以认识各种农场动物，如牛、羊、鸡、鸭等，了解它们的习性和生活习惯，同时，也可以认识农场的植物，学习草药的种植和用途，了解自然界的奥秘，等等。

（3）岭南大地国家级田园综合体位于珠海市斗门区莲洲镇，总面积约17000亩，覆盖石龙、东湾、下栏村3个行政村，于2017年获得首批"国家级田园综合体试点创建项目"称号，并获得财政部资金扶持。[12]

岭南大地国家级田园综合体的研学科学教育活动主要包含以下几种：提供传统农耕的体验机会，参与者可以亲自参与农耕活动，如插秧、耕地、收割；学习传统手工艺制作，如剪纸、编织、陶艺等，了解传统工艺的历史和技艺；游览古村落，体验农家生活，了解乡村社区的风土人情，增加对乡村发展和乡村文化的认知；民族传统节日庆典体验，如春节、端午节、舞龙舞狮、包粽子、赏月等，参与者可以了解传统节日的由来和习俗，增加对传统文化的认知；农产品加工，如制作果酱、腌制食品、做面包等。

综合上述案例可以看出，研学教育与科学教育的融合是可行的，一方面，需要教育理念的契合、教育资源的整合、教育体制的创新、教师（辅导员）的专业发展和社会的支持与合作。另一方面，需要严谨借鉴国外的经验和案例，积极探索适合中国国情的研学教育与科学教育融合创新的路径和模式，通过不断地实践和探索，才能将"两种理论"相互融合，实现质的飞跃。

3 研学教育与科学教育融合创新的具体路径和措施

笔者认为融合与创新的具体路径和措施，主要包括将实地考察、课程设计、项目实践等研学教育形式与科学实践、社会合作等科学教育内容相结合，形成"两种理论"融合的新模式，进而最大限度地发挥其优势，助力乡村产业振兴与发展。

3.1 构建以问题为导向、以产业地为平台、以课程为纽带、以创新为目标的研学科学教育模式

3.1.1 模式的理念和原则

第一，整合课程资源，打破学科壁垒。研学教育与科学教育的融合与创新，要求整合不同学科的课程资源，打破传统学科壁垒，促进学科之间的交叉融合。课程设计环节，可以将研学活动和科学实践融入不同学科的课程中，让参与者在实践中学习科学知识，提高科学实践能力。例如，地理课程中可以组织参与者进行实地考察，了解产业地的自然资源和生态环境；生物课程中可以进行实验探究，培养参与者"善于发现的眼睛"。

第二，强调问题导向，培养参与者的实践、研究能力。研学教育与科学教育融合创新要强调问题导向，引导参与者通过实践活动来发现问题，解决问题。教学过程中，可以引导参与者选择感兴趣的学科疑问，通过产业基地的实地调查研究，探究问题的原因和解决办法。

第三，培养社会责任感，弘扬乡村情怀。想要"两种理论"较好融合与创新，要培养参与者的社会责任感，让参与者关心乡村产业振兴，积极参与乡村建设，可以通过民族风情展示、特色产业展览、优势品牌联合引荐等方式，让参与者了解乡村产业振兴的现状和未来发展方向，引导参与者思考如何为乡村振兴做出贡献。同时，还要弘扬乡村情怀，让参与者热爱乡村，愿意为乡村的发展贡献自己的力量。

第四，结合社会资源，丰富教学内容。"两种理论"的融合与创新要充分利用社会资源，丰富教学内容，可以邀请产业振兴的专家和企业代表参与教学

活动，为参与者提供实践指导和资源支持；还可以联动产业上下游企业，组织参与者参观乡村企业和示范农场，让参与者近距离了解乡村产业振兴的实际情况，增加参与者的实践经验，并对教育内容进行拓展。

3.1.2 模式的内容和形式

首先要做到将实地考察与科学实践相结合。实地考察是研学教育的重要形式，可以让参与者亲身感受乡村产业振兴的实际情况，了解当地资源和产业发展面临的问题。实地考察中，可以引导参与者进行科学观察和数据采集，培养参与者的科学实践能力。同时，还可以组织参与者进行问卷调查和访谈，了解当地居民对乡村产业振兴的看法和需求，从而形成贴近实际的科学研究报告，为产业发展提供建议和帮助。

其次，将课程设计与研究性学习相结合。研学教育强调参与者自主探究和独立思考，而科学教育注重培养参与者的科学研究能力。因此，将研究性学习融入课程设计中，让参与者在课堂上进行问题研究和实践探究。例如，研学过程中，可以针对某项学科设计问题情境，让参与者根据自己的兴趣爱好提出问题研究方向，并通过实验和调查来解决问题，培养参与者的科学思维和创新能力。

最后，要做到将项目实践与社会合作相结合。研学教育强调参与者实践能力的培养，而科学教育强调与社会的联系和应用。[13]因此，可以将项目实践与社会合作相结合，让参与者投身于产业项目的某个特定环节，与当地企业工人和农民近距离接触，以人民为师，共同探索乡村产业振兴的发展路径。在项目实践中，参与者可以学习到课堂中不易出现的知识，运用所学的科学知识，提出解决方案，为乡村产业振兴做出贡献。

3.1.3 模式的有效实施

想要构建以问题为导向、以产业地为平台、以课程为纽带、以创新为目标的研学科学教育模式。首先，需要政策支持与资源保障，政府在乡村产业振兴战略中应明确"两种理论"融合与创新的重要性，并出台相应政策和措施加以引导和支持。政府可以设立专项经费，用于支持学校和社区开展研学教育和科学实践项目，为教师（辅导员）培训和学生参与提供资金保障。同时，政府还可以加大对特色产业基地的科学教育扶持力度与资金投入，优化产业科学教育资源和改善设施条件，为研学教育与科学教育的融合打好基础。

其次，要重视教师（辅导员）培训与专家团队建设。为了有效实施"两种理论"融合与创新，需要教师（辅导员）具备相应的专业知识和能力。因此，学校（特色产业基地）应加强教师（辅导员）培训，提高他们的科学素养和专业能力。专题培训可以包括科学知识更新、教学方法改进、实践技能提升等方面，以便更好地引导参与者进行研学活动和科学实践。此外，还应建立跨学科团队，让不同学科的教师（辅导员）共同参与研学教育和科学教育，促进其融合与创新发展。

3.2 建立以政府为主导、以科研院校为支撑、引导社会广泛参与、让农民受益的研学科学教育协同机制

该协同机制的目标是促进政府、高校、社会和农民之间的紧密合作，共同推动"两种理论"在乡村产业振兴中的融合与创新。通过资源整合、专业指导、项目实施和社会宣传等，协同机制可以为乡村产业振兴提供有力支持和保障。同时，机制运行与保障方面的措施将确保协同机制有效运行，为乡村产业振兴的可持续发展做出贡献。

3.2.1 机制的目标和功能

建立研学科学教育协同机制的主要目标是促进上述主体之间的紧密合作，共同推动"两种理论"在乡村产业振兴中的融合与创新。通过建立这种协同机制，将不同主体的优势资源整合起来，形成合力，为乡村产业振兴提供全方位的支持和保障，具体目标包括：

首先，加强政府引导，政府在协同机制中发挥主导作用，加强对"两种理论"的融合创新的政策引导和顶层设计，并出台指导性文件，为协同机制提供法律和政策支持。

其次，要提升科研院校的支撑作用，科研院校作为科研和人才培养的重要机构，应发挥其科研优势和教育资源，支持乡村产业振兴中的研学教育与科学教育，可以组织特定领域的专家团队参与乡村产业的调研和科学实践，为效果提升和成果转化提供专业指导和技术支持。

再次，要积极引入社会资源，协同机制应鼓励社会力量积极参与，包括企业、社会组织、民间能人等。社会资源可以为乡村产业振兴提供更多技术、资金和人才支持，促进"两种理论"在实践中的融合创新。

最后，让农民受益。协同机制的最终目标是为农村产业振兴提供有力支持，让农民受益。通过"两种理论"的融合与在产业中的具体实践，可以同步提升农民群众的认知水平和创新意识，提高农村产业的科技水平和经济效益，推动乡村产业的可持续发展。

3.2.2 机制运行与保障

为了确保"两种理论"融合与创新的协同机制有效运行，笔者认为需要建立相应的机制运行和保障措施。主要包括：设立专门的研学科学教育协调机构或组织，负责统筹协同机制的运行和实施。这个机构可以由政府、科研院所、

社会公益组织等主体共同组成，确保各方利益的平衡；建立信息共享平台，促进各方之间的信息平等和顺畅沟通，这样可以方便各方了解项目进展、问题反馈和需求变化，及时调整项目实施计划；优化顶层设计建立激励机制，鼓励各方参与和投入。政府可以给予资金支持和政策倾斜，科研院所可以给予教师和学生学分或物质奖励，社会可以给予生产技术支持或合作机会，农民最终可以得到项目的直接收益。

4　结语

笔者旨在探讨研学教育与科学教育在乡村产业振兴中的融合与创新，并探索其对乡村产业振兴的价值和作用。"两种理论"的融合模式和实践虽然还在探索阶段，但我们已经初步找到了提升、优化的破解之法。未来的研究方向应当着重于深化研学教育与科学教育融合的程度，优化教学模式和评价体系，加强与产业界的合作与交流，推广 STEM 教育在乡村研学活动中的应用，加强教师（辅导员）培训与专业发展，探索性开展引导社会参与和家校合作等方面内容。通过持续不断地探索与实践，研学教育与科学教育的融合与创新将在乡村产业振兴中发挥更重要的作用，为实现农业农村现代化做出更大的贡献。

参考文献

[1] 新华社. 中共中央国务院关于实施乡村振兴战略的意见 [R/OL]. https://www.gov.cn/zhengce/2018-02/04/content_5263807.htm,2018-02-04/2023-08-23.

[2] 丁洁雯,金皓. 文旅融合背景下会馆研学教育探析——以宁波庆安会馆为例[J]. 浙江工商职业技术学院学报,2023（1）:22-25.

[3] 陈军令. 论学校研学教育体系的构建 [J]. 中小学信息技术教育 [J]. 2021（3）:154-156.

[4] 毛近菲. "路学"视域下"研学旅行"的教育价值[J]. 大理大学学报,2023（7）:106-111.

[5] 蔡铁权,谢佳莹. 科学思想及其科学教育功能 [J]. 浙江师范大学学报（自然科学版）,2022（1）:113-120.

[6] 施波文. "双减"背景下博物馆科学教育的馆校协同路径探析——以浙江自然博物院为例 [J]. 科学教育与博物馆,2023（3）:29-34.

[7] 褚宏启. 彰显科学教育的多重价值 [J]. 中小学管理,2023（5）:33.

[8] 农业农村部. 全国乡村产业发展规划（2020—2025 年）[R/OL]. https://www.gov.cn/zhengce/zhengceku/2020-07/17/content_5527720.htm,2020-07-09/2023-08-23.

[9] 陈坚,吴茜,杨良,等. 研学旅行与科学教育融合相长 [J]. 地理教学,2023（23）:52-55.

[10] 郭雪莲. 越南农场幼儿园:让孩子拥抱生活亲近自然 [R/OL].https://www.sohu.

com/a/121430961_494254,2016-12-13/2023-08-23.

［11］Hawthorne Valley.About The Farm [R/OL].https://farm.hawthornevalley.org/https://
farm.hawthornevalley.org/about-the-farm/,2022-05-07/2023-08-23.

［12］南方日报.珠海斗门：改革创新激发乡村振兴活力 [R/OL]. http://dara.gd.gov.
cn/snnyxxlb/content/post_3267779.html,2021-04-23/2023-08-23.

［13］周长城,李光玉.美国工程大学中的人文与社会科学教育模式初探 [J].高等
工程教育研究,1997（1）:57-62.